Glossary of Aerosol Science

エアロゾル用語集

日本エアロゾル学会［編］

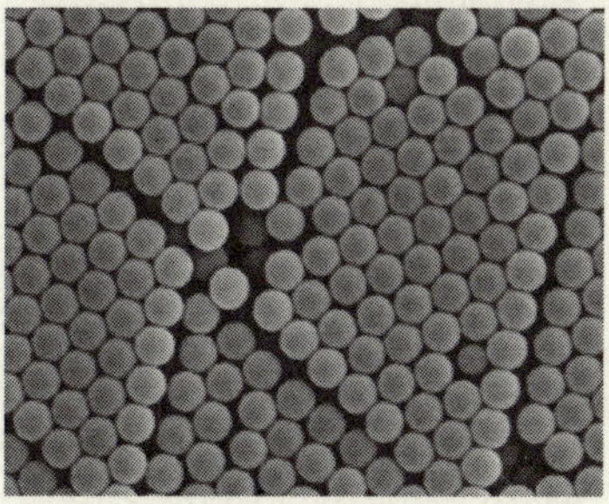

京都大学学術出版会

Glossary of Aerosol Science

*

Japan Association of Aerosol Science and Technology (ed.)

2004

Kyoto University Press

本書は　財団法人日本生命財団の出版助成を
得て刊行された

用語集の発刊にあたり

気体中に浮遊する微小な液体または固体の粒子をエアロゾルという．エアロゾルの性状は，粒径や化学組成，形状，光学的・電気的特性など多くの因子によって表され，きわめて複雑である．エアロゾル粒子は微小・微量である上に，多数の因子によって表され，しかも個々の因子の対象範囲がきわめて広いことから，エアロゾル研究の基本となるエアロゾル粒子の粒径測定一つをとっても，単一の方法はもとより同一の原理に基づく方法により全域を測定することは容易でなく，このような性状特性がエアロゾル研究の難しさの原因となっている．

エアロゾルは，重金属粒子やディーゼル黒煙，たばこ煙，アスベスト粒子，放射性粒子など，以前には環境汚染や健康影響などの立場から，主として有害な粒子として議論されてきたが，最近ではナノメートルオーダーの超微細粒子がもつ特性を生かした高機能性材料の開発，より効果的な作用をもつ薬剤や農薬の開発など，有用な粒子としてのエアロゾル技術も大きな関心を集めている．また最近では，地球温暖化や酸性雨，オゾン層破壊など，地球環境問題におけるエアロゾルの役割などが注目されており，よりよい地球環境を子孫に残すためにも，エアロゾルの大気環境に及ぼす影響の解明が急がれている．

本書は，エアロゾルの研究・教育に利用するため，また一般の方々にエアロゾルの本質や問題点を理解していただくことを目的に，エアロゾルに関わる基礎から応用にわたる全領域から重要な用語102語を選び解説したものである．

本書の刊行により，エアロゾルに関わる研究者，大学院生，学生，また一般の方々が，エアロゾルの諸問題をより容易に理解することが可能になるものと考える．特に，エアロゾル研究者には，本書により，エアロゾルの全体像を知り，エアロゾルの入門書，教育書，研究書として常時活用することを期待したい．

ここで本書の刊行経緯について触れておきたい．本書の刊行は，日本エアロゾル学会が平成14年に創立20周年を迎えたのを機に，多くの学会員が参加できる企画として本書の出版を提案したところそれが認められ，笠原らを中心に編集にあたることとなった．刊行にあたっては，財団法人日本生命財団の出版助成をいただくことができ，鋭意編集にあたる過程で，本書の刊行を学会20周年事業の一つとして正式に位置づけたいと希望するに至った．補助事業の変更は通常認められがたいところであり，この件について日本生命財団にご相談申し上げたところ，幸い，ご快諾を賜ることができた．同財団の重ねてのご厚意に，深く感謝する次第である．

本書を編集するにあたっては，執筆者はもちろん編集委員各位にご苦労をおかけすることになったが，中でも，編集幹事の東野達氏には，とりまとめにあたり非常なご助力を賜った．別して謝意を表したい．また，本書を出版するにあたり多大なお世話をいただいた京都大学学術出版会の鈴木哲也氏に，心からお礼を申し上げる．

2004年7月

編集委員長　笠　原　三紀夫

目　次
Contents

1

写真編

口絵1　黄砂時（2002.3.20）の北京の様子.

口絵2　日中友好環境保全センター屋上からみた黄砂時（上）と平常時（下）の大気の比較．写真協力（JICAチーム）.

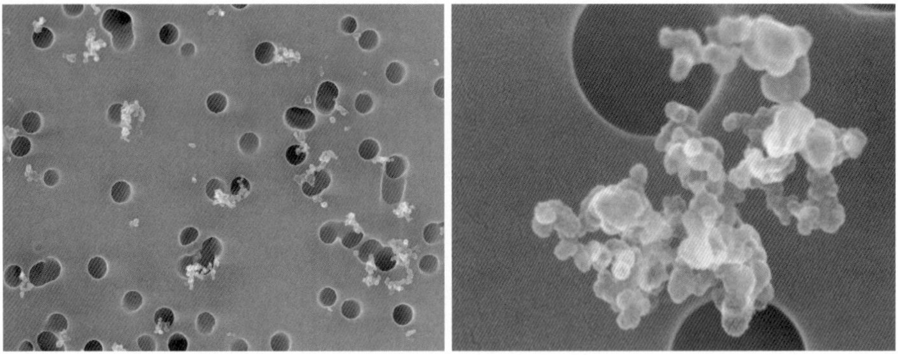

口絵3　ディーゼル排気中のナノ粒子の走査型電子顕微鏡写真（エンジン速度：1800 rpm，負荷比2/4）（広島大学・金　燦洙氏提供）．

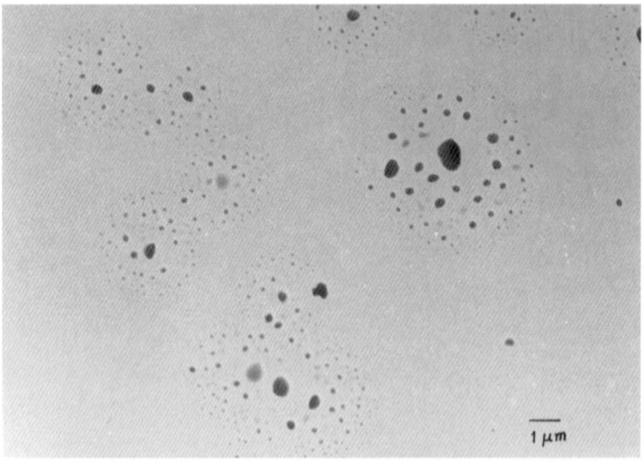

口絵4　硫酸粒子の透過型電子顕微鏡写真．つくば上空の成層圏（17.2-19.4 km）で1994年8月29日11時57分－12時03分に軽量型気球搭載用サンプラーで採集．

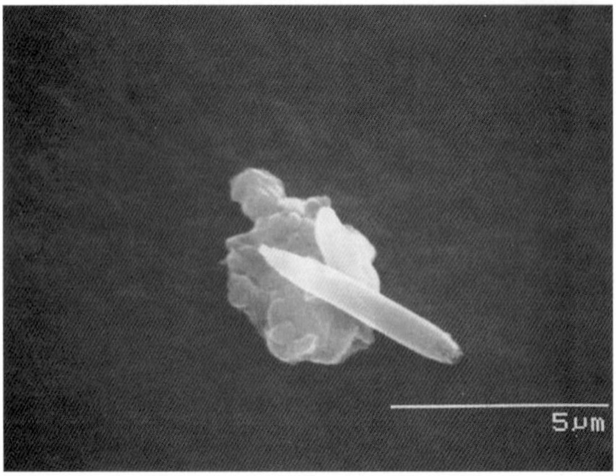

口絵5　硝酸塩を含む黄砂粒子の走査型電子顕微鏡写真．2002年3月に丹後半島でアンダーセンサンプラー2段に捕集．針状の結晶は薄膜法により検出された硝酸塩．

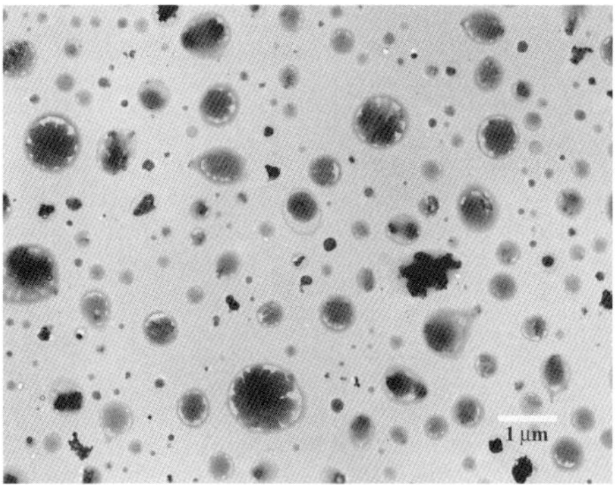

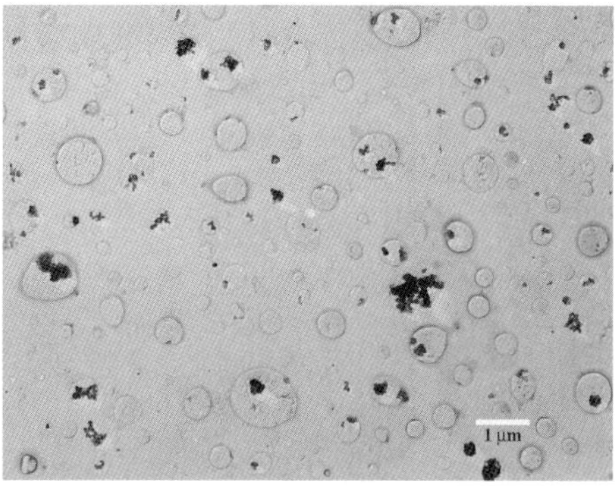

口絵6　都市エアロゾルの透過型電子顕微鏡写真．四日市で1980年8月5日12時35分に低圧式インパクターで採集．水透析（水溶性物質を除去する処理）前（左）と水透析後（右）．

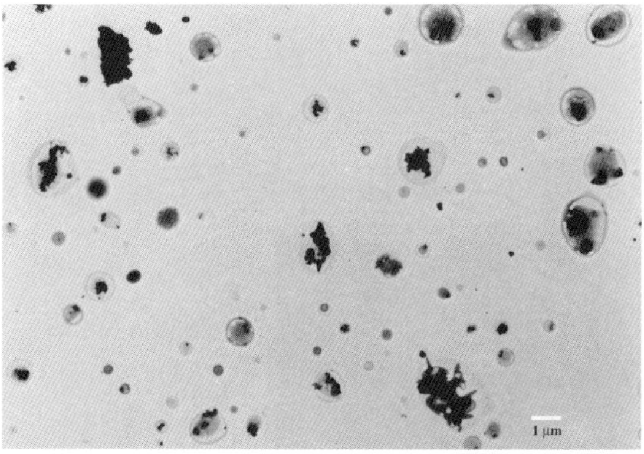

口絵7　クエートの油井火災により日本上空に輸送されたエアロゾルの透過型電子顕微鏡写真．つくば上空高度7.5 kmで1991年4月27日13時01分－25分に航空機搭載のインパクターで採集．

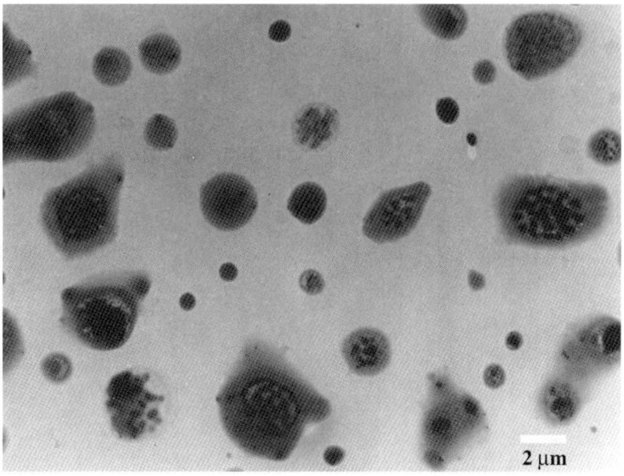

口絵8　森林火災によるエアロゾルの透過型電子顕微鏡写真．インドネシアのカリマンタン上空高度3.2－3.7 kmで1997年10月25日04時45分－48分（グリニッジ時間）に航空機搭載のインパクターで採集．硫酸アンモニウムとベンゼンで溶ける有機物(電子線に対して半透明な部分)が内部混合している粒子．

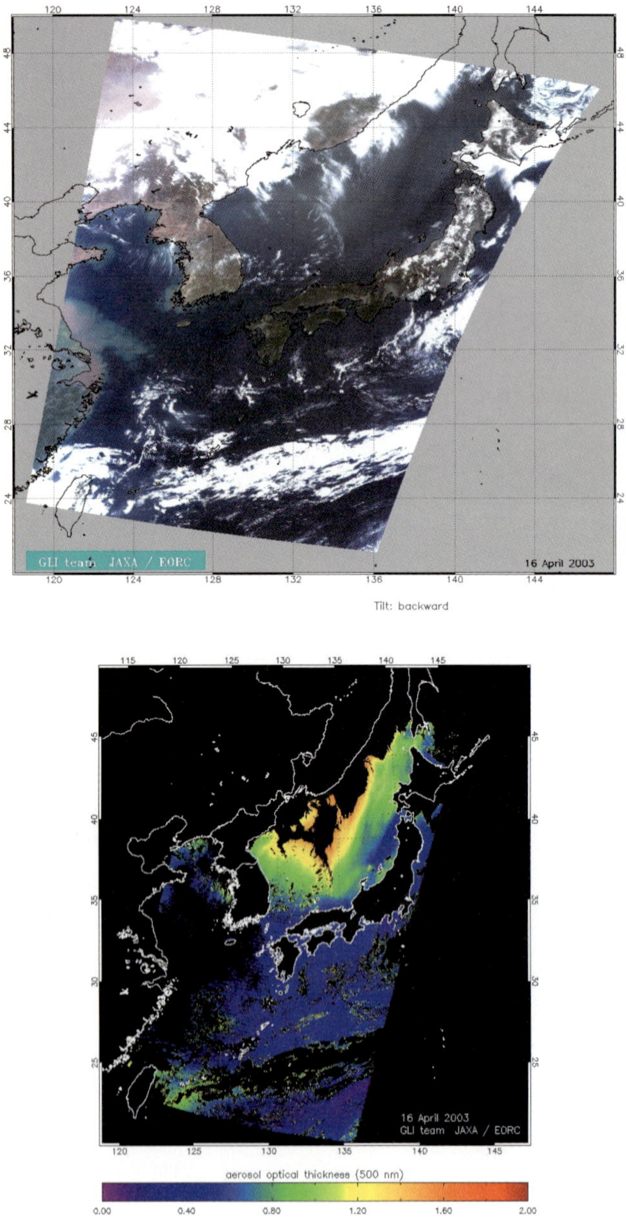

口絵9　2003年4月16日の黄砂時における日本付近の衛星画像.
RGB画像（上），光学的厚さの分布（下）.
（JAXA EORC GLI team, Robert Höller氏提供）

口絵10　花粉の走査型電子顕微鏡写真．スギ花粉（上），ブタクサ花粉（下）．

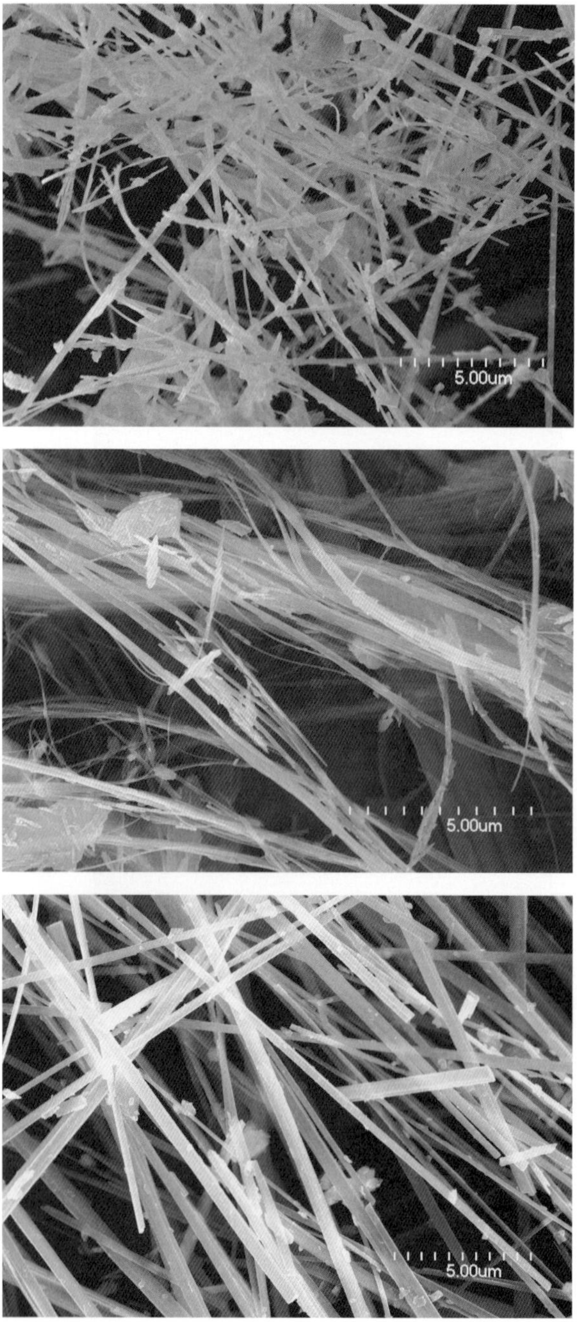

口絵11　アスベストの走査型電子顕微鏡写真．アンモサイト（上），クリソタイル（中），クロシドライト（下）．

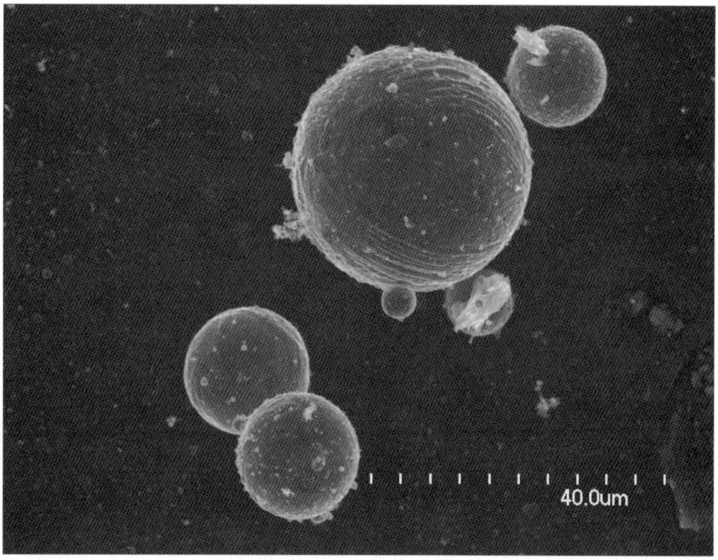

口絵12　金属ヒュームの走査型電子顕微鏡写真（金属溶解炉（キューポラ）の排煙）.

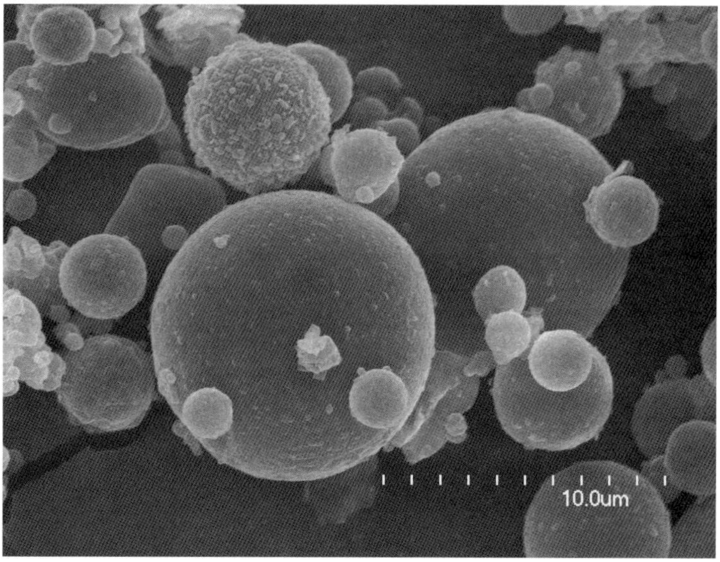

口絵13　フライアッシュの走査型電子顕微鏡写真（石炭燃焼火力発電所の排煙）.

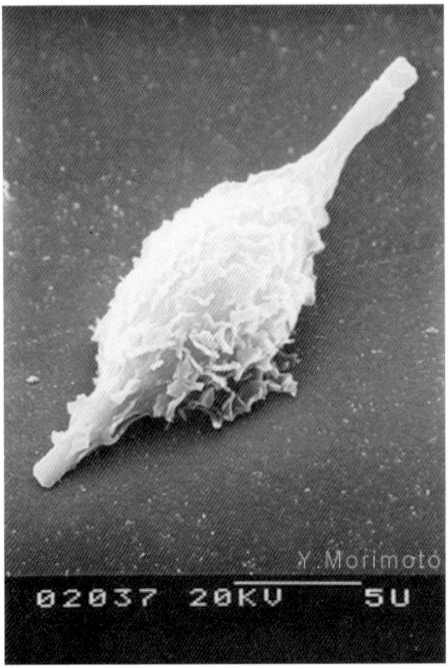

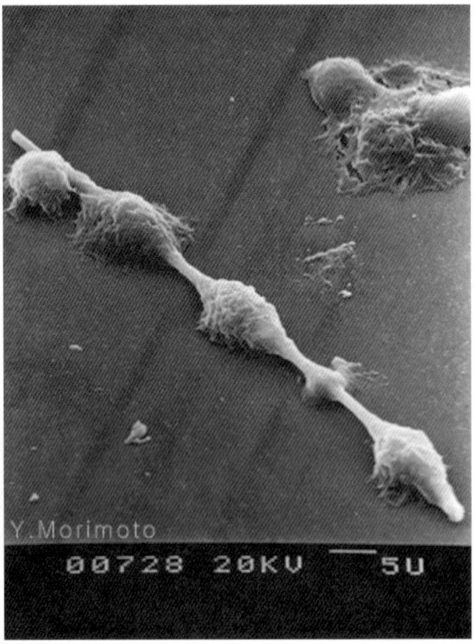

口絵14　ラットに粉じん（繊維状：セラミックファイバー）を吸入曝露して肺組織内で検出された粉じん．吸入されたセラミックファイバーに肺内の異物を除去する細胞（肺胞マクロファージ）が貪食を行っている（産業医科大学・森本泰夫氏提供）．

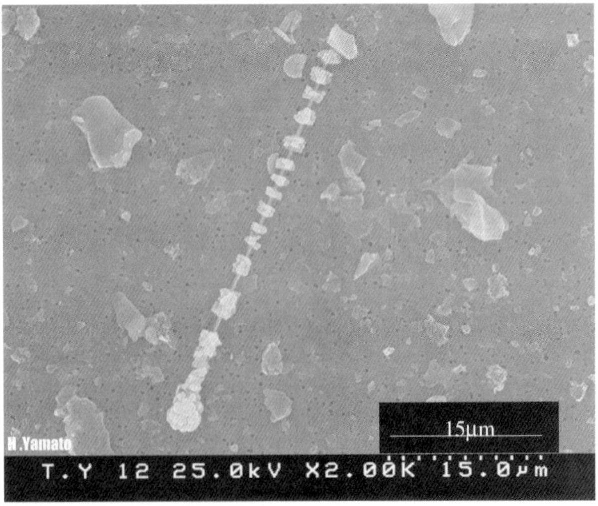

口絵15　アスベスト曝露作業者の肺内から検出された石綿．繊維の先端は，鉄や蛋白によりコーティングされているため，ふくらんでいる（産業医科大学・森本泰夫氏提供）．

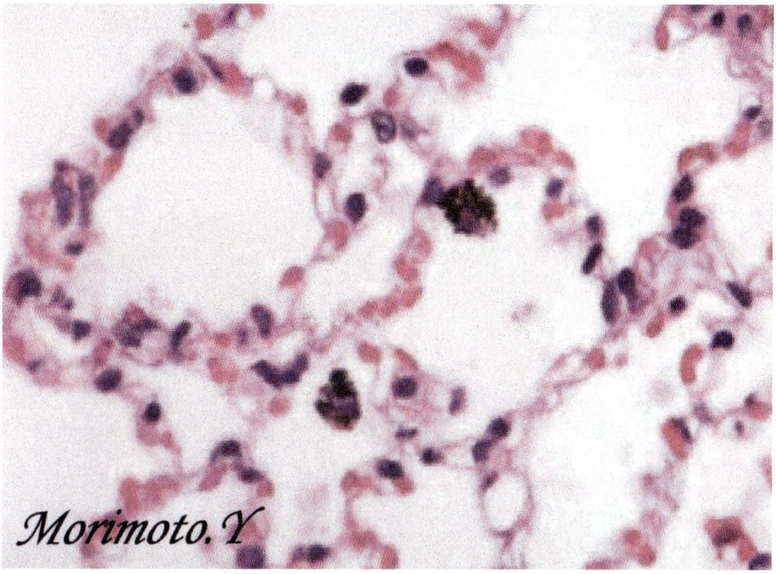

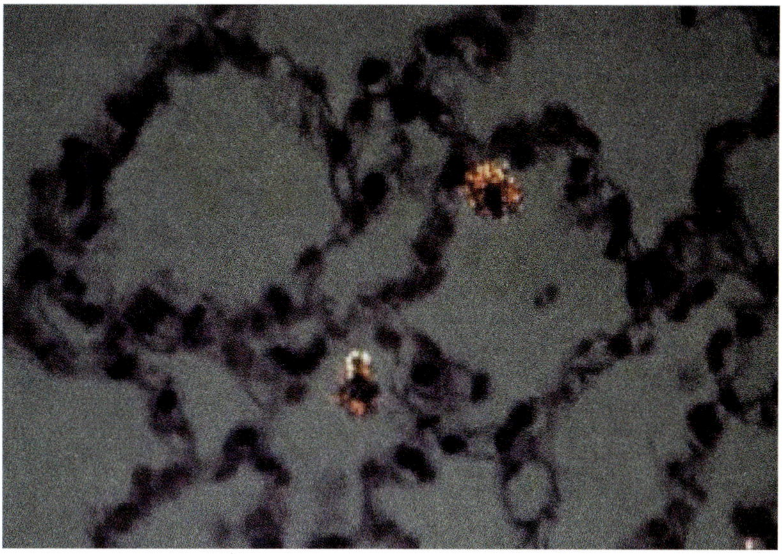

口絵16　位相差顕微鏡による肺組織に沈着した粉じんの検出（上：光学顕微鏡，下：位相差顕微鏡）．粉じんによっては，その特性により肺組織内でも検出が可能なものもある（産業医科大学・森本泰夫氏提供）．

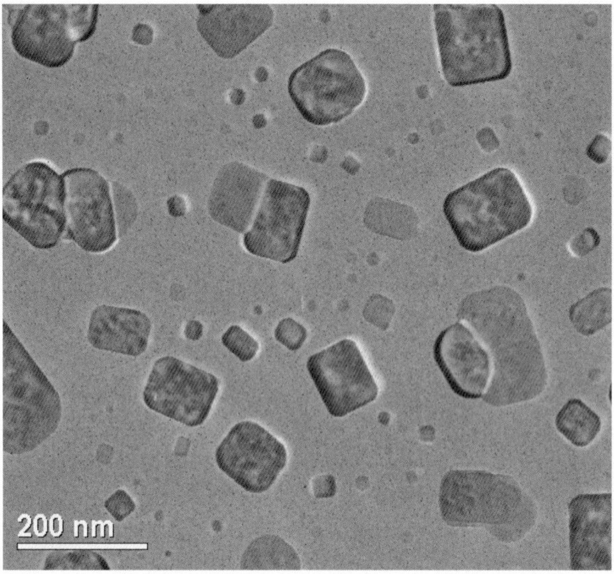

口絵17　PVD法により生成されたNaClナノ粒子の走査型電子顕微鏡写真（電気炉温度：600℃）（広島大学・金燦洙氏提供）.

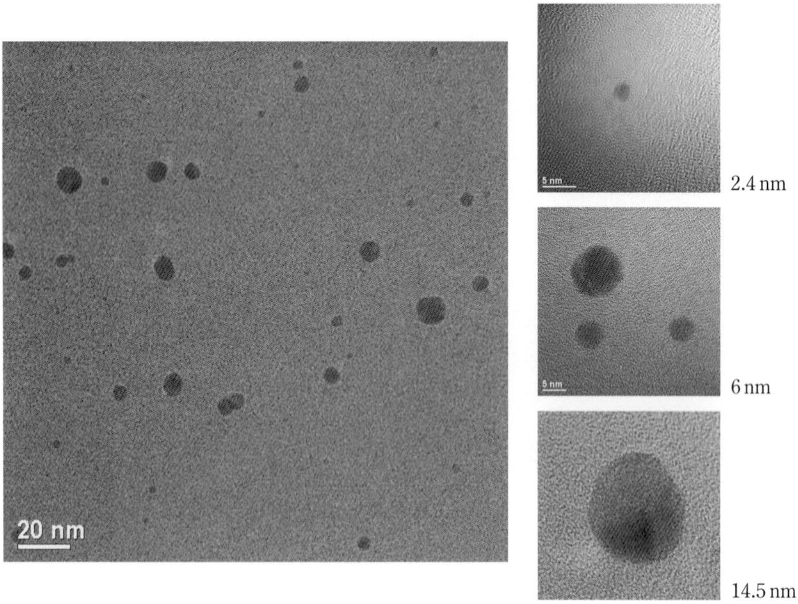

口絵18　PVD法により生成されたAuナノ粒子の走査型電子顕微鏡写真（電気炉温度：1000℃）（広島大学・金燦洙氏提供）.

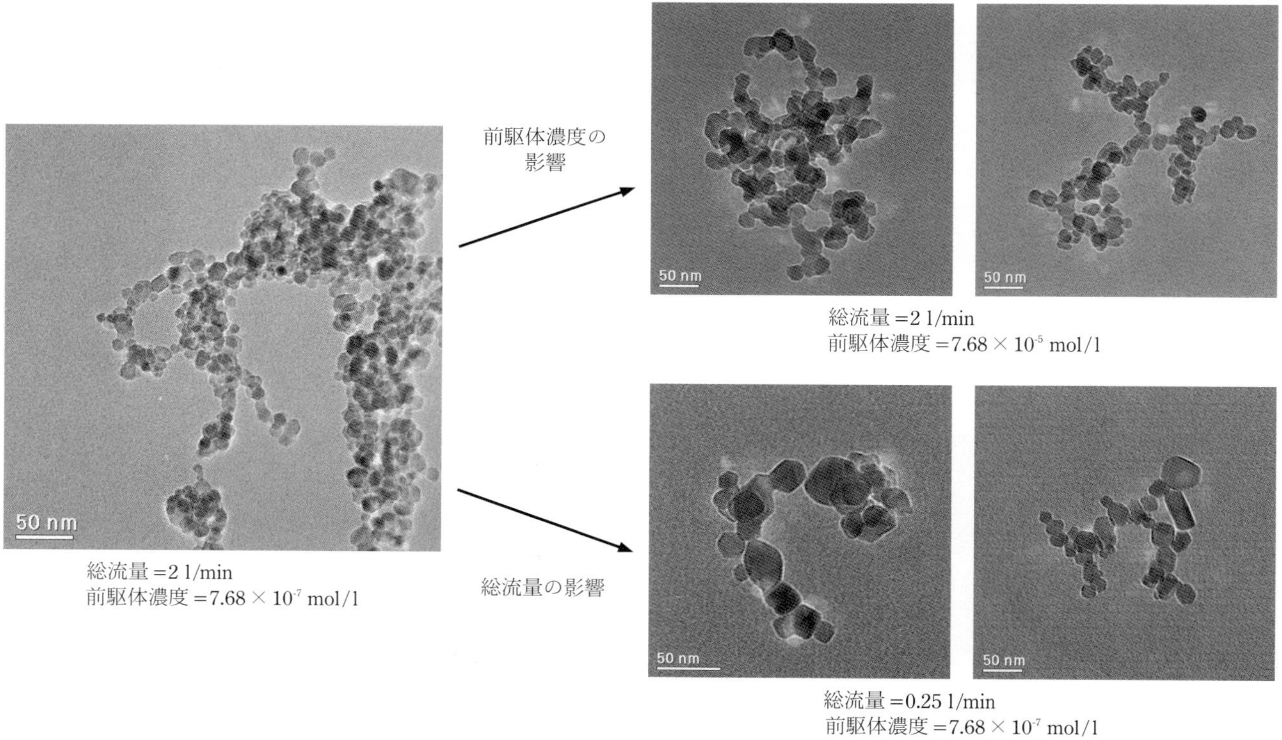

口絵19　CVD法により生成されたTiO_2ナノ粒子の走査型電子顕微鏡写真（電気炉温度：1200℃）（広島大学・金燦洙氏提供）.

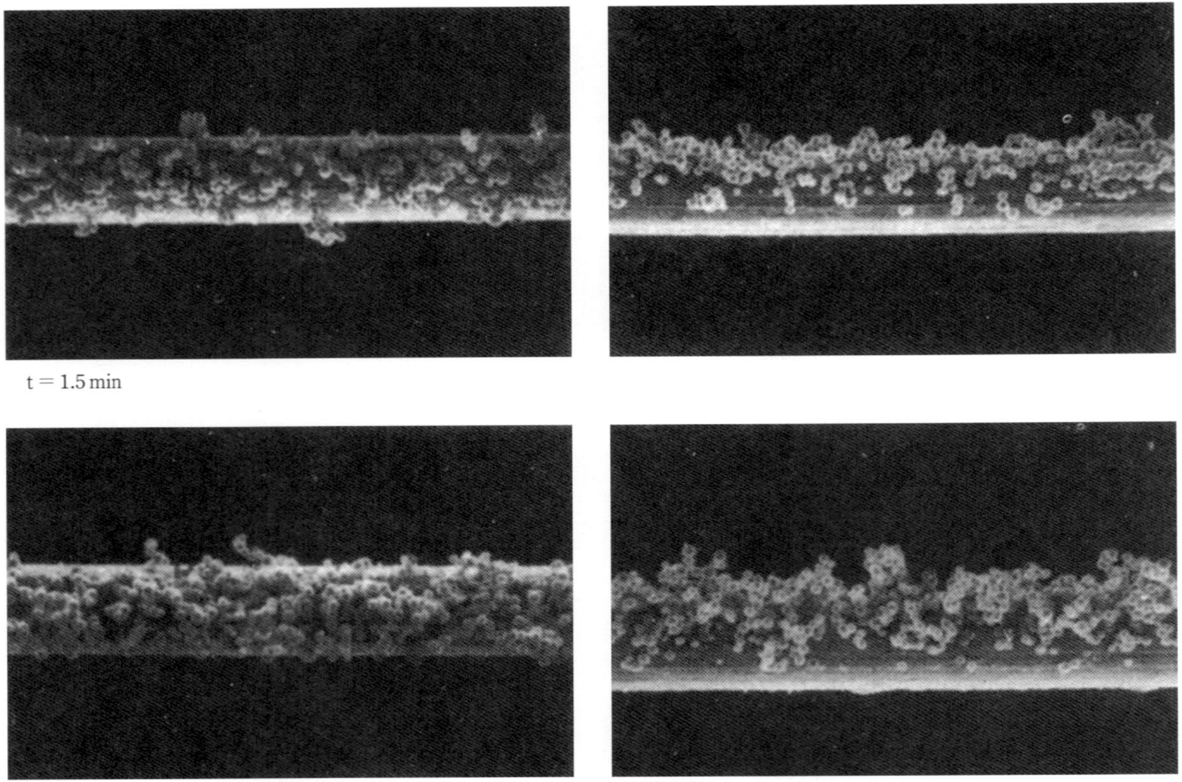

口絵20　タングステン線に捕集された鉛粒子堆積物形状の時間的変化．
（$d_f = 10\ \mu$m, d_p=1 μm, u=50 cm/s, ρ_p=11.34 g/cm^3, Stk=3.5,　R=0.1）

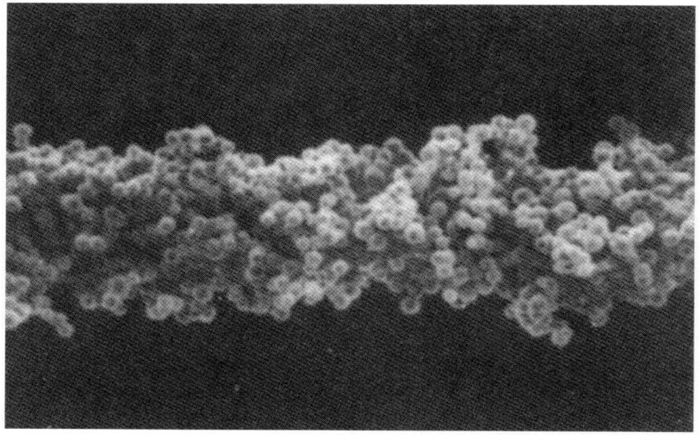

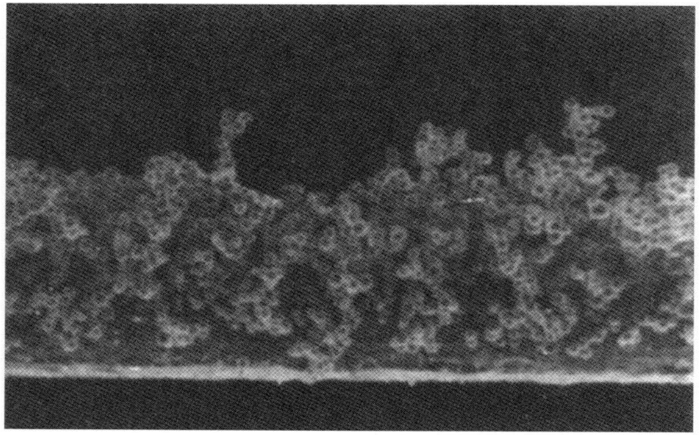

7 min

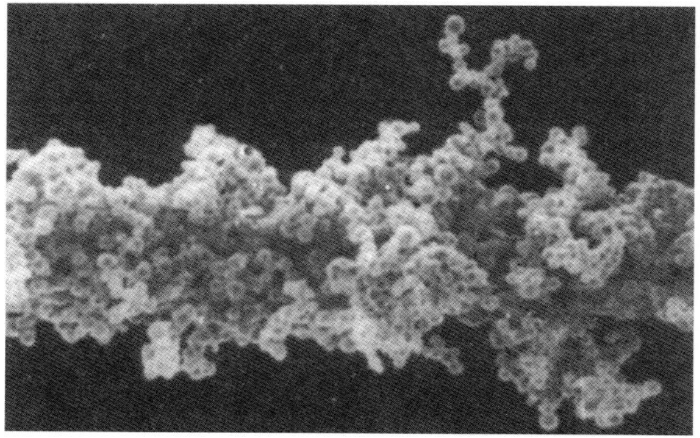

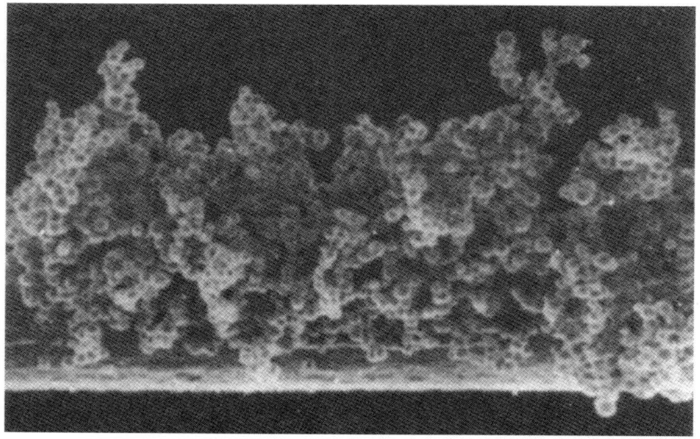

10 min

口絵20（続き）　タングステン線に捕集された鉛粒子堆積物形状の時間的変化．
（$d_f = 10\ \mu m$, $d_p = 1\ \mu m$, $u = 50$ cm/s, $\rho_p = 11.34$ g/cm^3, $Stk = 3.5$,　$R = 0.1$）

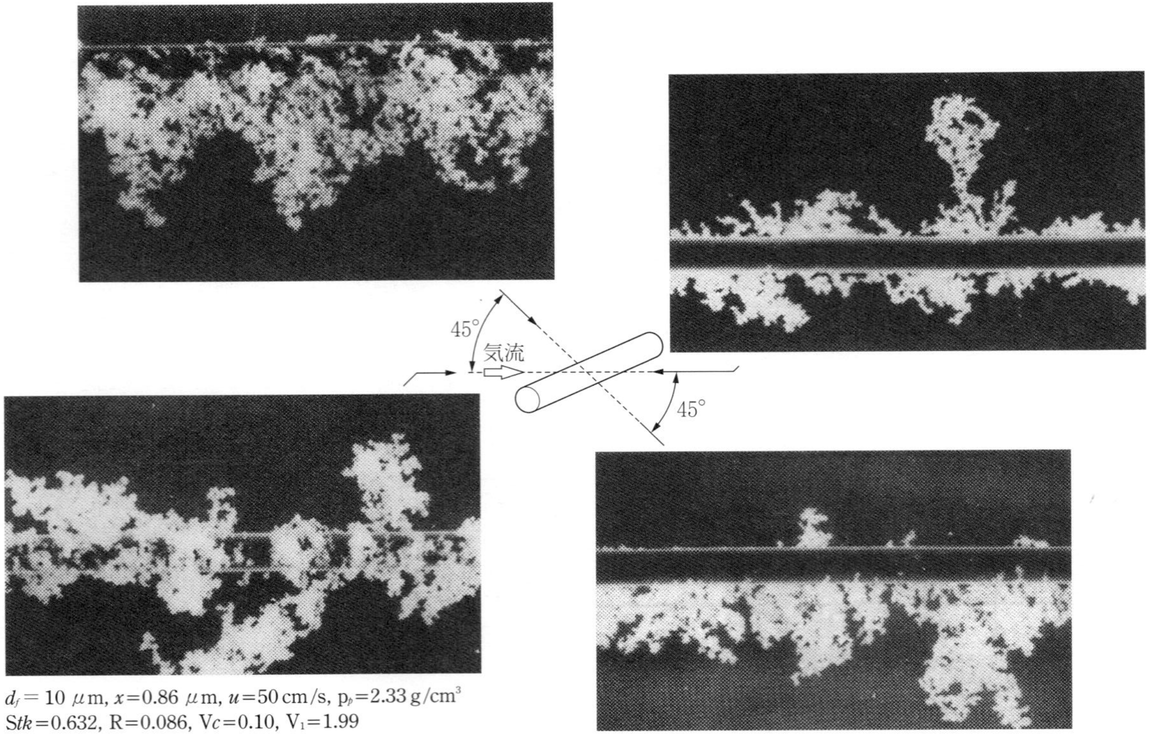

$d_f = 10\ \mu m$, $x = 0.86\ \mu m$, $u = 50\ cm/s$, $\rho_p = 2.33\ g/cm^3$
$Stk = 0.632$, $R = 0.086$, $Vc = 0.10$, $V_1 = 1.99$

口絵21　慣性さえぎりが支配的な場合のワイヤへの粒子の堆積状態.

$d_f = 5\ \mu m$, $x = 0.36\ \mu m$, $u = 6\ cm/s$, $p_p = 2.33\ g/cm^3$
$Pe = 2950$, $R = 0.072$, $Vc = 0.17$, $V_1 = 2.7$

口絵22 拡散さえぎりが支配的な場合のワイヤへの粒子の堆積状態.

2

概　論

エアロゾルとは
Aerosols

■エアロゾルとは

エアロゾル（aerosol）は，空気中に微小な液体粒子や固体粒子が浮遊している分散系，あるいはこれらの微小な粒子そのものを意味する．本来は後者の微小粒子そのものを意味する場合，エアロゾル粒子（aerosol particles）と呼ぶことが望ましいが，通常は区別することなく用いることが多い．また，エアロゾルは生成過程の違いから，粉じん（dust），フューム（fume），ミスト（mist），ばいじん（smoke dust）など，また気象学的には，視程や色の違いなどから，霧（fog），もや（mist），煙霧（haze），スモッグ（smog）などと呼ばれることもある．

私たちの身の回りには，図1に例示したように，ディーゼル自動車の黒煙粒子や硫酸塩粒子，たばこの煙，黄砂粒子，花粉粒子など，エアロゾル粒子の具体例を容易にみることができる．図2は，エアロゾル粒子の大気中における挙動と環境に及ぼす影響をまとめたものである．エアロゾル粒子の発生源は，工場や自動車など人間の活動に伴い排出される人為起源（anthropogenic source）と，樹木や土壌，海水など自然界から放出される自然起源（natural source）とに大別される．大気中に排出されたエアロゾル粒子は，風によって輸送・拡散され，またその間に物理・化学的に反応し変質するとともに，慣性沈着（dry deposition）または湿性沈着（wet deposition）により大気中より除去される．エアロゾル粒子は大気中にはごく微量にしか存在しないが，人間の健康や生活環境，自然環境に及ぼす影響はきわめて大きい．

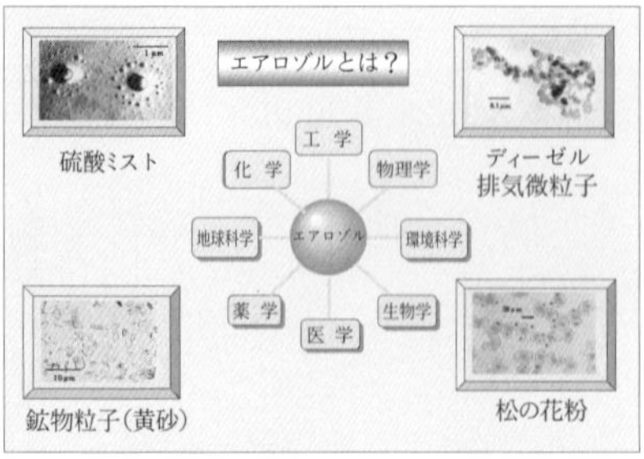

図1　大気エアロゾルとは

■エアロゾル研究の重要性

従来は，大気中のエアロゾル粒子は，重金属粒子やディーゼル黒煙粒子，たばこ煙，アスベスト粒子，放射性粒子など，環境汚染や健康影響などの面で注目され，さらには室内環境としても，作業環境をはじめ，清浄空気を必要とする病院や食品工場，超清浄空気を不可欠とする半導体集積回路の生産工場などのクリーンルームでは，エアロゾル粒子を障害物質とするなど，主として有害粒子として研究されてきた．

特に1990年代以降は，地球温暖化（global warming）や酸性雨（acid rain），成層圏オゾン層の破壊（ozone depletion）

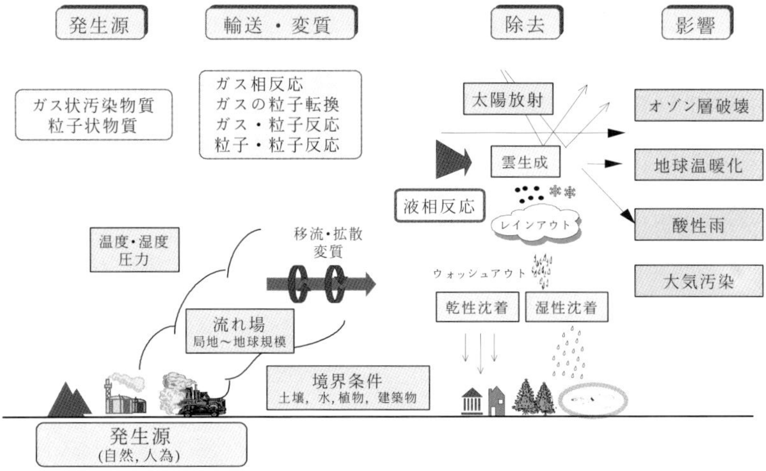

図2　エアロゾル粒子の大気中における動態と環境影響

など，地球環境に及ぼすエアロゾルの影響に注目が集まっている．しかしながら，エアロゾル粒子の広範にわたる性状特性や測定における技術的限界に加え，大気中におけるエアロゾルの性状変化の複雑さ，地域的・時間的変動の多様性のために，大気環境に及ぼすエアロゾルの影響はきわめて複雑であり，エアロゾルの性状，動態に関する知見は十分でない．また，地球温暖化や酸性雨などの地球環境問題では，エアロゾルの性状をも含めた3次元分布の情報が不可欠であるが，測定の困難さから垂直分布はもとより水平分布に関する情報も十分でない．今後，ライダーや衛星による観測技術・解析技術がさらに高まれば，エアロゾルの3次元的情報が増大し，精度の高い環境影響予測が可能になるものと期待される．

一方，化学プロセスにおける粉体としての利用，より効果的な作用をもつ薬剤や医薬品，農薬の開発と利用など，生活に役立つ有用粒子としてのエアロゾルにも少なからず関心がもたれてきた．特に最近では，ナノメートルオーダーの超微小粒子，すなわちナノ粒子がもつ高機能性を生かした新素材の開発など，いわゆるナノテクノロジー（nano technology）の一環として，ナノ粒子の製造法や利用法に強い関心が寄せられている．

これらの例にみられるように，エアロゾルは医学，薬学，農学，工学，理学，環境科学など広い分野に関連している．エアロゾル問題を解明し解決するためには，研究の基礎となる粒子計測法や粒子発生法，粒子の物理・化学的性状や挙動・動態の解明などが不可欠である．

●関連文献・参照文献

J. H. Seinfeld and S. N. Pandis (1998) *Atmospheric Chemistry and Physics*, Wiely Interscience

高橋幹二（著）・日本エアロゾル学会（編）(2003)『エアロゾル学の基礎』，森北出版．

2 概論

エアロゾルの発生源と性状

Source and Characteristics of Aerosols

■エアロゾルの生成と発生源

エアロゾル粒子の生成過程には，冷却や膨張，化学反応により蒸気が凝縮して粒子化する過程と，破砕や飛散など機械的な力を受けて生成する過程とがある．凝縮過程による粒子生成の場合には，発生源から粒子として放出される「一次粒子（primary particles）」と，発生源ではガス状物質として放出されたものが，大気中で粒子化してできる「二次粒子（secondary particles）」とに分類できる．

一方，大気エアロゾル粒子の発生源は，土壌粒子や海塩粒子のような自然起源と，ばいじんやディーゼル黒煙のような人為起源とに分けることができるが，自然起源粒子は機械的な力により，一方人為起源粒子は，燃焼など凝縮過程を経て生成されるものが多い．このように大気エアロゾル粒子の発生源は多岐にわたる上に，ガス状物質と比べた場合，①ガス状物質の場合には通常無視できる自然発生源の割合が，都市域でも20～40％と大きい，②二次粒子の割合が大きく，地球規模的には40～50％に及ぶと推測される，③多種多様の化学成分を含み複雑であるが，逆に発生源に関する多量の情報を有する，などの特徴をもっている．

■エアロゾル粒子の性状

エアロゾル粒子の性状は，図1に示したように粒径，濃度，化学組成，形状，光学的特性，電気的特性，水溶性，反応性など多数の因子により表される．そしてそれらの性状は，個々の粒子がもつ固有の性状はもとより，媒質である空気の温度や湿度，圧力，他の物質との反応といった物理・化学的な条件，また建物や土壌，森林といった境界条件などと密接

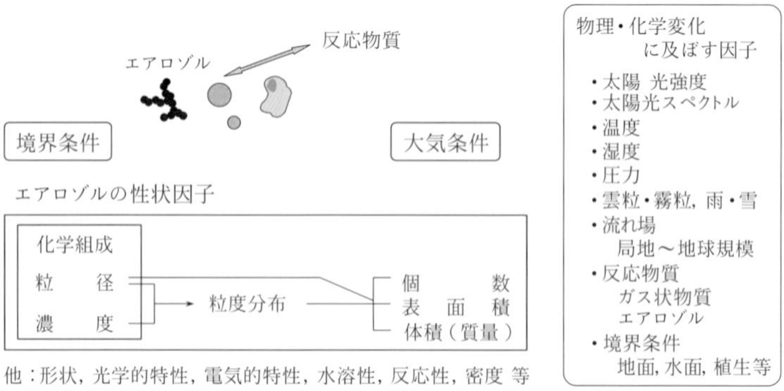

図1　エアロゾル粒子の性状とそれに及ぼす因子

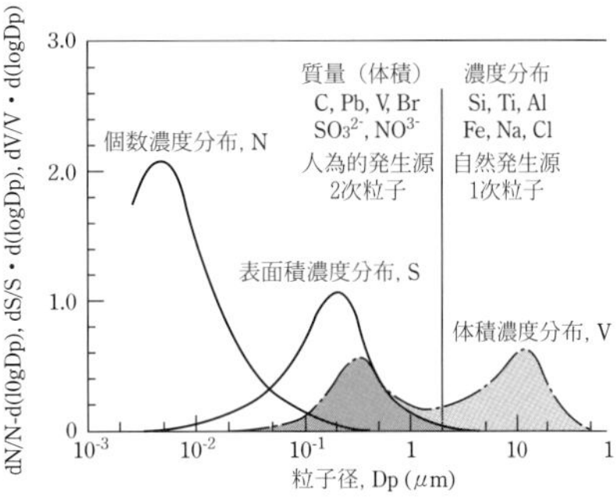

図 2　個数，表面積，体積基準で示した大気エアロゾル粒子の典型的粒度分布と主要化学組成

な関係をもちながら，時々刻々と変化していく．このようにエアロゾル粒子は，多数の因子に依存することに加え，例えば粒径に関しては分子に近い数nm（10^{-9}m）から雨滴の1 mm（10^{-3}m）まで5～6桁に及び，質量濃度に関しては p g/m^3（10^{-12} g/m^3）から m g/m^3（10^{-3} g/m^3）まで9桁に及ぶといったように，対象範囲はきわめて微小・微量であり，その上数桁に及ぶ広い範囲を対象とせねばならないことが多い．したがって，エアロゾル研究の基本となるエアロゾル粒子の粒径測定一つとっても，単一の方法はもとより同一の原理に基づく方法により全域をカバーすることは容易でなく，これらの性状特性がエアロゾルの計測技術や現象の解明などを困難とする大きな原因となっている．

エアロゾルに関わる各種問題においては，一般に粒径，濃度，化学組成が，最も重要な因子となるが，対象となる問題によっては，他の因子がより重要となることもある．例えば，エアロゾル粒子の地球温暖化／冷却化効果においては粒子の光学的特性が，また酸性雨においては粒子の水溶性や反応性が，上記3因子とともに重要となる．

さらに，粒子濃度は，個数，表面積または体積（質量）を基準として表される．雲粒の生成ではエアロゾル粒子の個数濃度が，不均一粒子生成のようなガス－粒子反応では表面積濃度が，またエアロゾルの健康影響では質量濃度がといったように，問題となる事象により重要となる基準は異なり，的確な基準を選択する必要がある．なお多くの場合，粒径と濃度は組み合わせて図2に示したように，個数，表面積，体積粒度分布として表される．大気エアロゾルの体積粒度分布は，多くの場合図2に見られるように，1～2 μm付近を谷とした二山型分布として表され，微小粒子と粗大粒子では生成・発生機構や除去機構の違いにより，化学組成は大きく異なる．

なお最近では，超微量分析技術の進展により，化学組成別質量粒度分布のように主要3因子を同時に表すことも可能となっている．エアロゾル粒子の性状や現象解析は，通常，バルクとしてのエアロゾル粒子群に対し，マクロ的に取り扱われているが，測定・分析技術の進展により，個別粒子に対するミクロ的な性状解析・現象解析も可能となっている．

●関連文献・参照文献

J. H. Seinfeld and S. N. Pandis (1998) *Atmospheric chemistry and Physics*, Wiely Interscience.

高橋幹二（著）・日本エアロゾル学会（編）（2003）『エアロゾル学の基礎』，森北出版.

大気中の動態

Aerosol Dynamics

大気エアロゾルの動態とは，発生・放出，浮遊・滞留，除去・沈着の各過程における粒子自体の変遷を指す場合と，ある場におけるマス全体の変動を指す場合がある．

粒子自体を対象とした場合，粒子径変化など物理性状の変化を伴う場合を物理的動態変化，ガス成分の粒子化など化学性状の変化を伴う場合を化学的動態変化と言う．また，大気中に浮遊するエアロゾルマスの空間的変動や時間的変動を対象とする場合を大気動態と言い，大気輸送モデル分野あるいはライダー等リモートセンシング分野でその動態把握が研究対象となっている．自動車など発生源から放出された直後のエアロゾルの物理的変化や化学的変化は短時間に激しく生じる．そのような場を対象として，エアロゾルの発生源動態と言うこともある．

■硫黄化合物と窒素化合物の動態

図1に示すように，各種発生源から生

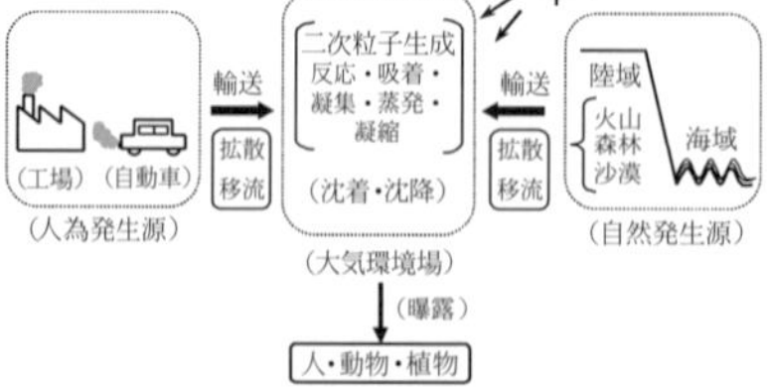

図1　大気エアロゾルの動態に係わる主要機構と場

じる大気エアロゾルは，輸送される大気環境場の温湿度や日射量，共存するガスや粒子群などの周辺環境条件に応じて，より安定な状態へと動態変化する．このような動態変化機構を考慮しなければ，大気環境場での対象成分の滞留・沈着量を精度良く推定することができない．二次粒子生成には，都市大気中に多く存在する窒素酸化物や揮発性有機化合物などの光化学反応過程で生成するOHラジカルや光化学オゾンが重要な役割をする．例えば，大気中に多く存在する含硫黄，含窒素化合物は，元素の価数変化を伴いながら物質変化をすることが知られており，表1，表2のようにまとめられる(Galloway *et. al.*, 1985)．多種類のガス態硫黄化合物や窒素化合物は大気中に存在するOHラジカルやオゾンなどとの反応過程を経て，より安定なガス態化合物へと変化し，最終的には最も安定な硫酸塩エアロゾルや硝酸塩エアロゾルへと動態変化する．

■動態の計測手法

動態変化を測定することは，今日のエアロゾル計測における重要テーマの一つとなっている．

採気した大気中のエアロゾルに電荷を与え，粒径別の電荷量変化から個数計測する方法があり，既に秒単位の短時間で連続計測可能な装置が実用化されてい

表1　大気中イオウ化合物の存在形態

イオウの価数	イオウの存在形態	
	ガス	エアロゾル
＋Ⅵ	$(SO_3)(H_2SO_4)$	H_2SO_4, HSO_4^- NH_4HSO_4, $(NH4)_2SO_4$
＋Ⅳ	SO_2	$H_2O \cdot SO_2$, HSO_3^- CH_3SO_3H
＋Ⅱ	(SO)	－
－Ⅱ	H_2S,RSH,RSR, RSSR,CS_2,COS	－

注）（　）内で示した形態は，大気中で極微量存在するか，あるいは存在が不確かなものもある．

また，バックグラウンド地域では，$R=CH_3$ 形態の炭化水素が支配的に存在する．

*均一系粒子生成で重要なOHラジカルによる反応機構は，以下のように考えられている．

$SO_2+OH(+M) \rightarrow HOSO_2(+M)$

$HOSO_2+O_2 \rightarrow HO_2+SO_3$

$HO_2+NO \rightarrow OH+NO_2$

$H_2O+SO_3 \rightarrow H_2SO_4$　（粒子生成）

$H_2SO_4+NH_3 \rightarrow NH_4HSO_4$　（粒子生成）

$NH_4HSO_4+NH_3 \rightarrow (NH_4)_2SO_4$　（粒子生成）

表2　大気中窒素化合物の存在形態

窒素の価数	窒素の存在形態	
	ガス	エアロゾル
＋Ⅴ	NO_3, N_2O_5, HNO_3, $R(O)O_2NO_2$	HNO_3, NO_3^-, －
＋Ⅳ	NO_2,（N_2O_4）	HNO_2^-, NO_2^-
＋Ⅲ	HNO_2	－
＋Ⅱ	NO	－
＋Ⅰ	N_2O	－
0	N_2	NH_4^+, RNH_3^+, etc.
－Ⅲ	NH_3, RNH_2, R_2NH, R_3N	

注）（　）内で示した形態は，大気中で極微量存在するか，あるいは存在が不確かなものもある．

また，バックグラウンド地域では，$R=CH_3$ 形態の炭化水素が支配的に存在する．

*均一系粒子生成で重要なRO_2, HO_2, OH各ラジカル，O_3が関与する反応機構は，以下のように考えられている．

$NO+O_3 \rightarrow NO_2+O_2$

$NO+RO_2 \rightarrow NO_2+RO$

$NO+HO_2 \rightarrow NO_2+OH$

$NO_2+O_3 \rightarrow NO_3+O_2$

$NO_3+NO_2 \rightarrow N_2O_5$

$N_2O_5+H_2O \rightarrow 2HNO_3$　｝（都市部夜間に優先）

$OH+NO_2(+M) \rightarrow HNO_3(+M)$

（都市部昼間に優先）

$HNO_3+NH_3 \rightarrow NH_4NO_3$　（粒子生成）

$HNO_3+NaNO_2 \rightarrow NaNO_3+HCl$

（粒子生成，不均一系反応）

る．沿道等発生源に近い大気環境場でエアロゾル粒径変化をこの方法でモニタリングした結果，50 nm以下の極微小領域に30 nmをピークとする極微小エアロゾルの分布があることが確認されている．物理的動態変化の計測に比べ，化学的動態変化の計測は研究開発の域を出ていない．その中で，粒子の化学的動態をリアルタイムにモニタリングする計測法として飛行時間型質量分析法（TOF-MS）が注目されている．しかし，TOF-MSによる化学組成変化の観測データは今のところ定量性に乏しいのが難点である．

大気エアロゾルの三次元的濃度変動をリアルタイムに計測する手段としてレーザーレーダー（ライダー）がある．ライダー観測では，定点上空を輸送される黄砂や二次生成エアロゾルなどの空間分布の変化を秒レベルで捉えることができる．

●関連文献・参照文献

Galloway, J. N., R. J. Charlson, M. O. Andreae, H. Rodhe and M. S. Marston (1985) *The Biogeochemical Cycling of Sulfur and Nitrogen in the Remote Atmosphere* (NATO ASI Series), D.Reidel Publishing Co.

森田昌敏・不破敬一郎（編著）（2002）『地球環境ハンドブック』，朝倉書店．

エアロゾルの健康影響

Health Effects of Aerosols

■はじめに

皮膚や粘膜などの人体上皮にエアロゾルが付着すると，健康影響を引き起こすことがある．化学毒性物質や放射線などによる物理化学的病態や，感染，アレルギーなどによる生物学的病態がそれである．室内空気や大気環境をはじめとして，水環境や食（栄養）環境が，有害エアロゾルによって汚染されることが，人の生存に致命的となることもある．

浮遊粒子状物質（粒径10 μm以下のエアロゾル）の大気環境基準は，日平均値が0.1 mg/m^{3}以下，1時間値が0.2 mg/m^{3}以下である．エアロゾルの高濃度時における健康影響としては，塵肺症やミストによる肺毒性，ベンゾ(a)ピレンやジニトロピレンによる肺ガン原性・変異原性有機物種による瞬時誘発などがある．

■呼吸器系とエアロゾルの沈着

人間の呼吸器系を図1に示した．呼吸器系は，前鼻孔～声門の上気道と，声門～肺胞道前部の気管，気管支からなる下気道，および肺胞からなっている．肺胞では毛細血管を介して酸素と二酸化炭素のガス交換を行っている．

エアロゾルによる健康影響は，エアロゾルの毒性とともに呼吸器系への粒子の沈着およびクリアランス（沈着した粒子の除去または移動）機構に依存する．エアロゾルの沈着では，粒径や形状，化学性状，吸湿性など粒子自身の性状とともに，気道の内径や長さなど気道の形態学的因子，さらには1回呼吸量や呼吸回数など生理学的因子が影響する．

花粉などのように粒径が数μm以上のエアロゾル粒子の場合には，粒子はその多くは重力沈降や慣性衝突により，結膜や上気道に沈着するが，粒径が数μm以下になると，粒子は下気道や肺胞にまで到達する．一方，粒径が0.1 μm以下の微細な粒子は，拡散による沈着が支配的となり沈着率は粒径が小さくなるほど大きくなる．そのため，0.1～1 μm程度の粒子の沈着率が最も小さくなり，肺の深部まで侵入する．

呼吸条件もエアロゾルの気道内での沈

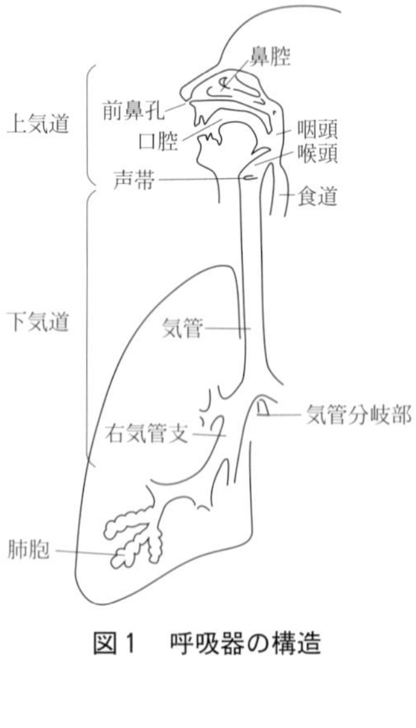

図1　呼吸器の構造

着に影響を及ぼす．呼吸数が増大し，呼吸気内での滞留時間が短くなると，全体的に沈着率は低下する．

しかしながら，沈着した粒子の全てが障害を起こすとは限らない．これは，粒子の性状によりクリアランス機構が異なるためである．クリアランス機構では，粒子の溶解性がきわめて重要な要素となり，溶解性粒子の場合には，一般に血液や尿を通して排泄される．一方，非溶解性の粒子の場合には，人体に及ぼす影響は，どこの部位に沈着したかが最も重要な要素となる．

エアロゾルの健康影響は，粒子性状のみについてみた場合でも，質量濃度とともに粒径や化学性状，溶解性などにも大きく依存する．

■エアロゾルの健康影響

ガス状物質であるSO_2は，水に溶けやすいために，鼻やのど，気管・気管支などの上部気道で吸収されやすく，気道粘膜刺激をおこし，四日市公害でみられたように慢性気管支炎や気管支喘息を誘発する．また，微細なエアロゾルが共存するとSO_2は，エアロゾル表面に水蒸気とともに凝縮し，下部気道にまで到達し，人体に対しより大きな影響を及ぼす．

窒素酸化物NOxは水に溶けにくいため，下部気道に侵入し易く，SO_2に比し下気道・肺胞での沈着，吸収が大きく，COと同様にヘモグロビン（Hb）と結合して$Hb\text{-}O_2$結合を阻害し，貧血や酸欠を起こす．大気がNOxやSO_2を含むばい煙（smoke）で汚染され，さらに霧（fog）が発生している状態を“smog”というが，1952年のロンドンスモッグでは約4000人の酸欠や肺炎による死亡者を出した．

塵に寄生する表皮ダニは，世界中のハウスダスト中に生息しており，アレルギーの原因抗原性をもつ．

乾電池の焼却などに伴い排出される無機水銀Hg粒子は，経気道的に吸入され，血漿タンパクと結合して腎に蓄積，尿細管壊死から尿毒症を起こす．また，カドミウム粒子は，肺気腫や腎障害性の骨軟化，全身性の神経痛などをきたす．

塩素は生命体毒性をもっている．したがって，塗料や殺虫剤，農薬などの有害塩素系エアロゾルを屋内外で多用する場合には，急性中素症状（呼吸困難～死）に気をつける必要がある．なかでも発ガン，催奇型素性をもつダイオキシンについては，徹底した大気質，水質のモニタリングを行い予防措置を取ることが重要である．また，アスベストやたばこ煙などの肺ガン誘発性のエアロゾルの人体影響については，「8 健康・医療とエアロゾル」の章それぞれ詳述されているので参照されたい．

なお，エアロゾル医学では，上述したような有害エアロゾルによる病態とその予防・治療のみならず，喘息や花粉症をステロイドなど薬物エアロゾルを吸入して治療する有用エアロゾルについても，研究がなされている．

●関連文献・参照文献

馬場駿吉・後藤幸生・佐藤良暢（編）（1990）『エアロゾル吸入療法』南江堂．

粉体工学会（編）（1998）『粉体工学便覧』（第2版），日刊工業新聞社．

佐藤良暢・吉村学（編著）（2003）『臨床病態学』（第3版），南江堂．

性状と環境影響

Characteristics and Environmental Effects of Aerosols

■大気エアロゾル

大気中には，煤，有機物粒子，硫酸ミスト，硫酸アンモニウム粒子，硝酸アンモニウム粒子，海塩粒子，重金属粒子，土壌粒子など様々な粒子が浮遊しており，これらを総称して大気エアロゾルと呼ぶ．大気エアロゾルの大きさは，分子よりもやや大きい0.003 μmから雲粒の100 μmまで，5桁にもわたっている．大気中の濃度は，南極などの非常にきれいなところでは1 m^3当たり数百個程度であるが，大都市や工業地帯のような汚染地域では数十万個にまで及ぶ．写真1に，長崎県の福江島と札幌で捕集されたエアロゾルの電子顕微鏡写真を示す．

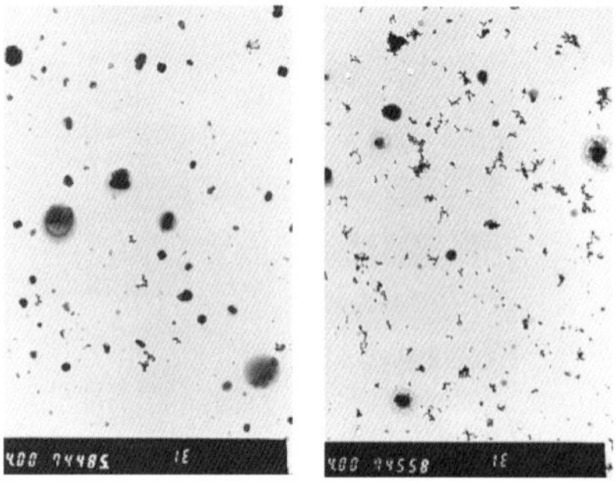

写真1：長崎県五島列島福江島（左）と札幌（右）で採取された粒径2 μm以下の大気エアロゾルの顕微鏡写真．福江島の写真中の最も大きなエアロゾルの直径が約1 μmである．黒い繊維状に見えるものが煤粒子，円形のものは硫酸粒子，有機物粒子あるいは金属粒子，ほぼ四角形の粒子は海塩粒子と思われる．

■エアロゾルによる雲と雨の生成

大気エアロゾルは，雨滴や雪の生成に大きく関与している．いま大気中には水蒸気のみしかない清浄な状態を考えると，水滴ができるには相対湿度で400 %もの過大な飽和状態にならねばならない．しかし実際には大気中では相対湿度が100.5 %程度，すなわち飽和状態をほんの0.5 %超えただけで雲粒や霧粒が出現する．これは大気中には硫酸アンモニウム粒子や海塩粒子など水溶性の粒子が存在しており，これらの粒子を核として水滴が作られるからである．

なお，温帯地方で降る雨は，この雲粒が成長して降ってきたものではなく，大きな雪結晶（雪片）が溶けて降ってきたものである．この雪結晶の生成の際にも核（氷晶核）が必要であり，土壌粒子や火山灰，ヨウ化銀の結晶などの水に溶けない粒子（不溶性エアロゾル）が氷晶核として作用する．気温が℃以下の上空で氷晶核を基にして氷晶が生成される．氷晶と過冷却の水滴（雲粒）が共存している雲がある場合，雲の上昇が弱まったり周囲からの水蒸気の供給が低下すると，過冷却雲粒は蒸発するが，その放出された水蒸気を氷晶が吸収し成長して雪結晶となり雪片となる．この雪片が落下し，0 ℃ 以上の下層で溶けて降ってきたものが雨である．このように大気中にあるエアロゾルのおかげで雨や雪が降り，我々が利用できる真水（陸水）が供給されている．

エアロゾルと酸性雨現象

大気汚染が深刻な地域においては，二酸化硫黄ガス，硫酸ミスト，硫酸アンモニウム粒子，硝酸ガス，硝酸アンモニウム粒子などの酸性物質が多量に浮遊している．これらのうち，硫酸ミストが雲粒形成の核となることにより酸性の雲・霧が生じる．また中性の雲粒に二酸化硫黄ガスや硝酸ガスが吸収されればやはり酸性の雲・霧となる．一方，酸性物質が降水雲の下に存在すと，落下する雨滴や雪粒子と酸性物質が衝突することにより，雨や雪が酸性化する．これらの機構により，酸性雨や酸性霧が発生し，雨や雪が酸性化する．

なお，酸性物質が，霧によって地表の物体に付着し吸収されたり，雨および雪によって地表に降下する場合，これを湿性沈着と呼ぶ．一方，降水過程を経ずに，酸性物質が直接降下して地物に付着・吸収されることを乾性沈着といい，湿性沈着と乾性沈着の両者を合わせて酸性沈着という．一般に大気汚染物質の発生源の近くでは乾性沈着による降下が多いが，発生源から遠ざかるにつれて湿性沈着による降下が効果的になる．

エアロゾルによる地球の冷却化

エアロゾルは気候にも大きな影響を与える．すなわち硫酸粒子や有機物粒子などは透明なため太陽光を非常によく散乱・反射する．このためこれらのエアロゾルが増加すると太陽光が宇宙空間へ跳ね返されて地表面に到達する量が減ってしまい，地球は冷却される．これを「エアロゾルの直接効果」という．一方，水溶性のエアロゾルは上述のように雲粒生成の核として働くため，水溶性エアロゾルが増加すると生成される雲粒は粒径が小さいものがより多くなり，その結果雲層の日射反射率が増加する．このため地表面に到達する日射量が減少し地球は冷却される．これを「エアロゾルの間接効果」という．

近年，二酸化炭素などの温室効果気体の増加による地球の温暖化が問題となっている．これまでの観測結果では，過去100年間に地球の平均気温は約0.6℃ 上昇した．ところがこの100年間の温室効果気体の増加量を基に地球気温の上昇量を計算したところ，地球はさらに0.4℃ 程度，すなわち100年間で平均気温が約1.0℃ 上昇しているはずであることが分かった．この食い違いは，近年の世界的な大気汚染の進行に伴い，大量の二酸化硫黄ガスが排出され，硫酸エアロゾルが増加し，直接効果および間接効果により地表気温を低下させているためではないかと言われている．

なお，二酸化炭素やフロンガスなどは比較的安定な物質であるため，地球上でほぼ一様な分布をしているが，エアロゾルは大気中にほぼ10日間程度しか存在できないため，地球上の分布が大きく偏っており，その結果，冷却効果もさまざまな地域で大きく異なると考えられる．特に東アジア地域は，今後，経済発展に伴い，エアロゾルの濃度が増加することが予想されることから，今後どのような種類のエアロゾルがどの度程増加するかを予測すること，また，その結果温暖化にどのような影響を及ぼすかを定量的に見積もることが非常に重要な課題となる．

3
物　性

粒径と粒度分布，粒子とエアロゾルの物理性状決定因子

Particle Size, Particle Size Distribution, and Influence Factors

粒径と相当径

エアロゾルを構成する粒子の大きさは一般に粒径をもって表現され，多くの場合は直径が用いられる．単位はマイクロメートル（μm，10^{-6}m）またはナノメートル（nm，10^{-9}m）を使うことが多い．粒径は，粒子が球形で，かつその幾何形状を顕微鏡により可視化できる場合には一意的に求めることができる．しかしながら，形状が球形でない場合や，粒子を可視化できず間接的な測定により粒径を決定する場合が実際にはほとんどであり，前者では観測される幾何形状に対し何らかの手順を用いて算出される粒径（幾何相当径）として，後者では同じ測定量を与える仮想粒子の粒径（物理相当径）として求める．幾何相当径としては定方向径（Feret's diameter），定方向等分径（Martin's diameter），円等価径（projected area diameter）などがあり，物理相当径としては空気力学径（aerodynamic diameter），ストークス径（Stokes diameter），光散乱径（optical diameter），電気移動度径（electrical mobility diameter）などがある．こうした相当径は等価ではないので，同一粒子の異なる相当径を比較した場合でも値が大きく違うことがあり，相当径の取り扱いには注意が必要である．

粒度分布

あるエアロゾルに対して，その構成粒子の粒径と個数濃度の関係を表したものを個数粒度分布と呼び，エアロゾルがどのような大きさの粒子をどのような比率で含み，また，どの粒径範囲に粒子が偏在するかを表現するものである．個数濃度を粒径による相対頻度として表したものを粒度分布関数（size distribution function）と呼ぶ．ただし，広義には相対頻度の代わりに絶対濃度で表したものも含む．横軸に粒径，縦軸に粒度分布関数をとったグラフにおいては，総粒子濃度に対するある2粒径間の粒子の頻度は，分布関数と横軸のあいだに挟まれる領域の面積をこの2粒径間に関して計算した値として求められる．また，ある粒径以下（“ふるい下”）あるいはある粒径以上（“ふるい上”）の粒子の累積頻度（累積粒度分布関数，cumulative size distribution function）も分布を表す手段として用いられることがある．これらの表現方法は相互に変換が可能であり，目的に応じて使い分けられる．特に後者は，このあとで説明される統計的数値による粒度分布の取り扱いにおいて有用である．グラフの表記では，表示する粒径範囲や頻度範囲が何桁かに及ぶ場合には対数軸が用いられる．また，粒度分布関数としては，個数濃度以外に表面積濃度，体積濃度，あるいは質量濃度によるものも用いられる．図1は，粒度分布とふるい上分布の関係を示したものである．

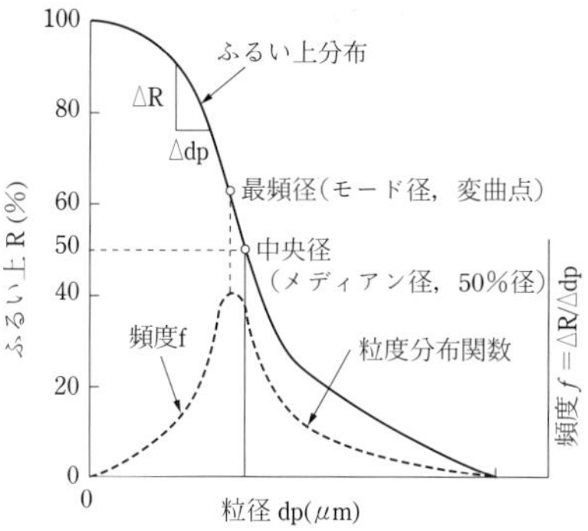

図1　頻度分布とふるい上分布の関係

粒度分布はある程度の幅をもつことが多く，このようなエアロゾルを多分散（polydisperse）エアロゾル，一方，粒径が均一で分布が非常に狭いものを単分散（monodisperse）エアロゾルと呼んでいる．また，粒度分布の形状は単純な数式で近似できる場合も多く，その代表的なものとして対数正規分布（log-normal distribution）がある．対数正規分布は，粒径を対数で表したグラフ上で，左右対称のガウス分布型形状をもつ．

エアロゾルの分布は必ずしも一つのピークから成るとは限らず，複数のピークをもつ場合もある．こうした多峰性の分布（multimodal distribution）となるのは，発生やその後の動態が異なるエアロゾルが，複数混合したためである．

■粒度分布を表す統計的数値

粒度分布をグラフで表現する代わりに，統計的数値を用いて分布の特徴を表現することも行われる．こうした統計的数値としては，最頻径（mode diameter），平均径（mean），中央径（median）などの粒径に関するものや，分布の幅を表す標準偏差がある．さらに，こうした統計値は個数濃度基準の分布関数だけでなく，質量濃度基準などの粒度分布から計算する場合もある．

また，幾何（geometric）平均径や幾何標準偏差など，粒径の対数表記に基づいた数値を用いることも多い．

■粒子とエアロゾルの物理性状

粒子の物理的性質はさまざまな因子により決定される．基本的なものとしては粒径・幾何形状・相・帯電量があり，また構成物質の密度・融点・蒸気圧といった熱力学的物性，熱伝導率・比熱などの伝熱物性，誘電率などの電磁気的物性，さらに光学的物性としての屈折率があげられる．また，物性の異なる複数の成分からなる粒子は，その組成比や混合状態が粒子の物性に影響する．

エアロゾルの物理性状では，構成する粒子の個々の物理性状と粒度分布が重要な決定因子である．また，エアロゾルが複数の化学成分を含む場合，個々の粒子が複数の成分を含んでいる場合と，個々には単成分からなるが，成分の異なる粒子が多数混在している場合がある．前者を内部混合（internal mixing），後者を外部混合（external mixing）と呼び，このような違いがエアロゾルの特性に影響を与える場合もある．

●関連文献・参照文献

Hinds, W. C. (1999) *Aerosol Technology*, 2nd Ed., John Wiley and Sons, Inc.

高橋幹二（著）・日本エアロゾル学会（編）(2003)『エアロゾル学の基礎』，森北出版．

化学性状

Chemical Properties

■エアロゾルの化学性状

エアロゾルの化学性状は，粒径などの物理性状と同様に，生成メカニズムによって大きく異なる．さらに，大気中では輸送・拡散により濃度が減少していくとともに，ガス状・粒子状物質と反応し，化学性状は時々刻々と変化していく．

エアロゾルの化学性状は，エアロゾルの健康への影響評価をはじめ，二次粒子生成や地球温暖化，酸性雨などの現象解析，あるいは発生源寄与解析などにおいて，粒径，濃度とともに最も重要な性状因子である．

■バルク試料，個別粒子としてみた化学性状

エアロゾルの化学性状は，分析上の制限から，通常は濾紙やインピンジャーなどに捕集した大量のエアロゾル粒子，すなわちバルク試料に対する長時間平均濃度として測定されてきた．したがって，そこから得られる情報は，異なる粒径，異なる化学組成をもち，かつ時間的にも異なる大量の粒子からなる粒子群の平均的な性状を表したものとなる．

最近の微量分析技術の急速な進展により，今日ではごく少量の試料を基に化学分析を行うことが可能となり，時間分解能を高めたり，粒度別に分級した粒子についても分析が可能となっている．その結果，化学成分別の粒度分布も得られている．また，マイクロビーム技術を応用すれば，最近ではサブミクロンオーダーの粒子一つ一つの化学組成を分析すること，さらには粒子内の各成分ごとの分布を見ることも可能となっている．個々の粒子について，各成分の3次元分布が分かるようになれば，エアロゾルの変質過程を解析することが可能となり，エアロゾル研究は一段と進展するものと考えられる．

■粒径と化学性状

大気エアロゾル中の主要化学成分としては，元素状炭素（Elemental Carbon, EC）や有機炭素（Organic Carbon, OC），大気中でガスから粒子化し生成される二次粒子としての硫酸（H_2SO_4）・硫酸塩（SO_4^{2-}），硝酸（HNO_3）・硝酸塩（NO_3^-），アンモニウム塩（NH_4^+），また主として土壌粒子に由来するAl，Si，さらには海塩粒子に由来するNa，Clなどがある．

大気エアロゾルの化学性状は，図1に示したように，エアロゾルの粒径とともに大きく変わる．0.1 μm以下の超微粒子では，硫酸粒子や含炭素粒子などが主要成分である．また，0.1～数μmの微小粒子の主成分は，元素状炭素や有機炭素，二次粒子の硫酸塩，硝酸塩，アンモニウム塩，Pb，Zn，Cd，Asなど微量金属化合物などである．さらに数μm以上の粗大粒子は，海塩粒子や土壌粒子からなり

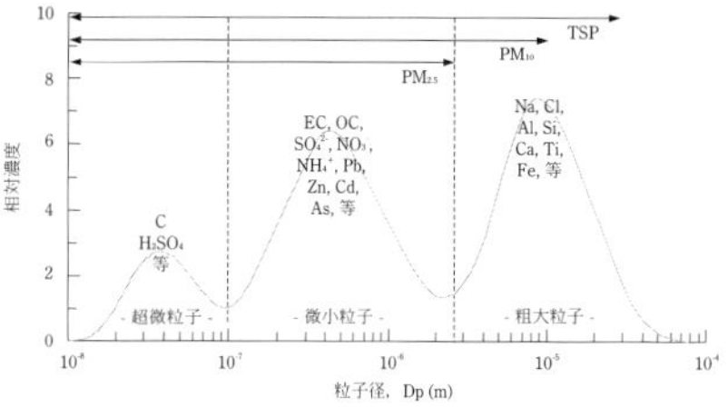

図1　大気エアロゾルの粒子分布と主要化学成分

Na，Cl，Al，Si，Ca，Ti，Feなどが主成分となっている．なお，粒子中ではほとんどの元素が酸化物として存在しており，元素組成としてみた場合，粒子中では酸素がかなり大きな割合を占めている．

■化学成分別の大気中濃度

大気エアロゾルの化学組成は地域的・時間的に大きく変動する．エアロゾル中の代表的な化学種の都市域における濃度範囲を図2に示した．都市域における大気エアロゾル中の最大成分は，含炭素粒子（OC，EC）であり，直径10 μm以下のPM_{10}粒子の場合には20〜30％を，また直径2.5 μm以下の$PM_{2.5}$粒子の場合には30〜40％をそれぞれ占めている．また，$PM_{2.5}$中の炭素成分と二次粒子成分の合計した濃度値は，都市地域においては20〜30 μg/m^3，田園地域においては数〜10 μg/m^{3}程度であり，それぞれ$PM_{2.5}$のおよそ80〜90％，50〜60％と，非常に高い割合を占めている．

なお，大気エアロゾル中の最大成分である有機粒子については，発生源から直接粒子として放出された一次粒子と，大

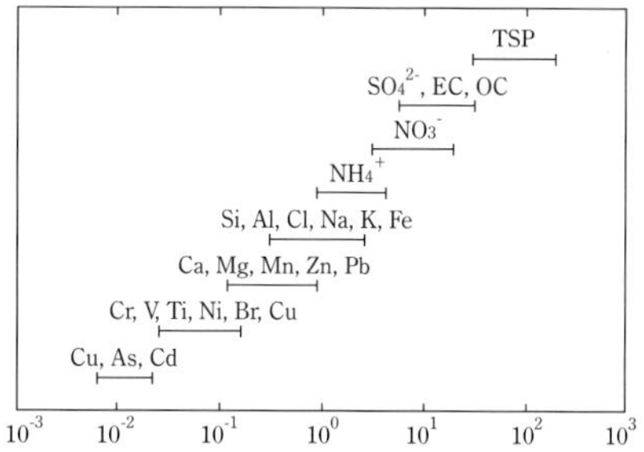

図2　大気エアロゾルの化学成分別濃度範囲（μg/m^3）

気中で光化学反応により生成した二次粒子とに分けられる．一次粒子の発生源としては自動車の排気ガスやバイオマス燃焼などがあり，アルカン，脂肪族カルボン酸，脂肪族ジカルボン酸，多環芳香族炭化水素（PAH）などがある．

二次生成有機粒子やその前駆体に関する報告も多数あるが，有機物質はきわめて多様でかつ複雑であり，さらに不安定のものも多いことから未知な問題も多い．なお，有機および無機エアロゾルの化学組成と分布については，「有機エアロゾルの組成と分布」，「無機エアロゾルの組成と分布」で各々詳述されているので参照されたい．

●関連文献・参照文献

秋元肇・河村公隆・中澤高清・鷲田伸明（編）（2002）『対流圏大気の化学と地球環境』学会出版センター，169-197頁．

日本化学会（編）（1990）『大気の化学』学会出版センター，128-144頁．

光学的特性
Optical Properties

エアロゾルに光が照射された場合，回折，透過，散乱，吸収といった様々な現象が起こる．粒子の計測技術の基礎となっているとともに，大気中の粒子による視程の低下や，地球温暖化への影響にも関連して重要である．

粒子の光との相互作用は，粒子の形，サイズ，屈折率，光の波長によって大きく様相を異にする．屈折率は物質の光学的性質を現す物性値で一般に複素数で表され，その虚数部が光の吸収を表す．赤い光に対して，水，ポリスチレンラテックス，食塩などは虚数部が0の非吸収性，鉄や炭素などは吸収性の粒子である．

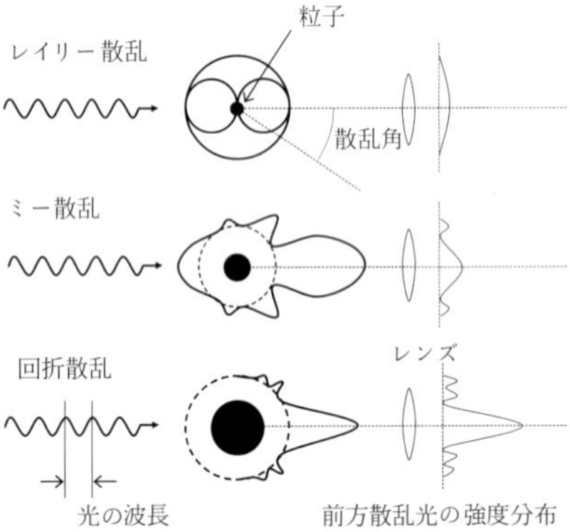

図1　散乱光のパターン
（早川宗八郎（1990）『超微粒子ハンドブック』48頁を改変）

■粒子による光の散乱，回折

個々の粒子が入射する光と同じ波長の光を再放出する現象は，一般的には散乱（弾性散乱）として取り扱うことができる．粒子径 d_p と光の波長 λ の比　$\alpha = \pi d_p / \lambda$ を粒径パラメータと呼び，これにより散乱の様子が変化する（図1）．なお，粒子に光を照射すると，粒子はその周りの全方向に光を散乱するが，入射光と同じ方向（散乱角が0度）に近い角度の散乱光を前方散乱光，逆方向への散乱光を後方散乱光，その中間となる横方向への散乱光を側方散乱光と呼んでいる．

1）レイリー散乱

粒子が波長よりはるかに小さい場合（$\alpha < 1$），前方と後方の散乱光強度がほぼ同程度となり，側方散乱光はこれらより弱くなる．散乱光の強さは，粒径の6乗に比例，散乱光の波長の4乗に逆比例する．したがって，微小なエアロゾルに白色光を照射して側方散乱光を観測すると，光の方向に対して，波長が短波長から長波長側に徐々に変化することになる．空が青く見えること，夕焼け空が赤く見えることは，このことによるものである．

2）ミー散乱

粒子と波長がほぼ同程度の場合（$1 < \alpha < 5$）には，前方散乱光が後方散乱光よりかなり強くなるとともに，側方散乱光強度は，散乱角度によって分布に極大極小値をもつことになる．散乱光の強さは，変則的に振動しつつ，増大する．レイリー散乱に比べて吸収性に対する変化が

大きく現れる．

3）回折散乱

粒子が波長より大きい場合（$5<\alpha$）には，前方散乱光強度が，側方および後方散乱光に比べて圧倒的に大きくなる．側方散乱光の散乱角度による変化が激しく，多数の極大極小をもつ．散乱光の強さは粒径に対して規則的に変動しつつ平均的にはおおよそ粒子の断面積すなわち粒径の2乗に比例する．更に大きい（$\alpha>100$）粒子の前方散乱は，フラウンホーファー回折の理論で表現できる．

■光の吸収と透過

吸収性の粒子では，光のエネルギーの一部が粒子に吸収される．これが粒子の体積変化，相変化等をもたらす場合や，他のエネルギーに変換されて熱（輻射光），ラマン散乱光，蛍光，燐光などとして放出される場合もある．

一方で，ある体積（光路長）をもつエアロゾルに対して，光を照射した際の透過光を考えると，吸収性の粒子はもとより，非吸収性粒子においても，散乱が起こるために，透過光の強度は減衰する．これは大気の視程にも関連している．

■光による粒子の運動

吸収性の粒子の場合，粒子表面およびその近傍の気体に温度分布が生じることから，媒質気体分子と粒子の衝突に伴う運動量の交換に異方性が生じることになり，粒子が運動することになる（光泳動）．また，光は光子の集団であり，照射面に対して圧力を加えるため，入射する光子のもつ運動量ベクトルから屈折，散乱する光子の運動量ベクトルを差引いた分に相当する運動量が粒子に与えられる（光圧力）．このような現象を粒子の位置制御に用いる技術の研究も進んでいる．

■ナノ粒子のサイズによる光学的特性の変化

粒子のサイズが10 nm以下になると，サイズによる光学的な特性に変化が現れる．ナノ粒子では原子間の結合力が弱くなることから，入射光と格子振動との相互作用によるラマン散乱光の波長はサイズによって変化する．またナノサイズ粒子では，電子が束縛されてエネルギー準位が離散化されることや，内部とは異なった電子構造をもっている表面露出原子の割合が増えることからも，光学的特性に変化が生じる．たとえば半導体粒子の場合には，サイズの低下に伴って，光学的バンドギャップが大きくなる．こうした現象の新しいデバイスへの応用が期待されている．

●関連文献・参照文献

Born, M. and Wolf, E. (1999) *Principles of Optics*, 7th Edition, University Press, Cambridge.（第5版に基く邦訳：(1974)『光学の原理Ⅲ』東海大学出版会）

Friedlander, S. K. (2000) *Smoke, Dust and Haze*, 2nd Edition, Oxford Univ. Press, New York.（初版に基く邦訳：(1983)『エアロゾルの科学』産業図書）

早川宗八郎（1990）『超微粒子ハンドブック』（齋藤進六監修），フジテクノシステム，45–48頁．

高橋幹二（著）・日本エアロゾル学会（編）(2003)『エアロゾル学の基礎』，森北出版．

4

動力学

気体と微粒子の相互作用

Interaction between Fine Particle and Gas

エアロゾル状態，すなわち，粒子が気体中に浮遊した状態にあると，気体と粒子間には種々の相互作用が働く．比較的小さな粒子(一般に0.5 μm以下)では，熱運動する流体（媒体）分子の衝突により，粒子はランダムな運動をする．このランダム運動はブラウン運動と呼ばれる．媒体中に浮遊する粒子群の濃度にムラがあると，このブラウン運動により粒子濃度が均一となるように粒子の移動が起こる．この現象はブラウン拡散と呼ばれ，分子の拡散と同様，フィックの拡散法則に従う（4. 動力学「拡散」参照）．

一方，比較的大きな粒子では，粒子の慣性力が支配的となり，拡散は無視できる程に小さくなる．そのような粒子に対しては，気体は，分子としての運動ではなく，連続体として粒子挙動に影響を与える．

粒子が気体中を運動する場合には，気体から流体抵抗力F_rを受ける．流体抵抗力F_rは

$$F_r = C_D A \frac{\rho_f v_r^2}{2} \qquad (1)$$

で表わされる．式中のAは粒子の投影面積（$=\pi D_p^2/4$），ρ_fは流体密度，係数C_Dは抵抗係数である．抵抗係数C_Dは，粒子と流体の相対速度v_rを代表速度，粒子径D_pを代表長さとしたレイノルズ数

$$\mathrm{Re}_p = \frac{\rho_f v_r D_p}{\mu} \qquad (2)$$

μ：流体の粘度

の関数として，以下のように表される．

$$C_D = \frac{24}{\mathrm{Re}_p} \quad : \mathrm{Re}_p < 2 \qquad (3)$$

$$C_D = \frac{10}{\sqrt{\mathrm{Re}_p}} \quad : 2 < \mathrm{Re}_p < 500 \qquad (4)$$

$$C_D = 0.44 \quad : \mathrm{Re}_p > 500 \qquad (5)$$

これらを(2)式に代入すると，流体抵抗力F_rを表す次式が得られる．

$$F_r = 3\pi\mu D_p v_r \quad : \mathrm{Re}_p < 2 \qquad (6)$$

$$F_r = \left(\frac{5\pi}{4}\right)\sqrt{\mu\rho_f}\,(D_p v_r)^{1.5} \quad : 2 < \mathrm{Re}_p < 500 \qquad (7)$$

$$F_r = 0.055\pi\,\rho_f D_p^2 v_r^2 \quad : \mathrm{Re}_p < 500 \qquad (8)$$

ここで，式(3)，(6)が成立するRe_pの範囲（$\mathrm{Re}_p<2$）をストークス域，式(4)，(7)が成立する範囲（$2<\mathrm{Re}_p<500$）をアレン域，または遷移域，式(5)，(8)が成立する範囲($\mathrm{Re}_p>500$)をニュートン域，または乱流域と呼ぶ．また，式(6)はストークスの抵抗則と呼ばれる．ストークスの抵抗則は，慣性項を無視したナビエ・ストークス式から解析的に導かれたものであり，厳密には$\mathrm{Re}_p \ll 1$でしか成立しない．

粒子が小さくなり気体分子の平均自由行程に近くなると，気体は連続的な流体とは見なせなくなり，粒子表面での流体

速度は分子運動のため0（ゼロ）とはならず，いわゆる流体のすべりが生じる．このため，粒子が受ける流体抵抗力は，気体を連続的な流体と仮定した前述の抵抗則から予想される抵抗力よりも小さくなる．このため，粒子径が1 µm近傍からそれ以下（常温，常圧での値）の場合には，カニンガムの補正係数C_c（スリップ補正係数とも呼ばれる）を用いて，抵抗係数を補正する必要がある．

カニンガムの補正係数C_cは，気体分子の平均自由行程λと粒子半径$D_p/2$の比であるクヌッセン数K_nの関数として，たとえば，次式で与えられる．

$$C_c = 1 + kK_n \tag{9}$$

$$k = 1.257 + 0.400\exp(-1.10/K_n) \tag{10}$$

なお，気体分子の平均自由行程λは次式によって計算される．

$$\lambda = \frac{\mu}{0.499P}\left(\frac{\pi M}{RT}\right)^{1/2} \tag{11}$$

ここで，Pは気体の圧力，Mは分子量，Rは気体定数，Tは温度である．

抵抗力以外にも流体から粒子に働く力がある．例えば，粒子が図1に示すようなせん断流れ（＝直線的な速度勾配のある流れ）の中に置かれた場合，粒子は回転をはじめ，この回転により図中下側の気流は減速され圧力が増加し，一方，上側の気流の圧力は低くなる．このようにして生じた粒子の上下間での圧力差により，流れと直交方向の力，揚力F_lが粒子に働く．この揚力をサフマン揚力と呼ぶ．サフマン揚力の大きさは，次式で表わされる．

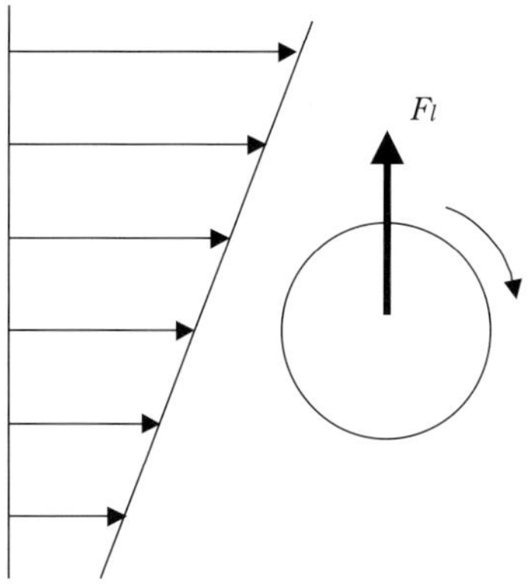

図1　せん断流れ中の粒子

$$F_l = 1.6\mu D_p |v_r| \sqrt{\mathrm{Re}_G} \tag{12}$$

$$\mathrm{Re}_G = \frac{\rho_f D_p^2}{\mu}\frac{du}{dy} \tag{13}$$

ここで，du/dyは速度の勾配を表わす．

流れに速度勾配がなく，一様な速度であっても，粒子間の衝突や表面との衝突・反発などにより粒子が回転している場合には，揚力F_lが発生する．このような粒子の回転により揚力が働く効果をマグヌス効果と呼ぶ．

気体中での粒子の運動，特に慣性力が支配的となる比較的大きな粒子の運動は，上記のような流体から加わる力のほか，重力，遠心力などの力を考慮した運動方程式により記述される（4．動力学「慣性運動・沈降」参照）．

●関連文献・参照文献

高橋幹二（著）・日本エアロゾル学会（編）（2003）『エアロゾル学の基礎』，森北出版．

C. Crowe, M. Sommerfeld, Y. Tsuji (1998) *Multiphase Flows with Droplets and Particles*, CRC Press.

慣性運動・沈降

Inertia Motion and Sedimentation

流体中での単一粒子の運動は，粒子が比較的小さい場合には流体（媒体）のブラウン運動が支配的となり，ランダムな運動をする（4. 動力学「気体と微粒子の相互作用」参照）が，比較的大きな粒子（一般に0.5 μm以上）では慣性力が支配的となり規則的な運動をする．

この規則的な運動はニュートンの運動法則

$$m_p\frac{dv}{dt}=F \tag{1}$$

に従う．ここでdv/dtは粒子の加速度である．また，粒子質量m_pは，粒子径D_pの球形粒子を仮定すると粒子密度ρ_pを用いて

$$m_p=\frac{\pi}{6}\rho_p D_p^3 \tag{2}$$

で表される．右辺の力Fとしては，抵抗力F_rと外力F_eのほか，運動する粒子により周りの流体を加速するために生じる圧力勾配による力などを考慮する必要がある．しかし，粒子の運動が，強い外力の作用するような極端な非定常運動でない場合は，近似的に抵抗力F_rと外力F_eのみを考慮すればよい．すなわち，粒子の運動方程式は，次式となる．

$$m_p\frac{dv}{dt}=-F_r+F_e \tag{3}$$

粒子に働く流体抵抗力F_rは，カニンガムの補正係数C_cを考慮したストークスの抵抗則を適用すると，

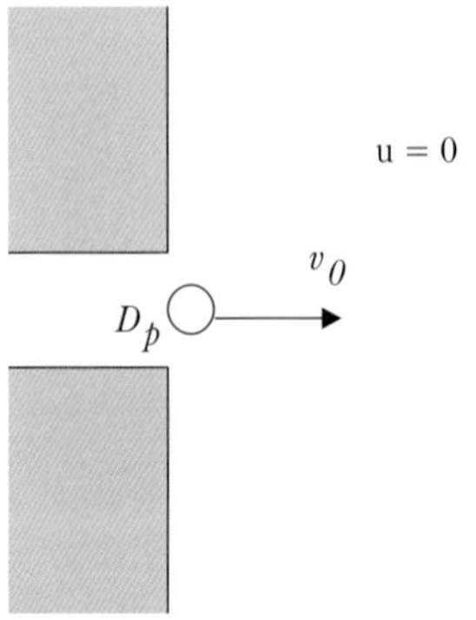

図1　外力が無視できる時の運動例

$$F_r=\frac{3\pi\mu D_p v_r}{C_c} \tag{4}$$

で表わされる（4. 動力学「気体と微粒子の相互作用」参照）．式中のμは流体の粘度，v_rは粒子ー流体間の相対速度である．

ここで，代表的な粒子の運動を紹介する．まず，粒子運動の最も簡単な場合として，外力を無視し，球形粒子が静止している気体中に初速度v_0で投入された場合（図1）を考える．抵抗則としてカニンガムの補正係数を考慮したストークスの抵抗則（(4)式）を適用すると，運動方程式およびt秒後の位置Sは以下の式で表される．

$$\frac{\pi}{6}\rho_p D_p^3\frac{dv}{dt}=-3\pi\mu D_p v \tag{5}$$

$$S=\tau v_0\{1-\exp(-t/\tau)\} \tag{6}$$

式中のτは時間の次元をもち，粒子緩和時間と呼ばれ，粒子の慣性運動における指標の一つとなる．

$$\tau=\frac{\rho_p D_p^2 C_c}{18\mu} \tag{7}$$

(6)式で，$t=\infty$での距離S_∞（$=\tau v_0$）は粒子停止距離と呼ばれ，粒子の慣性の大きさを表す尺度となる．

ここで，粒子が運動している系を代表する代表長さD，代表速度Uを用いて速度vおよび時間tを無次元化する．

$$\bar{v}=v/U,\quad \bar{t}=tU/D \tag{8}$$

これらの無次元量を用いて運動方程式を書き換えると，次の無次元運動方程式が得られる．

$$\Psi\frac{d\bar{v}}{d\bar{t}}=-\bar{v} \tag{9}$$

$$\Psi=\frac{C_c\rho_p D_p^2 U}{18\mu D}$$

無次元運動方程式の慣性項の係数であるΨは慣性パラメータと呼ばれる．また，代表長さを$D/2$として得られる無次元運動方程式の慣性項の係数は，ストークス数Sk（$=2\ \Psi$）と呼ばれる．

次に，外力F_eとして重力$m_p g$を考える(図2)．静止している気体中で，静止していた球形粒子が時間$t=0$で運動を始めたとする．このとき，運動方程式，および，時間t秒後の粒子速度vは

$$\frac{\pi}{6}\rho_p D_p^3\frac{dv}{dt}=-3\pi\mu D_p v+m_p g \tag{10}$$

$$v=\tau g\{1-\exp(-t/\tau)\} \tag{11}$$

で与えられる．ここで，$t=\infty$とすると，終末沈降速度v_tが次式で与えられる．

$$v_t=\tau g \tag{12}$$

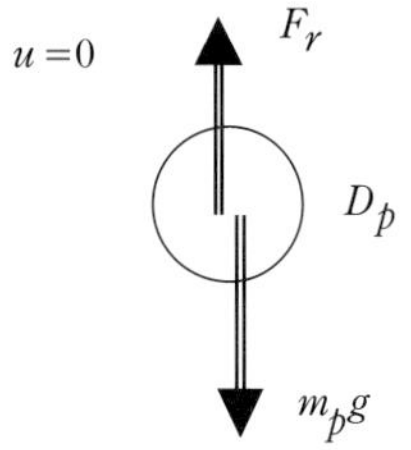

図2　重力を考慮した運動例（沈降）

式からわかるように，終末沈降速度は粒子緩和時間τと重力加速度gの積で与えられる．

外力が遠心力の場合として，エアロゾルが曲率半径R，角速度ωで等速円運動していると考える．このとき，粒子には遠心力$m_p R\omega^2$が働くので，円筒座標系を用いると，半径方向についての運動方程式，および，時間t秒後の粒子速度vは

$$\frac{\pi}{6}\rho_p D_p^3\frac{dv}{dt}=-3\pi\mu D_p v+m_p R\omega^2 \tag{13}$$

$$v=\tau R\omega^2\{1-\exp(-t/\tau)\} \tag{14}$$

で与えられる．ここで$t=\infty$とすると，終末沈降速度v_{ct}が次式で与えられる．

$$v_{ct}=\tau R\omega^2 \tag{15}$$

上式を式(12)と比較すると，遠心力が作用するときの終末沈降速度v_{ct}は，重力が作用するときの終末沈降速度v_tよりも$R\omega^2/g$倍大きいことがわかる．この比$R\omega^2/g$は分離比と呼ばれ，重力効果に対する遠心効果の比として，例えば，遠心分離操作の指標として用いられる．

●関連文献・参照文献

高橋幹二（著）・日本エアロゾル学会（編）(2003)『エアロゾル学の基礎』，森北出版．

静電場における運動

Motion in Electric Filed

静電場に電荷をもつエアロゾル粒子が浮遊するとき，その粒子にはクーロン力が働く．

$F_E = peE$

ここで，pは粒子がもつ電荷の数(-)，eは電気素量（$=1.602189 \times 10^{-19}$C），$E$は外部電場の電界強度(V/m)である．したがって，粒子が電荷をもたない場合には，粒子の運動は静電場の影響を受けない．

図1に示すように外部から電界がかけられた密閉空間（気流が静止した場）において，粒子が重力による沈降運動のみを行なっている場合を考える．このとき粒子が電荷をもっていると，粒子は重力による垂直方向への移動と，クーロン力による水平方向への移動を同時に行うことになり，結果として斜め下方向に移動する．この電界方向（水平方向）への粒子の移動速度v_Eは次式で表され，粒子の終末沈降速度v_gと同じようにして粒子に働く外力と流体抵抗の釣り合いから導かれる．

$$v_E = C_c peE/(3\pi\mu d_p)$$

ここで，C_cはカニンガムの補正係数(-)，μは気体の粘度（Pas），d_pは粒子の直径（m）である．この式より，静電場における粒子の移動速度v_Eは，粒子がもつ電荷数pが多い程，静電場の電界強度Eが強い程，粒径d_pが小さい程，速くなることがわかる．

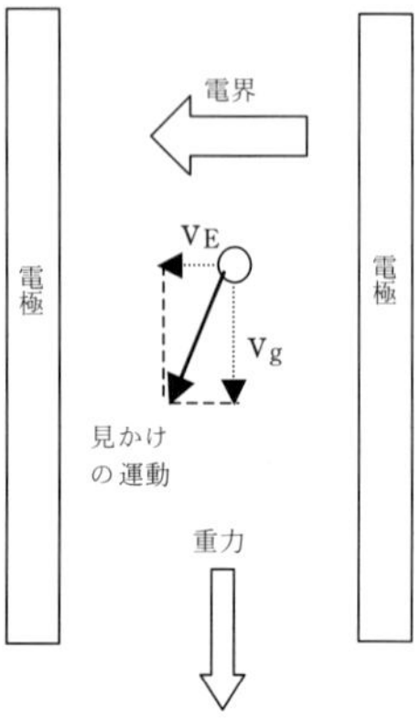

図1　静電場における粒子の運動（気流が静止している場合）

また，移動速度を電界強度で割って得られる次式は，電気移動度と呼ばれ，電荷をもつ粒子が電界中で移動するときの移動のしやすさを表す尺度としてよく使われる．

$$Z_p = v_E/E = C_c pe/(3\pi\mu d_p)$$

電場は粒子を動かすだけではなく，静止させることもできる．上図の電極を水平にし，重力の方向と反対に電界をかけると，重力とクーロン力が平衡し，次式が成立する．

$$peE = m_p g (= \rho_p \pi d_p^3 g/6)$$

ここで，m_pは粒子の質量（kg），ρ_pは密度（kg/m^3），gは重力の加速度（=9.80665 m/s^2）である．この方法でMillikanは，電気素量eを求めたが，電荷数pがわかっていると，粒子の質量あるいは密度を求めることができる．

外部電場に加えて気流$\boldsymbol{u}$が存在する場合は，粒子の運動は複雑になり次式で表される運動方程式を解かなければならない．

$$m_p(dv/dt)=F_E+m_pg+\left(18\mu/(d_p^2\rho_pC_c)\right)m_p(u-v)$$

ここで，vは粒子の速度（m/s），uは気流の速度（m/s）である．

静電場は人為的にかけられる電界だけではなく，エアロゾル粒子がもつ電荷によっても形成される．まず，p個の電荷をもつ一個のエアロゾル粒子が空間に浮かんでいる場合を考えよう．この粒子がその周りに形成する電場は，クーロンの法則により表される．

$$E(r)=pe/(4\pi\varepsilon_0r^2)$$

ここで，ε_0は真空の誘電率（=8.8541878x10^{-12} Fm^{-1}），rは粒子の中心からの距離である．この粒子の周りに，帯電粒子が存在すると，その粒子にはクーロン力が働き，粒子は外部電場の場合と同じように，電界の方向に移動することになる．

粒子1が電荷をもつとき，近傍にある粒子2の表面には粒子1の電荷により反対符号をもつ電荷が誘導される．この誘導電荷と粒子1の電荷の間に働く静電気力（引力）は，影像力と呼ばれる．したがって，粒子1と2の間に働く静電気力は，最終的に次式で表される（高橋幹二，2003）．

$$F_E(r)=\frac{p_1p_2e^2}{4\pi\varepsilon_0r^2}-\left(\frac{\varepsilon_1-1}{\varepsilon_1+1}\right)\frac{p_1^2e^2}{4\pi\varepsilon_0}\left\{\frac{a_1^3(2r^2-a_1^2)}{r^3(r^2-a_1^2)^2}\right\}-\left(\frac{\varepsilon_2-1}{\varepsilon_2+1}\right)\frac{p_2^2e^2}{4\pi\varepsilon_0}\left\{\frac{a_2^3(2r^2-a_2^2)}{r^3(r^2-a_2^2)^2}\right\}$$

ここで，p_1，a_1，ε_1は粒子1の，p_2，a_2，ε_2は粒子2のそれぞれ電荷数(-)，粒子半径（m），比誘電率(-)である．右辺第1項は，クーロン力，第2と3項は影像力である．

粒子同士が異なる符合の電荷をもつときは，この静電力により粒子が引き寄せられ，衝突する．静電凝集（Zebel, 1996）と呼ばれる現象である．

同符号に帯電した粒子が多数存在する場合には，個々の粒子の電荷が形成する電場が重ね合わさり，空間電場E_Sを形成する．この空間電場は，次式のPoissonの式で表される．

$$\mathrm{div}E_S=\sum_{p=-\infty}^{+\infty}pen_p/\varepsilon_0$$

ここで，n_pは電荷数p粒子の個数濃度（m^{-3}）である．この式より明らかなように，空間電場のベクトルは，粒子群の中心から外縁部に向かうため，粒子は粒子群の中心から外側に向かって移動する．この現象は，静電拡散（Zebel, 1996）と呼ばれる．

●関連文献・参照文献

高橋幹二（2003）「荷電粒子の運動」，高橋幹二（著）日本エアロゾル学会（編）『エアロゾル学の基礎』，森北出版，107–110頁．

Zebel, G. (1966) Electrically charged particles. In Davies C. N. (ed), *Aerosol Science*, Academic Press, London and New York: 42–45.

沈着／再飛散

Deposition / Reentrainment

エアロゾル粒子が気相中を移動して壁面（固体・液体）に到達し，その表面に付着する現象を沈着という．また，沈着した粒子が壁面から離れて，再びガス相中に取り込まれる現象を再飛散という．

■沈　着

沈着現象が関連する分野は多い．大気環境中では，粒子状物質が地表へ沈着し土壌や動植物などに取り込まれる．呼吸器への沈着は健康被害の原因となる．製造産業では，作業環境中や製造装置内の粒子沈着による，製造阻害や不良品生産が生じる．気相微粒子合成プロセスでは，合成時の沈着により生産性が低下する．エアロゾル計測機器では，サンプリング管内での沈着が顕著であると，濃度や粒径分布などが正しく計測できなくなる．

一方沈着は，エアロゾル粒子の捕集装置や計測装置の主要な原理のひとつでもある．工業的には，粒子を基板に沈着させて堆積させたり配列させたりして，機能性材料を製造することが行われている．エアロゾル化した薬剤を呼吸器に沈着させて投薬するエアロゾル吸入療法も，沈着を有効に利用する例である．

多くの分野で，粒子の沈着量や沈着位置の予測や制御を可能とするために，沈着現象の解明が望まれている．沈着現象を解析するには，まず粒子が浮遊している気体の流れの情報（速度分布など）を求める．必要に応じて，温度や静電界強度の分布なども求める．複雑な流れに対しては，数値流体解析プログラム（CFD）が使用されるが，地表への沈着の解析などでは，実測値を用いることも多い．

次に，流れ中での粒子の壁面への移動を解析する．粒子を移動させる機構は，

- 気流の抵抗力
- 拡散
- 慣性力
- 外力（重力，静電気力その他の泳動力）

であるが，これらの大きさを流れや温度などの情報から計算したうえで，粒子の移動を表現する基礎式に組み入れる．

基礎式は2種類に大別される．主に拡散に支配される沈着現象には，空間内の粒子濃度の分布を解析する式を用いることが多い．この式は，壁面での粒子の吸収を意味する境界条件とともに解かれる．一方慣性力や外力の影響が大きい沈着現象に対しては，個々の粒子の運動を記述する基礎式を用いて，粒子が壁面に到達する過程を追跡する計算を行うことが多い．一般にエアロゾル粒子では，「壁面に到達する」＝「沈着する」とみなせるが，ミクロンオーダーの粒子は，壁面での跳ね返りによって再び気相中に戻ることもある．また数nm以下の超微小粒子にも跳ね返りの可能性が指摘されている．

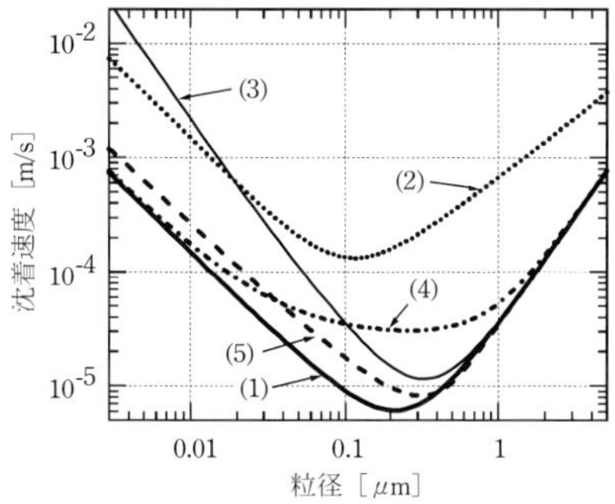

図1　水平円板（直径125mm）上面に対する空気中浮遊粒子の沈着速度；(1)：下向き風速0.3 m/sの層流中；(2)：(1)で圧力が0.01気圧のとき；(3)：(1)で粒子が単位電荷をもち1V/mmの電界があるとき；(4)：(1)で1℃/mmの温度勾配があるとき；(5)ある乱流条件のとき．

ほとんどの場合，沈着量は気相中の粒子濃度に比例するため，気相中の単位濃度あたり，壁面の単位面積あたり，かつ単位時間あたりに沈着する個数を沈着の速さの指標とできる．この速さは速度の次元をもつので，沈着速度と呼ばれる．図1に沈着速度の計算例を示すが，粒径，静電気力，熱泳動力，流れによって沈着速度が大きく影響されることがわかる．

■再 飛 散

風による砂塵の巻き上げは，再飛散の身近な一例である．集塵装置内での再飛散は，集塵効率の低下につながる．また，再飛散した粒子の一部は，再沈着を経て壁面の粒子汚染の新たな原因となる．さらに，付着した粒子同士が凝集体を成して飛散することも多く，エアロゾルのサンプリングによって粒子を計測・分級する装置では，配管内での再飛散現象により，濃度のみならず粒径に関する誤差も生じる．

再飛散は，粒子—壁面間の付着力に見合った分離力が働くときに起こる．主な付着力はファンデルワールス力，静電気力，液架橋力（壁面と粒子の間隙の水分で生じる引力）である．曲げ（または回転）分離モデルと呼ばれるモデルでは，ある大きさ以上の分離力が粒子にかかると粒子が回転し始め，これをきっかけに壁面からの分離が起こると考える．

気流で生じる再飛散現象では，壁面と平行な向きに粒子に働く流体抵抗力が分離力となる．流体抵抗力は壁面近傍の気体の流速分布から求められるが，再飛散を起こすのに必要な分離力は付着力そのものよりもかなり小さいことが知られている．ただし，粒子が小さくなる程流体抵抗力は小さくなり，サブミクロン粒子を気流だけで再飛散させることは通常困難である．しかしながら，沈着粒子が堆積層を形成している場合には，再飛散は起こりやすくなる．この場合は，層表面で粒子が固まり（凝集粒子）を形成し，見かけ上，大きな粒子となって飛散する．したがって，再飛散現象は発塵の一つの機構としても位置づけられる．

●関連文献・参照文献

松坂修二（2001）「再飛散」『微粒子工学大系　第I巻　基本技術』，フジ・テクノシステム，第2章7-4節．

奥山喜久夫・島田　学（2001）「拡散・沈着」『微粒子工学大系　第I巻　基本技術』，フジ・テクノシステム，第2章7-3節．

東野　達；島田　学；植田洋匡・王　自発・下原孝章；山川洋幸；大谷吉生・津田陽（1999）「特集　エアロゾルの沈着」『エアロゾル研究』，14，302-328頁．

拡散
Diffusion

1827年，植物学者のR. ブラウンが初めて液体中の胞子がランダムな運動をすることを発見した．その後，空気中の煙粒子が同様な運動を起こすことが見いだされ，1900年初頭に分子運動論と関連づけてアインシュタインがブラウン運動の表現式を導出した．

ブラウン運動とは，ガス分子と粒子の衝突によって，ガス分子から粒子が受け取る運動量が時間的に変化することで生じるランダムな運動である．粒子はランダムなブラウン運動の結果，高濃度領域から低濃度域へガス分子と同様に移動する．

粒径が0.1 μm以下の粒子では，ブラウン運動が粒子の運動を支配する．ブラウン運動は，微小粒子のフィルタによる捕集，肺内の沈着を生じるもっとも重要な機構である．

■ブラウン拡散係数

ガス分子と同様に，ブラウン拡散による粒子の移動フラックスjは，1次元の場合，粒子濃度をCとすると，次のフィックの第一法則により与えられる．

$$j=-D\frac{\partial C}{\partial x} \tag{1}$$

ここでDは粒子の拡散係数で，液中，気中にかかわらず，次のストークス－アインシュタインの式によって与えられる．

$$D=\frac{C_c kT}{3\pi\mu D_p} \tag{2}$$

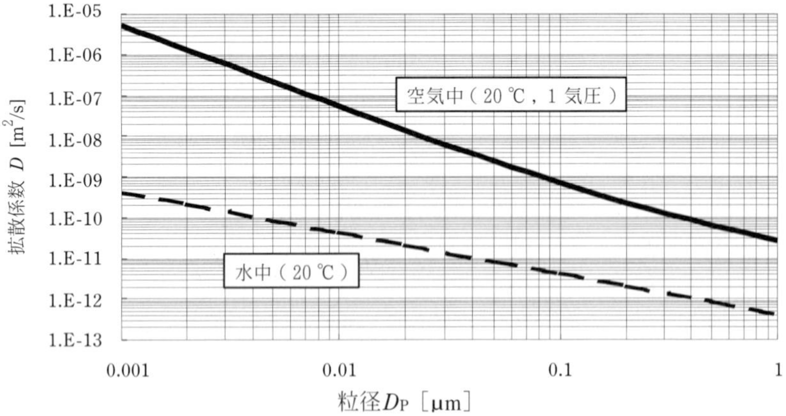

図1　空気中，水中の粒子の拡散係数

C_cはカニンガムのすべり補正係数で，液中では1の値をとる．kはボルツマン定数，μは粘度，Tは温度，D_pは粒子の直径である．図1に粒径の関数として，気中（20℃，1気圧），水中における粒子の拡散係数を示す．空気中の粒子の拡散係数は，水中よりも粘度の違いにより2桁程度大きくなり，カニンガムの補正係数の分だけ粒径依存性が大きい．

■1次元のブラウン拡散

いま，$x=0$の位置から放出された粒子が拡散していく過程を考える．時間tの経過につれ，粒子はブラウン拡散により広がり，その分布はx軸に対象な分布になる（図2）．粒子の広がりは次の1次元拡散方程式を解くことにより求められる．

$$\frac{\partial C}{\partial t}=D\frac{\partial^2 C}{\partial x^2} \tag{3}$$

(3)の解は次のガウス分布で与えられる．

$$C=\frac{C_0}{2\sqrt{\pi Dt}}\exp\left(-\frac{x^2}{4Dt}\right) \tag{4}$$

ここで，C_0は$x=0$から単位断面積あたりに放出された粒子数である．

(4)式より，2乗平均変位$\overline{x^2}$は次式で与えられる．

$$\overline{x^2}=\frac{1}{C_0}\int_{-\infty}^{\infty}x^2C(x,\ t)dx \tag{5}$$

(4)式を(5)式に代入して積分すると次式が得られる．

$$\overline{x^2}=\sqrt{2Dt} \tag{6}$$

ストークス－アインシュタインの式の実験的検証は，ペリン（1910）により行われた．彼は，液滴径約0.4 μmのエマルションを光学顕微鏡で観察し，一定時間ごとの液滴の位置を測定した．(2)式を(6)式に代入して変形すると，次式が得られる．

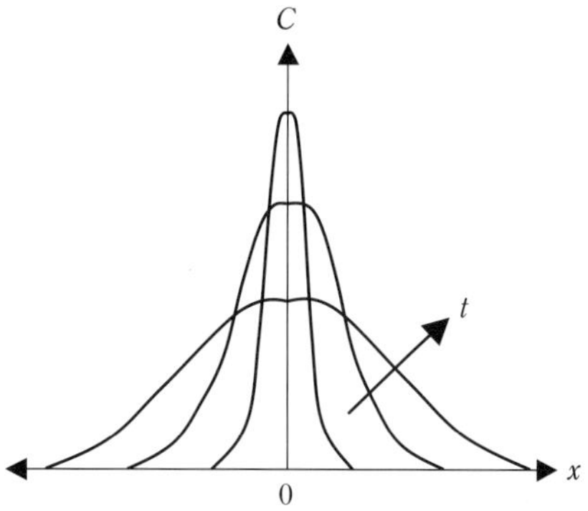

図2　$x=0$から放出された粒子の1次元拡散

$$N_{av}=\frac{2tRT}{3\pi\mu D_p\overline{x^2}} \tag{7}$$

ここで，Rはガス定数である．ペリンは，(7)式よりアボガドロ数N_{av}を求め，当時報告されていた値と比較した．その結果，$N_{av}=7.0\times10^{23}$の値が得られ，当時他の方法で得られた値と非常によい一致が得られた．現在受け入れられているアボガドロ数は6.023×10^{23}である．

●関連文献・参照文献

Friedlander, S. K. (2000) *Smoke, Dust, and Haze, Fundamentals of Aerosol Dynamics*, 2nd Edition, Oxford Univ. Press, New York.

Perrin, J. (1910) *Brownian Movement and Molecular Reality*, Taylor and Francis, London.

泳動

Radiometric Forces

泳動は，粒子の周りに温度勾配，濃度勾配などが存在すると，粒子表面に衝突するガス分子の熱運動速度が異なるため，ガス分子から粒子に作用する力の合力がゼロにならず，一定方向に力を受けて移動するために生じる．ガス媒体中に存在する勾配の種類によって，

熱泳動力（thermophoresis）

拡散泳動力（diffusiophoresis）

光泳動力（photophoresis）

などがある．

■熱泳動

図1に示すように，粒子の周りに温度勾配が存在すると，高温側から粒子に衝突するガス分子は低温側から衝突するガス分子よりも運動エネルギーが大きいため，粒子は全体として高温側から低温側へ力を受けて移動する．これが熱泳動である．

粒径がガス分子の平均自由行程λより小さい場合では，ガス分子運動論より熱泳動速度v_tは次式で与えられる．

$$v_t = -\frac{3\nu}{4(1+\pi\alpha/8)}\frac{\nabla T}{T}$$

ここでTは温度，νは動粘度，αは容量係数で通常0.9の値をとる．

粒径が平均自由行程より大きい場合（$Kn<0.2$）

$$v_1 = -\frac{2C_S\nu\left(\dfrac{k_g}{k_p}+C_tKn\right)}{(1+3C_mKn)\left(1+2\dfrac{k_g}{k_p}+2C_tKn\right)} \times C_c\frac{\nabla T}{T}$$

ここでKnはクヌッセン数$(=2\lambda/D_p)$，C_s，C_t，C_mは無次元の係数で，それぞれ，1.17，2.18，1.14の値が推奨されている．k_g，k_pはそれぞれ，ガス，粒子の熱伝導度，Ccはカニンガムの補正係数である．通常，気中に温度勾配が存在すると気体の密度差によって自然対流が生じるので，これによる粒子の輸送が支配的になるため，熱泳動は特別な場合を除いて無視できる．

熱泳動速度は，$Kn>1$になると粒径にほとんど依存しなくなるため，微小エアロゾル粒子を熱泳動によって沈着捕集し，粒度分布を測定するのに用いられる（サーマル・プレシピテータと呼ばれる）．また，熱交換器では，熱泳動によって伝熱面に粒子が付着しスケーリングの原因になる．また，逆に壁面を高温に保

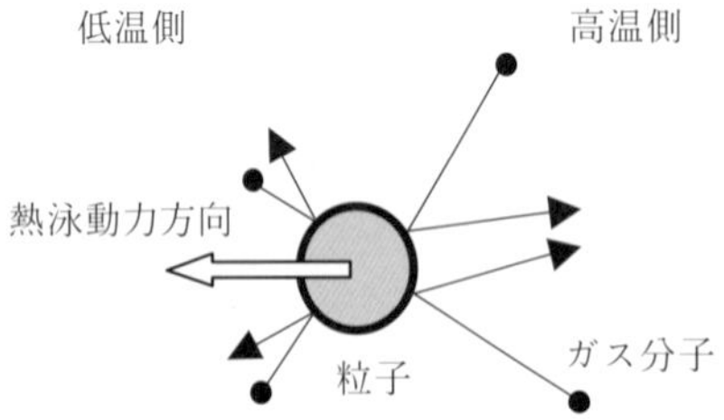

図1　熱泳動の原理

つことによって粒子の沈着を抑えることもできる.

■拡散泳動

不均一な混合ガス中では，濃度勾配によってガス分子が相互拡散を起こす．このような場では，粒子は分子量の大きなガス分子からより大きな運動量を受け取ることになり，その結果，粒子は重いガスの拡散する方向へ移動する．これが拡散泳動である.

蒸発あるいは凝縮が起こっている界面では蒸気分子の濃度分布が生じるが，全圧を一定に保つため，蒸発あるいは凝縮成分の濃度分布とは逆のガス分子の濃度分布が形成される．このガス分子の濃度勾配によって，蒸発分子の移動と逆方向にガス分子の移動が起こる．しかし，界面ではガス分子の凝縮，蒸発は起こらないため，このガス分子の移動を相殺する空気力学的な流れが生じる．これがステファン流れである．したがって，凝縮あるいは蒸発界面では，粒子はステファン流れと拡散泳動力の影響を受けて移動することになる．ステファン流れと拡散泳動による粒子の移動速度は次式で与えられる.

$$v_d = -\frac{\sqrt{m_1}}{x_1\sqrt{m_1}+x_2\sqrt{m_2}} D \frac{\nabla x_1}{x_2}$$

ここで，添字1は蒸気，添字2はガス分子を表し，Dは蒸気の拡散係数，mは分子量，xはモル分率である.

拡散泳動も熱泳動と同様に特殊な場合を除いては無視できることが多い.

■光 泳 動

光泳動は，粒子が光を直接吸収して加熱され，それによって粒子周りに温度分布が生じるために起こる現象で，熱泳動の一種とも考えることができる．この場合，光によって加熱される粒子表面が変化するため，粒子の屈折・吸収率によって粒子の移動方向は異なり，光源から遠ざかる方向に移動したり，逆に近づく方向に移動したりする.

これに対し，放射圧力あるいは光圧力は，粒子によって光が吸収あるいは偏向する際に，光照射によって直接粒子が運動量を受け取ることによって生じる．光圧力は，電磁放射によって直接粒子に力が作用するので，その力の大きさは空気中でも真空中でも同じである．彗星の後を引く長い帯が太陽から遠ざかる方向へ伸びるのも，この放射圧力が原因とされている．光圧力は，高出力のレーザーを用いて，1～100 μmの粒子をトラップするのにも利用されている.

●関連文献・参照文献

Hinds, W. C. (1982) *Aerosol Technology*, John-Wiley and Sons, New York: 160–162.

Willeke, K. W., and Baron, P. A. (1993) *Aerosol Measurement, Principles, Techniques, and Application*, van Nostrand Reinhold, New York: 38–40.

凝集
Coagulation

凝集とは，粒子同士が衝突し付着する現象で，微粒子の挙動を評価する重要な因子のひとつである．これは，①液相中の場合とは異なり，特に気相中では非常に速く凝集が進行するため制御が難しいこと，②特に微粒子レベル以下の小さい粒子の場合，粒子の衝突により付着した粒子同士を分離するのは極めて困難で，衝突時以降の粒子は，多くの場合，図1に示したような凝集粒子としてふるまうため，粒子の動力学的挙動が変わること，などによる．このため，特に，高濃度のナノメートルオーダーの粒子が発生するエアロゾル粒子の生成・合成の分野では，現在においてもさまざまな議論がなされている．

■分　類

気相中における凝集現象を，粒子を衝突させる機構で分類した場合，ブラウン運動による凝集が代表的で，他に流体の速度差による凝集，乱流による凝集，静電気による凝集，音波による凝集などがあげられる．

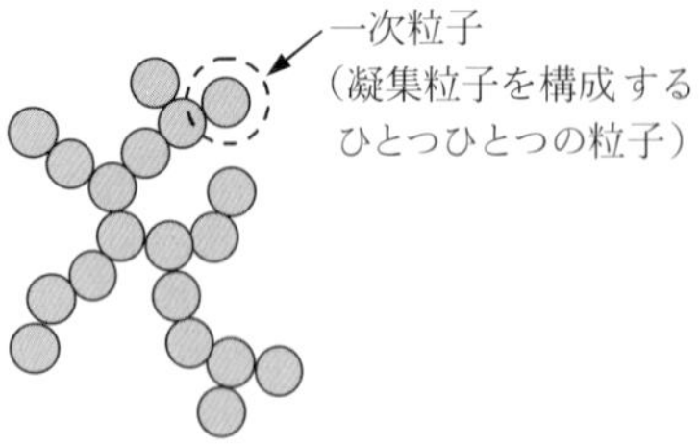

図1　凝集粒子の一例

■ブラウン凝集

ブラウン凝集は，ブラウン運動する粒子同士が衝突・付着するもので，気相中の微粒子分散系で生じる基本的な凝集現象である．一般に，凝集による直径D_{pi}，D_{pj}の二粒子の凝集速度は，粒子の衝突と同時に付着，凝集粒子を形成すると考えられることから，粒子の衝突確率を凝集速度関数K_B（D_{pi}，D_{pj}）［cm^3/s］として定義している．

ブラウン凝集による気中を漂うエアロゾル粒子の挙動は，粒子のクヌーセン数Knの値により異なる．なおクヌーセン数とは，気体分子の平均自由行程（熱運動により分子が衝突してから次の衝突までに進行できる距離の平均．圧力が高い程分子の衝突確率が上がるので平均自由行程は短く，逆に，圧力が低い希薄な状態では長くなる．）と粒子半径の比で，ガスの希薄度を表す無次元数である．$Kn<0.01$では気体は連続流体として扱うことができることから連続領域と呼ばれ，凝集速度関数K_Bは拡散輸送現象の解析より導かれる．$Kn>10$では，ガス分子の不連続な衝突現象が粒子の運動を支配するため自由分子領域と呼ばれる．この間の領域は遷移領域と呼ばれ，K_Bは，拡散理論と分子運動論とを組み合わせ導出さ

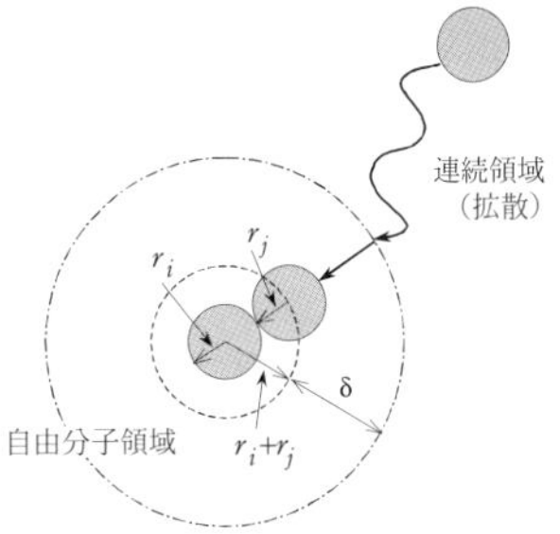

図 2　遷移領域におけるブラウン凝集のモデル図

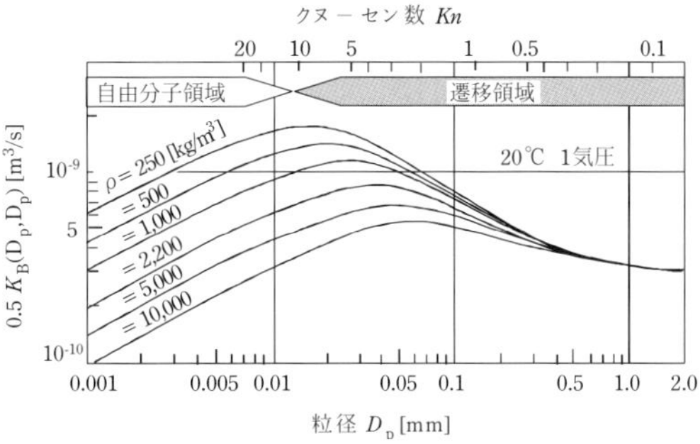

図 3　ブラウン凝集速度関数の粒径，および粒子密度による変化

れたフックス（Fuchs）の式が現在最も妥当である．この概念図を図2に示し，図3にブラウン凝集速度関数K_Bの粒径および粒子密度による変化を示すが，K_Bの値は粒径が0.01〜0.1 μmの範囲で最大となり，また粒子の密度が大きくなると減少する．ただし，粒子間に相互作用力が働く場合には凝集速度関数の補正が必要である．図 3 より，微粒子〜ナノ粒子の分野では，遷移領域での凝集現象の評価が重要であることがわかる．

一方，実在する粒子は，非球状構造であることが多い．冒頭でも述べた図1に示すような凝集により形成された粒子もそのひとつである．このような粒子を凝集体もしくは凝集粒子と呼ぶのに対し，凝集体を構成する小粒子を一次粒子（primary particle）と呼び区別している．このような非球状粒子を含む系での凝集速度関数は，電気移動度径，衝突直径，平均自由行程などのパラメータを考慮に入れる必要がある．

■そのほかの凝集現象

粒子の凝集は，粒子が浮遊している流体中の速度分布の存在によっても起こる．層流場での凝集速度関数は速度勾配に依存するのに対し，乱流場では，粒子は空間的に不均一な速度分布のため，もしくは，乱流速度の時間的変動に対する粒子の追従性が慣性力により異なるため，衝突・凝集する．3 μm以上の大粒子では，弱い乱流場においてもブラウン凝集よりも乱流凝集が支配的となる．

以上のほかに，正および負に帯電した粒子が混在する場合，異符号粒子間では引力が生じ凝集する．この静電凝集現象は，粒子の帯電が大きいと顕著にみられるが，凝集の進行とともに帯電量が減少するため，その効果は弱くなる．また，音波による音波凝集も集じんおよび凝集沈殿の前処理法として研究されている．

●関連文献・参照文献

中曽浩一・島田学・奥山喜久夫（2000）「凝集粒子の生成・成長過程のシミュレーション」，『エアロゾル研究』，15(3)．226–233頁．

奥山喜久夫・増田弘昭・諸岡成治（1992）『微粒子工学』，オーム社．

凝縮と核生成

Condensation and Nucleation

大気中での雲滴の生成，あるいは排出された1次汚染物質からのエアロゾル粒子生成や成長には，凝縮や，凝集(coagulation)の過程が必要である．凝縮とは，蒸気の温度をある温度（露点という)以下に下げると液化することをいい，凝集とは粒子同士の衝突合体をいう．

蒸気が露点に達して液相と平衡になる条件が満たされても，その条件下で直ちに液滴が生じるわけではない．液滴の蒸気圧は，液体平面上の蒸気圧より大きい値をもつためである．凝縮に必要な蒸気圧は液滴の径が小さい程大きい．凝縮による成長が開始するには核と呼ばれる最小の大きさの微粒子がまず必要であり，そのような核の生成を核生成という．

■均一相と不均一相核生成 (homogeneous and heterogeneous nucleation)

熱力学の取り扱いによって，蒸気を含む気相から，分子数gを含む球形の液滴が生成するときの自由エネルギーを図1に示した．図中パラメータSは過飽和度であり，液体平面上の蒸気圧に対するそのときの蒸気圧の相対値である．

図1中，自由エネルギーの極大値を与える液滴を臨界核という．$S>1$で臨界核が存在する．臨界核の大きさを超えると液滴上への蒸気の凝縮によって自由エネルギーは減少するため，液滴は自発的に成長する．臨界核の半径aは，表面張力γ，分子容v_m，絶対温度T，ボルツマン定数k，過飽和度Sの関数，

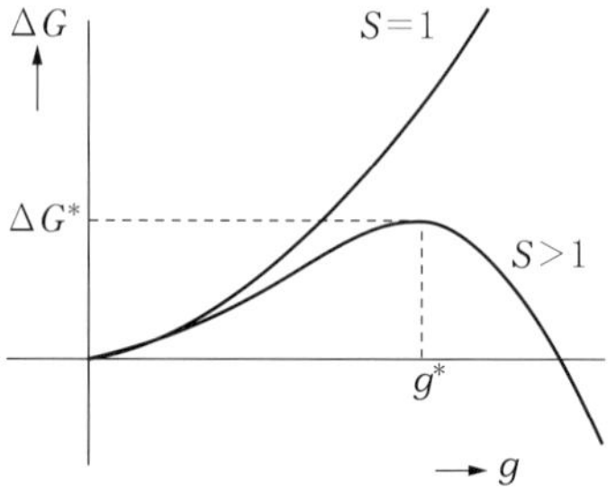

図1　液滴生成の自由エネルギーと粒子サイズ(含まれる分子数をgとする)の模式的関係　＊印は臨界核における値を示す(高橋, 2003, 168頁から引用).

$$a=\frac{2\gamma v_m}{kT\ell nS} \qquad (1)$$

として求められる．

蒸気分子が集合して小さな塊を作って臨界核にまで至るが，その過程を速度論的に取り扱うことにより，核生成速度を見積もることができる．計算によると例えば275.2 Kの水について，臨界核の生成速度が1個/(cm^3・秒) になるのに必要な過飽和度はS=4.2，臨界核半径はa=0.89 nmと与えられ，実験ともほぼ一致する．以上述べてきた単一蒸気分子の集合によって核が生成される過程は，均一相核生成(或いは均質相核形成)と呼ばれる．

2成分以上の蒸気成分が存在し，例え

ば水分子とその他の成分の水和反応などによって相互作用する場合，単一成分としては核を生成し得ない条件でも核を生成することがある．これを多成分均一相核生成という．大気中の核生成は，多くこの過程によると考えられるが，硫酸と水の2成分系などが重要である．さらに大気中では多種類の微小量の無機，有機の化学種が存在し，それらが複雑に関係して核生成に預かっていると考えられる．

予め核になる粒子が存在する場合，その上へ蒸気が凝縮し成長していく過程は，均一相核生成に比べて速度論的に有利になると考えられる．この過程は，不均一相核生成(あるいは不均質相核形成)と呼ばれ，大気中のエアロゾル粒子の生成にも大きく寄与していると考えられる．既存の微粒子の役割をイオンからなるクラスターが担うこともある．

■凝縮と物質移動過程

核生成後に粒子成長に預かる凝縮過程は以下のように考えられる．気相の蒸気分子は濃度勾配にしたがって粒子の近傍まで輸送されてくる．粒子のごく近傍の蒸気分子は気体分子運動論の法則にしたがって粒子表面に衝突し，ある確率α(質量適応係数という）で取り込まれる．粒子近傍までの輸送過程が取り込み過程に比べて十分速い場合には，全体としての凝縮の速さは取り込みの速さで決まるが，輸送の過程が相対的に小さくなると全体としての凝縮の速さは輸送過程によって決まる．理論的な取り扱いによると，単位時間当り凝縮物質量Φは，前者の場合

$$\Phi = 4\pi a D_g (C_\infty - C_d)\frac{3\alpha}{4K_n} \qquad (2)$$

で，後者の場合

$$\Phi = 4\pi a D_g (C_\infty - C_d) \qquad (3)$$

で与えられる．ただし，D_gは蒸気分子の拡散係数，C_∞は気相の蒸気濃度，C_dは粒子表面の蒸気濃度，K_nはクヌッセン数で蒸気分子の平均自由行程を粒子の半径で除したものである．粒子が十分小さいときはK_nが大きな値となり，(2)式が当てはまるが，粒子の成長につれてK_nは小さくなり全体としての凝縮の速さは(3)式に収斂する．計算によると，雨滴として$a=10\ \mu m$を用いた場合，$\alpha \sim 0.01$が取り込み律速と輸送律速の入れ替わる境界値である．なお，取り込みにおいて液滴側からの放出もある場合は，αの代わりに正味の取り込みを表す取り込み係数を用いる必要がある．

■粒子生成とエアロゾル研究

エアロゾル研究において標準粒子発生のための多数の方法が工夫されているが，発生過程の設計にはここに述べてきた考え方が直接，間接に利用されている．

●関連文献・参照文献

Finlayson-Pitts, B. J., and Pitts, Jr., J. N. (1999) *Upper and Lower Atmosphere*, Academic Press.

幸田清一郎・下野彰（1996）「エアロゾル表面反応と物質移動」，『エアロゾル研究』，11，93-99頁．

高橋幹二（著）・日本エアロゾル学会（編）(2003)『エアロゾル学の基礎』，森北出版.

5
化学反応

硫酸系エアロゾル

Sulfuric-Acid and Sulfate Aerosol

■硫酸の性質

硫酸（sulfuric acid: H_2SO_4）は代表的な強酸で，標準状態で液体である．水に溶け，放出可能な水素イオン（H^+）をすべて放出し，H^+と硫酸イオン（sulfate ion: SO_4^{2-}）に解離する．この解離は安定で，周囲の水蒸気を吸収し，その水に自身が溶解して解離する．塩基と反応し酸と塩基の反応生成物である塩を生成する．大気中の硝酸はガスであるが，硫酸はガスではなくエアロゾルとして存在する（5. 化学反応「硝酸系エアロゾル」参照）．

■硫酸の生成メカニズム(1)気相反応

二酸化硫黄（SO_2）の発生源では三酸化硫黄（固体）も直接放出され，水と直接反応して硫酸を生成し，液体のエアロゾルであるミストを形成する．一般には大気汚染物質のSO_2の酸化によって硫酸が生成される．この酸化はSO_2がガス状であっても，雲などの水に溶けていても，既存のエアロゾル表面に吸着していても進行する．それぞれ気相，液相，不均一表面の反応と呼ぶ．

気相反応では反応性の高いヒドロキシルラジカル（OHラジカル）がSO_2を酸化する．OHは汚染大気でも清浄大気でも存在し，重要な大気反応に関与する．

■硫酸の生成メカニズム(2)液相反応

液相反応はやや複雑である．窒素酸化物に比べSO_2ガスは100倍以上も水に溶け，溶解したSO_2（$SO_2 \cdot H_2O$）一部は亜硫酸水素イオン（HSO_3^-）や亜硫酸イオン（SO_3^{2-}）に解離する．この水溶液に反応性の高い過酸化水素（H_2O_2）やオゾン（O_3）が大気から溶解し，HSO_3^-やSO_3^{2-}を酸化して硫酸に変換する．これらのメカニズムと速度は解明され，大気中の過程が定量的に扱われている．

また，一般に雲や雨など大気中の液滴には鉄などの金属イオンが存在する．これらのイオンが触媒として作用し，溶存酸素がHSO_3^-やSO_3^{2-}をを酸化する．こ

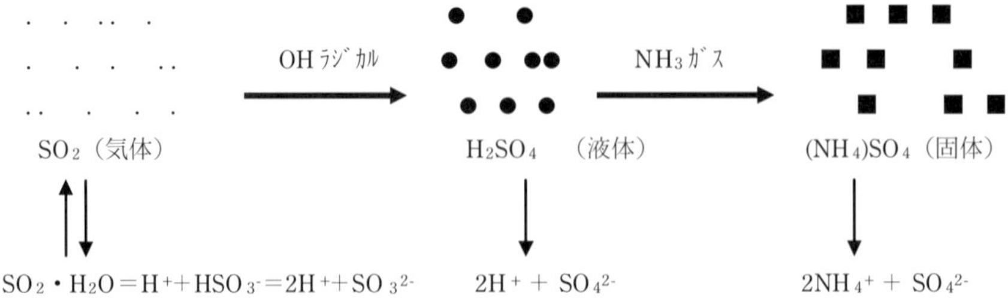

図1　大気中での硫酸系エアロゾルとそれらが水に溶けたときに放出されるイオンの模式図

れらの酸化は共存する他の金属イオンの影響を受けるので，速度の実験的決定は難しい．

さらに鉄イオンは太陽の紫外線を吸収し液相でOHラジカルを出す．このような光触媒反応は，光がない触媒反応よりも一桁以上速い．

大気中ではこれらの反応が同時に進行するので予測よりも速く硫酸が生成する．

また，雲などの水滴は湿度が低下すると水が蒸発し雲は消失する．このとき溶存している物質はエアロゾルとして大気中に残る．液相の反応はガスの酸化過程であるとともに，エアロゾルの生成過程でもある．

■硫酸の生成メカニズム(3)不均一反応

既存のエアロゾル表面にSO_2が吸着したときも，その表面で硫酸に変換される．すす粒子などに吸着するとSO_2は表面とゆるい結合を生成するので，酸化されやすくなる．この状態で吸着している酸素により酸化されて硫酸が生成する．

また，吸湿性のエアロゾルであれば表面に水膜を形成しているので表面の濃厚水溶液での液相反応を考える必要がある．

これらの表面に紫外線が照射されるときは光化学反応も考えられる．不均一反応の実験は再現性が低く研究は容易ではないが，黄砂表面でのSO_2の反応など不均一系の研究が望まれる．

■硫酸エアロゾルと硫酸塩エアロゾル

大気中で生成した硫酸は硫酸エアロゾルを形成する．硫酸エアロゾルは大気中に存在する塩基性のガス，アンモニア（NH_3）を吸収し，酸－塩基の中和反応を起こし，塩を生成する．このとき硫酸の少なくとも一部は中和され硫酸アンモニウム（$(NH_4)_2SO_4$）に変換される．酸-塩基の化学でいえば硫酸アンモニウムは硫酸（酸）とアンモニア（塩基）の中和で生成した塩（えん）である．

■硫酸，硫酸塩，硫酸イオン

このようなエアロゾルが水に溶けると硫酸も硫酸アンモニウムも解離してSO_4^{2-}を放出する．SO_4^{2-}は硫酸や硫酸アンモニウムを形成する陰イオンであり，酸，塩基，塩のいずれでもない．これらとはまったく別の範疇に属する化学種である．また「二酸化硫黄が酸化されて硫酸塩になる」という表現も見かけるが，酸化されたら硫酸になる．これが酸のままでいるか，NH_3と反応し塩になるかはNH_3の有無で決まる．

硫酸エアロゾルといっても，問題にしているのは酸である硫酸か，塩である硫酸アンモニウムか，その両方を含めた硫酸イオンなのか，を明確にしなくてはならない．一般に，大気エアロゾルには硫酸と硫酸塩の両方が存在する．

NH_3はSO_2よりも60倍近く水に溶けやすく，発生源の近傍で水に溶けて沈着すると考えられる．しかし，硫酸エアロゾルは大気中のNH_3を吸収するので，もとのNH_3は$(NH_4)_2SO_4$になって長距離を輸送される．

●関連文献・参照文献

Seinfeld, J. H., and Pandis, S. N. (1998) *Atmospheric Chemistry and Physics*, New York. John-Wiley & Sons,

硝酸系エアロゾル

Nitrate Aerosol Particles

大気中には，窒素原子（N）を含んださまざまなガスが存在している．この中でエアロゾル粒子の形成に直接関わる主要なガスはアンモニア（NH_3）と硝酸（HNO_3）である．両者とも飽和蒸気圧が高いため，ガス単体の凝縮ではエアロゾル粒子を形成することができない．ここでは，まず大気中のそれぞれのガスについて，その後エアロゾル粒子の形成について記述する．

■生物によるアンモニア生成

窒素原子（N）は窒素ガス（N_2）として大気の80%を占め，大気中最も濃度の高い成分であるが，N_2は化学反応しにくい分子である．一方，窒素原子は生物の体を構成するタンパク質や核酸にも含まれているため，この元素をめぐって様々な生物の営みが繰り広げられている．その結果アンモニア（NH_3）をはじめとする窒素化合物が大気中に放出される．アンモニアは大気中では唯一の塩基性ガスであり，様々な酸性ガスや酸性エアロゾルと反応しエアロゾル粒子化する．

■窒素と酸素の化合物

アンモニア以外にも大気中に数多くの窒素化合物が存在するが，それらのほとんどは酸素と結合している．空気中のN_2，O_2が燃焼過程などの際，高温で反応してできるNOはその中で最も簡単な分子であり，これとNO_2（両者をまとめてNO_xと呼ぶ）が大気中の主要な窒素酸化物である．これ以外にNO_3，N_2O_5，さらに水素も含むものとしてHNO_2，HNO_3，HNO_4，大気中の有機物と反応して$RONO_2$，RO_2NO_2（Rは$-CH_3$，$-C_2H_5$など），光化学スモッグの成分として有名なPANs（PAN= Peroxyacetylnitrateおよびそれに類似した化合物）などが存在している．NO_xを含め，これら全てをまとめてNO_yと呼ぶ．これ以外に大気中の重要な含窒素化合物として微生物活動が発生する亜酸化窒素（N_2O）がある．これは，対流圏ではほとんど反応せず，成層圏まで輸送され，そこで酸素原子によってNOに酸化される［2. 概論「大気中の動態」参照］．

■窒素酸化物の大気化学反応

これらの窒素と酸素を含んだ化合物は，酸化的雰囲気の大気中で徐々に酸化され，主にNO_2とOHとの反応で最終的にHNO_3になる(図1)．図に示したように反応生成物の多くが，光化学反応によってその原料物質に戻るため，日中これらの窒素化合物の濃度はほぼ一定になる．しかし，陽が沈むとこの定常状態は崩れ，日中は光解離で高濃度にならなかったNO_3やこれとNO_2が反応して生成するN_2O_5が蓄積されていく．これらと水が反応してHNO_3を与えるプロセスはもう一

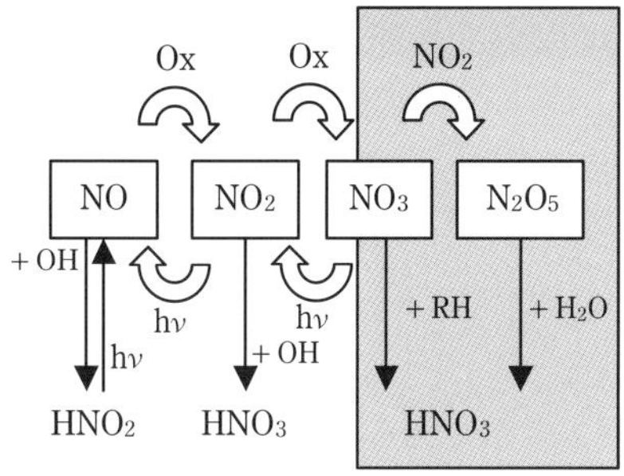

図1　大気中の窒素酸化物の反応プロセス．Ox: 酸化剤（O_3, HO_2, RO_2など），hν: 光エネルギー，RH: 有機物，影の部分が「夜の化学反応」

つの重要なHNO_3生成プロセスで，「夜の化学反応（Nighttime chemistry）」と呼ばれている．図中で影のつけてあるのがこの領域である．

■HNO_3ガスの粒子化

このようなプロセスで生成したHNO_3は大気中にガスとして数ppb存在している．HNO_3は常温では飽和蒸気圧が高いため，きわめて低温になる冬期極域上空を除いてはHNO_3のみで粒子化することはなく（11．気象・地球環境「極成層圏雲とオゾンホール」参照），アンモニアガスとの反応によるもの，既存の粒子との反応によるものに限られる．これはH_2SO_4（硫酸）が硫酸ミストという形を取るのとは対照的である．（5．化学反応「硫酸エアロゾル」参照）．

HNO_3ガスは酸性であるために塩基性のアンモニアガス（NH_3）との反応でNH_4NO_3を生成し粒子化する．しかし，高温になると原料物質のNH_3とHNO_3に解離してしまうため，エアロゾル粒子としての濃度は気温によってその濃度が大きく変動する．また，NH_4NO_3の生成には湿度やSO_4^{2-}濃度など他の化学種の濃度も影響を与えている．

■HNO_3，NH_3ガスの既存粒子への取込み

HNO_3，NH_3ガスはともに水溶性が高く，一定程度の湿度以上で既存のエアロゾル粒子が潮解しているとその粒子に溶け込む．ここで既存粒子の成分がHNO_3，NH_3ガスと反応すると，新たな塩が生成する．HNO_3では海塩粒子（NaCl）との反応が代表的であり，その結果HClガスが放出され，$NaNO_3$粒子が生成する．NH_3は大気中に普遍的に存在するH_2SO_4と反応し，硫酸アンモニウム（$(NH_4)_2SO_4$）を与える．NO_3，N_2O_5などのガスもNO，NO_2に比べると水に溶けやすいためHNO_3ガス同様に湿ったエアロゾルに吸収され，そこで反応し硝酸塩となる．

●関連文献・参照文献

Jenkin, M. E., and Clemitshaw, K. C. (2000) Ozone and other secondary photochemical pollutants: chemical processes governing their formation in the plametary boudary layer, Atmos. Environ, 34: 2499–2527.

小川利紘（1991）『大気の物理化学』，東京堂出版．

太田幸雄（1990）「大気エアロゾル」，『大気の化学』（季刊化学総説No. 10），学会出版センター，123–145頁．

Seinfeld, J. H. and Pandis, S. N. (1998) *Atmospheric Chemistry and Physics: From Air Pollution to Climate Change*, John-Wiley & Sons, New York.

5　化学反応

有機エアロゾルの生成過程

Formation Mechanism of Organic Aerosol

大気エアロゾルは，通常数%から数十%の重量比率で炭素成分を含み，その比率は都市域で特に高い．炭素成分は，組成によってスス等の元素状炭素成分（elemental carbon）と有機成分（organic carbon）とに大別される．このうち有機成分に富む粒子は特に有機エアロゾル（organic aerosol）と呼ばれ，直径が0.1µm程度の微小粒子として存在することが多い．（河村 2002）この微小粒子は，森林および都市域で観測される青い霧（blue haze）の原因と考えられている．

■一次および二次粒子

有機エアロゾルは，生成過程によってさらに一次および二次粒子に大別される．例として都市周辺での有機エアロゾルの生成過程を図1に示す．一次粒子（primary organic aerosol）は，化石燃料の燃焼等で大気中へ直接排出される．これは高温の排出ガスに含まれる炭素数数十以上の有機化合物が排出後に冷えて凝結したものである．

二次粒子（secondary organic aerosol）は，光化学スモッグ中で生成する．光化学スモッグは，揮発性有機化合物（volatile organic compounds）および窒素酸化物の光化学反応で発生する．スモッグ中では大気汚染物質として知られる光化学オキシダントとともに，有機化合物の酸化物として二価有機酸等の難揮発性物質が生じる．難揮発性物質が，凝結したり，既存の粒子に取り込まれたりして二次粒子になる．

■二次粒子比率の観測

観測された有機成分を一次および二次粒子に分離する直接的な方法はない．したがって間接的な方法で有機成分に占める二次粒子の比率が見積もられる．代表的な方法では，元素状炭素に対する有機成分の比が通年観測される．二次粒子の生成が無視できる冬場に比は最小になる．比の最小値を，元素状炭素に対する一次粒子の排出比と仮定する．この仮定の下，有機成分に占める二次粒子の比の年変化が算出される．

欧米やアジア各都市で観測が行われている．有機成分に占める二次粒子の比率は，何れの都市でも夏場に高く，最大で70%に達する．

■モデルと室内実験

有機成分の動態は化学輸送モデルを用いても調べられている．特に二次粒子濃度を見積もる際，大気中に存在する様々な揮発性有機化合物について二次粒子の収率のデータが必要になる．これには室内実験の結果が利用される．

室内実験によれば，二次粒子を効率的に生成する揮発性有機化合物は，環状アルケンおよび芳香族炭化水素である．環

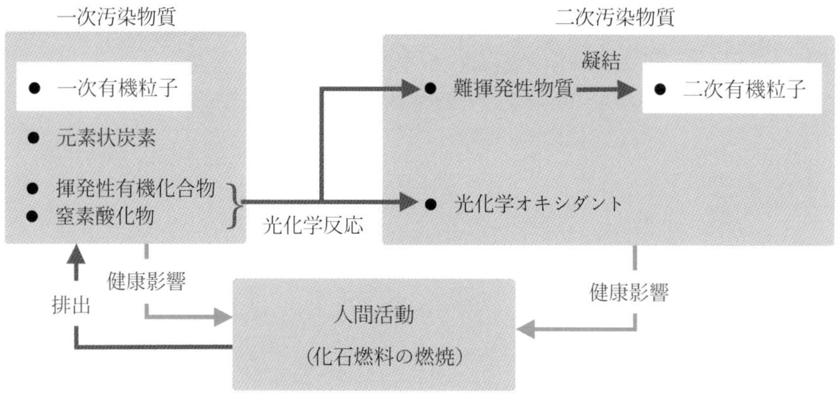

図1　都市周辺における有機エアロゾルの生成過程

状アルケンの光化学反応では，オゾン分解によって開環反応が起り，炭素鎖の両端にそれぞれカルボニル基とカルボキシル基をもつオキソ有機酸を生じる.（畠山 1991）オキソ有機酸がさらに酸化されて二価有機酸になると考えられている．大気中に多く存在する環状アルケンは，主に針葉樹林から放出されるテルペン類である.（竹川他 2000）モデル計算によると，テルペン類からの二次粒子生成は全球の二次粒子生成の大部分を占める.

芳香族炭化水素に関しては，ガソリンや塗料の成分であるトルエンやキシレンが特に都市大気中に多く存在する．都市周辺の二次粒子生成に関しては，芳香族炭化水素の寄与が極めて大きい.

■現在の問題点

芳香族炭化水素からの二次粒子の組成やその生成機構については不明な点が多い．環状アルケンについてもオキソ有機酸から二価有機酸への反応機構はよく分かっていない．今後室内実験による解明が望まれる．また，従来の捕集法および分析法では同定できない難揮発性物質がある可能性も近年示唆されている．分析法の一層の進歩が期待される.

●関連文献・参照文献

河村公隆（2002）「有機エアロゾル」，秋元肇・河村公隆・中澤高清・鷲田伸明（編）『対流圏大気の化学と地球環境』，学会出版センター，4.2節.

畠山史郎（1991）「有機エアロゾルとその生成機構」，『エアロゾル研究』，6，106-112頁.

竹川秀人・唐澤正宜・井上雅枝・小川忠男・江崎泰雄（2000）「α-ピネンの光化学反応により生成したエアロゾルの成分分析」，『エアロゾル研究』，15，35-42頁.

有機エアロゾルの組成・分布

Composition and Distribution of Organic Aerosols

エアロゾルの有機物は，疎水性の炭化水素から親水性の低分子ジカルボン酸に至るまで多岐にわたり，エアロゾル質量の数%から数十%を占める．それらは，植物や土壌，化石燃料の燃焼などから大気中に直接放出されるもの，揮発性有機物が大気中で光化学反応により粒子化したものからなる．有機エアロゾルは，水溶性であることから雲凝結核（CCN）として重要である．図1にエアロゾル中に存在する代表的な有機化合物を示す．

■有機溶媒可溶な有機成分

ノルマルアルカン，高級アルコール，脂肪酸（図1a-c）は，陸上高等植物の葉のワックスとして存在し，風によってはがれてエアロゾルとなる．ノルマルアルカンは原油・石炭にも含まれ，その不完全燃焼によって大気中に放出される．しかし，植物由来のアルカンが奇数炭素数優位（C_{27}，C_{29}，C_{31}）を示すのに対し，化石燃料起源のアルカンには奇数・偶数の優位性がない．

アルコールと脂肪酸は，偶数炭素数優位であり，陸上植物ではC_{20}以上の成分が，植物プランクトンではC_{16}，C_{18}が優位である．植物中からオレイン酸など不飽和脂肪酸が放出されるが，それらは大気中でオゾン，水酸基ラジカルによって選択的に分解を受ける．

ピレン，ベンゾ(a)ピレン等の多環芳香族炭化水素（PAH，図1d-g）は，化石燃料の燃焼過程で生成し都市大気中に広く分布する．低分子のPAHは多くが気相に存在する．PAHは二重結合をもつために酸化を受け，カルボン酸を生成してエアロゾルとなる．

■水溶性有機成分

シュウ酸などの低分子ジカルボン酸（図1h-r）は高い水溶性をもつことから雲の形成に関与する．二重結合，ケト基，水酸基をもつジカルボン酸の構造には，

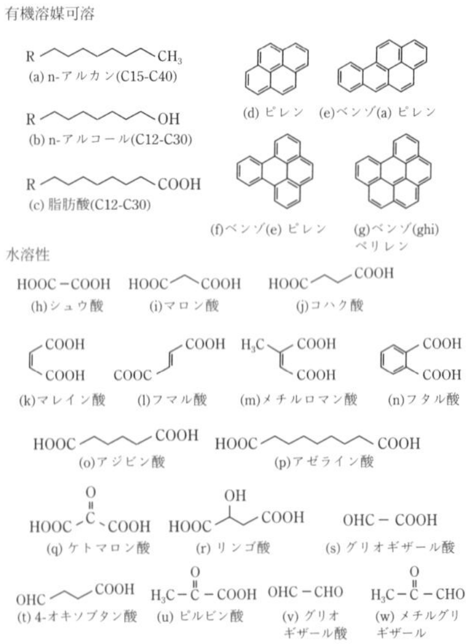

図1　エアロゾル中に存在する有機溶媒可溶および水溶性有機化化合物の化学構造．Rはアルキル基を意味する。

表1　東京および小笠原諸島・父島におけるエアロゾル中の全炭素および代表的有機化合物の濃度分布．

有機成分	東京（1988–1989）	父島（1990–1993）
エアロゾル質量，μgm^{-3}	54–220（107）	11–294（53）
全炭素（TC），μgm^{-3}	10–44（22）	0.11–1.9（0.63）
全炭素／エアロゾル，%	11–38（20）	0.16–5.4（1.8）
n-アルカン（C_{16}–C_{40}），ngm^{-3}	31–323（95）	0.11–14（1.8）
UCM炭化水素，ngm^{-3}	270–3000（880）	0.22–59（5.4）
多環芳香族炭化水素，ngm^{-3}	2–71（20）	0.0–0.70（0.07）
n-アルコール（C_{12}–C_{30}），ngm^{-3}	—	0.14–15（1.9）
脂肪酸（C_{12}–C_{30}），ngm^{-3}	110–1100（390）	2.4–60（14）
低分子ジカルボン酸（C_2–C_{10}），ngm^{-3}	90–1400（480）	6–550（140）
低分子ジカルボン酸-C/TC，%	0.2–1.8（0.95）	0.3–26（5.7）

UCM（Unresolved Complex Mixture）は，分岐または環状の炭化水素の様々な異性体からなる複雑な混合物であり，高分解ガスクロマトグラフィーによっても相互の分離が不可能であり，GCクロマトグラム上に山として現れる．

前駆体の種類や生成機構が反映される．ジカルボン酸は，燃焼過程でもできるが，大部分は大気中での光化学酸化により二次的に生成する．グリオキザール酸，ピルビン酸などケトカルボン酸，グリオキザールなども大気中に広く存在する（図1s-w）．これらは一般に粒子相よりもガス相により多く存在し，シュウ酸などジカルボン酸生成の中間体と考えられる．

大気エアロゾル中にはギ酸や酢酸など揮発性有機酸がしばしば高い濃度で存在するが，それらは大気中で塩基性ガス・エアロゾルと反応することにより粒子相に移ったものである．

■分　布

表1に，東京および西部北太平洋上の父島で採取したエアロゾル試料中の全炭素および代表的な有機化合物の濃度分布を示す．一般に，都市エアロゾル中の濃度は外洋大気に比べて10–1000倍高い．しかし，シュウ酸を主成分とする低分子ジカルボン酸は外洋大気中でも比較的高く，エアロゾル炭素に占める割合は父島で最大26%（平均5.7%）であり都市の値（0.2–1.8%）に比べて著しく高い．これは，揮発性有機物が大気輸送される間に反応を受けより酸化された有機エアロゾルとなるためである．

●関連文献・参照文献

河村公隆（2002）「有機エアロゾル」，秋元肇・河村公隆・中澤高清・鷲田伸明（編）『対流圏大気の化学と地球環境』，学会出版センター，4.2節．

Simoneit B. R. T. and Mazurek M. A. (1989) Organic tracers in ambient aerosols and rain, *Aerosol Science and Technology*, 10: 267–291.

無機エアロゾルの組成・分布

Composition and Distribution of Inorganic Aerosols

■エアロゾルの分布

大気中のエアロゾルは，粒径1–2 μm付近を境にして，それより大きい粒径のものを粗大粒子（coarse particle），小さい粒径のものを微小粒子（fine particle）と呼ぶ．通常，この粒径を谷とし，粗大粒子と微小粒子にそれぞれ粒子個数の極大をもつ二山形の粒度分布（粒子個数の分布；size distribution）であることが知られている（図1）．

粗大粒子は自然起源である海塩や土壌など，主に一次粒子（発生源から直接放出される粒子）によって，微小粒子は人為起源や二次粒子（気体同士の反応や，気相—固相反応によって生じた粒子）などによって構成され，それぞれの特徴が化学組成にみられる．また，エアロゾルの生成過程によっても，その化学組成や粒度分布が異なる．

一般的に，無機エアロゾル中の粗大粒子では，Clを含む海塩成分や鉱物粒子が多くを占め，微小粒子では硫酸塩や重金属が多くを占めている（図2）．

■粗大粒子の無機エアロゾル

粗大粒子は，鉱物粒子や海塩粒子といった自然起源のエアロゾルが主体であり，土壌や海水の化学組成が反映される．主要なものとしては，AlやFeなどを含んだ鉱物粒子（もしくは，土壌粒子）があり，比較的均一な化学組成をもつ．主要水溶性イオン成分であるNa^+やCl^-は，海水から生成する海塩粒子の主要成分である．これらのエアロゾルは，生成過程において，風による土壌の巻き上がりや海水飛沫など物理的な過程によって生成するため，粒径が大きく主に粗大粒子として存在する．他にも，微小粒子の雲生成過程からの粗大粒子生成などがある．これは水分の吸収により粒径が増大したり，粒子同士が衝突する過程によって粒径が増大したりして，粗大粒子へ成長することである．

粒径が大きいことから，気相—固相反応の場やHNO_3等の気体成分の吸着場になることもある．

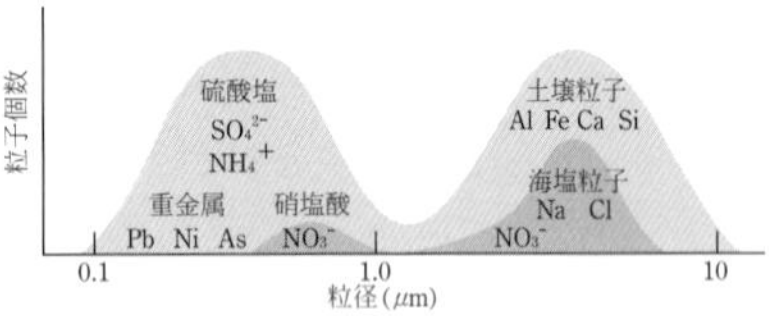

図1　無機エアロゾル中化学組成

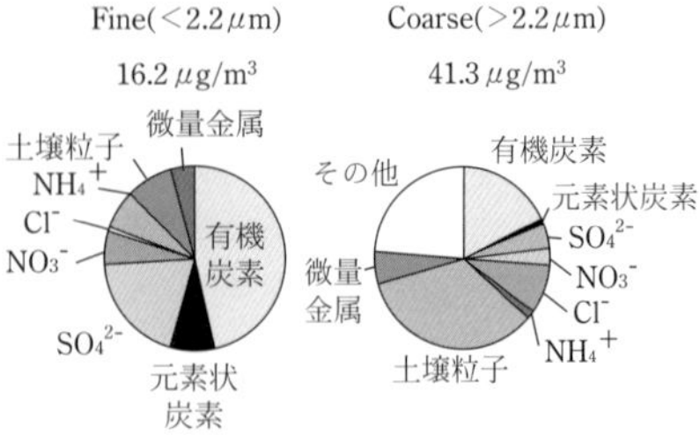

図2　エアロゾルの粗大粒子と微小粒子中の組成割合（米国・ボストンの例）

粗大粒子の大気中濃度は，主に1–10 μg/m^3（1 m^{3}あたり10^{-6}–10^{-5}g）の範囲である．

これらエアロゾル組成中の無機金属成分であるAl，Si，Fe，Ti，Ca等は，粗大粒子側に多く存在している．特に，鉱物粒子中に含まれるSi，Al，Feといった地殻構成主要成分である元素が大きな割合を占める．鉱物粒子には，主に春季にアジア大陸の砂漠・乾燥地帯から発生する砂塵（dust）嵐によって日本に飛来するものが注目されている．

海塩においてはCl^-，Na^+，Mg^{2+}といった海水成分で高い濃度のものが主体となる．

■微小粒子の無機エアロゾル

微小粒子は，主に化石燃料燃焼，自動車排ガスなど人為起源によって放出されたものや，気体状物質が反応して粒子となったものが主体である．NO_3^-，SO_4^{2-}といった無機イオンを含むエアロゾルは，化石燃料の燃焼によって生成されたものや，さらに光化学酸化（photo-oxidation）を受けて生成したものである．また，化石燃料燃焼などの高温下での反応過程によって生成した微量金属類（trace meta-ls）などもある．このように，化学的な過程を介在して生成したため，粒径が小さく主として微小粒子として存在する．

大気中濃度は，主に0.1–100 ng/m^3（1 m^{3}あたり10^{-10}–10^{-7}g）の範囲である．硫酸塩（sulfate）は，化石燃料や海洋生物起源によって海洋から大気へ放出されたジメチルスルフィド（dimethyl sulfide; DMS）などの含硫黄化合物が酸化され，生成したものである．近年では海洋生物起源硫黄の放出量は化石燃料からの放出量と比較して無視できないとされている．他の重要な発生源としては火山噴火に伴い放出された火山気体中の硫黄化合物が酸化されたものがある．これ以外にも硫酸塩として海水起源のものがある．微小領域においては通常海塩比で補正し求められるが，量的には少ない．一般的に，非海塩起源（non sea salt）硫酸塩はNH_4^+イオンとの濃度相関が高く，多くは$(NH_4)_2SO_4$，NH_4HSO_4やH_2SO_4の化学形態で存在している．

硝酸は反応性が高いので，海塩や鉱物粒子と吸着や反応を起こすため，海洋大気中では粗大粒子側に硝酸塩として多く存在するが，都市大気においては，微小粒子にも存在する．これは熱力学的因子によって化学形態が決定されるためであり，NH_4NO_3といった形で存在する．

主要無機イオン成分以外の組成としては，微量金属類があげられる．燃焼に伴いエアロゾルとなる金属成分があるが，V，Ni，Pb，Asといった石油精製における触媒や添加物，助燃剤の燃焼や石炭燃焼として放出されたものがある．一方，都市ごみ焼却過程で生じたZnやSnなどは微小領域に存在することがある．これらの微量金属類は，水可溶性分が多くを占め，硫酸など陰イオン成分と塩を形成していると考えられている．これらの成分や成分間の比などは発生源の指標となる．

●関連文献・参照文献

秋元肇・河村公隆・中澤高清・鷲田伸明（編）（2002）『対流圏大気の化学と地球環境』，学会出版センター．

自然起源硫黄化合物

Natural Sulfur Compounds

自然起源の硫黄化合物には，硫化ジメチル（CH_3SCH_3，DMS），二硫化炭素（CS_2），硫化カルボニル（OCS），硫化水素（H_2S）がある．硫化カルボニルを除く全ての硫化物は，対流圏においてOHと素早く反応して，二酸化硫黄（SO_2）を生成する．なお，火山からは主にSO_2が噴出している．二酸化硫黄は，最終的に硫酸（H_2SO_4），非海塩性の硫酸塩（X_2SO_4; X＝H, NH_4など）に変換される．また，DMSからはメタンスルホン酸（CH_3SO_3H，MSA）が生成する（図1）．以下に，個々

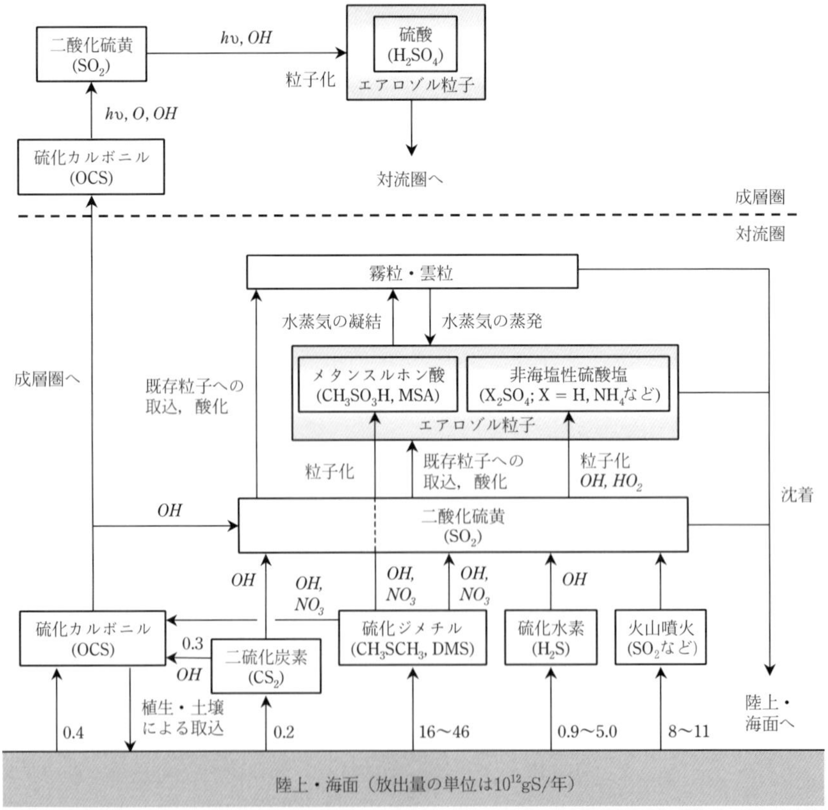

図1　自然起源硫黄化合物の主要な酸化経路

の硫黄化合物の反応過程を示す．

■硫化ジメチル

硫化ジメチルは主に海洋から放出され，日中では主にOH，夜間では主にNO_3と反応する．窒素酸化物濃度が低い低・中緯度の海洋大気中では，DMSの酸化は主にOHとの反応で進行する．そのため，DMS濃度は日中に低い明瞭な日変動を示す．

OHとの反応には2つの異なる経路があり，そのうちの一つは温度に対して敏感な反応速度をもっている．硫化ジメチルの酸化過程において，中間生成物であるCH_3Sが作られ，このごく一部がCH_2Sを経てOCSに変換することが指摘されている．しかし，MSAの生成経路などを含め，DMSの酸化過程には不明な点が残されている．

■二硫化炭素

二硫化炭素も主に海洋から放出されている．二硫化炭素は，不活性な任意の気体分子M（通常は窒素（N_2）や酸素（O_2））を介して，OHと反応する．その後，反応生成物である$HOCS_2$がO_2と反応し，その結果，SO_2とOCSが1：1の割合で生成すると推定されている．しかし，この過程は，対流圏内のSO_2の発生源としては量的に無視することができる．

■硫化水素

硫化水素の主な発生源は陸域である．年間放出量は$0.9 \sim 5.0 \times 10^{12}$gSとされ，その推定値には大きな不確かさがある．

硫化水素もOHと反応する．生成したHSは，O_2，O_3，NO_2が関係した一連の反応を経て，SO_2に変換される．

■硫化カルボニル

硫化カルボニルの主要な生成過程として，CS_2とDMSの酸化が考えられ，これらが全OCS発生量の約半分を占めると推定されている．海洋やバイオマス燃焼もOCSの発生源である．

主要な消滅過程は，植生と土壌による吸収と考えられる．対流圏内でのOHとの反応による除去は，わずかの寄与でしかない．放出されたOCSの約10%が，成層圏に到達すると考えられる．

成層圏でのOCSの除去は，70%が光解離，30%がO原子やOHとの反応で起こると推定されている．硫化カルボニルは，火山活動の静穏期における成層圏エアロゾル粒子の主要な先駆物質である．

■二酸化硫黄

火山からは，その活動が静穏な時，年間$8 \sim 11 \times 10^{12}$gSのSO_2放出がある．しかし，人為的なSO_2放出はその10倍にも上っている．

二酸化硫黄は，OHとの気相反応によって硫酸塩に変換される．しかし，雲などの既存粒子中での液相反応の方がむしろ効率が良く，酸化の約70%がこれに起因すると推定されている．

●関連文献・参照文献

Georgii, H. W. and Warneck, P. (1999) Chemistry of the tropospheric aerosol and of clouds, in R. Zellner et al. (eds) *Global Aspects of Atmospheric Chemistry*, Springer Verlag: 111–179.

不均一反応

Heterogeneous Reaction

■不均一反応の場

大気科学の分野で不均一反応が注目を集めたのは，南極大陸上空でのオゾンホール生成に関与する極成層圏雲（Polar Stratospheric Cloud; PSC）上での活性な塩素の生成反応である．この他にも，酸性雨で問題となる硫黄酸化物の液滴・雲粒中での反応，海塩粒子からのハロゲン(Cl, Br, I)の放出，硫酸エアロゾルの生成に影響を及ぼす硫黄酸化物と土壌(黄砂)粒子との反応も不均一反応の重要な事例である．これらの例でわかるように，不均一反応とは，ガス（気相）がエアロゾル（液滴，雲粒：液相；土壌粒子，氷：固相)の内部や表面などで反応すること，すなわち，異なる相が関与する反応のことである．

図1に，ガスとエアロゾルが関与する不均一反応を模式的に示した．ここで●や■，▲は化学物質（分子）を表す．不均一反応は，気相拡散，界面物質移動，液相拡散，液相反応，液相や固相上での表面反応，脱離の各サブプロセスに分けられる．このうち，不均一反応の特徴としては，気液界面物質移動（●→●）と表面反応（●→■）があげられる．

■不均一反応と物質移動

不均一反応の大気組成への影響の大きさはその反応速度で決まる．反応速度を考えるときには気相拡散に対する界面物質移動や表面反応の速さが重要となる．気相からエアロゾル表面への分子の供給が十分であれば，界面物質移動律速や表面反応律速となり，また，界面物質移動や表面反応が速ければ気相拡散律速となる．気液界面における物質移動速度は，取り込み係数（uptake coefficient）を用いて表すことができる．（表面反応の場合，反応係数（surface reaction probability）が用いられる．）取り込み係数は，エアロゾル表面に衝突した気相分子のうち正味液相に取り込まれる分子の割合を表す．たとえば，エアロゾル表面に気相分子が100個衝突したときに，50個の分子が界面を通過し内部に入り，内部からは20個の分子が界面を通過して放出されたとす

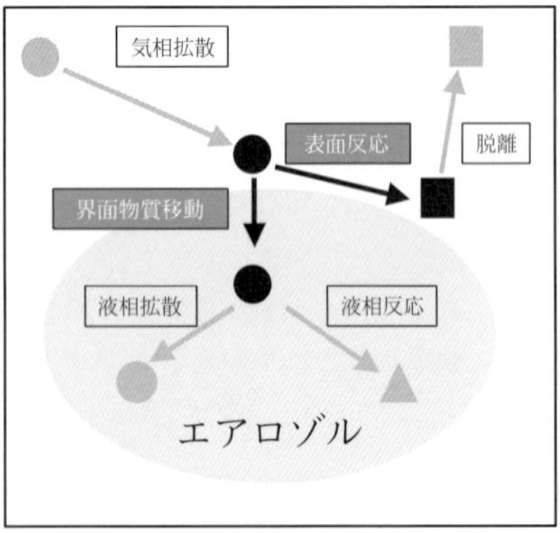

図1　不均一反応の模式図．●，■，▲は化学物質（分子）を表す．形が変わるのは化学反応を表す．界面物質移動と表面反応を強調するために色を変えた．

ると，液相内部に実質的に取り込まれた分子は30個なので取り込み係数は0.3となる．計算によれば，10 μm程度の液体エアロゾルを考えたとき，取り込み係数が0.01以下ならば界面物質移動が律速過程となる．すなわち，気相からは分子が十分供給されているがエアロゾル内部への移動または反応が遅く，界面物質移動が不均一反応の速度を決めることになる．

取り込み係数はエアロゾルからの放出を考慮しているので気液両相に含まれる物質の濃度や気液接触時間に依存する．これに対しエアロゾル内部にガス成分を含まない状態（エアロゾルからのガス成分の放出がない状態）での取り込み係数を適応係数（mass accommodation coefficient）と呼ぶ．適応係数はガスの種類とエアロゾルの組成によって決まる物性値であり，適応係数がわかれば，適切な液相での反応モデルを用いることにより大気中でのガスとエアロゾルの化学反応をシミュレートできる.現在,実験的に得られた取り込み係数や適応係数を理論的に理解する研究が続けられている．例えば，分子シミュレーションを用いて界面を分子が通過する現象，すなわち，界面物質移動をミクロな視点で理解する試みもなされている．適応係数や反応係数のデータはChemical Kinetics and Photochemical Data for Use in Atmospheric Studi-es, NASA/JPL; http://jpldataeval.jpl.nasa.gov/で見ることができる．

■不均一反応と表面反応

表面反応において重要なのは，気相では起こらないか，あるいは，非常に遅いと考えられる反応でも，固体表面上では反応が非常に速く進行する場合があるということである．たとえば，硝酸塩素（chlorine nitrate；$ClONO_2$）と塩酸（HCl）が反応し塩素分子（Cl_2）を生成する反応は，気相中では非常に遅い反応である．しかし，PSC上では非常に速く進行し，塩素分子を気相中に放出してオゾン破壊を進行させた（同時に，窒素酸化物がPSCに取り込まれ，気相中の窒素酸化物が減少したことも重要）．なぜ反応が速く進行するかは未解明な部分も残っているが，PSC上で生成する水和物やイオン化した化合物の存在が重要であると考えられている．表面反応を理解するためには，表面上で進行しているそれぞれの反応や反応に関与する物質（素反応や中間体）を定量的に検討することが必要であり，これは近年の表面分析技術の進歩とともに解明されつつある．

●関連文献・参照文献

Finlayson-Pitts, B. J., and Pitts, Jr. J. N. (2000) *Chemistry of the Upper and Lower Atmosphere,* Academic Press.

幸田清一郎（2002）「対流圏不均一反応」，秋元肇・河村公隆・中澤高清・鷲田伸明（編）『対流圏大気の化学と地球環境』，学会出版センター，3.3節.

岩坂泰信；原宏（1999）「2章　人間活動による大気改変の歴史」（岩坂）「4章　大気汚染物質と大気質の変化」（原），安成哲三・岩坂泰信（編）『大気環境の変化』，岩波書店.

6

計測・測定

計測・測定法の概要

Overview of Measurement Methods

エアロゾルの計測・測定では，物理・化学的性状と速度などの動的挙動を測ることが極めて重要であるが，両者の間には密接な関係があり，エアロゾルの性状を構成する基本要素である濃度・粒径・化学組成の計測法をとりあげる．また，濃度や粒径測定ではエアロゾルを管路や環境大気からサンプリングする場合が少なくないが，その問題点を示す．さらに，近年話題となっているエアロゾルの地球環境問題への影響評価と関連した計測手法についてまとめる．

■濃度測定

エアロゾルの濃度測定といった場合，一般的に個数または質量濃度をさすことが多い．質量濃度の標準法は，フィルタを用いて試料空気を一定流量で濾過捕集し，試料捕集前後の質量差を天秤などで秤量後，吸引空気量で除することで求めるものである．個数濃度は，顕微鏡を用いてフィルタ上に捕集された粒子の個数を計数することで測定されるが，煩雑で時間を要することから一般的ではない．

個数，質量濃度は，表1に示すようにエアロゾル粒子の濃度と1対1に対応した物理量を測定する機器測定が，簡便で連続測定が可能，光散乱法ではフィルタ上に捕集せずその場（*in situ*）での測定が可能，フィルタ捕集に比して時間分解

表1　エアロゾルの主な物理計測法

測定量		測定法	測定粒径範囲（μm）	測定下限濃度（μg/m³）	測定原理
濃度	個数	光散乱カウンタ（OPC）	0.05～100	0.001個/cm³	光散乱パルス
		凝縮核測定器（CNC）	3 nm～3 μm	1個/cm³	過飽和凝縮＋光散乱
	重量	フィルター捕集	0～	捕集条件による	ろ過＋秤量
		光散乱法	0.1～2	（空気散乱）	散乱光量
		圧電天秤（TEOM）	0.01～10	1	結晶振動周波数の変化
		β線吸収法	0～10	2～5	β線吸収
粒径（粒度分布）	幾何学径	顕微鏡観察	1 nm～	—	—
	物理的（動力学的）等価径	拡散バッテリ	1 nm～0.2	検出器による	拡散沈着
		電気移動度法（DMA）	1 nm～1 μm	検出器による	荷電＋移動度分離
		光散乱カウンタ（OPC）	0.05～100	0.001個/cm³	光散乱パルス
		カスケードインパクタ	30 nm～30 μm	<1（各段）分析法による	慣性衝突

表2　エアロゾルの主な化学組成分析

バルク分析	無機	破壊分析 非破壊分析
	有機	破壊分析
個別粒子分析	捕集粒子	薄膜法 マイクロプローブ分析法
	浮遊粒子	飛行時間型質量分析法 ラマン分光法

能が高い，などの利点を有するため，よく用いられる．ただし，測定粒径範囲や上下限濃度に制約があることに注意が必要である．

■粒径（粒度分布）測定

エアロゾル粒子の粒径は，表1に示すように顕微鏡を用いて直接測定される幾何学径と，粒子の物理量や重力沈降速度などの動力学的特性値の粒径依存性を利用して求められる物理的（動力学的）換算径に分けることができる．前者の方法で粒度分布を求める場合には多数の粒子数を測定することが必要なため煩雑であり，電子顕微鏡を用いた場合，真空下で揮発性粒子が消失するおそれが生じる．後者の例としては，空気力学径（aerodynamic diameter）があげられ，対象粒子と同一の重力沈降速度を有する単位密度（$1 g\ cm^{-3}$）の球形粒子径が相当する．物理的換算径の計測器ではフィルタ等へのサンプリングが不要なその場測定が可能な方法も多いが，サンプリング管を用いる場合には，管路内での沈着，測定対象場からの温度変化，高濃度条件下では希釈による影響などに留意する必要がある．また，粒度分布測定では，粒径に基づく操作変数を階段状に変化させ，操作変数ごとに粒子の個数や質量などに対応した信号（測定値）が得られる．得られた測定値から元の粒度分布を推定するためにはデータ逆変換が必要である．

■化学組成分析

エアロゾルを構成する化学成分は極めて微量のため，その組成（元素，化学状態，結晶構造）を同定，定量化するには，フィルタやインパクタで長時間サンプリングしたバルク試料について，各種の無機および有機分析手法が適用されることが多い．ただ，近年の分析技術の進展に伴って表2に示すように，フィルタ等にサンプリングされた粒子と浮遊状態のままで個別粒子分析が行われるようになっており，獲得される情報量が飛躍的に増加している．

■大気科学におけるエアロゾル計測

地球温暖化問題と関連してエアロゾルの放射エネルギー収支への影響を定量的に評価することが急務となっている．このためには飛行機観測，地上からのライダー観測，衛星リモートセンシングなどにより，時空間的に変動するエアロゾルの3次元的分布を把握することが必要である．また，エアロゾルの光学特性や日射量を同時に計測し，総合的に評価する研究が世界各地で行われている．

●関連文献・参照文献

Baron, P. A., and Willeke, K. (2001) *Aerosol Measurement*: Principles, Techniques, and Applications, 2nd edition, Wiley Interscience.

Spruny, K. R. (1999) *Analytical Chemistry of Aerosol*, Lewis Publishers.

個数濃度測定

Number Concentration Measurement

エアロゾル粒子の個数濃度とは，一定体積中に含まれる任意の粒径範囲の粒子個数を言うが，一般に1 m^3中または1 cm^3中の粒子個数の総数で表わされる．

通常の室内環境中には，0.3 μm以上の粒子について，およそ100個～1,000個/cm^3，0.01 μm以上の粒子で1,000～10,000個/cm^3程度存在している．

個数濃度は［一定の粒径以上の粒子個数］／［基準体積］で定義されるので，測定対象とするエアロゾルの粒径範囲を明確にすることと，基準体積について配慮しておく必要がある．基準体積については，一般に20℃，一気圧下での気体の体積とする場合が多く，その際には測定環境の温度や圧力のデータを用いて基準体積に変換する必要がある．

ここでは，個数濃度測定法として一般に用いられる光散乱法，凝縮核計数法と，帯電粒子の荷電量から個数濃度に変換する電流計法について述べる．

■光散乱法

光散乱法は，「3. 物性　粒子の光学的特性」を利用した光散乱強度測定法であり，最も簡便な方法として，クリーンルーム中の粒子計測や大気エアロゾル計測等に広く用いられている．また，この方法はJIS B 9921「光散乱式粒子計数器」において，装置に要求される機能が詳しく規定されている．

この方法は，レーザ光などの光源を集束レンズ等で絞り，この焦点位置に粒子を導入して，各粒子からの散乱光の強度を測定する．この散乱光の強度は粒径に対して一義的に関係付けることができないが，標準となる校正粒子を用いて，その校正粒子の粒径に対する散乱光強度を求めておくことによって，校正粒子の光散乱強度に換算した粒径以上の粒子個数濃度を求めることができる．

本原理に基づく測定装置は，一般にパーティクルカウンターと呼ばれ，使用する光源としてガスレーザや半導体レーザを使用した装置は，レーザパーティクルカウンターと呼ばれる．本方法で測定可能な最小粒子は0.05 μm程度と言われているが，実用上は0.1 μm付近である．また，一般に使用される装置では最小可測粒径が0.3 μm程度の装置が多い．

この装置は原理上，粒径以外に，粒子の屈折率や光学系の設計条件（光源の波長，散乱受光角度等）に依存するので，得られた粒径は校正粒子に対する光散乱相当径であることに留意する必要がある．しかしながら，データの即時性，取扱いの容易さの点で本方法の適用範囲は広い．

■凝縮核計数法

個数濃度測定方法のひとつとして，粒径0.01 μm程度以上の粒子を対象とした凝縮核計数器（CNC: Condensation Nucleus Counter）による方法がある．本装置は，粒子を含むサンプル空気をアルコールや水等の蒸気によって飽和状態として，断熱膨張や急冷却，または低温と高温の飽和空気の混合によって過飽和雰囲気を生成し，サンプル空気が過飽和から飽和状態に移行する際に微粒子を凝縮核として凝縮成長を生じさせ，微粒子を粗大化した後に，前述の光散乱法等によって計数する方法である．この方法によれば，容易に10 nm程度の微粒子を検出することが可能であり，さらに装置の設計条件を検討することによって3 nm～5 nmの超微粒子を検出することが可能となっている．基本的には最小可測径以上の粒子の総個数濃度を求めるもので，本装置単体で粒径の情報を得ることは困難である．粒径分布を求める場合には，粒子の静電気力や拡散現象を用いた分級装置を併用する必要がある．

■電流計法

微粒子の帯電量が明確な場合には，帯電粒子の電荷量を測定することによって粒子個数濃度に変換することが可能である．この装置はファラディーカップ・エレクトロメータという名称で呼ばれている．ただし，粒径が10 nm以下と小さくなると粒子の帯電確率が著しく減少することによる帯電効率の問題があり，かつ，電流値で測定を行うために一般に10^3個/cm^{3}以下の個数濃度の測定には適さない．

■個数濃度測定上の注意点

実際の測定では，測定対象とする空気を装置に導入（サンプリング）して計数が行われる．基準体積は，空気を導入するサンプリング流量と測定時間の積で表されるので，サンプリング空気の温度や圧力条件を考慮したサンプリング流量とサンプリング時間は，そのまま粒子濃度に比例した誤差となるので，注意が必要である．

また，質量濃度（6　計測・測定「質量濃度測定」参照）と個数濃度とは，エアロゾルの密度が既知であれば換算することが可能であり，一般的には粒子密度を1 g/cm^{3}と仮定して双方で変換されることがある．このような質量濃度と個数濃度の変換は，オーダ的な推算を行う上では便宜上利用することが可能である．

個数濃度測定法と適用範囲

	最小可測径（μm）	濃度範囲（個/cm^3）	備　考
光散乱法	0.05	0～10^3	高濃度下では，コインシデンスロスを伴うため，希釈が必要．
凝縮核計数法	0.003	0～10^7	10^3個/cm^{3}以上は総散乱光検出．粒径情報を得るには，DMA，拡散バッテリー等が必要．
電流計法	0.005	10^3～	低濃度条件での使用は困難．帯電粒子であることが前提．

ただし，浮遊状態での計測法を対象とし，補集法（フィルタ，インパクタ法等）は除外．

●関連文献・参照文献

日本工業規格 JIS B 9921（2000）『光散乱式粒子計数器』，日本規格協会．

質量濃度測定

Mass Concentration Measurement

大気中の粒子濃度と健康影響の関係については未だに解明されていない部分が多く，健康に影響をもたらす最も重要な要因が，質量濃度なのか粒子数なのか粒子表面積なのか等今後解明していかなければならない要素が多い．一方環境中の粒子濃度評価の指標としては現在質量濃度が各国で採用されている．

■質量濃度の標準測定法（手分析）

質量濃度の標準測定法としては，いずれの国もフィルタを用いて試料空気一定流量で濾過捕集し，試料捕集前後の質量差を吸引空気量で除した値を，大気中粒子状物質質量濃度としている．

大気中粒子の全量を捕集する場合には，フィルタ捕集面をオープンフェースにしているが，SPM(粒径10 µm以上の粒子を100%カットした浮遊粒子状物質)，PM_{10}，$PM_{2.5}$（粒子の空気動力学的50%カットオフ径がそれぞれ10 µm，2.5 µmの粒子）等の測定をする場合は，捕集用フィルターの前段にインパクター方式(慣性衝突方式)やサイクロン方式等の分粒装置を装着する．

捕集用フィルタの性能としては，大気中の酸性，塩基性ガス等の吸着が少なく，粒径0.3 µmの粒子に対し99.9%以上の捕集効率をもつものが一般的に用いられている．

また試料空気吸引量については，測定目的により，毎分15～30L程度の一定量で吸引するローボリウムエアサンプラー，毎分500～1500L程度の一定量で吸引するハイボリウムエアサンプラー等が一般的に用いられているが，個人曝露量測定のため毎分数百ml程度で吸引する携帯型のパーソナルサンプラーなども用いられている．これらサンプラーの多くは，目的とする粒径の粒子を捕集するために，前段に分粒装置を装着している場合が多く，定められた流量で試料空気を吸引することにより，一定の粒径以上の粒子がカットできる．最新の研究では粒径の小さい粒子がより人体への影響が大きいことが分かってきており，米国の環境基準では1997年に従来のPM_{10}に加えて$PM_{2.5}$の環境基準を定めており，わが国に於いても2000年9月に$PM_{2.5}$質量濃度測定法暫定マニュアルが提示されている．

■粒径別測定（手分析）

アンダーセンエアサンプラーが最も多く使用されている．多孔式のジェットノズルを備え，多段式プレート上にエアロゾルを粒径別にインパクター方式で捕集する装置で，エアロゾルを粒径別に秤量し，粒径分布を求める装置である．ローボリウムおよびハイボリウムエアサンプラーがある．一例として9段タイプのローボリウムアンダーセンエアサンプラーではそれぞれ>11，7.0–11，4.7–7.0，

3.3–4.7, 2.1–3.3, 1.1–2.1, 0.65–1.1, 0.43–0.65, <0.43（単位：μm）に分粒できる．

■自動測定機による測定

わが国のSPMに関する環境基準値は1時間値で定められているが，標準法であるフィルタ捕集ー質量濃度測定法では1時間値の測定ができないことから，通常の測定では1時間値の測定が可能となる自動測定機が用いられている．現在環境基準との対応が可能な機種としては，光散乱法，β線吸収法（BAM），圧電天秤法が指定されているが現状で用いられている測定機の大半はBAM法である．

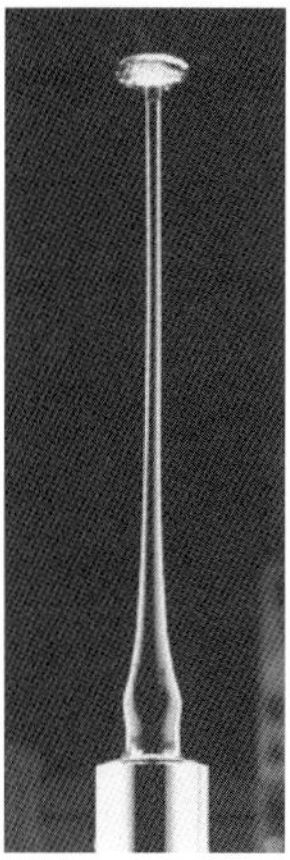

図1 フィルタカートリッジ

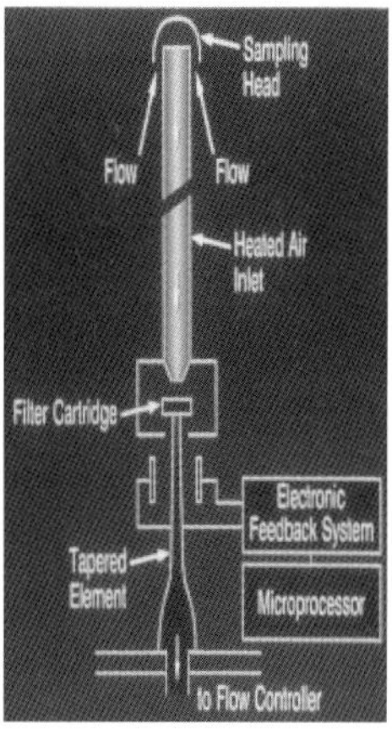

図2 全体の構成

■BAM法

β線吸収法は，低いエネルギーのβ線を物質に照射した場合，その物質の質量に比例してβ線の吸収量が増加することを利用した測定方法である．自動測定機では，目的の粒径以上をカットする分粒装置を通した試料空気を濾紙上に捕集し，捕集前後の透過β線強度を計測することにより，質量濃度を測定する．

■TEOM法

米国では，PM_{10}の自動測定機としてTEOM（Tapered Element Oscillating Microbalance）が認証されており，わが国に於いてもTEOM法の検討が行われている．フィルタカートリッジの写真を図1に，全体の構成を図2に示す．TEOM法の原理は以下による．固有の振動数で振動しているフィルタカートリッジを先端に取り付けた秤量素子の振動周波数が，フィルタに捕集された粒子状物質の質量の増加に伴い減衰する．この振動数変化量と粒子の捕集質量には一定の関係があることから，振動数を計測することで捕集質量を算出する方法である．本計測法による質量測定の分解能は0.01 μgと非常に高感度であるとともに測定原理上フィルタ部に濾過捕集された粒子状物質の質量を直接計測していることから，粒子状物質の粒径，形，比重などに影響されない測定が連続的に行えるという特徴をもつ．しかしフィルタ素子の温度は一定に保つ必要があり，通常50℃に設定することから$PM_{2.5}$に含まれている半揮発性物質の輝散が生ずる恐れがあり，一般に標準測定法に比べてやや低めの測定値となる傾向を示す．ここで説明したBAM法，TEOM法並びに光散乱法は，日本における自動測定機による$PM_{2.5}$質量濃度測定法暫定マニュアルに提示されている．

●関連文献・参照文献

本間克典（1990）『実用エアロゾルの計測と評価』，技報堂出版．

粒径測定（1） 電気移動度・光

Particle Size Measurement (1): Electrical Mobility and Light Scattering

■電気移動度分析

静電場中におかれた帯電エアロゾル粒子の電場方向速度が粒子の電気移動度に比例することを利用して，粒子をその電気移動度に応じて分級する技術を電気移動度分析という．現在よく利用されている装置は，図1のような同軸二重円筒型の電極を利用し，一定の狭い範囲の電気移動度をもつ粒子のみを外に取り出せるようにした微分型電気移動度分析器（differential mobility analyzer; DMA）である．粒子はまず^{241}Am, ^{85}Krなどの放射線源を用いた粒子荷電器に通されて平衡帯電状態とされた後，外側電極上部に設けられた円環状のスリットを通じて電極に導入される．電極間にはシースエア（鞘状空気）と呼ばれる粒子を含まない清浄空気が流されており，帯電粒子はシースエア中を電気移動度に応じて異なる軌跡の上を運動する．内側電極の下流側に設けられた狭いスリットより取り出された空気中には，特定の範囲の電気移動度を有する粒子のみが含まれることになる．電極電圧を変えつつ，取り出される粒子数濃度を記録することにより，電気移動度分布を測定することができる．粒子数濃度の測定には，凝縮核粒子計数器や，粒子が運ぶ電荷による電流を測定するファラデーカップ電流計などが利用される．

平衡帯電状態での帯電数分布（粒径ごとの帯電数の割合）が知られていることを利用して，観測された電気移動度分布を粒径分布に変換することができる．このため，DMAはエアロゾル粒子の粒径分布測定の目的で広く利用されている．DMAによる測定可能粒径範囲はおよそ1 nmから1 μmである．

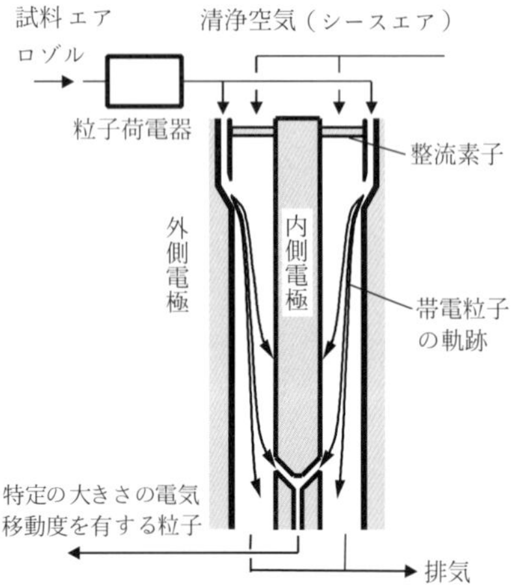

図1 微分型電気移動度分析器の動作原理

■光散乱式粒子計数器

光ビーム中を1個のエアロゾル粒子が通過したときに生じるパルス状散乱光を電圧に変換し，電圧波高値より粒径を，パルス数より粒子数を求める方式の装置を光散乱式粒子計数器（light scattering particle counter）という．粒径を求めるために，あらかじめ粒径が知られた球形の標準粒子を試料として，粒径と電圧波高値を対応づける粒径校正が行われる．散乱光強度は粒子の光学的屈折率や形状に依存するため，光散乱式粒子計数器で得られる粒径は，幾何学的サイズでなく，粒径校正に用いられた標準粒子の大きさに換算した光散乱等価径である．入射光ビーム中を2個以上の粒子が同時に通過すると，1個の粒子として検出されるため，観測される粒子個数が見かけ上減少する．このような現象を同時通過損失という．エアロゾル中の粒子個数濃度が高くなると，同時通過損失が生じる確率も増加する．

光散乱式粒子計数器は，気体中に含まれる粒子数濃度や粒径分布を簡便に測定できるものとして広く普及している．照射光の光源として半導体レーザやHeNeレーザなどを用いたレーザ粒子計数器（laser particle counter）がほとんどを占める．図2に示すように，試料エアロゾルを導入するノズルを二重ノズルとし，内側ノズルにエアロゾルを，外側ノズルに清浄空気（シースエア）を流すことにより，粒子を入射光ビーム中に確実に通過させるように工夫した装置が多い．光散乱式粒子計数器で測定できる粒径範囲は，およそ50 nmから数10 μmである．

■その他の光利用測定技術

ブラウン運動を行う粒子群からの散乱光は，個々の粒子からの散乱光の干渉の結果，時間的にランダムなゆらぎを示す．ゆらぎの解析から，粒子の拡散係数をもとめ，これから粒径を求める方法が光子相関法（photon correlation spectroscopy; PCS）である．PCSは数nmから数

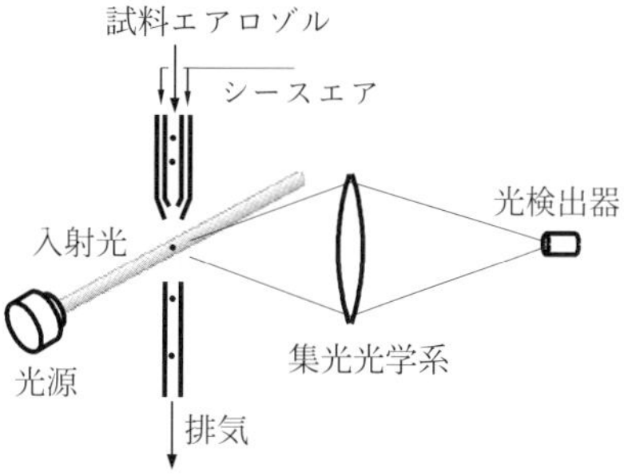

図2　光散乱式粒子計数器の原理

μmの液体中懸濁粒子を対象に発達し，エアロゾルでは，気相反応で生成する粒子の実時間粒径分布測定などに利用される．

一般に，粒子の運動に伴って生じる散乱光の時間的変化や周波数変化を利用して粒子の運動特性を調べる方法は，動的光散乱法（dynamic light scattering method; DLS）と総称される．PCSや，粒子や媒質流体の運動速度の測定のために広く用いられているレーザドップラー法は，DLSの仲間である．

レーザビーム中の粒子群からの回折光の角度依存性を利用して粒径分布を求めることができる．これはレーザ回折法と呼ばれ，0.5 μmから1 mm程度の液体中あるいは気体中粒子の測定に利用されている．

●関連文献・参照文献

Berne, B. J. and Pecora, R. (1976) *Dynamic light scattering*, Wiley, New York (paperback edition available from Dover, New York, 2000).

Flagan, R. C. (1998) History of electrical aerosol measurements, Aerosol Sci. Technol., 28: 301–380.

粒径測定（2） 慣性力・拡散

Particle Size Measurement (2): Inertia・Diffusion Method

慣性衝突法による粒径測定

慣性衝突によりエアロゾル粒子を粒径別に分級するステージを多段に組み込んで，分級ステージ単位で捕集された粒子の個数または質量を求めることにより，空気力学基準の粒径分布を測定するのに用いられるのがカスケードインパクタ（Cascade Impactor）である．各ステージの分級特性は，ランツーウォンの式（Ranz et al. 1952）又はストークス数（Marple et al. 1976）に基づいている［4. 動力学「慣性運動・沈降」参照］．

アンダーセンサンプラ（Andersen Sampler）は多孔ノズルを有する分級ステージが8段から構成されるカスケードインパクタであり，大気環境をはじめ作業環境におけるエアロゾルの粒径分布の測定に使用されている．分級特性について，単分散の鉛粒子を用いて，実験的に調べられた各ステージでの捕集効率（η）と慣性パラメータ（Ψ）の関係は，図1のようになっており（本間他 1990, p. 238），ランツーウォンの式でのμは粒径が0.5～2 μmの領域では，η_{50}に対して0.35前後の値となっているが，粒径がそれより小さい領域では，0.3と小さい方に移行する傾向が見られている．アンダーセンサンプラの分級範囲は，0.43 μm～11 μmなので，さらに微細な粒径範囲まで分級できる装置として，減圧下での分級機構を取り入れたロープレッシャーインパクタが開発され，分級範囲が0.05 μm程度まで広げられた．

ELPI（Electrical Low Pressure Impacto）はロープレッシャータイプのカスケードインパクタとエレクトロメータとを組み合わせたもので，エアロゾル粒子の質量基準の粒径別濃度を，リアルタイムに計測できる装置である（Keskinen et al. 1992）．測定原理は，エアロゾル粒子にコロナ放電によって電荷を与えて，カスケードインパクタに導き，各ステージ上に慣性衝突により捕集する．そこに捕集された帯電粒子は，導電性のステージ上で直ちに放電するので，その電荷量がエレクトロメータによって計測される．粒径別荷電量は，あらかじめ質量に対応するように較正されているので，流量とサンプリング時間とから粒径別濃度が求められる．計測上の時間分解能は5秒であり，粒子がステージ上に捕集されると同

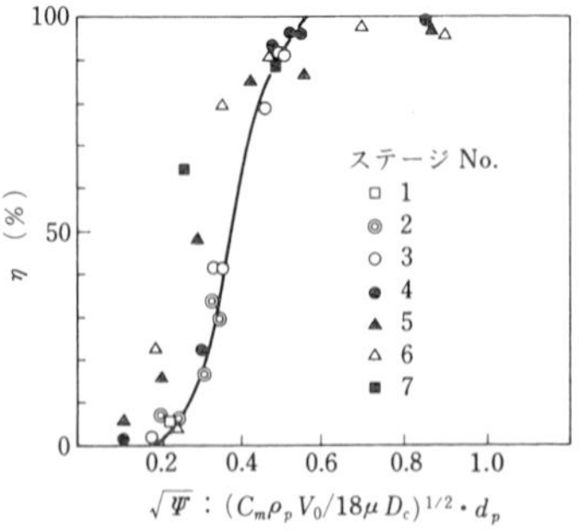

図1　アンダーセンサンプラの各ステージでの捕集効率と慣性パラメータとの関係

時に放電して計測が行われるので，再飛散が生じても影響はない．

■拡散法による粒径測定

粒径が小さくなる程，顕著になる特性として粒子のブラウン運動があり，この特性を利用した粒径測定法をブラウン拡散法という．一般に粒径が数10 nm程度以下になると，媒体（例：空気）分子の熱運動による衝突によって微粒子は不規則な拡散運動を行う．この微粒子の拡散挙動は，粒径が小さくなる程，顕著となる．具体的には，粒子を含む流体を狭い平板や細孔を有するディスクの束の中を通過させると，微粒子は拡散運動によって平板や細孔内に捕捉されることになる．この沈着損失の量は，0.1 μm以上の粒子についてはほとんど考慮する必要はなく，0.1 μm以下の粒子で有効となる．このように微粒子を含む空気の沈着損失の量を測定するための装置は，「拡散バッテリー」や「拡散チューブ」といった名で古くから呼ばれている．

本方法による装置は，1980年頃より小型化と取扱いの簡便さからスクリーン・メッシュを利用した装置が実用化されている（Cheng et al. 1980）．この装置では635メッシュのステンレス製のメッシュを多段に配列し，各段の粒子濃度を「個数濃度測定」の項で述べられている凝縮核計数法によって求める．具体例として，第1ステージに1枚，第2ステージに2枚のメッシュといったように配列され，合計11ステージで構成された装置がある．このスクリーン・拡散バッテリーの沈着特性は，メッシュをモデルフィルターと見なすことによって任意の粒径粒子の各ステージへの沈着量を推定することができる．

本方法による計測において注意すべき点は，任意の粒径の粒子全てが任意のステージに沈着するのではなく，隣接するステージにも沈着することであり，これを一般に感度交差と呼ぶ．粒径分析を行うには，一連の各ステージの沈着データからこの感度交差を考慮した上でデータ変換を行い粒径分布に変換する操作を必要とする（データ逆変換　参照）．データ変換誤差の低減にも関与するが，拡散バッテリーを操作する場合，一般に測定対象の粒子濃度ならびに粒度分布は時間的に何らかの変化を生じており，このために下流側の各ステージの沈着データには，入口部でのエアロゾル形態の変化の影響が含まれることになる．このため，データ変換操作において大きな変換誤差を生じることが多く，測定対象の安定化や，データ取得方法（平均化）に対する配慮を必要とする．

●関連文献・参照文献

Keskinen, J., K. Pietarinen and M. Lehtimaki (1992) Electrical Low Pressure Impactor, *J. Aerosol Sci.*, 23.

本間克典（1990）『実用エアロゾルの計測と評価』，技報堂出版．

Marple, V. A. and K. Willeke (1976) Impact Design，*Atmos. Environ.*, 10.

Ranz, W. E. and J. B. Wong (1952) Impaction of dust and smoke particles on surface and body collectors，*Ind. Eng. Chem.*, 44.

Cheng, Y. S. and Yeh. H. S. (1980) Theory of a screen-type diffusion battery. *J. Aerosol Sci.*, 11: 313–320.

有機成分測定

Determination of Aerosol Organic Molecules

エアロゾル中の有機化合物の解析には，ガスクロマトグラフ法（gas chromatog-raphy; GC）およびGC／質量分析法（mass spectrometry; MS）が用いられる．ここでは，GCおよびGC/MS法による有機溶媒で抽出可能な脂質成分（lipids）と水溶性有機成分の分析法について述べる．

■脂質成分の分析

炭化水素や脂肪酸など脂質は大気エアロゾル中に広く存在する．脂質成分を分離するには，塩化メチレンなど有機溶媒抽出法を用いる．抽出物は濃縮後，水酸化カリウムによる加水分解（ケン化）を行い，アルカリおよび酸性条件下でそれぞれ中性成分と酸性成分に分ける．

中性成分はシリカゲル吸着カラムクロマトグラフィーにより，1）脂肪族炭化水素（n-アルカン，ステラン•ホパンなど），2）多環芳香族炭化水素（PAH: 3環のフェナンスレンから7環のコロネンまで），3）長鎖ケトン・アルデヒド，4）脂肪族アルコール（n-アルコールやステロールなど），に分画する．各画分は，ヘキサンからメタノールにいたるまで極性の異なる溶媒系にて順次溶離し，濃縮後GCで測定する．アルコールの水酸基は，GC測定直前にトリメチルシリル（TMS）エーテルに誘導体化する．

酸性成分（カルボン酸）は三フッ化ホウ素／メタノールでメチルエステルに誘導体化したのち，シリカゲルカラムにて，1）モノカルボン酸，2）ジカルボン酸およびケトカルボン酸，3）ヒドロキシカルボン酸のエステルに分画する．

■GC，GC/MSによる測定

各画分は，GCカラムに導入し低分子のものから順にカラム内を移動させ分離する．試料の導入にはスプリット／スプリットレス試料注入口が広く使われるが，高沸点化合物にはオンカラム注入口が適する．分離カラムには溶融石英キャピラリー（長さ30 m，内径0.32 mm，膜厚0.25 μm）を用い，カラムオーブンは50°Cから300°Cまで昇温する．化合物の検出には水素炎イオン化検出器（FID）を使う．

図1に，エアロゾルから分離した脂肪族炭化水素画分のガスクロマトグラムを示す．炭素数15から40のn-アルカンとともに，UCMが山として存在する．奇数炭素数のアルカンは植物ワックスに，偶数アルカンは石油に由来する．UCMは側鎖および環状の炭化水素の複雑な混合物からなっており，原油中に広く存在し燃焼過程で大気へ放出される．UCMはまた燃焼過程でも生成される．

GC/MS測定では，質量スペクトル（質量範囲m/z=40–600）を一秒ごとにスキャンする．質量スペクトルから化合物

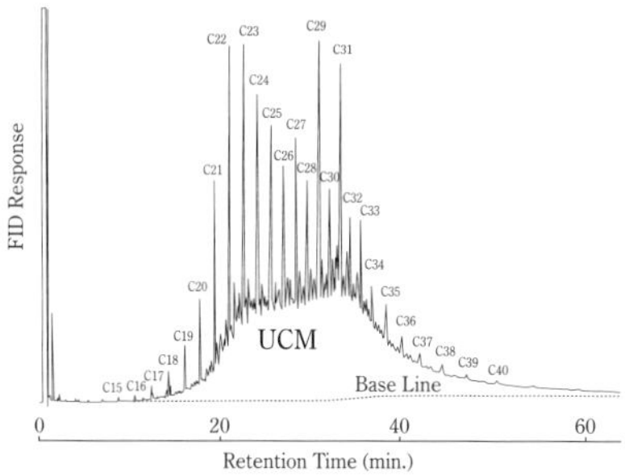

図1　都市大気エアロゾル（東京：1988年12月2-3日）から分離した炭化水素のガスクロマトグラム．出典：河村他（1995）．

の同定を，また，分子イオンやフラグメントイオンによる再構成マスクロマトグラムから化合物の定量を行う．たとえば，PAHの定量には，分子イオンによるマスクロマトグラフィーが，一方，n-アルカン，ホパン炭化水素，脂肪酸（メチルエステル）の定量には，各々の構造に特徴的なマスフラグメントm/z＝85, 191, 74が用いられる。

■水溶性ジカルボン酸の分析

エアロゾル中のシュウ酸（C_2），マロン酸（C_3），コハク酸（C_4）など低分子ジカルボン酸は純水にて抽出後，三フッ化ホウ素／n-ブタノールにてブチルエステルに誘導体化しGC, GC/MSにて測定する．この方法では，二重結合（シスおよびトランス），側鎖，ベンゼン環，ケト基，水酸基，アルデヒド基などをもつ炭素数12程度までのカルボン酸が測定できる．

イオンクロマトグラフ（IC）では，測定できるジカルボン酸が，ギ酸，酢酸，シュウ酸に限られ，マロン酸，コハク酸などの測定には，異なる溶離液を用いたグラジェント法の併用が必要とされる．

■水溶性有機物および脂質の同時測定

エアロゾル中には，脂質やジカルボン酸以外に糖類（ポリオール）が高い濃度で存在する．ポリオールは，土壌細菌の他に，バイオマス燃焼によっても生成する．レボグルコサンは，セルロースの熱分解生成物として知られる糖であり森林火災によって大量に発生する．

脂質と水溶性有機物の同時測定には，エアロゾル試料を塩化メチレンとメタノールの混合溶媒で抽出する．次にBSTFA試薬でTMS誘導体化し，GC/MSにて測定する．この方法では，非極性から高い極性まで幅広い有機成分を測定できるが，シュウ酸など一部のカルボン酸誘導体がGCカラム上で試薬ピークと重なり測定できないという問題もある．

●関連文献・参照文献

Kawamura, K. and Ikushima, K. (1993) Seasonal changes in the distribution of dicarboxylic acids in the urban atmosphere. *Environ. Sci. & Technol.* 27: 2227–2235.

河村公隆・小坂真由美・Richard Sempéré（1995）「都市エアロゾル，降水中の炭化水素の組成と季節変化」，『地球化学』，29, 1–15頁．

Simoneit, B. R. T., Cox, R. E., and Standley, L. J. (1988) Organic matter of the troposphere -IV, Lipids in Harmattan aerosols of Nigeria, *Atmos. Environ.*, 22: 983–1004.

無機成分分析

Inorganic Component Analysis

エアロゾルの無機成分分析法は大別すると，試料採取を行ったものを分析する方法と，浮遊状態のまま分析する*in-situ*分析法がある．前者は採取に伴うアーティファクトの影響をこうむるが，分析に必要な十分な量の試料を用いることができる特徴がある．そのため，混合粒子エアロゾルの場合には，個々の粒子の組成を知る上でも有効なサンプリング法の適用が効果的である．注意を必要とするアーティファクトは，粒子の凝集状態が浮遊状態から変化してしまう，二次的反応が生じることである．次に，得られる試料量によって測定結果の精度と正確度が違うことに留意しなければならない．グラム量の試料が得られる場合には，粒径，密度，反応特異性（酸処理，灰化，発色など）を用いた予備分離法が有効である．これにより可能な限り単一組成の粒子を濃縮することが肝要である．通常のJISまたはISO法による分析法はグラム単位の試料量を対象としており，信頼性のある分析法として利用できる．カスケード・インパクタなどの粒度分離採取を行う場合，得られる試料はフィルタや捕集板上に付着した状態の試料を分析しなければならない．このように試料量が限られている場合，なるべく最初に試料の組成変化が起こりにくい非破壊分析法を適用し，最後に，破壊分析法を用いて分析を行う．また，目的の成分絶対量が少なくなるために高感度分析法を利用することになる．対象となる試料の粒子数が少なくなるために統計的バラツキが大きくなるとともに分析精度も低下し，得られるデータの信頼度も低下する．また，試料重量を直接秤量できなくなるので参照試料を用いて定量する場合も多い．このためには，市販の粉塵標準試料を用いると良い．この場合の分析法としては，試料の平均的な成分濃度を測定する場合と個々の粒子の組成を測定する場合がある．表1はこれらの分析法をまとめた．この他に，特異エアロゾルと化学反応をさせることにより顕鏡検出する方法もある．

表2は，個別粒子の分析法をまとめた．これらの分析径は数μm程度のものが多く，これ以下の径をもつ粒子や分析深さ以上の内部に存在する対象は正確に定量できない．ただ，個別粒子のスペクトルによるタイプ解析は行える．

*in-situ*分析法としては，浮遊状態のまま分析計にエアロゾルを導入して個別粒子ごとのスペクトルの強度と頻度を測定して組成ごとの粒径分布を知る方法が考えられるが，現在のところ，いったんフィルタに採取した試料粒子を分析計に吸入導入する方法が行われている．

●関連文献・参照文献

古谷圭一（2002）「粉体の分析法」，『粉

体と粉末冶金』，47，647-652頁．

Landsberger, S., and M. Creatchman (eds.) (1999) *Elemental Analysis of Airborne Particles*, Gordon and Breach Science Publishers.

表1　粉体の主な分析法

	分析法	略号	情報の種類	最小試料量（g）	最小検出濃度	定性	定量
破壊分析	吸光光度分析		元素	10^{-1}～$5\cdot10^{-2}$	10～1%		主成分
	原子吸光分析	AAS	元素	10^{-1}～$5\cdot10^{-2}$	100ppm		主・微量成分
	ICP-発光分光分析	ICP-ES	元素	10^{-1}～$5\cdot10^{-2}$	1ppm	○	主・微量成分
	ICP-質量分析	ICP-MS	元素，陰イオン	10^{-1}～$5\cdot10^{-4}$	1ppm		主・微量成分
	燃焼分析		C，S	10^{-1}～$5\cdot10^{-2}$	10～1%		主成分
	示差熱分析	DTA	相変化，構造	10^{-1}～$5\cdot10^{-2}$	10～1%		主成分
	イオンクロマト分析	IC	陰イオン	1～10^{-1}	1～10^{-1}%	○	主成分
	昇温ガス質量分析	TDS	燃焼・熱分解ガス	1～10^{-1}		○	主・微量成分
非破壊分析	機器中性子放射化分析	INAA	元素（除軽元素）	～10^{-3}	1ppm	○	主・微量成分
	蛍光X線分析	XRF	元素（除軽元素）	～10^{-6}	数ppm	○	主・微量成分
	放射光X線分析		元素	～10^{-7}		○	主・微量成分
	X線回折法	XRD	結晶構造	～10^{-5}		○	主成分
	電子線回折法	ED	結晶構造			○	主成分
	粒子線励起X線分析	PIXE	元素（除軽元素）	～10^{-7}	1ppm	○	主・微量成分
	X線光電子分光法	XPS	元素		数%	○	主成分
	前方α線散乱分析	FAST	軽元素	～10^{-2}	数%	○	主成分
	イオン反跳分析	ISS	元素（深さ方向）	～10^{-3}	数%	○	主・微量成分
	イオン励起発光分析	SCANIIR	元素		1g～1ppm	○	主・微量成分

表2　個別粒子の主な分析法

分析法	略号	分析径	情報の種類	最小検出量
走査型電子顕微鏡—分散型X線分析	SEM-EDX	数μm	元素（Na以上）	100ppm
透過型電子顕微鏡	TEM, STEM	1nm	結晶構造	～0.1%
オージェ電子分光法	AES	数十nm	元素（Li以上）	0.10%
低速電子線回折法	LEED	数十nm	結晶構造，吸着状態	
電子エネルギー損失分光法	ELS	10nm	電子状態，軽元素	1%
レーザーマイクロラマン分光法	Micro Raman	数μm	結合状態	
レーザーマイクロプローブ質量分析法	LAMMS	数μm	元素，結合・吸着状態	< ppm
レーザーマイクロプローブ発光分析法		数μm	元素	< ppm
放射光X線分析法		0.数μm	元素（深さ方向）	
2次イオン質量分析法	SIMS	数μm	元素	
ラザフォード後方散乱分光法	RBS	数μm	元素（深さ方向）	
粒子線励起X線分光法	PIXE	数μm	元素	
レーザー励起ICP発光分析法		数μm	元素組成粒度分布	in-situ半定量
レーザー励起ICP質量分析法		数μm	元素組成粒度分布	in-situ半定量
レーザー励起マイクロ波発光分析法	MIP-AES	数μm	元素組成粒度分布	in-situ半定量

サンプリング

Sampling

管路中や大気環境中のエアロゾル粒子の濃度および粒度を正確に知ることは，大気汚染の主な原因となっている工場排出ガスからの粉塵の分離除去などに利用されている集塵装置の性能を知る上で必要である．この場合に管路中の流れを全量吸引することは難しいためサンプリング管（別名,プローブ）を管路中に挿入して一部の気流のみを採集することによるサンプリング操作が一般に利用されている．

現在，管路中からの浮遊粒子の濃度測定法は日本工業規格（JIS Z8808）により詳しく規定されている．一方，大気中からの環境浮遊粒子のサンプリングについては日本では10 μm以下の粒子濃度(10 μmカット）が，米国においては2.5 μm以下の粒子濃度が対象となっている．大気中からの粒子濃度測定において微粒子が対象となっている理由は，一般に約10 μm以下のエアロゾル粒子は人体に吸引されると肺に沈着しやすいため，健康に悪い影響を及ぼすためである．この傾向は2.5 μm以下の粒子の場合により強くなる．ここでは管路中および大気中のエアロゾルをサンプリングする場合の誤差について解説する．

■管路中からのサンプリング

管路中からのエアロゾルのサンプリングではプローブを導管中に挿入して，一部の気流を吸引することにより粒度分布や濃度を測定する手法が一般に用いられている．この場合にプローブ設定場所において主流ダクト内の流速とプローブ内の断面平均速度とを等しくさせる等速吸引を行わないと正しい濃度や粒度が計測できないことになる．測定装置の都合などでやむを得ず非等速吸引を行った場合には，濃度や粒度などに測定誤差を生ずることになる．しかしながら非等速吸引を行った場合でも，測定値を補正することにより正しい主流濃度を推定することが可能である．

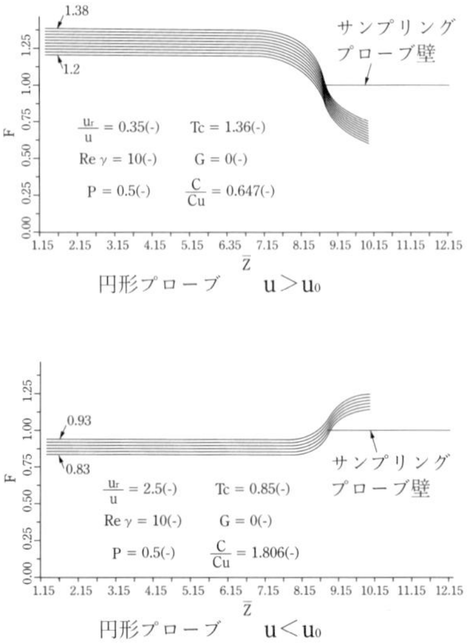

図1　非等速条件での粒子軌跡の様子

プローブ吸引速度uが主流速度u_0と異

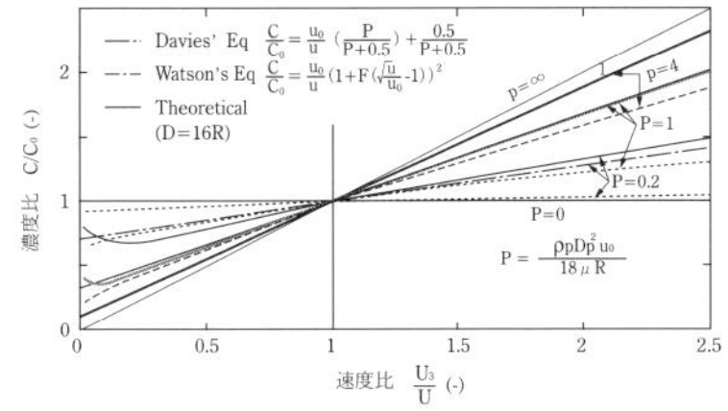

図2　非等速吸引誤差の程度

なる場合の粒子軌跡を図1に示す．粒子の慣性力は流体よりも大きいので，粒子径が大きくまた気流速度が速い条件では粒子軌跡と流線とは一致しなくなる．この場合，粗大な粒子は流線よりも直進運動をしやすいため，プローブに吸引されない．よってサンプリングされた濃度Cは主流濃度C_0よりも低くなり，また主流よりも粒子径の小さい粒子のみが捕集される．

一方，uがu_0より遅い条件では上述と逆の効果が生じ，粒子がプローブに実際よりも多く吸引されるため，サンプリングされた濃度Cは主流濃度C_0よりも高くなり，また主流よりも粒子径の大きい粒子のみが主として捕集される．

図2は速度比と濃度比の関係を示した結果であり，図中のDaviesの式が一般に補正式として用いられている．

$$\frac{C}{C_0}=\frac{u_0}{u}\left(\frac{P}{P+0.5}\right)+\left(\frac{0.5}{P+0.5}\right) \quad (1)$$

$$P=\frac{\rho_p D_p^2 u_0}{18\mu R} \quad (2)$$

ただし式(1)においてPは粒子慣性パラメータと呼び，粒子の慣性力の程度を表す無次元数である．また式(2)における記号としてD_p：粒子径，ρ_p：粒子密度，μ：粘性係数，R：プローブ半径をそれぞれ表す．

粒子径1 μm以下であれば慣性力が低いので，たとえ非等速吸引を行ってもサンプリング誤差は生じにくい．しかしながら，測定条件によっては粒子のブラウン拡散や乱流拡散の影響により，サンプリング配管内壁に沈着する量も無視できなくなる場合もあるため注意する必要がある．

■環境中からのサンプリング

環境大気中から粒子をサンプリングする場合，等速吸引を行うことはできないが，逆に吸引速度を速くして，点吸引に近づけるとかえってサンプリング誤差は少なくなる．これは点吸引の場合，粒子と流体の軌跡の差が少なくなることにより生ずる．静止空間とみなせる大気中からのサンプリングでは粒子に作用する重力や慣性力の影響の小さい条件でサンプリングすれば正しい測定値を得ることが可能である．

●関連文献・参照文献

公害防止の技術と法規編集委員会（編）（1998）『公害防止の技術と法規　大気編』（改訂5版），丸善．

吉田英人・増田弘昭・井伊谷鋼一（1976）「エアロゾルの非等速吸引誤差」，『化学工学論文集』，2，4，336-340頁．

吉田英人・浦上雅行・増田弘昭・井伊谷鋼一（1978）「静止空間からの粒子サンプリング効率」，『化学工学論文集』，4，2，123-128．

個々のエアロゾル粒子の分析法

Single Particle Analysis

粒子の大きさ，形状，組成とその混合状態などを明らかにするためには，個々の粒子の分析が必要である．方法によって分析できる物質や粒子の大きさなどの限界があり，目的に応じた分析法が使用されている．

■採集された個別粒子の分析法

<顕微鏡>

試料を真空中に置かずに測定できる長所をもつのが光学顕微鏡であり，粒子の観察・計測に活用されている．粒子成分の検出は，特定の試薬を塗ったスライドガラスなどの採集面に粒子を採集し，粒子を構成する物質と試薬との反応の結果を光学顕微鏡で観察することにより行える．レーザ光を顕微鏡の対物レンズを通して試料に照射し，粒子から励起されたラマン散乱光を測定するラマン顕微鏡があり，直径1 μm以上の粒子中の化合物の分析が行われている．また，直径5 μm以上の領域からの赤外線の吸収を測定する赤外顕微鏡も使われ，有機物質を含めた分析が行われている．しかし，分析対象の粒子の大きさが光学顕微鏡の分解能によって限定され，直径 0.2 μm未満の粒子分析が困難である．

電子顕微鏡（以後，電顕と略す）を用いた観察・分析は試料を真空に置かざるを得ないために，その状態において揮発する物質を対象にすることができないものの，分解能が数オングストロームと優れており，個々の微小な粒子の形態（大きさ，形状など），組成とその混合状態を調べることができる方法である（巻頭の電子顕微鏡写真参照）．観察する以前に，試料の前処理により揮発性物質を固定することでこの困難を減ずることが可能である．電顕による個々の粒子の観察・分析としては単なる形態観察だけでなく，電子線照射，加熱処理および試薬による処理などによる形態変化，真空蒸着された試薬と粒子との化学反応による生成物の観察，電子線を照射したことにより粒子から発生する特性X線分析などがある．透過型電顕（transmission electron micr-oscope；TEM）は電子線に対して透過性が良い（厚みがない）試料の分析に適し，粒子による電子線の透過の違いが画像として得られるとともに，電子回折による物質同定が行える．一方，走査型電顕（scanning electron microscope；SEM）は電子線を透過させないフィルター，ガラス板などに採集された粒子の観察・分析に用いられており，電子線照射によって粒子から生じた二次電子による粒子表面の形態が詳細に観察できる．各々の電顕にエネルギー分散型X線分析器（energy-dispersive X-ray analyzer；EDX）を付属させることにより，個々の粒子の元素組成が得られる．軽元素（炭素，酸素など）の特性X線を測定できるUTW (ultra thin window）検出器も使用されている．

上記の顕微鏡に加えて原子レベル程度からの試料の観察が可能な多種の測定プローブをもつ走査プローブ顕微鏡（scanning probe microscope；SPM）がある．この顕微鏡のうち，最も知られているのは走査トンネル顕微鏡（scanning tunneling microscope；STM）と原子間力顕微鏡（atomic force microscope；AFM）である．原子間力顕微鏡では，試料とセンサーの間に働く斥力を一定に保つようにセンサーが試料表面を走査し，その位置情報をもとに表面構造を測定する．大気圧でも測定でき，また非破壊での測定が可能である．

＜その他の分析法＞

レーザーマイクロプローブ質量分析法（laser microprobe mass analyzer/spectrometry；LAMMA又はLMMS）は強力なパルスレーザービームを粒子に照射し，その結果蒸発によって放出されたイオンの質量分析を行うものである．試料は真空中に置かれる．ミクロンオーダーの大気エアロゾル粒子の分析に活用されている．また，二次イオン質量分析法（secondary ion mass spectrometry；SIMS）はイオンビームを試料に照射し，試料よりスパッタされるイオンを質量分析する方法である．元素とその同位体，分子情報が試料表面（約5オングストロームの厚さ）と内部（約200オングストロームの厚さ）から得られる．ビームを直径0.1 μmまで絞ることが可能である．また，元素と分子の面分布の画像は1 μmオーダーの分解能で取得できる．

陽子またはα線などのビームを試料に照射し，発生した特性X線を分析するイオン励起X線分光法（particle-induced X-ray emission spectrometry；PIXE）は大気エアロゾル粒子中の元素を分析できる．照射ビームを1–2 μm径に絞り，個別粒子の分析が行えるmicro-PIXEも活用されている．

■実時間個別粒子分析法

大気エアロゾル粒子を真空中に導入し，加熱またはレーザー照射により個々の粒子の蒸発を起こし，発生したイオンの質量分析を行う方法（real-time single-pa-rticle analysis）が最近開発された．この分析では，まず空気中に浮遊する粒子を質量分析器の使用できる真空中に導入する．このため，粒子を含む空気を複数段のクリティカルオリフィスを用いて減圧し，エアロゾルビームを形成する部分がある．次に，真空中に導入され，分析される粒子径を測定する部分が必要である．粒径の導出は粒子光散乱強度，同一粒子を対象とした2点間での光散乱の時間差，または，チョッパーを用いて粒子群を制限した後に分析される時間差の測定などの方法により行われている．粒子の蒸発とイオン生成法として，粒子の加熱表面への衝突による蒸発と電子衝撃によるイオン化，レーザー照射による蒸発とイオン化が採用されている．発生した原子や分子のイオンは質量分析器で分析される．この方法により，個々のエアロゾル粒子（装置によっては直径0.02 μm以上）に含まれる揮発成分（無機および有機物質）が実時間で測定できる．地上だけでなく航空機にこの装置を搭載し，組成分析に活用されている．

衛星リモートセンシング

Satellite Remote Sensing

地球衛星リモートセンシングの対象は広く，大気・陸面・海洋・雪氷等と多岐にわたる．ここでは大気エアロゾルに絞って衛星観測の原理と得られる情報について説明する．衛星リモートセンシングの大きな特徴は継続的な広域観測にあり，時空間変化の大きいエアロゾルの把握に有効である．地上観測では得ることのできない面情報の取得が可能で，極軌道衛星は約1日で地球全域に浮遊する大気エアロゾルを測定する．衛星に搭載される計測器はセンサあるいはイメージャと呼ばれ，高度約7～800 km上空から画像データを取得する．一般に紫外から近赤外波長域を多数の干渉フィルタにより分光する多波長センサである．波長情報はリモートセンシングの重要な要素となる．分光数はセンサにより異なる．例えば，日本のADEOS－II「みどり2号」衛星（2002年12月14日打ち上げ）搭載の大気・海洋・陸域観測用センサGLI（Global Imager）は36チャネルという多波長でデータを取得する．このうちエアロゾル用に使われるのは数波長である．波長特性をうまく組み合わせることによって，対流圏海上あるいは陸上エアロゾル，また成層圏エアロゾルに関する各々の情報を効率的に抽出する．波長情報と併せてリモートセンシングでは空間分解能（解像度）も重要である．大気エアロゾル用には，地上解像度約1 kmの画像を提供するセンサのデータを使うことが多い．地球全域を対象とする計測には十分な解像度と言える．当然，より高解像度が望ましいのは言うまでもないが，エアロゾルは非常に小さい粒子（0.01～10 μm程度）で，衛星画像から一つ一つのエアロゾルが直接判別できるわけではない．衛星データから得られるエアロゾル情報とその導出法を簡単に紹介する．

地球大気に入射した太陽光は，大気や地表面で散乱，吸収，反射，屈折等の様々な放射過程を経た後，再び大気圏外に戻って衛星搭載センサに到達する．したがって，（エアロゾルと空気分子モデルを組み込んだ）地球大気–地表面モデルにおいて放射計算をすることにより，衛星観測シミュレーション値が得られる．この値と衛星データを比べ，両者が最もよく一致するエアロゾルモデルを最適エアロゾルとして選ぶ．エアロゾルのモデリングにおいて最も重要なパラメタは光学的厚さ（Aerosol Optical Thickness；AOT）である．幾何学的な厚さに対し，光から見た大気の厚さで，同一のエアロゾル粒子を仮定すると，量が増えるとAOTは大きくなる．即ち，AOTは大気中に浮遊するエアロゾル量に相当するパラメタと言える．光学的厚さは波長によって変わる，2波長での光学的厚さの対数比を用いてオングストローム指数（Ångström exponent）と呼ばれる値が求まる．この値は，エアロゾルの光散乱効率の波長変化を表し，エアロゾルの粒径を示すパラメタとなる．値が大きい場合は小粒子，小さい値は大粒子の存在を示唆する．粒子の化学組成を表す複素屈折率を加えると，エアロゾルの量・大きさ・成分を表すパラメタが決まる．エアロゾル粒子の形状も無視できないが，黄砂性エアロゾル等の特別な場合を除いて，球形近似が使われる．

エアロゾルパラメタ導出に適した波長の選定に話を戻す．当然，エアロゾルの散乱光が最大の信号となる波長が望ましい．そのためには分子による強い吸収帯波長を避けなければならない．また，地表面反射の影響も避けたい．陸と海では反射の波長特性が異なる．近赤外波長では海からの寄与が無視できる程に小さいので，海洋上エアロゾル波長として，0.67 μm近傍と0.86 μm近傍の2波長を使用することが多い．

陸は複雑で，陸面構造を詳細に考慮しなければならない．陸面反射率の低い0.4 μm近傍の紫外波長を陸域エアロゾル波長とし，上記近赤外波長と組み合わせる方法が提案されている．また，ADEOS，ADEOS-II衛星搭載の偏光センサPOLDERデータから，陸面反射の影響を受けにくい偏光輝度値が陸域エアロゾルパラメタ導出に有用であることが実証された．

衛星による対流圏エアロゾルの観測は地心方向を観測する直下視観測（図1参照）である．大気エアロゾルは地球引力のため地表面に引きつけられて，エアロゾルの大部分は対流圏に分布する．しかし，地球規模の気候変動や地球環境システムを考える時，成層圏エアロゾソルの役割を無視できない．成層圏エアロゾルの観測には，水平方向から眺める周縁測定法（図1）も使われる．高度方向は1 km程度の高い精度で観測できる反面，水平分解能は100 kmと低い．

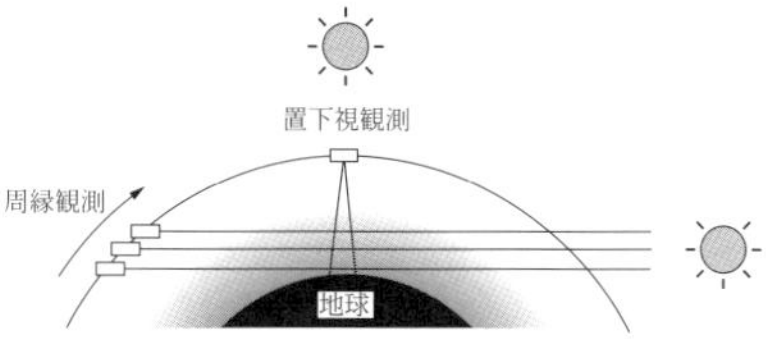

図1　衛星による地球大気の観測法

図2に，偏光センサPOLDERから導出したエアロゾルの（1996年11月，波長0.5 μmで観た）光学的厚さ（AOT）の全球分布図を載せる．エアロゾル量が多い程白色に近くなる．サハラ砂漠からの砂塵の吹き出し，中央アフリカや南部のバイオマスバーニング，またインド北部工業地帯，中国上空の人為起源エアロゾルがはっきり見える．

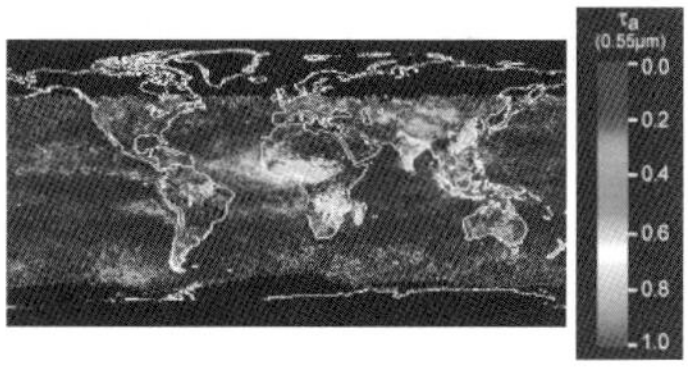

図2　ADEOS/POLDERから求めたエアロゾルの光学的厚さ（波長0.55 μm，1996年11月平均値）

●関連文献・参照文献

竹内延夫（編）（2001）『地球大気の分光リモートセンシング』，学会出版センター．

ライダー計測

Lidar（Light Detection and Ranging）

大気観測を目的とするライダーでは，通常パルスレーザー光を大気中へ発射し，大気中のエアロゾルや分子による後方散乱光を測定する．レーザーパルスの発射時間から信号を受信するまでの時間遅れから距離が，受信光強度から光路に沿った散乱係数の分布が得られる．

1960年にレーザーが発明され，1962年に高出力パルスレーザーの技術が開発されて間もない1963年にライダーによる大気の混濁度の最初の観測が行われた（Fiocco *et al.*, 1963）．その後，レーザー技術の進歩に伴ってさまざまなライダー手法が開発されてきた．現在，大気の観測に利用されるライダー手法には，ミー散乱ライダー，ラマン散乱ライダー，共鳴散乱ライダー，差分吸収ライダー，ドップラーライダー，高スペクトル分解ライダーなどがある（竹内（監），2002）．このうちエアロゾルの計測手法は，ミー散乱ライダー，ラマン散乱ライダー，高スペクトル分解ライダーである（図1）．

ミー散乱は，波長と同程度の大きさの粒子による散乱で，大気中のエアロゾルや雲の散乱がこれに相当する．実際のミー散乱ライダーの信号にはエアロゾルのミー散乱と大気構成分子のレイリー散乱の両方が含まれる．対流圏低層ではエアロゾルが多数存在し，ミー散乱が支配的である．

ライダーの最大の特長はエアロゾルの鉛直分布を時系列的に測定できることである．In-situ測定や化学輸送モデルと合わせてエアロゾルの発生や輸送などの動態を理解する上で非常に有用なデータを与える．

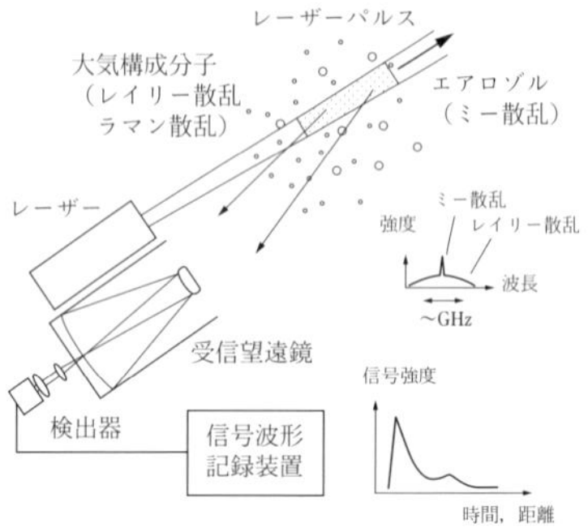

図1　ライダー測定の概念

■ミー散乱ライダー

ミー散乱ライダーは，装置が簡単であることから最も広く利用されている．しかし，ライダー信号を表すライダー方程式は，後方散乱係数βと消散係数αの2つの未知数を含むため，消散係数プロファイルの導出には仮定を必要とする．Klettはαとβの間にべき乗の関係を仮定し，遠方で境界条件を与えて微分方程式を解く方法を提案し安定な解を得た．また，Fernaldはミー散乱とレイリー散乱成分を分けて，それぞれのαとβに比例関係を仮定する解法を示した．αとβの比例係数（$\alpha／\beta$）はライダー比と呼ばれ，エアロゾルの性質に依存する．ライダー比の気候値はまだ確立されていない．この他，サンフォトメーター等で得られる光学的厚さを付加的な拘束条件としてライダー方程式を解く方法もある．その場合は平均的なライダー比と消散係数の分布が求められる．

ミー散乱ライダーにおいて，散乱による偏光の変化を利用してエアロゾルの非球形性を検知することができる．直線偏光のレーザーを送信し，散乱光の偏光成分を送信光の偏光に対して平行と垂直に分けて測定する．球形の散乱体（例えば液滴のエアロゾル）では散乱によって偏光が変化しないが，非球形（黄砂など）の場合は垂直成分が現れる．垂直成分の平行成分に対する比は偏光解消度と呼ばれる．偏光解消度は非球形性の指標で，黄砂の検知や雲の相（水雲，氷雲）の判別に極めて有用である．この他，多波長で測定を行なうことでエアロゾルの粒径等に関する情報が得られる．散乱の波長依存性と偏光解消度を用いてエアロゾルの種類（例えば，大気汚染性，鉱物ダスト，海洋性等）を分類することができる．

■ラマン散乱ライダー

ラマン散乱ライダーは，大気中分子の振動ラマン散乱や回転ラマン散乱を利用するライダー手法で，エアロゾルや水蒸気，気温の測定手法として有用である．エアロゾルの測定では，ミー散乱ライダー信号と同時に大気主要分子のラマン散乱信号を記録する．大気構成分子のプロファイルはモデル大気やゾンデデータ等から得られるので，ラマン散乱の高度プロファイルからエアロゾル消散係数のプロファイルが求められる．さらに，ミー散乱信号と合わせて後方散乱係数のプロファイルが得られる．すなわち，ライダー比のプロファイルが得られる．ラマン散乱は断面積が小さいため測定には高出力のレーザーを必要とする．しかし，装置は比較的簡単で，複数の波長のエアロゾル測定と水蒸気測定を同時に行うことも可能である．

■高スペクトル分解ライダー

大気のライダー信号にはミー散乱成分とレイリー散乱成分の両方が含まれるが，ミー散乱成分はスペクトル幅が狭く，レイリー散乱成分は広い．これは，散乱体の運動速度の違いによる．高スペクトル分解ライダーでは，この両成分を高分解能の分光素子で分離し，それぞれのプロファイルを記録する．ラマン散乱ライダーと同様の方法で消散係数，後方散乱係数，ライダー比のプロファイルが得られる．分光素子として，エタロンを用いる方法と原子（分子）の吸収線を利用したフィルターを用いる方法がある．レイリー散乱はラマン散乱に比べて強いので，高スペクトル分解ライダーは高感度である．しかし，狭帯域のレーザーと精密な波長制御技術を必要とする．

●関連文献・参照文献

Fiocco, G., and L. D. Smullin (1963) Detection of scattering layers in the upper atmosphere (60–140 km) by optical radar, *Nature*, 199: 1275–1276.

竹内均（監修）(2002)『地球環境調査計測事典　第1巻　陸域編1』, 第4章, フジ・テクノシステム．

データ逆変換
Data Inversion

エアロゾル粒子の物理量や慣性力や静電気力など動力学的特性値の粒径依存性を利用して，エアロゾルの粒度分布を計測する場合，得られた測定データからもとの粒度分布を推定することをいい，数学的には逆問題（inverse problem）と呼ばれる．粒度分布計測器では表1に示すように粒径に応じた操作変数（チャンネル）をステップ状に変え，チャンネルごとに粒子の物理量に対応した非負の測定値が得られる．このとき，理想的には測定器の粒径に対する感度（測定効率）は，カスケードインパクタのように測定値がある粒径以上の積分量として得られる場合は階段関数，測定値がDMAのように粒度分布の微分値で得られる場合にはデルタ関数となる．したがって，積分モードでは連続した操作変数間の測定値の差をとったヒストグラムとして，微分モードでは操作変数を制約条件内で数多く取ることで粒度分布が正確に求められはずである．

ところが，実際の機器では図1に示すように操作変数を固定したときに，対応する粒径の粒子だけでなくある粒径範囲の粒子からの寄与が存在するため，感度に拡がりが生じる．これは感度交差（cross sensitivity）と呼ばれるもので，データ逆変換ではこれを考慮することが必要になる．

表1　主な粒度分布測定器の操作変数と測定量

機　器	操作変数	測定量
カスケードインパクタ	捕集段数	重量
DMA	印加電圧	電流，個数濃度
拡散バッテリ	スクリーン数	個数濃度，放射能
濁度計	波長	濁度

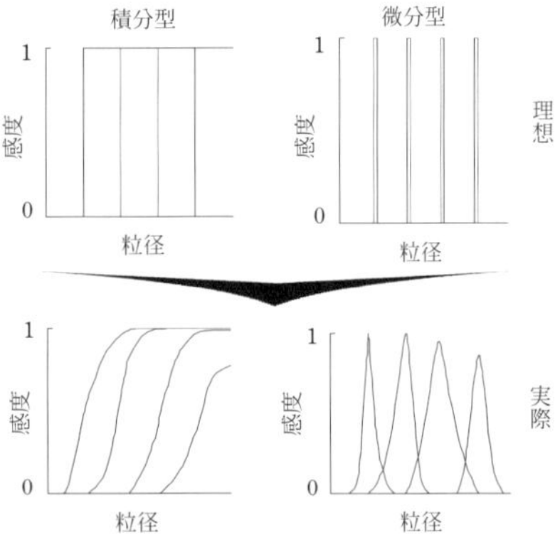

図1　粒度分布測定機器における感度と粒径との関係

エアロゾル粒子の粒径をx，離散的に与えられる操作変数を$i(=1\sim m)$，粒度分布関数を$f(x)$，測定誤差をε_iとすれば，測定値g_iは

$$g_i=\int_{x_{min}}^{x_{max}} K_i(x)f(x)dx+\varepsilon_i \qquad (1)$$

と表せる．ここで，$K_i(x)$は応答関数（response function）と呼ばれ，感度交差

と測定機器の粒子検出効率の積と考えられる．データ逆変換とは式(1)において既知量である測定値g_iと応答関数$K_i(x)$から未知の$f(x)$を推定することであるが，解の存在性，一意性，安定性が必ずしも保証されず，誤差や応答関数のわずかな変動によって推定結果に著しい影響が及ぶ．このため，$f(x)$に関する先験的情報，物理的制約条件を考慮したもっともらしい粒度分布を推定する手法が要求される．その際，式(1)は粒径についても離散化された行列表現の線形方程式として取り扱われる場合が多い．

■データ逆変換の方法

カスケードインパクタを例にとると，簡便法としては感度交差を無視して粒度分布を対数正規分布とで仮定し，正規確率紙上に累積頻度をプロットすれば分布のパラメータが求められる．また，ヒストグラム表示や，これをなめらかな曲線で近似する計算手法も提案されている．

エアロゾル計測で用いられる感度交差を考慮した手法として，粒度分布を仮定した場合には非線形最小二乗法などでパラメータを推定できるが，分布形を仮定しない場合は，1）線形方程式への平滑化係数の導入（正則化の方法），2）粒度分布の非負性を考慮した反復法，3）特異値分解法(singular value decomposition)，4）粒度分布の非負性を保持した探索法，などがあげられる．

正則化の方法（regularization method）は，線形方程式における応答関数に対応する応答行列を構成する縦ベクトルの線形独立性が低い場合，方程式が不安定で解の振動が起こるのを防ぐため，振動成分を抑制するための正則化係数が導入される．この係数の与え方が解に大きく影響するが，いくつかの数学的手法が適用されている．

反復法としては，解の離散化点数に制限がなく非負の解が得られる非線形反復法がよく用いられる．その計算アルゴリズムは，初期推定値から出発して，測定値と式(1)による計算値との比に重み関数を乗じた項を含む式を次々に乗じて修正を行うものである．実際の適用に際しては，重み関数の選択，応答関数のなめらかさ，反復初期値の設定，分布の端点処理，反復停止基準などの因子が推定結果に影響するため，対象事例に応じた検討が必要となる．過度の反復は測定誤差へのオーバーフィッティングにより，振動した分布を生む場合があるので注意を要する．

データ逆変換に対して普遍的な手法はなく，計測の目的，測定機器の特性，誤差などを考慮した上で，ベターな方法を選択することが重要である．

●関連文献・参照文献

東野達・福嶋信彦・吉山秀典（1997）「粒度分布測定におけるデータ処理」，『エアロゾル研究』，12，281–300頁．

Twomey, S (1975) Comparison of Constrained Linear Inversion and an Iterative Nonlinear Algorithm Applied to the Indirect Estimation of Particle Size Distribution, *J. Comput. Phys.*, 18: 188–200.

エアロゾルの放射効果の計測

Observation of Radiative Effect of Aerosols

■放射に果たす役割とパラメータ

エアロゾルは入射する光（放射）を散乱・吸収して，進行方向を変化（散乱）させたり熱エネルギーに変換（吸収）したりする．均質な球粒子では，その効果はミー散乱（Mie scattering）理論によって説明され，エアロゾル量の過多と入射光に対する光学的性質によって決まる．これによると，ほぼ波長と同程度の大きさの粒子がもっとも効果的に働くことが知られており，通常0.1 μm程度から数μmのエアロゾルに該当する．

エアロゾルの放射効果は，太陽光に対するものと地球自身が出す放射（地球放射：主として地表面と大気中の水蒸気や二酸化炭素などの吸収性ガスが出す放射）に対するものがある．通常の大気中のエアロゾル濃度では，太陽放射には一定の効果をもたらすが，地球放射には顕著な影響をもたらさないとされている．したがって放射に対する効果を評価するには，その濃度，粒径分布，および太陽光に対する光学的性質（複素屈折率）を知ればよく，これらから推定される散乱係数，吸収係数（これらの和を消散係数と呼ぶ）等で表現することができる．

一方，太陽光に対する大気中の全エアロゾルの効果は，エアロゾルの鉛直分布およびその総量と大気中の放射の流れ（放射伝達）で決まり，その光学的厚さ（Optical thickness またはOptical depth），散乱・吸収に占める散乱の割合（単一散乱アルベド，ω：single scattering albedo），光散乱分布パターン（散乱位相関数：phase functionまたは非対称因子：asymmetry factor）を知る必要がある．これらの量がエアロゾルの放射効果を測る上で最も重要なパラメータである．

光学的厚さは消散係数を大気鉛直方向に積分した量であり，第一義的には大気柱（カラム）のエアロゾル濃度にほぼ比例して，エアロゾルの放射効果の絶対量を規定する．単一散乱アルベドは，入射光のエアロゾルによる保存性を示す指数であり，エアロゾルが地球系を温暖化させるか寒冷化させるかの極めて重要な因子である．

■放射効果の計測手法

地表で観測される日射量は，大気中の雲やエアロゾルによる散乱・吸収，水蒸気・二酸化炭素等の吸収ガスによる吸収を経て到達したものである．エアロゾルの散乱・吸収効果は雲の効果に比べて量的に小さく，雲の評価と区別して晴天時に行われる．

日射への影響評価は全波長域の積算であるが，エアロゾルが多様な化学組成と粒径からなる分散体であることから分光特性が一様でなく，また気体吸収の影響を分離する必要があることから，その影響評価では全波長によるエネルギー観測

図　手前左側にスカイラジオメータ，右側に全天日射計と全天放射計がみえる．

と同時に，分光によるエアロゾルの光学特性観測が一体となって行われる．

エアロゾルの増加は直達光を急速に減衰させるために，その減衰測定はエアロゾル濃度に敏感に反映する．直達光の減衰を，狭帯域フィルターを利用して計測するものがサンフォトメータであり，波長別の光学的厚さの計測に一般的なものである．一方大気中で散乱された光が加わる全天日射の計測では，減衰の影響は小さくなる．しかし散乱の過程で，エアロゾルの光学的な性質を反映するために天空の明るさの分布や太陽周辺光の強度分布に違いがあらわれ，この計測によりエアロゾルの情報を得ることが可能となる．この原理を利用して波長ごとに直達光および天空光強度を計測し，逆問題（Inversion problem）としてエアロゾルの放射パラメータを求めようとする計測器が，スカイラジオメータやオーレオールメータと呼ばれるものである．

エアロゾルによる日射の放射強制を評価するためには，全波長域でのエネルギーの減衰を計測する必要があり，これは従来気象官署で計測されてきた直達日射量（Direct solar radiation），全天日射量（Global solar radiation）が代表的なものである．しかし，これらの観測値には気体の吸収効果が含まれており，特に近赤外域に多くの吸収をもつ水蒸気の影響評価が欠かせない．このため，エアロゾルのない大気における全天日射量の推定には，ゾンデや客観解析データを利用して得られた推定日射量と観測日射量の比較により，大気中全エアロゾルの効果を測るのが一般的である．

同一の光学的厚さをもっていても，その吸収性の違い（単一散乱アルベドの違い）によって，気候に与える効果は異なり地表と大気上端での放射効果も異なる．このため，全エネルギーの評価とともに，エアロゾル自身の光学的な性質も併せて求めることが必要であり，前述のスカイラジオメータ等による計測や，散乱係数・吸収係数を直接求め，これらと日射量の変動を併せて総合的に評価しようとする試みがなされている．

●関連文献・参照文献

会田　勝（1982）『大気と放射過程』，東京堂出版．

Liou, K. N. (2002) *An Introduction to Atmospheric Radiation*, 2nd Ed., International Geophysics Series, Vol. 84, Academic Press, San Diego, CA.

航空機観測
Aerial Observation

エアロゾルによる大気の汚染現象は都市域における局地的な公害・環境問題から，酸性雨などの地域規模・大陸規模の環境，さらには地球温暖化・寒冷化のような地球規模の環境にも関連する重要な環境問題となっている．

広域の現象を把握するには，室内実験，野外観測，モデル研究の三者がお互いに歩調を合わせて研究を進めることが必要である．なかでも野外観測は実際の環境の現況を把握するためにも，またモデルの検証を行う上でも非常に重要である．

地域規模，地球規模の広域にわたる野外観測では地上観測，飛行機による観測，人工衛星からの観測が行われ，それぞれから得られるデータを相補的に解析することが行われている．それぞれの観測の長短を列挙すると，地上観測はある一点において，長期間に多くの環境要因の変動を監視することができる．しかし広い範囲を同時に見ることができず，面的，立体的な広がりを見ることは難しい．人工衛星からの観測は広い範囲を一望することができ，広域を同時に観測できる．しかし，距離分解能は低くなり，観測できる対象もある程度制限がある．鉛直方向の情報も十分ではない．航空機による観測は，人工衛星のように瞬時ではないものの，かなり短い時間のうちに広い範囲をカバーした観測ができること，鉛直方向の情報が得られることにより面的，立体的なデータを得られるという点が最大の特徴である．しかし長期にわたる連続観測は困難で，衛星観測程の広域を瞬時にカバーすることはできない．

■日本周辺の航空機観測キャンペーン

1990年以降に日本の周辺で行われた大気汚染やエアロゾルに関する航空機観測キャンペーンはいくつかある．我が国の研究者が中心となって進めたものとしては，PEACAMPOT（国立環境研究所など，Perturbation by the East Asian Continental Air Mass to the Pacific Oceanic Troposphere），BIBLEおよびPEACE（NASDAなど，Biomass Burning and Lightning ExperimentおよびPacific Exploration of Asian Continental Emission），APEX（東京大学など，Asian Atmospheric Particulate Environment Change Studies），AIE（京都大学・国立環境研究所など，Atmospheric Environmental Impacts of Aerosols in East Asia）と名付けられたプロジェクトに基づく観測が行われている．また米国NASAを中心としたPEM/WEST-AおよびBとTRACE-Pと名付けられたプロジェクトに基づく観測には我が国の研究者も参加して観測が行われた．

図1：Gulfstream II型飛行機

図2：YUN-5型飛行機

■観測用飛行機

観測用の飛行機としては目的に応じて様々なものが用いられている．成層圏を主な観測の対象とする場合にはジェット機を用いることが必要で，様々な項目を観測の対象とするためには必然的に大型の飛行機とならざるを得ない．図1は上記BIBLEやPEACEの観測の際に使用されたGulfstream II型飛行機で，最高時速933 km/hr，最高到達高度13,700 mである．APEX－E3の観測の際には本飛行機にライダーを搭載し，エアロゾルの空間分布を面的な広がりをもって観測することに我が国で初めて成功した．

一方，対流圏下層の観測をする場合には低速で安定な飛行機が有用な場合も多い．図2はAIEの観測の際に中国で使用された中国製のYUN-5型機で，単発の複葉機である．通常の飛行速度は180 km/hr程度で，低速で非常に安定である．

■航空機による観測方法と問題点

飛行機を用いてエアロゾルを観測する場合には，個数濃度や粒径，光学特性といった物理的な因子と，化学成分の測定とを分けて考える必要がある．

物理的因子，特に個数濃度や粒径の測定にはPCASP（Passive Cavity Aerosol Spectrometer Probe），FSSP（Forward Scattering Spectrometer Probe），MASP（Multiangle Aerosol Spectrometer Probe）などの，光を用いた*in situ*測定が可能な測定器が種々開発されているのに対して，化学組成分析では，フィルターに捕集し，地上にもち帰って化学分析する方法が一般的で，距離・時間分解能がきわめて悪いデータしか得られない．しかし，最近エアロゾル質量分析計という単一粒子の化学成分分析が可能な測定器も市販され，時間分解能を高くした測定も可能となってきており，2001年に行われたAce-Asia（Aerosol Characterization Experiment - Asia）キャンペーンでは飛行機にも搭載された．今後このような手法によってエアロゾル化学成分の空間分布のきめの細かな測定が進められることが期待される．

分析手法の開発には著しい進展が見られるが，サンプリング手法の開発についてはまだ問題点が多い．空気の採取口や導管における損失に関する情報は不十分である．高速で移動する飛翔体を使用する時代となり，サンプリングについても新しい技術が求められている．

●関連文献・参照文献

秋元肇・河村公隆・中澤高清・鷲田伸明（編）（2002）『対流圏大気の化学と地球環境』，学会出版センター．

エアロゾルの同位体計測と動態解析

Isotope Measurement and Behaviour of Aerosol

2003年5月16日に共同通信は「中国のタクラマカン沙漠で発生した黄砂の一部が太平洋と大西洋を越えてフランスに到達していたことが確認された.」と報じた．ヨーロッパにはアフリカのサハラ砂漠から多量の砂が供給されていることが良く知られており，サハラ砂漠とタクラマカン沙漠の砂をどのようにして区別したのか大変興味深い．報道によれば，「アルプス山脈やピレネー山脈で採取した積雪に含まれていたエアロゾルのネオジム同位体比を世界中の砂と比較したところタクラマカン沙漠の砂と一致した．気象データをもとに大気の動きを再現したところ，1990年2月末にタクラマカン沙漠を出発した砂は，13日間で2万キロを飛行して3月初めにフランスに到達したことになる.」ということであった．

エアロゾルの動態（発生源・移動経路・移動時間など）を解析するため，発生源を特定できる特異な元素が指標として用いられていることが多い．例えば，ナトリウムは海水，アルミニウムやカルシウムは土壌，鉛はガソリン，バナジウムは石油といった具合である．また，Pb/Zn比やLa/Sm比というように元素どうしの存在比率を用いて起源を論じることも行われている．しかし，採取したエアロゾルにカルシウムが多量に含まれていたとして，エアロゾルが土壌起源なのか粉塵起源なのか，土壌起源であったとしてもどの地域の土壌なのかを特定することは難しい．さらに，運搬経路まで推定することは極めて困難である．

同位体は原子番号（陽子数）が同じで質量数（陽子数＋中性数）が異なる核種のことである．例えば，酸素の原子番号は8であるが，16，17，18と質量数の異なる3つ同位体があり，酸素はこれら3種類の同位体が混合したものである．また，同位体の中で放射壊変を起こすものを放射性同位体（Radioactive Isotope），起こさないものを安定同位体（Stable Isotope）と呼んでいる．

安定同位体では起源によって特有の同位体比を示す元素がある．その元素の同位体比を測定することによってエアロゾルの起源を推定することが可能となる．最初に紹介したタクラマカン沙漠の砂がフランスに到達したことを証明したのは，その良い例である．ネオジム同位体（$^{143}Nd/^{144}Nd$）の他にも，酸素同位体（$^{18}O/^{16}O$），ストロンチウム同位体（$^{87}Sr/^{86}Sr$）やイオウ同位体（$^{34}S/^{32}S$）などが黄砂の起源を特定するための指標として用いられている．一方，鉛同位体（$^{208}Pb/^{206}Pb$, $^{207}Pb/^{206}Pb$）やイオウ同位体（$^{34}S/^{32}S$）などが大気汚染物質の起源を特定するための指標として用いられている．

安定同位体といっても同位体比が常に一定しているわけではない．同位体を含む物質の履歴（おかれていた環境，同位体分別，混合など）によって同位体比が変化することがある．そのため，エアロゾルの同位体比が季節変動を示したり，ある特定の気象現象や特定の風向の際に同位体比が変化することがある．この場合には，気象データを用いてどのような経路の風によって同位体を変動させたエアロゾルが運搬されたかを推定することが可能となる．一例をあげてみよう．図1は，中国山西省太原で採取したエアロゾルのイオウ同位体比の時間的変化を示したものである．太原は大気汚染がひどく，同時に黄砂の影響の大きな都市である．大気汚染がひどい時は硫酸イオン濃度が高くイオウ同位体比が低い，これに対して，黄砂が飛来した時は硫酸イオン濃度が低くなりイオウ同位体比が高くなっている．イオウ同位体比と硫酸イオン濃度には負の相関関係が認められる．以上から，現地性の大気汚染物質のイオウ同位体比は+2‰前後，黄砂の飛来源である内蒙古地域の沙漠砂のイオウ同位体比は+10‰前後と推定できることになる．

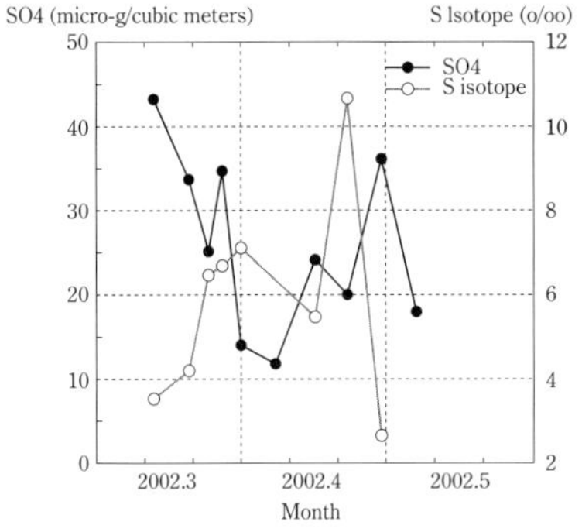

図1　中国山西省太原で採取したエアロゾルの硫酸イオン濃度とイオウ同位体比の時間変化

また，現地性のエアロゾルの同位体比と，飛来するエアロゾルの発生源の同位体比が大きく異なっている場合には，現地性と飛来したエアロゾルの混合割合を求めることもできる．例えば，現地のエアロゾルのストロンチウム（^{87}Sr/^{86}Sr）同位体比が0.710で，発生源が0.720，エアロゾルが飛来した際に採取された試料が0.715であった場合，現地性と飛来してきたエアロゾルが1：1で混合したと推定できるのである．

最近では，イオウ同位体と鉛同位体を組み合わせてエアロゾルの起源を論じるといったように複数の同位体を用いた同位体連携方式（Multi Isotope Method）も試みられており，エアロゾルの起源やエアロゾルが経てきた履歴をより高精度に求めようとする努力が続いている．

●関連文献・参照文献

ぶんせき編集委員会（2002）「入門講座　同位体比分析」，『ぶんせき』，2002年第1号–第6号，1–8，56–59，108–113，152–160，212–217，290–295頁．

長田和雄（編）（2002）「特集　大気エアロゾルとトレーサー」，『エアロゾル研究』，17，246–276頁．

酒井均・松久幸敬（1996）『安定同位体地球化学』，東京大学出版会．

Yabuki, S., Okada, A., Honda, M., Kanai, Y., Matsuhisa, Y., Kamioka, H., Yanagisawa, F., Nakao, M., Shimizu, H., Fukuzawa, H., Ueda, A., and Suzuki, J. (2000) Physical and chemical characterizations of aeolian dust particles from source region to Japan., *J. Arid Land Studies*, 10: 246–252.

7

ディーゼル粒子

DEPの特性

Characterization of Diesel Exhaust Particles

浮遊粒子状物質（SPM）に対して寄与率の大きいDEP低減のため，エンジンの燃焼技術や燃料性状の改善に加えて排気後処理技術の開発がなされつつある．ディーゼルエンジンは温暖化に対して優位性があるものの，DEPは種々の健康影響をもたらすといわれている．ここでは，DEPの特性について，その概要を示す．

■DEPの生成と組成

エンジン燃焼室内に噴射された燃料の殆どは完全燃焼してCO_2とH_2Oとして，ごく一部が凝集粒子の形態で排出される．主成分である炭素粒子は，燃焼過程において局所的に空燃比が濃い領域で生成され，比表面積は数10 m²/gと大きいことから燃料や潤滑油の未燃分や分解物が凝縮吸着して排出される．粒子中の有機成分は有機溶媒に溶けることから有機溶媒可溶成分（SOF）と呼ばれている．

燃料中の硫黄（S）の大部分はSO_2に酸化するが，数%が更にSO_3まで酸化し，排気粒子中では硫酸や硫酸塩として存在する．S分は酸化触媒により硫酸塩の生成やNO_x触媒の被毒をもたらすため，燃料の低S化は触媒技術によるDEPとNO_x低減性能を保持するために重要である．

微量であるが燃料および潤滑油中の金属化合物（潤滑油中の金属元素は添加剤として含まれZn，Ca，Pなどが多い）は無機灰分となり，触媒やDPFに堆積して目詰まりなどの影響を及ぼすことが懸念されている．

表1にDEPに含まれる主要な成分例を示すがエンジンの運転状態や燃料の性状などにより変化する．酸化触媒は粒子中のSOFを酸化除去する．

■粒径分布

DEPは数nmの粒子が凝集したものであり（図1：模式図），個数基準では0.1 μm近辺が最多の対数正規分布を示す．質量基準では粒径1μm以下が90%以上であり，大部分は粒径0.1～0.3 μmの範囲にある．しかし，最近ではDEP低減のための燃料の高圧噴射や排気後処理技術にともない，粒径が微小化するとも言われ，特に粒径50 nm以下のナノ粒子が注目されつつある．このナノ粒子は加熱により容易に消失することから，燃料中のS分や有機成分など低～高沸点成分が粒子化したものと考えられている．

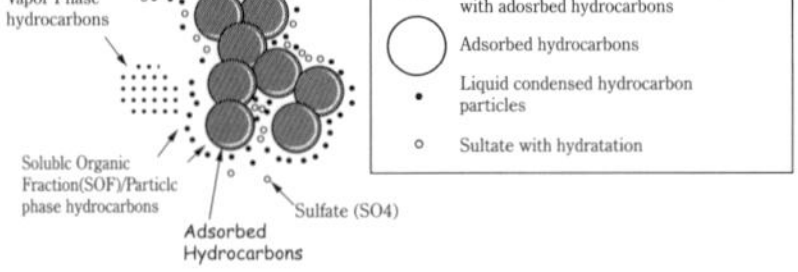

図1　DEP模式図（Johnson, J.H. et al., 1994より）

計測法については排出量の低減にともなって従来の重量計測法の見直しと個数計測法の検討が進められている.

■健康影響

DEPは変異原性や発ガン性を示す多環芳香族炭化水素類（PAHs）を含む. PAHs中の代表的化合物ベンゾ［a］ピレンは古くから燃焼生成物として計測されており, 粒子中に数ppm含まれる. DEPは吸入摂取により呼吸器内への沈着が多く種々の健康影響をもたらす（表1）.

DEP高濃度暴露時に実験動物に肺発ガンをもたらすが, その後の研究で不活性な酸化チタンや炭素粒子の吸入でも同様な結果が得られ, 発ガン作用がDEPの化学成分か物理的特性によるものか明確ではない.

ディーゼル排気微粒子リスク評価検討会報告では, DEPには動物実験等において遺伝子傷害性があると考えられ, 閾値のない発ガン性物質と判断し人の疫学調査結果と矛盾するものではないことを示している.

発ガン以外に, 喘息や花粉症, 内分泌攪乱作用などの原因物質の一つとして取り上げられている.

ナノ粒子に関しても肺以外の臓器への粒子の移行が指摘されており, 早急な影響解明が待たれる.

●関連文献・参照文献

ディーゼル排気微粒子リスク評価検討会（2001）平成13年度報告 http://www.env.go.jp/air/car/dieselrep/h13/index.html

Johnson, J. H. Bagley, S. T., Gratz, L. D., and Leddy, D. G. (1994) A review of diesel particulate control technology and emission effects, SAE Paper No. 940233, Michigan Technological University.

HEI（編）・小林剛（訳注）（1999）『ディーゼル排気の健康影響』, 産業環境管理協会.

表1　DEP中の主要成分と大気中反応生成物および生物学的影響

DEP成分	大気中での反応生成物	生物学的影響
元素状炭素	—	有機化合物を吸着, 肺深部まで運ばれる
無機硫酸塩	—	呼吸器官刺激物質
炭化水素類（C14～C35）	アルデヒド類, ケトン類, 硝酸アルキル推定	不明
PAH（≧4環）a	ニトロ-PAH（≧4環）b ニトロ-PAHラクトン類	より多環のPAHは燃焼排出物中の主要な発がん物質
ニトロ-PAH（≧3環）	ヒドロシル化-ニトロ誘導体	多くのニトロ-PAHは強力な変異原および発がん物質, 反応生成物の一部はエームス試験で変異原性

a:2環～4環のPAHは粒子, ガスの双方に存在する.
b:2個以上の環をもつニトロ-PAHは粒子の一部を構成する.
『ディーゼル排気の健康影響, (社)産業環境管理協会』より作成

DEP測定

Measurement of Diesel Exhaust Particles

ディーゼル排気粒子DEP（Diesel Exhaust Particles）は主に多くの微細な未燃炭素粒子が凝集して塊状になったもの，燃料や潤滑油に含まれる灰分とそれらに吸着された揮発性の炭化水素および硫黄化合物からなっているとされる．また，これらの典型的な成分比は図1のようである．この例は大型ディーゼルエンジンを試験したときの例であり，炭素粒子が41％と主成分を占めており，その他に未燃潤滑油25％，硫酸塩と水分14％，灰分など13％，未燃燃料7％となっている．

このようなDEPの形態測定には，熱沈殿装置を用いて捕集した試料を走査電子顕微鏡SEM（Scanning Electron Microscope）で観察する．SEMは像の焦点深度が大きいため表面の地形的観察に適している．また，各走査点から放出されるオージェ電子や特性X線を検出して微小領域の定性的な元素分析も行える．図2にDEPの観測例を示す．粒径0.1 μm以下の極微小な粒子が凝集している様子が見られる．

DEPの化学成分を詳細に定量分析するには，希釈トンネル等を利用してDEPを捕集する．測定する化学成分に応じて最適のサンプラおよびフィルタ等の捕集材が選ばれる．主成分の炭素成分の測定には石英繊維性フィルタが用いられる．使用前のフィルタは高温炉中で数時間加熱処理して，炭素汚染物を除く必要がある．通常，900℃で4時間以上の加熱処理が必要である．試料捕集には吸引濾過式サンプラ，分粒捕集にはカスケードインパクタを用いる．

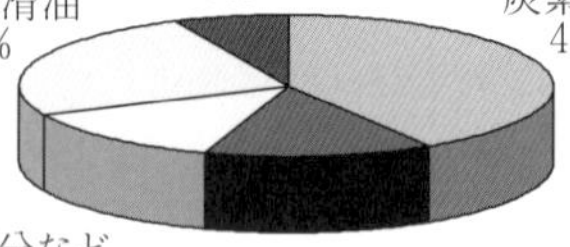

図1　大型ディーゼルエンジンからのDEP成分測定例

DEPの粒径分布をガソリン車排気粒子と比較して図3に示した．この例は低圧カスケードインパクタを用いて測定されたものである．このような粒径分布はDEPによる暴露量を議論する場合には必須の知見となる．

石英繊維性フィルタ上に捕集された試料から炭素成分を有機性炭素OC（Organic Carbon）とEC（Elemental Carbon）に区別して分析するには，熱分離法が適用される．この方法では，炭素成分を異なる温度と酸化雰囲気で試料から遊離させることによってOCとECを分別して測定する．これはHe雰囲気中におかれた試料から有機物を低温度で揮発分離でき，ECは同時に酸化も分離もされないということに基づいている．実際には加熱分

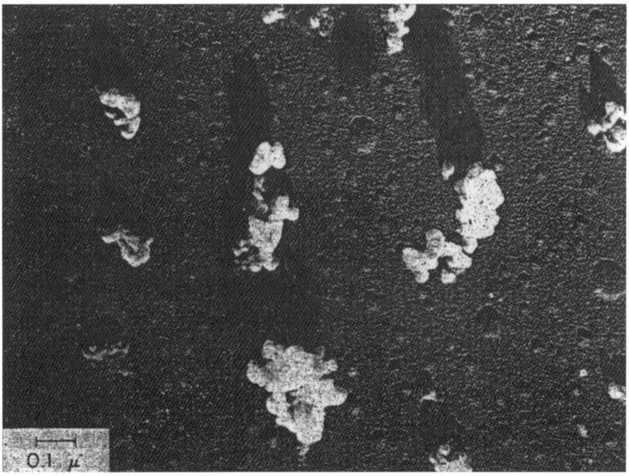

図2　DEPの走査電子顕微鏡写真

離の過程で有機物が熱分解炭化されるので，測定中の熱分解量を補正する必要がある．酸化して，それぞれの炭素量を定量するとともに，レーザ光の反射率あるいは透過率の変化をモニターすることによって熱分解量を補正する．

未燃の軽油や潤滑油に由来する多環芳香族炭化水素PAH（Poly-cyclic Aromatic Hydrocarbon），可溶性有機物成分SOF（Soluble Organic Fraction）も人の健康影響の観点から重要な成分である．PAHやSOFの定量分析では，ジクロロメタン等の溶媒によって超音波抽出し，得られた抽出液を濃縮してガスクロマトグラフィー/質量分析法GC/MS（Scan）で，あるいはアセトニトリルに再溶解して高速液体クロマトグラフィHPLCと分光蛍光検出法や紫外線吸収法を組み合わせた手法によって測定される．

金属元素では燃料や潤滑油に由来するAl，Ca，Fe，Znが主なものであるが，これらの含有率は数100～数1000 μg/g程度である．これらの測定には十分な試料量の確保と高感度な分析法が必要である．十分な試料量が得られれば，中性子放射化分析法によって，数1000 μg/g程度の元素から数μg/g程度のV，Co，Ni，Se，Asなどが定量分析できる．

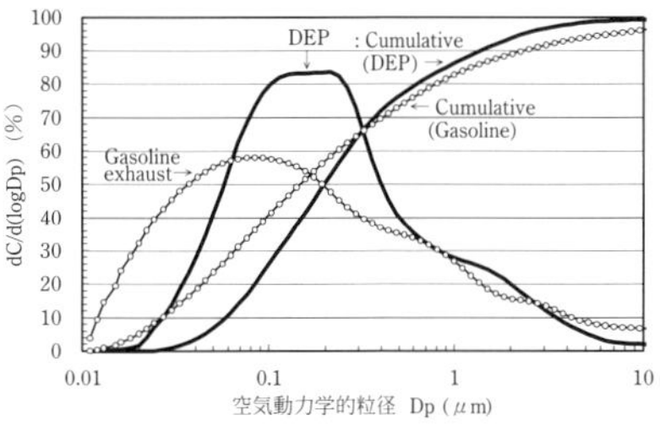

図3　DEPとガソリン車排気粒子の粒径分布の比較

●関連文献・参照文献

Kittelson, D. B. (1998) Engines and Nano-particles: A Review. *J. Aerosol Sci.*, 29: 575–588.

Frey, J. W. and Corn, M. (1967) Diesel Exhaust Particulates. *Nature*, 216: 615 – 616.

Truex, T. J., Durbin, T. D., Smith, M. R. and Norbeck, J. M. (1998) PM2.5: A Fine Particle Standard, Vol. II, AWMA: 559–570.

DPF
Diesel Particulate Filter

■クリーンなディーゼルエンジンの実現

トラック等の排気管から吐き出される黒煙などの粒子状物質（particulate matter, PMまたはDEP）のため，自動車公害の元凶のように考えられているディーゼルエンジンであるが，乗用車用の最新鋭のものでは，同出力のガソリンエンジンに比べ20～40%以上低燃費であり，その分だけ地球温暖化の原因となる二酸化炭素（CO_2）の排出量が少ない．しかし，有害物質の排出については，一酸化炭素（CO），炭化水素（hydrocarbon, HC）は少ないものの，PMや窒素酸化物（NOx，通常，一酸化窒素NOや二酸化窒素NO_2を指す）は多く，排ガスに多量の酸素（O_2）を含むため，いわゆる三元触媒（three-way catalyst）による浄化が原理的に困難である．浄化のためには，燃焼改善を極力進め，並行して独自の後処理装置の開発を進めることが必要となる．

■ハニカムDPF

ディーゼル排ガス中のPM捕集のためにDPF（diesel particulate filter, ディーゼル微粒子フィルタ）の開発が進められている．種々の構造，材質のものが提案されているが，一番実用に近いのは，炭化けい素（silicon carbide）やコージェライト（cordierite）等を材質とするセラミックスのハニカム（honeycomb, 蜂の巣状物体）の内部の細い流路を交互に目封じしたハニカムDPFである（図1）．排気管中に設置され，多孔質フィルタ壁で，PMを捕集する．耐熱性に優れコンパクトなサイズでフィルタ面積を大きく取れる利点がある．特にコージェライトハニカムは安価で，大口径化が可能である．製造工程は原料（カオリン，アルミナ，タルク）調合，混練，型押し出し成形，乾燥，仕上げ，焼成から成る．気孔率(porosity)は圧力損失を低減するために50%程度に保たれる．また，低熱容量化のため

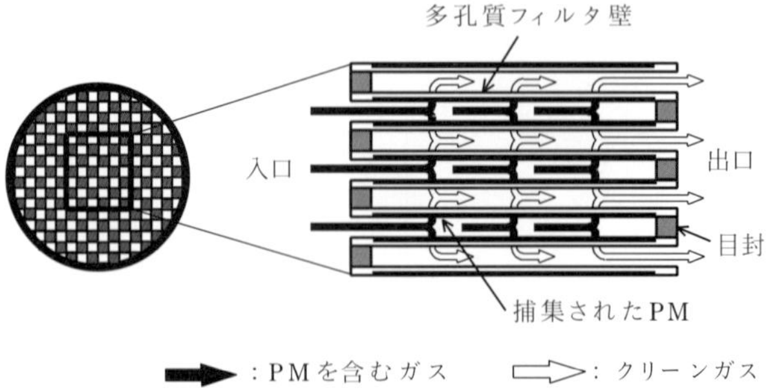

図1　セラミックスハニカムDPFの構造

に，セル幅（通常0.1インチ＝2.54 mm程度），壁厚（通常17ミリインチ＝0.43 mm程度）を極力小さくすることが望ましい．

■SCRTシステム

DPFを長時間交換不要な自動車部品として維持するには，捕集したPMの効果的除去つまり再生（regeneration）手段の確立が重要となる．通常，バーナ，電気ヒータ等により，排ガス温度を600℃以上に増加させてPM中のすす（soot）をO_2燃焼する方法がよく採用されるが，異常発熱や排ガス低温時の効率低下の問題が生じる．そこで，酸化触媒（oxidation catalyst）を併用して排ガス中のNOをNO_2に酸化し，300℃程度の低温NO_2触媒燃焼を利用するCRT（continuous regeneration trap，連続再生除去）法やプラズマ（plasma）を使用して低温再生する方法が検討されている．これらの方法では，すすの燃焼除去に使用されたNO_2の一部がNOに還元され，排気中に残存する．SCR（selective catalytic reduction，選択触媒還元）は，その除去のための有力な方法で，尿素水を排気管に注入し得られるアンモニアと触媒によりNOxを還元する．CRTとSCRを結合したSCRT（selective catalytic reduction/regeneration trap, 選択触媒還元／再生除去）システムは，現時点での最良の後処理技術の一つである．

■DPNRシステム

もう一つのPMとNOxの同時低減システムの将来の候補は，DPFとNOx吸蔵還元触媒（NOx storage reduction catalyst）を組み合わせたDPNR（diesel particulate-NOx reduction，ディーゼル微粒子-NOx還元）システムである．セラミックハニカムDPFに三元触媒とNOx吸蔵材料（アルカリやアルカリ土類金属等）を担持させた構造をもつ．通常運転モードでは排ガス中にO_2が多く，NOは酸化されNO_2として吸蔵材に吸蔵される．ある程度吸蔵されると，エンジン運転モードを切替え，燃料噴射量を過剰にし，排ガス中にO_2が残らず，CO，HCが存在するようにする．このCO，HCにより，吸蔵したNO_2はN_2に還元され，同時にCO，HC，PMは酸化されCO_2と水（H_2O）に変わる．このシステムでは精密かつ高速な燃料噴射装置および，10 ppm以下の低硫黄燃料との併用が不可欠である．

■まとめ

燃焼改善と後処理技術の進展によるクリーンディーゼルは，CO_2の排出量の少なさから燃料電池，ハイブリッドとならぶ近未来の自動車パワーソースの一つとして期待されている．DPFはその際の主役となる排ガス浄化部品である．

●関連文献・参照文献

梶原鳴雪（監修）（2001）『ディーゼル車排ガスの微粒子除去技術』，シーエムシー．

小川裕・小笠原孝之（1999）「ハニカムセラミックス・過去，現状，将来」，『セラミックデータブック’99 別刷』，219–224頁．

鶴原吉郎　他（2002）「もう始まっているディーゼルの逆襲」，『日経メカニカル』，No. 571，69–91頁．

8

健康・医療とエアロゾル

呼吸器沈着モデル

Lung Deposition Model

ヒトは呼吸を通して生命維持に必要な酸素を得ている．呼吸により吸入する空気の中にエアロゾル粒子が含まれている場合，これらの粒子は慣性衝突，重力沈降，拡散などの様々な沈着機構により鼻腔，気管・気管支，肺など呼吸気道の各部にその大きさに応じて沈着する．このときの沈着様式をモデル化したものを「呼吸器沈着モデル」という．

呼吸気道におけるエアロゾル沈着を知るためには，まず，呼吸器の構造を理解する必要がある．呼吸気道は，解剖学的には，前鼻道，後鼻道，咽頭，喉頭，気管，主気管支，気管支，細気管支，終末細気管支，呼吸細気管支，肺胞管＋肺胞に分けることができる．これらの構造的特徴を知り，呼吸生理学的条件を考慮した上で，エアロゾル沈着機構を当てはめ呼吸器沈着モデルが構築される．

呼吸器沈着モデルには，大きく分けて数学的に記述された理論モデルと吸入曝露実験データから経験的に記述された実験モデルとがある．

■理論モデル

呼吸気道の構造を数学的に記述したものとして，古くは1963年のE.R.ワイベルの2分岐対称モデルが有名である．このモデルは，気管を起点に気道の分岐が常に対称に2分岐し，23回分岐したところで末端の肺胞に到達するという最も単純化されたモデルである．また，この時の気道は，単純な直円管と考え，その径と長さおよび分岐するときの分岐角度が各分岐次数別に与えられている．これに対して，個々の気道の形状を忠実に計測し，これを再現したのが1976年のO.G.ラーベの実測モデルである．これらの中間的なモデルが，肺の分葉の違いを考慮した1979年のH.C.イェーの5葉モデルである．肺の各分葉（右上葉，右中葉，右下葉，左上葉，左下葉）に達するまでは実際に合わせた非対称形を考慮し，その後はE.R.ワイベルと同じ2分岐対称と考えるモデルである．これらの構造記述モデルを基礎に，気道内の吸気・呼気の流れなど呼吸生理条件を考慮して，エアロゾル沈着様式をモデル化したものが計算コード化され提案されている．

■実験モデル

実験動物や一部ヒトでの曝露実験など，あるいは，呼吸気道の鋳型によるキャスト沈着実験などの実測データも集約しモデル化されている．中でも，安全評価上，関心が高かった原子力分野では，1960年代の古くからモデル化され定量的な議論に用いられている．1994年の国際放射線防護委員会（ICRP）のPubl.66で提案されている最新の呼吸気道モデルは，形態モデル・沈着モデル・クリアランスモデルの3部分で構成され

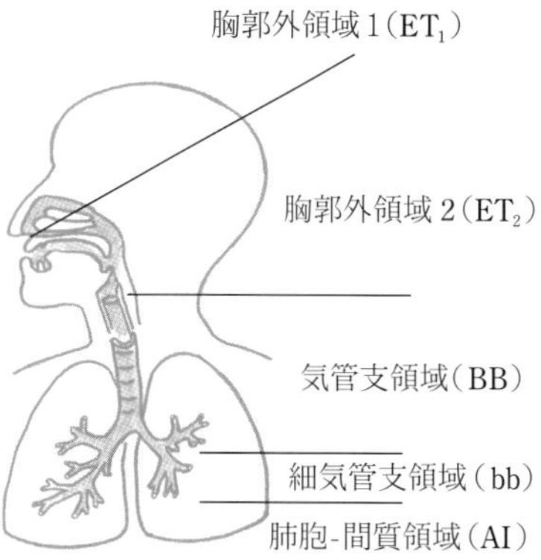

図1　ICRPモデルにおける呼吸気道領域区分

ており，エアロゾル吸入・沈着に留まらずその後の線量評価まで可能である．このモデルは放射性エアロゾルを念頭に置いているが，限定されるものではなく一般のエアロゾルにも適用可能であり有用である．因みに，このモデルでは呼吸気道は図1に示すように5つの領域に分けられ，それぞれの領域ごとに沈着エアロゾル量を評価できる．1時間当たりの呼吸量が1.2 m^3の成人が鼻呼吸した場合の呼吸気道部位別沈着率の粒径依存性を図2に示す．

このようにいろいろな試みがなされているが，実際の呼吸気道は非常に複雑な構造をしており，この形態やそこを通る空気の流れも一様ではない．これらを数式化して忠実に再現することは容易ではない．

●関連文献・参照文献

ICRP Publication 66 (1994) *Annals of the ICRP*, Vol. 24, Nos 1-3.

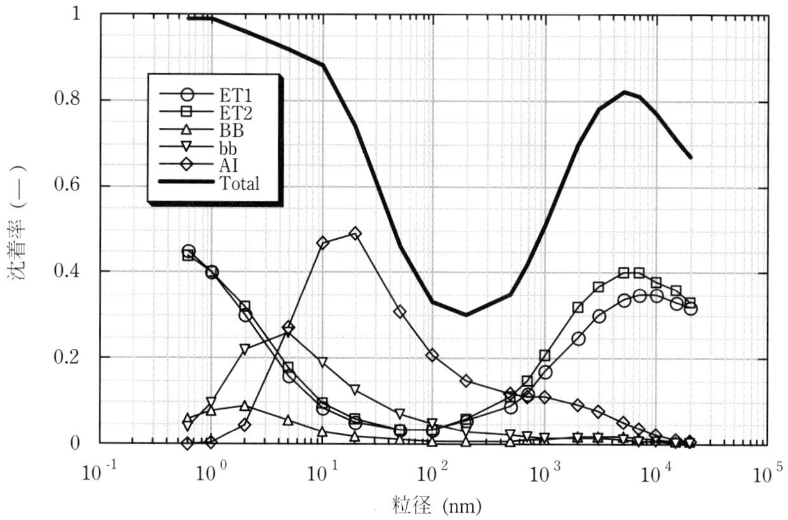

図2　呼吸気道部位別沈着率の粒径依存性

吸入療法

Inhalation Treatment

エアロゾル粒子や粉体による薬物吸入療法は欧米では早くから普及していたが，近年日本においても普及，浸透してきている．ステロイドやβ2-刺激薬を中心とした気管支喘息の治療は，喘息死の減少をもたらしており，吸入療法の有用性を証明している．さらにインスリン吸入療法も臨床治験が終了しようとしており，種々の疾患での吸入療法がますます発展していくと予想される．

■MDI

定量噴霧式吸入薬（metered dose inhaler; MDI）の略記で，β刺激薬，ステロイド吸入薬，抗コリン薬などのエアロゾル発生装置として頻用されている．吸入器の内部には一定量の薬液がはいる定量蓄室があり，装置を上下から押すと気相の圧力がかかり，その一定量が霧化されるところから定量式と呼ばれる（図1A）．平均粒子径は3～6 μmである．MDIの溶媒として長くCFC（クロロフルオロカーボン，総称してフロン）剤が使用されてきたが，地球温暖化問題から使用禁止となり，代替フロンとしてHFA-134a（ハイドロフルオロアルカン）剤が使用されている．代替フロンMDIは平均粒子径は1～2 μmであり，より小さなエアロゾルが生成され，より末梢気道に沈着すると言われている．

■DPI

粉体吸入薬（dry powder inhaler; DPI）は，液状エアロゾルに替わる吸入のデバイスとして開発された．一回の吸入粉体は一個のブリスタ内に粉状にはいっており，そのカプセルを破り，被験者の吸気努力にまかせて，口腔から気道内へと吸引される．内部にはこの60個のブリスタがテープ上に配置されたデバイス（図1B）や，薬剤貯留塔から受け皿で受ける112回用（4回×28日）などのデバイス

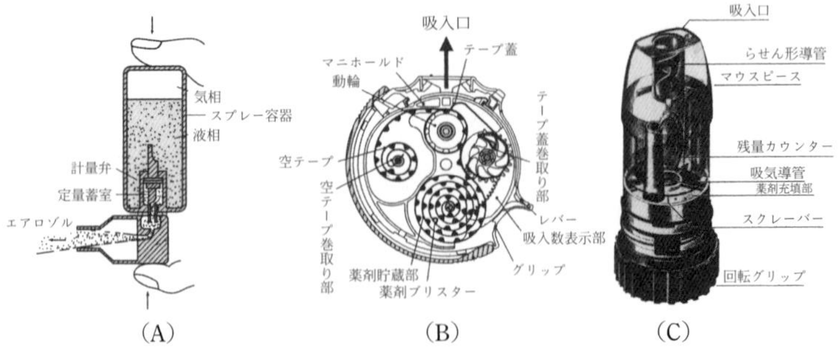

図1　MDI(A)，DPI(B，C)の各吸入器の構造

（図1C）があり，一回吸入量としては100または200 mgで，この吸入回数で一日量をきめる．β2―刺激薬，ステロイド吸入薬がこのDPIとして市販されている．

■超音波ネブライザー

超音波ネブライザー（ultrasonic nebulizer）は，圧電振動子に加えられた振動エネルギーがエアロゾル薬液槽のダイアフラムを振動させ，薬液の波頭が霧化する．発生したエアロゾル粒子は濾過空気の流れに沿って飛散，流出する．平均粒子径1～5 μmのやや小さいエアロゾル粒子を生成でき，毎分1～5 mlの霧化速度が得られるので，多量の薬液を霧化できる．

■ジェットネブライザー

ガラス製のネブライザーで，毛細管から吸い上げられた薬液を，加圧空気（ジェット気流）によって，バッフル（流体の流れを整流する板）に衝突させて粉砕し，エアロゾルの平均粒子径を5から10 μm前後にして吸入させる．気管支拡張剤や喀痰融解剤などの吸入に利用されてきた．

■ステロイド吸入薬

ステロイドは副腎皮質ホルモンに類似した化学構造をもつ薬物の総称で，脂溶性のためその受容体は細胞質内にあり，炎症時に見られるさまざまな炎症性物質の産生を抑制する．ステロイドは強力な抗炎症作用をもつところから，従来から気管支喘息の重積発作の治療薬として内服や点滴静注として使用されてきた．これに対して，ステロイド吸入剤は主に肺への局所投与のため，全身への副作用が少ないという利点があり，気管支喘息の日常使用（daily use）の吸入剤として，MDIやDPIのデバイスで広く市販されている．

■β2-刺激薬吸入剤

β2受容体とは，交感神経系の伝達物質であるアドレナリン受容体のひとつで，気道平滑筋や血管平滑筋の表面にある．交感神経が刺激されると，アドレナリンが分泌されβ2受容体に結合し気道平滑筋の弛緩がおこるが，その結果，気管支拡張に作用する吸入剤である．β2-刺激薬は選択的な作用をもつ吸入剤で，主に気管支喘息の急性発作の緩解（rescue use）に使用されている．

■抗コリン薬吸入剤

副交感神経系については，ムスカリン受容体（M2）が平滑筋表面にあり，副交感神経刺激で気道平滑筋の収縮をおこす．したがって，抗コリン薬とはこの作用を拮抗する薬物で，その結果気管支拡張に作用する．最近，抗コリン薬吸入剤は慢性気管支炎や肺気腫を含む慢性閉塞性肺疾患（COPD）の治療薬として使用されている．

●関連文献・参照文献

進藤千代彦（2002）「β刺激薬の吸入技術の問題」『喘息治療におけるβ刺激薬』（宮本昭正・眞野健次監修），メディカルレビュー社，257-272頁

佐藤良暢（1989）「発生装置の種類と特徴」『エアロゾル吸入療法』，南江堂，43-70頁．

生物粒子
Biological Particle

生物粒子とは，生きている微生物や花粉などの浮遊粒子および生物構成成分などの生物由来物質からなる浮遊粒子全般を指す．

微生物には，細菌（バクテリア），真菌（カビ），ウイルス，クラミジア，リケッチア，原虫などがある．微生物自体の大きさで，最小のものはウイルスであり20 nmから250 nm程度である．細菌は0.5 μmから10 μm位である．

微生物の形状は実に多様であり，その物質組成や表面状態も様々である．

細菌には球形（球菌），桿状（かん菌），らせん状（らせん菌）のものがあり，それらが塊をなしてブドウの房状になるブドウ球菌や鎖状になるレンサ球菌，数個が対を成す双球菌，4連球菌などもある．細菌は，一般に核を含む原形質の外側に原形質膜（細胞質膜）があり，さらにその外側に細胞壁がある．特殊な構造として，粘液層の莢膜（きょうまく）や鞭毛，繊毛の生えたものもある．さらに，細菌によっては，過酷な環境中で生き延びるために芽胞を形成するものもある．

真菌は，カビ，酵母やきのこなどである．形状は，大きく分けて二種類ある．一つは，円形ないし卵円形の酵母などであり，出芽して増える．もう一つは管状であり，菌糸を延ばし，菌糸体を形成する．さらに，生殖のために胞子を作るものも多い．

ウイルスは核酸（DNAあるいはRNA）をたんぱく質の殻（カプシド）が包み込んだ粒子である．ウイルスによっては，カプシドの外側がエンベロープという糖タンパクと脂質の膜で被われているものもある．ウイルスの形状も，球形のみならず，扁平状や紐状のものなど多種多様である．

これら微生物の形態上の多様性により，一概に生物粒子といっても，その物理化学的性質は一様ではなく，粒子としてのStokes径，空気力学径，光散乱径などの性質については未だに明確ではないものも多い．

微生物が浮遊粒子として環境中に放出された場合の生存率や粒子形態なども，今後さらに検証が必要な分野である．微生物の生存率は，その微生物自身の性質と環境要因が大きく関係してくる．細菌でも，芽胞となったものは温度，湿度の変化に非常に強い．さらに，細菌の芽胞やエンベロープをもたないウイルスなどは，種々の消毒剤に対して抵抗性をもつものも多い．

感染制御：ヒトが生活する上において，生物粒子や生物由来粒子が問題となるのは，これらの粒子の直接的な曝露や吸入あるいは食品，医薬品などの汚染による健康被害である．

ヒトに害を及ぼす生物粒子の制御としては，食品の汚染防止や無菌手術を行うための清浄空間を形成するバイオロジカルクリーンルーム，あるいは逆に病原体を封じ込めて作業者や環境を守るバイオハザード対策施設が活用されている．

さらに，病原細菌，ウイルスなどの感染性生物粒子による被害を防ぐには，感染経路を断つことが重要である．

感染経路を媒体で分けると，空気感染，飛沫感染，接触感染，一般媒介物感染，媒介生物感染に分類される．浮遊生物粒子の制御として重要なのは，空気感染と飛沫感染である．

空気感染：空気感染による感染症としては，結核，麻疹，水痘，レジオネラ症の一次感染などがあげられる．空気感染には，患者などから排出された病原体を含む飛沫（直径5 μm以上の水分などを含んだ粒子）の水分が蒸発して生じた飛沫核（直径5 μm以下の粒子）を吸入して感染する飛沫核感染と病原体を含んだ塵埃を吸入して感染する塵埃感染がある．飛沫核などの微小粒子は，長期間空気中に浮遊し，気流によって広範囲に拡散する危険性が高い．

空気感染対策としては，感染性粒子の発生予防や室内の空気の浄化並びに汚染空気の室外流出を防ぐことである．空気の清浄化には，HEPAフィルターなど空調フィルターの利用や，十分な換気回数を確保することが有効である．実験室などでの作業者の防御としては，生物学用安全キャビネットなどの安全機器の使用および個人曝露防護器具（PPE）としての防護マスクが有用である．防護マスクとしては，対象とする粒子の捕捉性能の確立したものを用いる必要がある．現在のところ，結核菌やSARSウイルス対策用にはNIOSHのN/R/P95/99/100およびCEのFFP2/3，P2防塵マスク，国産品としてはRS2/3，DS2/3が推奨されている．

飛沫感染による感染症は，ジフテリア肺炎，マイコプラズマ肺炎，百日咳，アデノウイルスやインフルエンザウイルスによる感染症，流行性耳下腺炎，風疹などである．

飛沫感染：飛沫感染とは，患者や保菌者が咳，くしゃみ，喀痰，会話などをする時や気管吸引などの処置を行なっている時に，病原体が細かい水滴などと伴に周囲に飛び散り，結膜，鼻粘膜，口などを介して感染が起こることをいう．通常，直径5 μmより大きい粒子であり，自然落下速度も大きく，せいぜい数mの範囲で感染するものをいう．

対策としては，粒子径が大きいために室内気流には乗らず，ほとんどのものが数mの範囲内に落下するため，特殊な空調や換気は不要であると考えられている．患者の周辺の床，ベッドやテーブルなど病原体が付着している可能性のある所を，消毒薬で清拭消毒することが有効である．さらに，手洗いの励行とサージカルマスク，フェイスマスクなどを用い，患者からの飛沫の飛散防止と作業者の粘膜が直接飛沫に曝露されないことが重要である．

●関連文献・参照文献

Cox, Christopher S., and Christopher M. Wathes (1995) Bioaerosols Handbook, CRC Press LLC.

南嶋洋一・水口康雄・中山宏明（2002）『現代微生物学入門』，南山堂．

山崎修道他（編）（1999）『感染症予防必携』，日本公衆衛生協会．

花粉

Pollen

花粉は種子植物の雄性の配偶体である．花粉には風によって飛散する風媒花のものと虫によって運ばれる虫媒花のものがあり，植物種として風媒樹木，虫媒樹木，風媒草本およびシダ類の胞子に分けられる．

花粉は種子植物には必要なものであるが，種類によってはヒトが触れるとしばしばアレルギー疾患を起こすことがある．

■花粉の形態

花粉粒の大きさは10 μm以下のものから200 μm程のものまであり，表1に示すように六つに区別されるが，花粉の種類を大きさで分類することはできない．一般的に樹木の花粉は風媒花で小さいものが多く，空中花粉として観察される．

花粉の多くは個々独立した単粒であるが，4粒が一つの塊や多集粒が一つの塊となっている複粒のものおよび花粉塊となっているものもある．複粒の花粉は風媒花に少なく，虫媒花に多い．

表1 花粉粒の大きさ区分

微小	<10 μm
小粒	10～25 μm
中粒	25～50 μm
やや大粒	50～100 μm
大粒	100～200 μm
巨粒	>200 μm

花粉の形は赤道観（equatorial view）を基に極(P)／赤道(E)比から分類される．また極観像での花粉の輪郭は分類上重要である．例えば，花粉形は球形（ボール状），長球形（ラクビーボール状），扁球形（押し潰されたボール状），三角形状扁球形（三角おにぎり状），四角形状扁球形（枕状），多角形状扁球形，球形で一部が突起しているもの，半球形の気嚢をもつもの，リング状の付属物をもつもの，糸状，円錐状，花粉塊（2粒連結，4粒連結，16粒連結，多粒連結）などに分類される．

花粉が発芽するときに花粉管の出口となるところが発芽口であり，その位置，数，並び方および構造は花粉によっていろいろである．

花粉の表面の模様はいろいろで，粒状，網状，刺状の3種類に大別され，さらに刺状（Spines），小刺状（Spinules），疵状（Verrucae），顆粒状（Granula），網状（Reticulum），小網状（Subreticulum），細網状（Fine reticulum），線状（Striae），指紋状（Fingerprint），頭状・有柄（Pila）に分けられる．

■花粉の分類

花粉はそれぞれ形態的な特徴をもっていることから，これらの特徴を基にして花粉を分類することができる．花粉は単粒か複粒かに大別される．単粒は外形，発芽口の有無，発芽口の形とその位置，数などにより1～6型に分けられる．複粒は集合状況，発芽口の形とその位置，数などにより7～8型に分類される．

1型：外形は球またはやや球形，長球形あるいは稀に繊維状である．発芽口はないかあるいは一つである．

2型：外形の極観像は円型，楕円型で，側面観像は円形，櫛形または扁球形，扁平球形である．発芽口は極面に長く大きいものが一つか二つまたはそれ以上で，長口粒もこの型になる．

3型：外形の極観像は円形，長円形または純3角形で，側面観像は円形で花粉口の部分が突出しているものや卵形のものもある．発芽口は遠心極あるいはその付近に一つであるが，側面に6個の類口をもつもの，また気嚢を有するものもここに入る．

y4型：軸の明らかなものは極観像が円形，類円形，有角性の円形で，赤道観像は円形，扁平等である．軸の不明なものはほとんど球形である．発芽口は多数で赤道上口および極面口を有するもので，全表面に散財するものであり，異極面粒，散孔粒，散溝粒，類散溝粒がここに入る．

5型：赤道上に花粉口があり，円形の発芽口または溝をもつが，稀に両極面で異なるものがある．

6型：赤道上に発芽口があり，両極の方向に長いもの，また両極面で異なるものもある．皆溝粒，類溝粒または溝孔粒，類溝孔粒はここ入る．

7型：2個または4個の花粉が分かれずに付いているものである．

8型：8個以上の花粉粒が集まり，塊になっているものである．

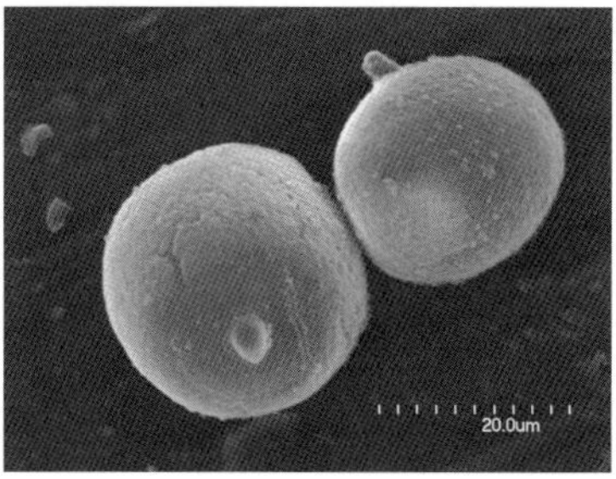

図1：スギ花粉（採取場所　秋田県男鹿市）

■花粉症と原因植物

花粉によって引き起こされるアレルギー症状が花粉症であり，図1に示されるスギ花粉が代表的なものの一つである．くしゃみ，鼻水，鼻詰まりなどのアレルギー性鼻炎や眼のかゆみ，流涙などのアレルギー性結膜炎が最も多くみられる．稀にぜん息やアトピー症状が併発されることもある．

花粉症の原因となる植物は種類も多く，日本では約60種類の花粉が報告されている．風媒花の樹木ではスギ，ヒノキ，シラカバ，ハンノキ，ケヤキ，クヌギ・コナラ，オオヤシャブシなど，草木ではイネ科（カモガヤなど），ブタクサ，オオブタクサ，キク科（ヨモギなど），虫媒花ではイチゴ，リンゴ，バラなどの植物があげられる．

●関連文献・参照文献

北島耕作（1999）「花の宇宙　野の花と花粉の世界」（http://www.mitene.or.jp/~pollen/）

幾瀬マサ（2001）『日本植物の花粉』（第2版），広川書店．

たばこ煙
Tobacco Smoke

たばこ煙は身近なエアロゾルの一つである．たばこ煙にはフィルター側から出て喫煙者が吸い込む煙と，たばこの先端から立ち上る煙があり，前者を主流煙（mainstream smoke），後者を副流煙（sidestream smoke）と呼んでいる．室内に浮遊しているたばこ煙は環境たばこ煙（Environmental Tobacco Smoke，略してETS）と呼んでいる．

■たばこ煙粒子の大きさと個数濃度

たばこ煙粒子の電子顕微鏡写真を図1に示す．たばこ煙粒子は熱分解で生じた蒸気成分が凝縮してできた液滴粒子であるため，球形となっており，1 μmより小さいことがわかる．

たばこ主流煙の煙粒子の大きさと個数濃度のうち1970年以降に報告されたものをまとめて表1に示す．平均粒子径は0.2～0.5 μm程度である．個数濃度は1 cm^3あたり10^{10}個程度と大変高い．そのため煙粒子同士の衝突が急速におこり，時間とともに煙粒子は大きくなり個数は減ってくる．したがって，測定に要した時間で結果も変わってくる．

副流煙は紫煙とも呼ばれるように青味をおびている．これは煙粒子が主流煙よりさらに小さいため，短波長の光が強く散乱されるためである．

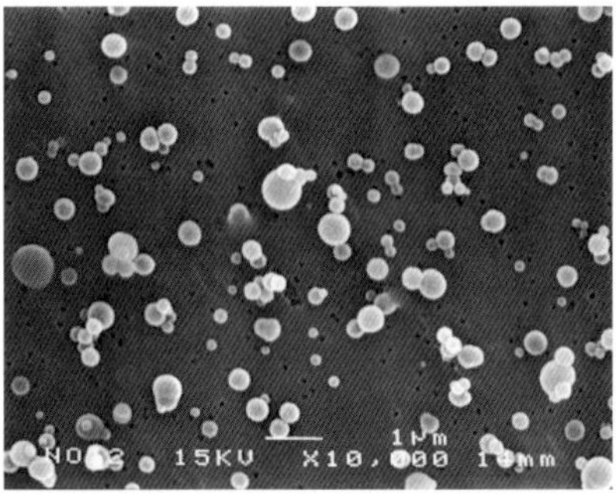

図1 たばこ煙粒子の電子顕微鏡写真

表1 たばこ煙粒子の粒子直径と個数濃度

方法	平均粒子径［μm］		個数濃度［個/cm^3］	報告者	報告年
カスケードインパクタ	重量平均径	0.62	$4.4x10^8$	R. E. Leonardら	1972
光散乱	幾何平均径	0.18	$3x10^{10}$	岡田　隆ら	1974
電子顕微鏡	個数平均径	0.48		W. C. Carterら	1975
限外顕微鏡	幾何平均径	0.8	$5x10^7$	吉田哲夫ら	1975
エアロゾル遠心機	重量中央径	0.37		W. C. Hindsら	1978
光透過	個数平均径	0.25	$1.7x10^{10}$	R. M. Creamer	1979
電子顕微鏡	個数中央径	0.29		R. W. Holmberg	1979
光散乱	個数平均径	0.24-0.27		B. J. Ingebrethen	1986

表2　たばこ1本あたりの各成分量

成分名	主流煙（MS）［mg］	副流煙（SS）［mg］	SS/MS
煙粒子	13.0	7.9	0.61
ニコチン	0.79	5.6	7.1
一酸化炭素	11.3（＝9.7　ml）＊	54.1（＝46.5　ml）＊	4.8
二酸化炭素	41.9（＝22.9　ml）＊	474（＝259　ml）＊	11.3
窒素酸化物	0.23	0.9	3.9
アンモニア	0.02	9.1	455
ホルムアルデヒド	0.02	0.73	36.5
アセトアルデヒド	0.63	4.2	6.7
アクロレイン	0.07	1.3	18.6
ベンゼン	0.05	0.3	6.6

＊室温を20℃とした場合の体積

また，人が吐き出す煙は大きいため，波長によらずほぼ均等に光が散乱するので白く見える．

■たばこ煙の化学成分

たばこ煙は，気体と粒子で構成されているが，いずれにも多くの種類の化学物質が少量含まれている．現在確認されている化学物質の数は約4,000，存在が分かっているものは，約100,000といわれている．これらの化学物質のうち主なものを表2に示す．ニコチンは主に粒子に含まれている．煙の発生量は吸い方で異なるため国際標準喫煙条件（1分間に1回，35 mlを2秒間で吸引する）で測定した値を表に示してある．たばこの箱にはニコチン量とタール量が表示されているが，タールとは水分とニコチンを除いた煙粒子のことである．

●関連文献・参照文献

Guerin, M. R. Jenkins, R. A., and Tomkins, B. A. (1992) *The Chemistry of Environmental Tobacco Smoke, Composition and Measurement*, Lewis Publishers.

ISO 3308 (1991) Routine analytical cigarette-smoking machine -Definitions and standard conditions.

Schmeltz, I., and Hoffmann, D. (1977) Nitrogen containing compounds in tobacco and tobacco smoke, *Chemical Reviews* 77: 295–311.

負イオン

Negative Ions

■イオン

イオン（ion）とは電気を帯びた原子や原子団をいう．中性の原子や原子団が電子を失うと陽イオンに，電子を得ると陰イオンになり，陽イオンは陰極に，負イオンは陽極に向かって移動する．このように原子や分子が，正または負に帯電する現象を電離（electrolytic dissociation）という．

大気中では，宇宙線や紫外線，地核中の放射性物質から放出される放射線などが気体に当たったり，または気体中で放電しイオンが生成される．また，イオンの人為的な発生法としては，レナード効果（微小水滴の分裂，滝効果）やコロナ放電，光電効果，電磁波・放射線照射，摩擦・帯電などがある．

■エアロゾル粒子の荷電

エアロゾル粒子は，燃焼などの発生時に，あるいは大気中のイオンを付着して荷電される．そして，大きさが1～5 nm程度（大きさに関する統一された定義はない）以下の原子や分子からなるイオンは小イオンと呼ばれている．小イオンの地表付近における大気中濃度は，地域的・時間的に変動するがおよそ600～700イオン/cm^3程度あり，通常はプラスイオンの方がやや多いといわれている．

一方，大気中の微小粒子に小イオンが衝突し付着したものを中イオン（概略10～20 nm以下）または大イオン（概略0.1～1 μm以下）と呼んでいる．粒子濃度の高い都市域では大イオン濃度が高くなり，逆に小イオン濃度は低くなる．

単極イオンが微小粒子へ衝突する移動機構としては，熱拡散による拡散荷電がある．一方，静電集じん機のように外部から電場が与えられた場合には，電場の力によってイオンが粒子に衝突し荷電する衝突荷電も起こる．静電集じん機においては，粒子が球形の場合，粒径が約0.2 μm以下では拡散荷電が，粒径が2 μm以上になると衝突荷電が支配的となる．

一方，正負両極イオンによるエアロゾルの荷電では，プラス・マイナスイオンの衝突により荷電量の増減を繰り返しているが，次第に平衡状態に達し，イオン濃度が粒子濃度に比べ十分大きければ，図1に示したようなボルツマン分布として表される．ボルツマン分布では，半径が0.01，0.1，1 μmの粒子の平均荷電数は

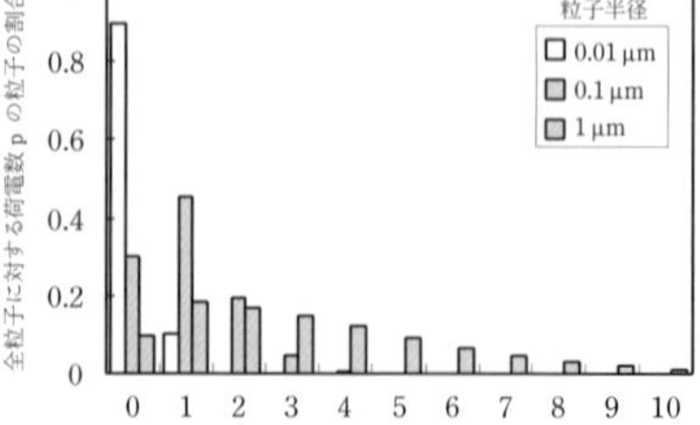

図1　正負両極イオンによる粒子の平衡状態における荷電数割合

各々0.10，1.00，3.33個となる．

■イオンの生体影響

イオンの人体や動植物に及ぼす影響について，最近よく話題となっている．一般に，プラスイオンは身体の細胞から電子を奪い，細胞を酸化・不安定化させ，肩こりや腰痛などマイナスの作用があるといわれている．一方，マイナスイオンは細胞の活性化をうながし，自律神経の調整や血液の浄化，疲労の回復促進などプラスの作用があるといわれている．しかしながら，それらの効果については未解明な部分も多々あり，健康促進作用についても疑問視する研究者もいる．

■イオンの利用

マイナスイオン効果を謳った商品が市販されるようになり，その種類・数量は年々増加している．マイナスイオンの発生そのものを目的としたマイナスイオン発生器をはじめ，マイナスイオン発生機能を付加した空気清浄機やエアコン，ドライヤーなど家電製品，さらには繊維製品から小物類に至るまで，多数の商品が出回っている．また，マイナスイオンによる室内環境や大気環境等の改善（住環境の改善，マイナスイオン環境住宅，マイナスイオン水の農業利用），マイナスイオンによる除菌・抗菌・食品保存技術，マイナスイオン効果を応用した皮膚温繊維や燃焼改善内燃機関，などマイナスイオンの応用例も広範囲に及んでいる．

しかしながら，マイナスイオン効果については不確かな問題も多々あり，今後さらなる検討が必要である．

一方，既に確立したイオン応用技術も多数あり，その代表例として電気集じん装置がある．電気集じん装置は，工業的に発生するダストにマイナスイオンを付与し，静電気力を利用してダストを集じん極に集め除去する装置であり，各種集じん装置の中でも集じん効率が最も高く，広く利用されている．

また，およそ数nm～1 μm範囲の微小エアロゾル粒子を粒径ごとに分級するDMA（Differential Mobility Analyzer）も，イオン応用技術の一つである．DMAは単極イオン場中で粒子を荷電し，ある電気移動度をもった粒子のみを選択的に分級できるように工夫した装置で，単分散粒子を発生させることができるとともに，印可電圧を順次変えることにより微小エアロゾルの粒度分布の測定が可能となる．DMAは，近年の微小エアロゾル研究を飛躍的に推進させる原動力となったといっても過言でない．

また変わった応用例として，イオン濃度を連続的に計測することにより，地震予知を行おうとする試みも行われている．地震前には地下の岩盤が破壊し，大量のラドン核種が発生してイオンを発生し，プラスイオン濃度が増大することを利用して地震予知を行おうとするものであり，今後より確実な地震予知へと発展していくことが期待される．

●関連文献・参照文献

イオン情報センター（編）（2004）『空気マイナスイオンの科学と応用』，イオン情報センター．

9

室内・作業環境

作業環境管理
Working Environment Control

作業環境管理は労働が行われている場所（作業環境）における有害要因を可能な限り少なくして，労働者が職業病にならないような良好な作業環境を維持するための対応をいう．有害要因には，じん肺を引き起こす鉱物性粉じん，中毒の原因となる金属ヒューム，ガンを起こす特定化学物質等がある．

粉じん：広義の粉じんは，大気汚染防止法，ビル管理法等で用いられており，環境空気中に浮遊する粒子状物質を指す用語である．狭義の粉じんは，固体を粉砕（破砕，研磨を含む）した際に発生し，環境空気中に浮遊する粒子状物質をいう．

ヒューム：固体の物質が加熱により溶融された際に発生する蒸気が，空気中で冷却凝縮して生成される粒子状物質をいい，アーク溶接や鉄鋳物鋳造時の酸化鉄ヒューム，真鍮鋳物造時の酸化亜鉛ヒューム等が代表的なものである．

ミスト：液体の物質が破砕（スプレー，発泡を含む）により粒子化し，環境空気中に浮遊している状態のものをいい，乳液状農薬の散布，メッキ槽からの飛沫等で生成したもの等がある．

作業環境測定：作業環境の管理状態が適切であるかを判断するために行われるもので，労働安全衛生法に規定されている対象事業場を有する事業者に義務づけられている．

測定対象には，鉱物性粉じんをはじめ，鉛，カドミウム等の金属類，染料中間体等の特定化学物質，ウラン，プルトニュウム等の放射性物質，等が指定されている．これらの物質の作業環境空気中での質量濃度の測定は，作業環境測定基準（労働省，1976）に則って行い，客観性の高い測定結果が得られるような配慮がなされている．

作業環境測定には，管理の対象区域である単位作業場所における気中有害物質の平均濃度および濃度の分布を調べるA測定と，最も濃度が高くなると考えられる場所で行うB測定とがある．

作業環境の評価：作業環境測定結果は，作業環境管理の状態を評価するために用いられる．作業環境の管理状態の評価は，A測定およびB測定の結果を作業環境評価基準（労働省，1988）に則って，管理濃度を対照として，第1管理区分から第3管理区分までのいずれかに分類することをいう．

第1管理区分とは，単位作業場所における気中有害物質の濃度がほとんどの場所で管理濃度を超えず，作業環境管理が適切と判断される状態をいう．第3管理区分とは気中有害物質の平均濃度が管理濃度を超えており，作業環境管理が適切でないと判断される状態をいう．第2管理区分は第1管理区分に比べて，作業環境管理になお改善の余地があると判断される状態をいう．

粉じん濃度の測定方法：作業環境測定基準に規定されている粉じん濃度の測定方法は，環境空気中に浮遊している粉じんのうち，粒径7.07 μm以下の粒子状物質を分級して濾紙上に捕集し，その質量を天秤での秤量によって求め，サンプリングに要した空気の量で割り算して得ることとされている．しかし，この基準測定方法では，測定結果を得るのに長時間を要することから，短時間内で精度の高い測定結果の得られる相対濃度指示方法が併記されており，現状では相対濃度計（通常，粉じん計と称す）による方法が広く行われている．相対濃度計としては，光散乱方式粉じん計が多く用いられているが，光散乱式粉じん計では，直接，粉じんの質量濃度が測定できない．そこで，粉じん計で作業環境の粉じん濃度を求める場合は，測定を行わなければならない作業環境の中での代表的な測定点において，基準測定法と相対濃度計との併行測定を行い，当該作業環境の粉じんに対する質量濃度変換係数をあらかじめ求めておき，他の測定点で測定された粉じんの相対濃度にこの係数を乗じで質量濃度を求めている（労働省安全衛生部労働衛生課，1998）．

管理濃度：作業環境測定結果を評価するための指標として，行政的見地から設定されたレベルを意味する値で，あくまでも作業環境管理のためにのみ用いるものである．値の設定に際しては，日本産業衛生学会が，労働者の有害物質に対する個人暴露濃度を評価するために設定した「許容濃度」をはじめ，世界各国での規制値や作業環境管理技術などが考慮された．

鉱物性粉じんに対する管理濃度（E）は次の式から求められる．

$$E=\frac{2.9}{1+0.22Q}\ \text{〔mg/m}^3\text{〕}$$

ここでQは粉じん中の遊離ケイ酸の含有率〔%〕である．遊離ケイ酸とは，結晶性のSiO_2のことで，代表的なものには石英，水晶，珪砂等がある．陶器の原料の陶土には，遊離ケイ酸が10～30％程度含まれている．

局所排気装置：作業環境管理技術の一つの方式である．有害物質が作業環境へ飛散すると，作業者に職業性疾患を起こす可能性が高まるので，有害物質を発生させないようにするのが一番である．しかし，この方法は技術的にも経済的にも困難を伴い，実現性に乏しい．そこで，次の段階で考えられることは，有害物質が作業環境へ飛散する前に除去してしまうことである．これが局所排気法であり，その装置が局所排気装置である．局所排気装置は，有害物質の発生部に設置する排気フード，フードで取り込まれた有害物質を捕集部へ運ぶダクトおよび排風機から構成されている．

●関連文献・参照文献

労働省（1976）「作業環境測定基準」，労働省告示46号．

労働省（1988）「作業環境評価基準」，労働省告示79号．

労働省安全衛生部労働衛生課（編）（1998）『作業環境測定ガイドブック1，鉱物性粉じん関係』日本作業環境測定協会．

室内空気
Indoor Air

浮遊粒子状物質は，一般に数100 μm以下の浮遊性固体と低蒸気圧の液体粒子から成り立っている．一口に浮遊粉塵と言ってもその物理的，化学的性状は多様である．図1に入江（1988）によりなされた室内空気中に見出される浮遊粒子状物質の分類を示す．このような分類の仕方の他にラドン娘核種の付着により放射性を帯びたか否かによる放射性粒子状物質と非放射性粒子状物質という分け方もあると思われる．ここに分類されているもののうち，ラドン娘核種，アスベスト，アレルゲン，タバコ煙，生物粒子である細菌真菌については他の章で述べられるので，ここでは，それらを除いた一般室内空気中の浮遊粒子状物質について解説する．

表1（池田，1978）に粒子状物質の人体影響を示す．粒度別の浮遊粒子状物質の肺胞沈着率については，図2（Hatch *et al.*, 1964）に示すような特性が知られている．一般に，粒子のサイズが大きい場合には，空気中に浮遊することが難しく，たとえ呼吸されたとしても10 μm以上の粒子は鼻腔の部分で捉えられると考えられている．

一般浮遊粒子状物質の室内における主要発生源は，人の活動である．表2（池田，1998）に人体からの発生量をまとめて示す．

図3に示したのは，ビル管理教育センターが1987年～88年にかけて行ったオフィスビル室内環境に関する全国調査（ビル管理教育センター，1987；1988）の

- 粒子状汚染物質（広義の粉じん）
  - 固体粒子
    - 非生物粒子
      - 一般粉じん
      - 繊維状粒子
    - 生物粒子
      - 花　粉
      - 微生物
        - 真　菌
        - 細　菌
        - ウイルスなど
  - 液体粒子

図1　浮遊粒子状物質の分類（入江1988）

表1　浮遊粒子状物質の人体影響（池田1978）

濃度（mg/m³）	影　響
0.025～0.05	バックグラウンド濃度
0.075～0.1	多くの人に満足される濃度
0.1～0.14	視程減少
0.15～0.2	多くの人に「汚い」と思われる濃度
0.2以上	多くの人に「全く汚い」と思われる濃度

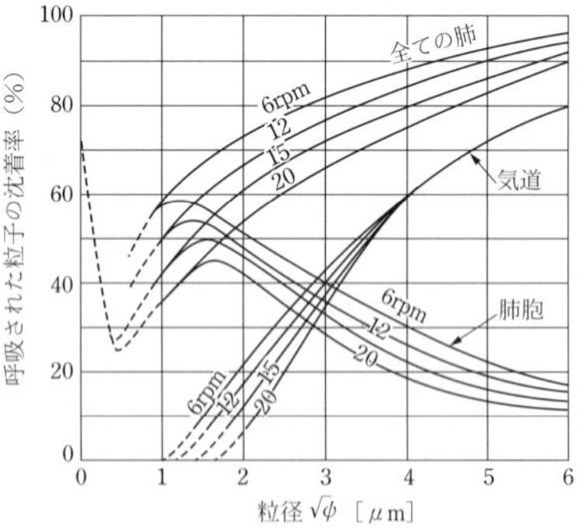

rpm：毎分の呼吸回数

図2　粒度別の粒子状物質の肺胞沈着率 (Hatch *et al.*, 1964)

表2　人体からの粒子状物質発生量（池田1978）

活動状況	粒径（μm）	発塵量（10^4個/min）
静　止	0.5以上	10
〃	1〃	20～70
〃	5〃	2～8
歩行（3.6km/h）	0.5以上	500
〃（4.0km/h）	1〃	90～400
〃（〃）	5〃	7～40
歩行（5.6km/h）	0.5以上	750
歩行（8.0km/h）	0.5以上	1,000
〃	1〃	250～700
〃	5〃	15～60
軽作業	0.5以上	50～100
起立・着席動作	0.5以上	250
跳躍	0.5以上	1,500～3,000
備考	人体からの発塵量を重量濃度で示したデータは比較的少ないが，本間の実測によれば，事務室内での１人当りの発塵量は，10 mg/h程度であるという．	

調査結果である．平均値は冬季が70 cpm（0.07 mg/m^3）弱，夏季が54～64 cpm（0.054～0.064 mg/m^3）であり，若干夏季の方が低くなっているが，全体としては，ビル管理法（小峯，1992）の基準値0.15 mg/m^{3}以下となっている場合が多いようである．一方，住宅における浮遊粒子状物質の測定例として表3に示したのは，小峯（1992）によって行われた超高気密住宅における室内空気環境実測の浮遊粉塵に関する実測結果である．最も高濃度の場合で0.05 mg/m^{3}であるため，ビル管法の基準値以下ではあるが，換気設備を有しない家の濃度は全体的に高くなっている．

●関連文献・参照文献

ビル管理教育センター（1987）建築物衛生実態調査研究報告書.

ビル管理教育センター（1988）建築物衛生実態調査研究報告書.

Hatch, T. F. and Gross, P. (1964) *Pulmonary Deposition and Retention of Inhaled Aerosols*, Academic Press.

池田耕一（1978）「空気環境と人体」日本建築学会編『建築設計資料集成1環境』，丸善.

入江建久（1988）「浮遊粒子状物質」『空気調和・衛生工学』，第62巻，第7号.

小峯裕巳（1992）「住宅水準向上に伴うエネルギー消費増加抑制技術開発研究（その3）」『住宅室内環境水準向上検討委員会報告書』，第6章，266頁.

表3　高気密住宅における実測結果（池田1978）

（a）　機械換気設備がある場合

住宅名	居間（×10^{-2}）			寝室（×10^{-2}）		
	日平均（mg/m^3）	昼間平均（mg/m^3）	夜間平均（mg/m^3）	日平均（mg/m^3）	昼間平均（mg/m^3）	夜間平均（mg/m^3）
TO邸	1.2～4.7	1.0～4.4	0.9～3.6	0.8～4.3	0.4～4.2	0.3～4.7
SH邸	4.7～9.2	5.1～11.9	4.1～8.3	0.8～8.1	0.7～2.4	0.7～9.1

（b）　機械換気設備なし

住宅名	居間（×10^{-2}）			寝室（×10^{-2}）		
	日平均（mg/m^3）	昼間平均（mg/m^3）	夜間平均（mg/m^3）	日平均（mg/m^3）	昼間平均（mg/m^3）	夜間平均（mg/m^3）
H邸	2.6～8.5	1.8～11.6	1.1～8.5	5.5～12.0	4.5～33.9	3.4～10.9
MO邸	9.1～18.1	7.6～26.7	6.5～20.1	5.2～21.2	4.0～17.8	5.6～52.3

換気
Ventilation

換気は，建築環境工学上，保健用，産業用の2つに分類されることが多い．

保健用換気とは室内の居住者に生理的に必要となる新鮮空気（外気）を供給することである．生理的な側面の項目として臭気等の快適性に関する項目も含める場合が多いが，温熱感の快適性を得るために窓を開けて大量の空気を取り入れる場合は通気と呼び換気とは区別される．

産業用換気とは，工場や医療施設などで機械類から発生する熱や汚染物を除去したり，燃焼に使用する酸素（空気）を取り入れる等の目的で外気を供給することである．保健用，産業用ともに外気が十分に清浄でない場合が多いため，目的に応じたエアフィルターを用いて汚染物質を除去してから用いる場合が多い．また産業用の換気が行われている室内にも人間が在室していることが多いので，両方の条件を満たす必要があるのが通例である．

換気を行う設備上の分類としては，自然換気と機械換気に分類される．自然換気とは動力を使わずに風や温度差による浮力を用いて換気を行うものであり，機械換気とはファンなど動力を用いて換気を行うものである．

換気の度合いの指標として，長い間「換気回数」が用いられてきており，現在でも幅広く使用されている．換気回数は単位時間当たりに取り入れられた外気量を室の容積で除したもので，単位としては［回/h］を使用するが，本来の意味を尊重すれば［$(m^3/h)/m^3$］が正確な表現であろう．

換気回数は「1時間で何回室の空気が入れ替わるか」というようにも解釈でき，計算の簡便さや直感的な把握のしやすさなどの利点から大まかな指標として現在でも広く用いられている．しかしこの解釈では室内全ての点の空気が一定時間ごとに必ず新鮮空気と置き換えられていくような印象を与え，空気のよどみや短絡といった換気状態の空間的な偏りが無視されることになるので注意が必要である．

一般に室内の汚染物質の濃度は，取り入れた外気や室内で発生した汚染物質は速やかに室内で拡散，希釈され，結果的に室全体で常に一様な平均した状態が保たれているという状態を表す「瞬時拡散モデル」を仮定して以下の式で表される．

$$C = C_0 + \frac{M/Q}{1 - \exp(-Q \cdot t/R)}$$

ただし，

C：室内の汚染濃度　[ml/m^3]

C_0：初期汚染濃度（＝外気濃度）　[ml/m^3]

M：汚染物質の発生量　[ml/h]

Q：換気量　[m^3/h]

R：室容積　[m^3]

である．換気回数は$N=Q/R$として表さ

れる．汚染物質の発生量が一定でもその濃度は時間とともに増加していくが，$t=\infty$においては，

$$C=C_0+\frac{M}{Q}$$

となり，ある一定の濃度に収束することが分かる．また汚染を許容濃度C_p以下に維持するために必要な換気量Q_Rは

$$Q_R=\frac{M}{C_p-C_0}$$

と算出できる．ただしこれはあくまで瞬時拡散モデルを仮定した場合の値であり，現実には先述した理由により換気の効率は大きく低下する場合が多い．そのため換気の効率や質を表現する指標が必要となるが，これを表すものとして「空気齢」や「換気効率」が提案されている．

「空気齢」の考え方を図1に示す（空衛学会換気効率小委員会 1994）．空気齢は空気余命，空気寿命といった指標と対になって使用され，室内のある一点に対して決まる数値である．対象とする点をPすると，吹出し口より出た空気が点Pに至るまでの時間を空気齢，点Pから吸込み口に至るまでの時間を空気余命，両者を足し合わせたものを空気寿命と呼ぶ．また室内の全ての点を平均したものを室平均空気齢と呼び，これと区別するために各点について求めたものを局所空気齢と呼ぶこともある．

空気齢はトレーサーガスを用いた実測により計測するか，数値計算（CFD）によって求めることとなる．

「換気効率」は，以下の式で表される（空衛学会（編）1995）．

$$\varepsilon_a=\frac{\tau_n}{\tau_r}$$

ここでτ_nは公称時定数といい，換気回

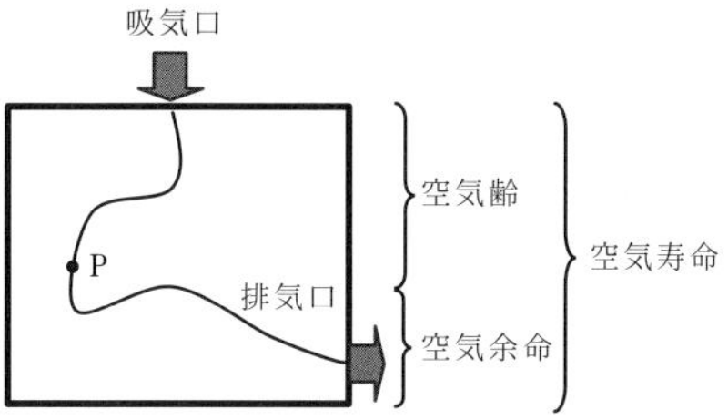

図1　空気齢の考え方

数の逆数である．またτ_rは換気時間であり室内の全ての空気が外気と入れ替わるのに要する時間を表す．ε_aは室全体の平均値であり，瞬時一様拡散時の換気効率は0.5となる．また導入された外気が室の空気を全て押し出す形で入れ替わる換気をピストンフローと呼び換気効率が最も良くなるが，この時には換気効率の値は1.0となる．室内のある点Pに対しては局所換気効率ε_pとして表現される．

$$\varepsilon_p=\frac{\tau_n}{\tau_p}$$

ここでτ_pはPでの局所空気齢である．

空気齢にせよ換気効率にせよ，一つの指標として合理性は高いと言えるが，今後の普及に向けては簡便で正確な計測手法や，得られた計測値の評価体系の確立が課題であると思われる．

●関連文献・参照文献

空気調和・衛生工学会換気効率小委員会（1994）「住宅・オフィスにおける換気効率の測定例と問題点」，空気調和・衛生工学会．

空気調和・衛生工学会（編）（1995）『空気調和・衛生工学便覧3空気調和設備設計編』，空気調和・衛生工学会，238–241頁．

呼吸用保護具

Respiratory Protective Device

呼吸用保護具には，作業者のいる環境中の空気に含まれるエアロゾルやガスを濾過・清浄化して使用する濾過式と，空気を作業環境の外部からまたは自らもち運ぶ容器から供給する給気式の保護具に分けられる．濾過式呼吸用保護具にはエアロゾル粒子用の防じんマスク，ガスや蒸気用の防毒マスク，粒子ないしガス用の電動ファン付き呼吸用保護具がある．給気式呼吸用保護具にはエアラインマスク，空気呼吸器などがある．酸素濃度が18％以下の酸素欠乏環境，有害物質の濃度が非常に高い場合，また環境についての情報が得られない場合には給気式呼吸用保護具を選択しなければならない．

■防じんマスク

防じんマスクは溶接作業などエアロゾルが発生する作業で，作業者を粒子吸入曝露から守るために用いられる．濾過材などが交換できる取替え式防じんマスクと面体と濾過材が一体になっている使い捨て式防じんマスクがある．面体には目も保護する全面形と鼻と口の周囲のみの半面形がある．防じんマスクや防毒マスクは労働安全衛生法第42条や同法第44条の2に基づいて厚生労働大臣またはその指定するものが行う型式検定を受けなければならない器具に該当する．したがって検定に合格していないガーゼマスクなどは防じんマスクには当たらない．

防じんマスクの規格（労働省，2000）では，性能によって図1に示すように取替え式防じんマスクではRS1，RS2，RS3，RL1，RL2，RL3，使い捨て式マスクではDS1，DS2，DS3，DL1，DL2，DL3のそれぞれ6種類に区分されている．

■濾 過 材

防じんマスクの濾過材は繊維層フィルタで，息苦しさを減ずるため，静電気力を付加したフィルタ，または濾過面積を広くしたガラス繊維フィルタが用いられている．図1に示す防じんマスクの規格の区分は以下のような濾過材の性能試験による．

1）粒子捕集効率試験に用いる試験粒子

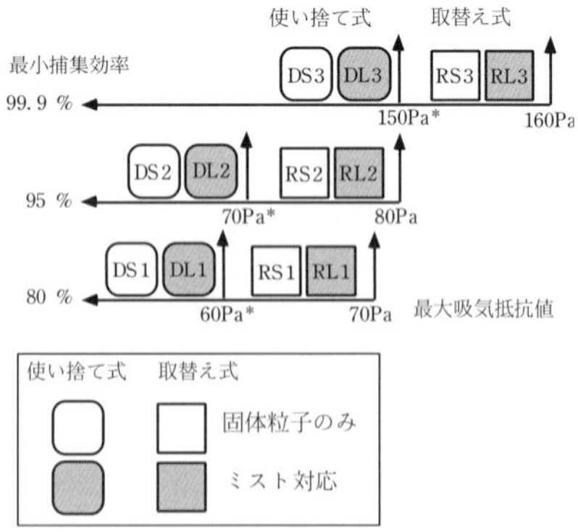

図1　防じんマスクの規格（2000年）における濾過性能（捕集効率と吸気抵抗）の区分
（＊：使い捨て式マスクで排気弁のあるもの）

は塩化ナトリウム粒子（固体粒子；S）とフタル酸ジオクチル粒子（液体粒子；L）の2種類.
2）試験中の最小の粒子捕集効率が80％以上，95％以上および99.9％以上の3種類の区分，それぞれ性能区分1，2，3.
3）粒子捕集効率の区分に対応した吸気抵抗.

■N95マスク

N95マスクとは米国の国立労働安全衛生研究所（NIOSH）が労働衛生用防じんマスクの規格（42 CFR 84，U.S. PHS, 1995）において規定した粉じん濾過捕集性能の区分の一つで，日本の規格と同じく塩化ナトリウム粒子エアロゾルを連続供給して，濾過捕集効率が常に95％以上あるという意味である．性能として図1のDS2，RS2に相当する．米国では結核などの感染症予防にN95マスクを使用する規定のために日本では医療用マスクと誤解されている.

防じんマスクの規格には他に欧州機構（EU）の規格（CEN）（European Standard EN143，1990）がある.

■電動ファン付き呼吸用保護具

電動ファン付き呼吸用保護具は，作業環境の空気を濾過材で清浄な空気にし，ファンにより面体（他にフェイスシールドまたはフードもある）の内部に送り込む機構になっていて，息苦しさを解消できる．防じんマスクより呼吸が容易で，常時保護具を着用しなければならないトンネル工事現場などで使用されている.

■マスク面体と顔面の密着性

マスク面体と顔面との密着性が不十分で外気がマスク内へ漏れれば，濾過材の高性能が担保されても十分な呼吸保護が期待できない．密着性はマスク面体と顔面の相対関係で，顔面については，顔の大きさ，鼻梁の高さ，頬のふくらみ，額の大きさ等が関係する．一般的に全面形の面体の方が，半面形の面体より密着性は高い.

密着性試験の方法には，定性的な方法と定量的な方法がある．定性的試験方法としては防じんマスクの吸気口ないし排気口を塞いで漏れを確かめる陰圧法や陽圧法，においなどを用いる方法がある．定量的試験方法には，防じんマスクを着用して，防じんマスクの外側と内側のエアロゾル濃度を光散乱粒子カウンタやCNCなどの測定機器で測定し，内外の濃度の比から漏れ率を計算し，防じんマスクの密着性を調べる方法がある.

●関連文献・参照文献

European Standard EN143 (1990) Respiratory protective devices- Particle filters - Requirements, testing, marking.

木村菊二（1987）『新・防じんマスクの選び方•使い方』，労働科学研究所出版部.

日本保安用品協会（2001）『やさしい保護具の知識』.

労働省（2000）「防じんマスクの規格及び防毒マスクの規格の一部を改正する告示」，労働省告示88号.

U.S. Public Health Service (1995) 42 CFR Part 84 Respiratory protective devices.

放射性粒子
Radioactive Particle

■放射性粒子とは

放射性粒子，あるいは放射性エアロゾル（radioactive aerosol）とは放射性同位体（元素）を含んだ粒子のことである．放射性粒子は，自然放射性粒子と人工放射性粒子の2つに分けられる．自然放射性粒子を形成する同位体は，人の作為に関係なく自然に存在する自然（天然）放射性同位体である．一方，人工放射性粒子を形成するのは，たかだかこの60年ほどの間に，原子炉や原子爆弾など人間の作為でできた人工放射性同位体である．

■自然放射性核種とその所在

自然放射性核種は，地球誕生のときから存在しているウランやトリウムを始原元素とした同位体系列がある．ほかに系列を作らない単独の放射性同位体（カリウム－40など）がある．このほか，宇宙線により大気圏で作られる同位体（宇宙線誘導核種）として，トリチウム（三重水素）や炭素14など10種以上の放射性同位体がある．

ウランやトリウム，カリウム，トリチウムといったこれらの元素は，岩石圏，大気圏，水圏に滞留し，あるいは循環している．したがって，そこに含まれる量の多寡は別として，岩や土中あるいは建材中，空気中，水中などをはじめ動植物の体内など，あまねく存在している．

■ラドン

ラドン（radon）は，原子番号86の天然の放射性希ガスで，3つの同位体（質量

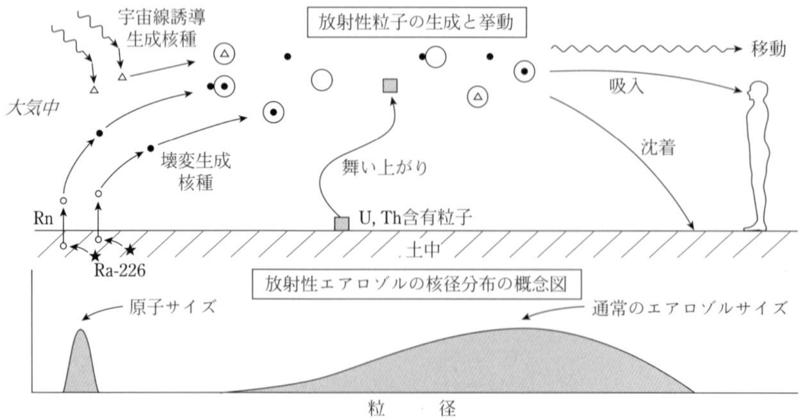

図1　放射性粒子の生成と挙動とその核径分布の概念図

数：222，220，219）がある．

ラドンは対流圏下層に広く存在しているが，その主な発生源は陸の地殻や土壌中のラジウムであるため，海洋上の濃度は陸から離れるほど低くなる．また，建材や地下水などからも発生していて，屋内濃度を高める一因となっている．

ラドン222濃度は，わが国の通常の屋外環境で，1 m^3 あたり5～10 Bq（ベクレル）であり，その壊変生成原子の濃度は，概ね，その60％程度である．

■ラドンエアロゾルの発生

大気中のラドンは，壊変でポロニウム，ビスマス，鉛の金属原子を生み出す．これらの原子は，生まれたときは単体の原子であるが，数秒から十数秒の寿命でエアロゾルに付着して放射性エアロゾルとなる．付着した放射性原子は，さらに壊変をするが，壊変時の反跳エネルギーによってエアロゾルから飛び出すこともある．

放射性エアロゾルの粒径は，単体の原子オーダーから1 μm程度まで分布しているが，その数密度は非放射性粒子に比べて桁違いに小さい．放射性エアロゾルの諸物性は，放射性であること以外は非放射性エアロゾルと同じである．

■その他の放射性エアロゾル

ウランやトリウム，ラジウム，カリウムなども，舞い上がり（suspension）によって土壌粒子とともに大気中に存在するが，その量は少なく，通常は無視される．主に成層圏で生成された宇宙線誘導核種は，ゆっくりと対流圏内に移動してきて，それらも放射性エアロゾルを形成したり，微水滴に取り込まれたりして大気中に浮遊しているが，微量である．過去の原爆実験による人工放射性原子による放射性エアロゾルはもう浮遊していない．現在稼動中の原子炉から放出されている放射性ヨウ素によるエアロゾルはわずかではあるが存在している．

これらはいずれも濃度が低いので，複数の原子が1つのエアロゾルに付着している確率はほとんど0である．

■大気中の放射性粒子の課題

大気中の放射性粒子は，その放射性の特徴から大気物理学・気象学や大気公害関係で，「追跡子（トレーサー tracer）」や「時計」として利用される．また，ラドンは屋外よりも屋内の方が数倍も濃度が高いこともあって，ラドンエアロゾルは屋内でも注目されている．

その一方で，放射性としての害が注意されている．すなわち，呼吸によって気管・気管支・肺へ放射性粒子が沈着し，そこから放射線が出ることにより，周辺の細胞がダメージを受ける．ラドンエアロゾルは，通常の大気濃度では問題とならない線量（dose）であるが，ラドン濃度が通常の千倍以上の特殊な高濃度環境（鉱山や超高濃度屋内）では，留意が必要となってくる．

●関連文献・参照文献

アイゼンバッド，M.（阪上正信　監訳）（1979）『環境放射能』，産業図書．

放射線医学総合研究所（監訳）（2002）『放射線の線源と影響』，実業広報社．

高橋幹二（著）・日本エアロゾル学会（編）（2003）『エアロゾル学の基礎』，森北出版．

アスベスト・結晶質シリカ

Asbestos and Crystalline Silica

アスベスト：アスベスト（石綿）は工業利用されてきた繊維状鉱物の総称で，WHOやILOは表1の蛇紋石族と角閃石族の6種類の鉱物のうち顕微鏡下でアスペクト比（長さと幅の比）が3以上の繊維と定義している（日本産業衛生学会 2000）．わが国の労働衛生関連の法律では，特にアスベストを定義していないが，それと同義と考えてよい．

アスベストの用途：アスベストは，不腐食・不燃・保温・断熱・耐摩耗・補強性などの優れた性質をもちかつ安価な材料である．正に「奇跡の鉱物」である．用途は，綿状のままで船や鉄道車両の保温・断熱用布団，ビルやホテルの熱交換器等に使われ，布に織って高温でも燃えない消防服や溶接・製鉄の防火・断熱服，自動車やエレベータ，産業機械のブレーキなどに使われた．また，セメントやプラスチックと混合して住宅の屋根や壁，床などの建材，ボートや船舶，歯車などの繊維補強製品にも使われた．高層ビルや自動車駐車場ビル，学校や映画館，ホールなどを火災から守るため鉄骨や天井，壁などへの吹き付材としても重要な役割を果たした．

アスベストの生体影響：アスベストの生体影響は，比較的高濃度ばく露で生じる石綿肺（じん肺の一種）と低濃度ばく露でも生じる肺ガン，中皮腫（胸膜，腹膜，心膜にできる悪性腫瘍）が主なものである．アスベスト吹付けは，石綿肺多発のため1975（昭和50）年に禁止され，石綿製品製造現場も厳しく管理されるようになった（管理濃度は2繊維／ml）．2000年に日本産業衛生学会が示した発ガン物質のリスク評価値では（日本産業衛生学会，2000），10^{-3}（1000人当たり1人）の過剰発ガン生涯リスクが，クリソタイルは0.15繊維/ml，クリソタイル以外のアスベストを含む場合は0.03繊維/mlとされた．現在，産業界ではより安全な繊維を求めてアスベスト代替化が急速に進展している．

今までのアスベスト大量使用の結果，その取扱い労働者数も莫大である．その多くがアスベスト製品を現場で扱うか，アスベスト使用現場で他の作業をするなどで，アスベスト取扱いを意識しない作業者が多い．厚生労働省は，2004年秋に石綿製品の使用を禁止するが，今まで30年以上も年間20-35万トンのアスベストを消費してきたため，アスベスト関連の職業性肺ガンと中皮腫は，2040-2050年頃まで増え続けると予測されている．

結晶質シリカ：結晶質シリカ（SiO_2）は，石英（quartz），クリストバライト（cristobalite），トリジマイト（tridymite）などのシリカ鉱物（silica minerals）のことで，地殻岩石に普通に存在している鉱物である．

ほぼ石英から成る珪石や珪砂は，ケイ酸原料，高温炉材，ガラス原料，鋳物砂などに使われている．珪藻土は少量の粘土や石英，長石とともに珪藻が堆積したもので，焼成して高い孔隙率や吸着能をもつ濾過助剤，充填材，建材などに利用されている．焼成により50－60％のクリストバライトが生成される．建材や石材，骨材に用いられる花崗岩，安山岩，砂岩などには30－50％の石英が含有されている．陶石，ろう石，パーライト，ゼオライト岩，ベントナイトなどにも石英が含まれている．

結晶質シリカの生体影響：結晶質シリカは，古くから珪肺の原因物質として知られていた．さらに，近年は発ガン性も指摘されている．結晶質シリカの発ガンは，珪肺が基本にあると考えられている．そのため，厚生労働省の検討会（厚生労働省，2002）では，じん肺管理区分2以上の労働者に肺ガンが有意に高まるとして，肺ガン併発じん肺として認定している．

石英ガラスやシリカゲルなどの非晶質シリカ，結晶質と非晶質の中間のシリカも産業利用されている．それらの生体影響は結晶質シリカより低いとされているが不明の点が多い．なお，遊離ケイ酸（free silica）という語は，結晶質シリカとほぼ同義として扱われている．

表1　石綿の分類

	石綿名	鉱物名
蛇紋石族 Serpentines	クリソタイル（温石綿 chrysotile）	クリソタイル（chrysotile）
角閃石族 Amphiboles	アモサイト（褐石綿 amosite）	グリュネ閃石（grunerite）
	クロシドライト（青石綿 crocidolite）	リーベック閃石（曹閃石 riebeckite）
	アンソフィライト石綿（anthophyllite asbestos）	アンソフィライト（直閃石 anthophyllite）
	トレモライト石綿（tremolite asbestos）	トレモライト（透閃石 tremolite）
	アクチノライト石綿（actinolite asbestos）	アクチノライト（陽起石 actinolite）

アスベストと結晶質シリカの粉じんの危険性の原因：鼻毛や気管支繊毛は粉じんなどの異物の吸入防止・排出装置である．稀に粉じんが肺胞に到達してもマクロファージに貪食され，痰として排出される．しかし，結晶質シリカのような毒性の強い粉じんを貪食したマクロファージは死滅し珪肺の原因になる．また，鼻毛や繊毛はアスベストなどの繊維状粉じんには効率が悪く，長繊維のアスベストが肺胞に到達することがある．長繊維は，肺胞マクロファージが肺外に運び出し難く，肺内や胸腔，腹腔に長く滞留して肺ガンや中皮腫の原因となる．

アスベスト使用禁止でも残る危険：石綿製品の使用禁止で，アスベスト製品製造労働者の肺ガンや中皮腫はなくなるが，今後もアスベスト吹付けビル取壊し作業や，吹付け場所での電気工事や配管工事などの工事は長く続く．それらの作業者は，アスベスト吸入の危険が高いので，防じんマスクの着用など十分な防護が必須である．結晶質シリカに対しても，原料粉砕や建設（トンネル，道路，地下鉄工事など）で曝露する危険性は高い．

●関連文献・参照文献

厚生労働省（肺ガンを併発するじん肺の健康管理等に関する検討会）（2002）『肺ガンを併発するじん肺の健康管理等に関する報告書』，厚生労働省．

日本産業衛生学会（2000）「発ガン物質の過剰発ガン生涯リスクレベルに対応する評価暫定値（2000）の提案理由」，『産業衛生学誌』，42巻，177-186頁．

10

地域環境・汚染

環境基準

Environmental Quality Standard

我が国の大気環境基準は人の健康を保護し，および生活環境を保全する上で維持されることが望ましい基準とされている．これは，人の健康等を維持するための最低限度としてではなく，より積極的に維持されることが望ましい目標として，その確保を図っていこうとするものである．環境基準のこのような性格づけは国によって異なっている場合があり，単純に基準値を比較できないことがある．また，環境基準は単に基準値だけではなく，基準値の平均化時間，標準測定方法，評価方法がセットになったものである．健康影響に関する知見は実験研究である毒性学と観察研究である疫学の二つの研究からなっている．

現在の日本の浮遊粒子状物質の環境基準は昭和48年に「1時間値の1日平均値が0.10 mg/m^{3}以下であり，かつ，1時間値が0.20 mg/m^{3}以下であること」と定められた．浮遊粒子状物質(SPM)は空気力学径が10 μm以下の粒子と定義されている．すなわち10 μmを越える粒子が100%カットされている粒子であり，米国等で用いられている$PM_{2.5}$やPM_{10}が捕集効率50%となる空気力学径を表しているものと異なっている．

この根拠になったのはいずれも次のような疫学研究に基づくものである．すなわち，SPMの濃度が600 μg/m^{3}で地域住民の中に不快，不健康感を訴えるものが増加する，年平均値100 μg/m^{3}の地区での非伝染性呼吸器症状（例えば慢性気管支炎症状）の有症率がそれ以下の地区に比べ増加する，年平均値100 μg/m^{3}の地区に居住する学童の気道抵抗が増加する，24時間平均値150 μg/m^3，1時間平均値300 μg/m^{3}の状態が出現すると病弱者，老人の死亡数が増加する，米国の研究では年平均値80 μg/m^{3}から100 μg/m^{3}に増加すると全死亡が上昇する，英国の研究では平均値140〜60 μg/m^{3}に改善されたとき地域の「たん」の排出量の著明な減少がみられる，などである．

一方，米国においては1997年に環境基準が改定されて，$PM_{2.5}$と呼ばれる粒径が2.5 μm以下の粒子の環境基準として年平均値15 μg/m^3，24時間値65 μg/m^{3}が追加された．米国の粒子状物質の環境基準は1971年に初めて定められ，その後1987年に改定され，さらに1997年に改定されたものである．1971年の環境基準はハイボリウムエアサンプラーで測定されるTSP（total suspended particle）について定められ，1987年には10 μm以下の粒子，いわゆるPM_{10}について定められた．新しい提案の特徴は，PM_{10}に加えて$PM_{2.5}$の環境基準が新たに追加されたことと環境基準達成の評価基準が変更されたことである．TSPでは粒径について定められていなかったが，実質的には約40 μm以下の粒子が捕集されていたと考えられている．したがって，米国の粒子状物質の環境基準は40から10，さらに2.5 μmと徐々により細かい粒子を視野にいれて改定されてきたといえる．$PM_{2.5}$の長期曝露の影響として取り上げられている指標は成人の死亡率の上昇，子供の気管支炎の増加，子供の肺機能低下など，短期曝露による影響については急性死亡，入院増加，呼吸器症状増加，肺機能低下である．取り上げられている健康影響指標自体に真新しいものはなく，約30年前に定められた我が国のSPM環境基準設定の際に取り上げられた健康影響指標とほとんど変わりがないものであるが，根拠となった疫学的知見の量や質には大きな隔たりがある．米国の$PM_{2.5}$に関する大気環境基準に関する議論は微小粒子がそれまでの基準値以下のレベルで見られる死亡，疾病等の健康影響に関連する粒子成分をより代表している可能性を示唆したものである．特に，PM_{10}や$PM_{2.5}$の日平均濃度と日死亡率との関連性がさまざまな都市で一貫してみとめられることが重要な根拠とされている．さらに，規制の重点を微小粒子に当てることにより，死亡・疾病に最も関連すると考えられる大気汚染物質混合物の成分であり，微小粒子の前駆物質であるSO_2，NO_X，VOCも同時に制御できることになる可能性が高いとしている．

我が国では環境基準値を超えているかどうかを評価するための基準が短期，長期について定められている．SPMの短期的評価については，測定を行った日についての1時間値の1日平均値を環境基準と比較して評価を行う．長期的評価は1日平均値の年間2%除外値を環境基準と比較して評価を行うが，上記の評価方法にかかわらず環境基準を超える日が2日以上連続した場合には非達成とするとなっている．すなわち，24時間値の年間2%除外値が0.1mg/m^{3}を越えていなくても，24時間値が0.1mg/m^{3}を越えた日が2日以上連続したことが1回でもあれば，その年は環境基準非達成となる．米国では$PM_{2.5}$の短期基準では24時間値の年間98パーセンタイルの3年平均値，長期基準は3年平均値を越えるかどうかで基準達成を評価している．

我が国では当初からSPMというかなり粒径の小さい粒子に着目した環境基準を設定していたために$PM_{2.5}$の健康影響に関する知見の蓄積はほとんどなかった．そのため，環境省では平成11年から，$PM_{2.5}$の健康影響に関して疫学と毒性学の両面から研究を開始している．

米国の粒子状物質の大気環境基準

PM_{10}	短期基準　24時間平均	150 μg/m^3	PM_{10} 24時間値の年間99パーセンタイルの3年平均が越えないこと
	長期基準　年平均	50 μg/m^3	PM_{10} 3年平均
$PM_{2.5}$	短期基準　24時間平均	65 μg/m^3	$PM_{2.5}$ 24時間値の年間98パーセンタイルの3年平均が越えないこと
	長期基準　年平均	15 μg/m^3	$PM_{2.5}$ 3年平均

日本の大気中粒子状物質の汚染状況

Pollution Status of Atmospheric Particulate Matter in Japan

わが国では，大気汚染防止法に基づき，都道府県および大気汚染防止法上の政令市により全国2,134の測定局(平成14年度末現在，一般環境大気測定局（一般局)：1,704局および自動車排出ガス測定局（自排局)：430局）において大気汚染の常時監視が行われている．

大気汚染物質として環境基準が設定されているのは二酸化窒素（NO_2)，浮遊粒子状物質（SPM)，光化学オキシダント（O_X)，二酸化硫黄（SO_2）および一酸化炭素（CO）の5物質であり，SPMは空気動力学的粒径10 μm以下の粒子状物質（PM）を云う．SPM濃度の年平均値の推移を図1に示した．年平均値については，横這いから緩やかな改善傾向が見られる．

SPMの環境基準は「1時間値の1日平均値が0.10 mg/m^{3}以下であり，かつ，1時間値が0.20 mg/m^{3}以下であること」とされている．この環境基準評価方法には，短期的評価と長期的評価があり，それぞれ以下のようである．

短期的評価：「測定を行った日についての1時間値の1日平均値または各1時間値を環境基準と比較して評価を行う.」

長期的評価：「1年間の測定を通じて得られた1日平均値のうち，高い方から数えて2%の範囲にある測定値を除外した後の最高値（1日平均値の年間2%除外値）を環境基準と比較して評価を行う．ただし，上記の評価方法にかかわらず環境基準を超える日が2日以上連続した場合には非達成とする.」

SPMの環境基準達成率の推移を図2に示した．平成14年度のSPMの測定結果によると，有効測定局は一般局1,537局，自排局359局の1,896局であった．

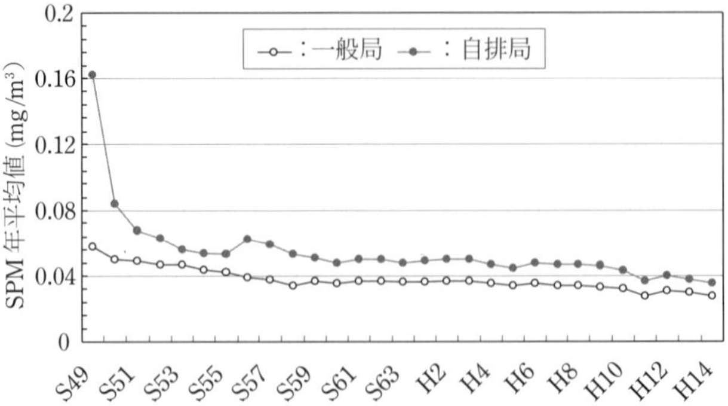

図1　SPM濃度の年平均値の推移

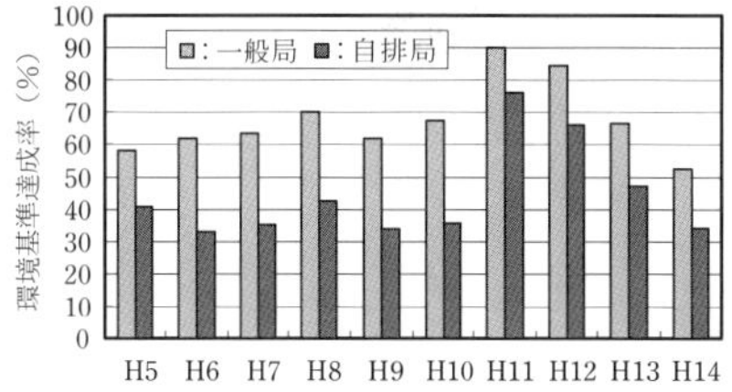

図2 SPMの環境基準達成率の推移

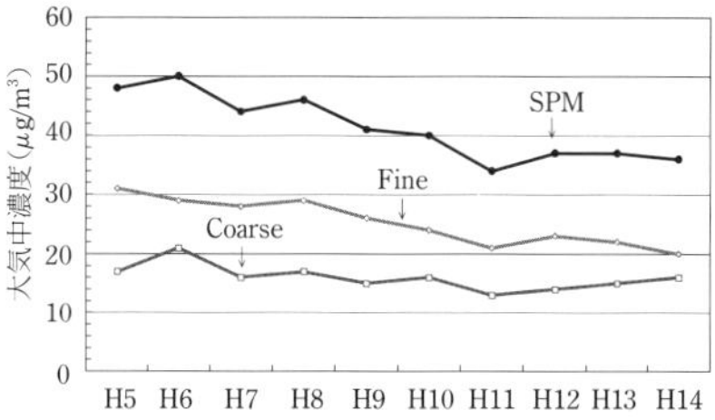

図3 大気中微小粒子と粗大粒子濃度の経年変化（観測地：堺市）

長期的評価による環境基準達成局数は，一般局809局（52.6%），自排局123局（34.3%）であった．いずれも前年と比較して達成率は低下した．これは，環境基準を超える日が2日以上連続することによって非達成となった測定局が増加したためである．環境基準非達成局は，ほぼ全国に広がっている．また，自動車NOx・PM法の対策地域における環境基準達成率は，前年度に比べてほぼ横ばいであった．

SPMの粒径分布は粒径1～2 μmを境として微小粒子部分と粗大粒子部分からなる2山型となる．それぞれの部分の生成由来は異なり，微小粒子部分は主に燃焼過程で生成する粒子や二次生成物であり，粗大粒子は破砕過程で生成する粒子や液滴からなる．図3は大阪府堺市で観測された大気中微小粒子と粗大粒子濃度の経年変化を示したものである．この図から，SPM濃度の穏やかな改善傾向が主に微小粒子濃度の減少によることが読みとれる．これはディーゼル車排気粒子対策など，様々な環境改善対策の成果である．

粗大粒子濃度の経年変化は顕著でなく，ここ数年では増加傾向にあることも読みとれる．このような粗大粒子濃度の変化は特に春季に顕著であり，大規模な黄砂の飛来によってSPM濃度が高くなる．この結果，SPM濃度が環境基準を超える日が2日以上連続し，環境基準非達成と評価されることになる．

SPMの汚染状況を理解するためには，単にSPM濃度をモニタするのみでは不十分であり，微小粒子と粗大粒子を区別し，それらの主要成分濃度の変化を把握することによって，より明確に濃度変化を理解できる．特に，改善施策の実施効果を評価するために必須であるが，成分に関しては常時監視は行われていない．

●関連文献・参照文献

環境省環境管理局（2003）「平成14年度一般環境大気測定局測定結果報告」．

環境省環境管理局（2003）「平成14年度自動車排出ガス測定局測定結果報告」．

世界の大気中粒子状物質の汚染状況

World Air Quality Level of Particulate Pollutants

世界各国における大気中の粒子状物質について，2001年現在の環境基準（指針を含む）を表1に示す．大気中の粒子状物質は，他の汚染物質のように特定の化学物質ではなく，多種類の混合物から構成されたものである．また粒径により主たる構成成分の発生要因も異なり，一般に粒径が2.5 μm以上の粗大粒子は自然界由来の土壌や海風塩などが多く，2.5 μm以下の微小粒子は，人為的な化石燃料の燃焼等により直接大気に放出される一次粒子やいったんはガス状物質として大気に放出された物質が光化学反応等により粒子化した二次生成粒子が多くの割合を占めている．また人間の鼻呼吸においては，2～20 μmの粒子では90%が鼻腔内に捕捉され，1～5 μmの粒子では約50%が気管・気管支領域にとどまる．10～20μmの粒子が気管・気管支まで達することは少ない．1～5 μmの領域の粒子の50%は肺胞領域に達するが，実際10 μm以上の粒子は肺胞レベルには，沈着しない．このように大気中粒子状物質の環境基準値の設定については，各国の状況により粒径の設定や評価すべき平均時間が異なっている．

わが国では，粒径10 μm以上の粒子を100%カットした浮遊粒子状物質（SPM）について環境基準が設定されている．

表1の中のTSPは，浮遊する全ての粒子を，$PM_{2.5}$は粒子の空気動力学的50%

表1　各国の粒子状物質環境基準（μg/m³）

国名	指標	平均時間	基準
米国	$PM_{2.5}$	24時間 年平均	65 15
	PM_{10}	24時間 年平均	150 50
英国	PM_{10}	24時間 年平均	50 40
EU	TSP	日平均 年平均 季節	250 150 130
（第1段階）	PM_{10}	24時間 年平均	50 40
（第2段階）	PM_{10}	24時間 年平均	50 20
WHO	PM	示さず	示さず
オーストラリア	PM_{10}	日平均	50
カナダ（許容最高濃度）	TSP	24時間 年平均	120 70
中国	TSP（Class II）	24時間 年平均	300 200
	PM_{10}（Class II）	24時間 年平均	150 100
台湾	TSP	24時間 年幾何平均	250 130
インドネシア	TSP	24時間	260
韓国	PM_{10}	24時間 年平均	150 70
マレーシア	TSP	24時間 年平均	260 90
メキシコ	TSP	24時間 年平均	260 75
メキシコ	PM_{10}	24時間 年平均	150 50
ニュージーランド	PM_{10}	24時間 年平均	120 40
ペルー	PM_{10}	24時間 年平均	150 50
	$PM_{2.5}$	24時間 年平均	65 15
フィリピン	TSP	24時間 年平均	230 90
シンガポール	PM_{10}	24時間 年平均	150 50
タイ	100μm	24時間 年幾何平均	330 100
日本	SPM	1時間 日平均	200 100

カットオフ径を2.5 μmとしそれ以下の粒子を，また，PM_{10}は50%カットオフ径を10 μmとしそれ以下の粒子を環境基準としている．

環境基準達成率の評価方法については，短期評価として1日平均値を，長期評価として年平均値を用いているところが多いが，わが国のように1時間値を環境基準としている場合もある．また長期平均についても数年間の平均値や上位95〜99%のタイル値を用いている国も多いなど．国によって粒径，基準の平均化条件などが異なっているために，単純に比較することはできない．また，開発途上国などでは，焼畑農業により著しい高濃度の粒子状物質が観測される例もある．表2にヨーロッパと米国及び日本の粒子状物質濃度測定例を示した．米国および英国の粒子状物質の濃度については以下のサイトで，情報が常時入手できるので参照されたい．

http://www.epa.gov/air/dμ ata/geosel.html

http://www.airquality.co.uk/archive/index.php

●関連文献・参照文献

横山栄二・内山巌雄（編）(2000)『大気中微小粒子の環境・健康影響』，日本環境衛生センター．

表2　各国の浮遊粒子状物質濃度の一例　　年平均値

			2000年		1999年		1998
国又は都市名	局所在地	局属性等	PM_{10}	$PM_{2.5}$	PM_{10}	$PM_{2.5}$	PM_{10}
ロンドン	Bloomsbury	Background	21.3	14.2	22		23
EEA:AirView	Bexley	Background			19		19
	London Mar	Traffic	37.1	25.9	35		32
フランス	BESANCON		20		19		25
MATE	BETHUNE		17		19		19
	LYON		23		25		28
	PARIS		22		22		24
ベルリン	Buch	Background			23		
EEA:AirView	Charlottenb	Traffic			37		
	Frankfutter	Traffic			38		
			(SPM)		(SPM)		(SPM)
日本	国設四条畷	自排局	45.3	27.4	42	25.7	46
	池上新田	自排局	64	36.7	61		71
	国設篦岳	一般局	21.2	14	20		20
	国設川崎	一般局	39.4	21.3	36		45
	国設尼崎	一般局	30.7	25.2	25		27
ニューヨーク	Bronx		21.1		15.8	8.96	

排出規則

Emission Regulation

大気中に浮遊する粒子状物質には，発生源から直接粒子として排出される一次粒子と，大気中に存在するガス状物質が光化学反応などによって大気中で粒子化した二次生成物がある．浮遊粒子状物質は大気中に長時間滞留し，高濃度で肺や気管等に沈着して呼吸器に影響を及ぼす．また，最近の疫学研究の結果では，特に微小粒子は肺の奥深くに沈着し循環器にも悪影響を及ぼすとされる．

わが国では，人の健康を保護するために，浮遊粒子状物質（SPM）等の環境基準を設定し，その基準を確保するために大気汚染防止法および自治体独自の条例・要綱などにより，以下のような粒子状物質（PM）やその先駆物質等の大気汚染物質の削減対策が実施されている．

1．煤塵の排出規制

(a)「基準設定」：大気汚染防止法およびより厳しい「上乗せ基準」として排出基準を設定．

(b)「横出し規制」：大気汚染防止法に規定する媒煙発生施設以外の施設を規制．

(c)「量規制」：煤塵の排出規制目標として工場総排出量などの規制．

2．粉塵の排出規制

(a)「上乗せ規制」，「横出し規制」：大気汚染防止法に規定する粉塵発生施設，およびそれ以外の施設に係る規制．

(b) 公害防止協定による対策指導

3．焼却行為に係る規制

(a)「屋外焼却行為の規制」：群小発生源に係る規制．

4．自動車に係る規制

(a)「中央公害審議会答申」および「中央環境審議会答申」に基づく規制．

(b)「NOx総量規制」，「自動車NOx・PM法」．

大都市域や沿道で社会問題となっている自動車排出ガス規制は，昭和41年9月の一酸化炭素（CO）を規制する運輸省の行政指導で始まった．昭和43年12月には大気汚染防止法に基づく，新車に対するCOの排出ガス規制，以後，排出規制の対象とする汚染物質や車種の拡大，使用過程車の規制など，規制の強化が行われ，現在では，CO，炭化水素（HC），窒素酸化物（NOx），PM，ディーゼル黒煙について，自動車排出ガス規制が行われている．

特に大都市域におけるNOxによる大気汚染は依然として深刻な状況が続いており，工場等に対する規制や自動車排ガス規制の強化に加え，自動車NOx法（平成4年）に基づいて特別の排出基準を定めて車種規制をはじめとする対策が実施されてきたが，二酸化窒素に係る大気環境基準の達成は困難な状況である．加えて，SPMの環境基準の達成状況が低いレベルが続いている．さらに，近年，ディーゼル車から排出される粒子状物質(DEP)には発癌性のおそれがあり，人の健康への悪影響が懸念されている．このため，NOxに対する規制の強化とともに，自動車交通から生ずるPMの削減を図るために新たな対策が強く求められた．このような背景から，平成13年6月に自動車NOx法の改正法（自動車NOx・PM法）が成立した．

自動車NOx・PM法（自動車から排出される窒素酸化物および粒子状物質の特定地域における総量の削減等に関する特別措置法）は，自動車交通が集中していて，従来の措置のみでは環境基準の達成が見込めない8都府県内（東京都，埼玉県，千葉県，神奈川県，愛知県，三重県，大阪府，兵庫県）の大都市地域が指定され，この特定地域についての総量削減方針および計画の策定，事業活動に係る自動車の使用によるNOx・PMの排出抑制措置を講じて，NOx・PMに係る環境基準を確保することを目的としている．

新車に対する自動車排出ガス規制は，未規制時と比較して，NOxの場合，乗用車では，ガソリン・LPG車が97%の削減（H12年規制），ディーゼル車が88～89%の削減（H14年規制），貨物車，バスでは，ガソリン・LPG車が95～97%の削減（H12～H14年規制），ディーゼル車が直噴式80～90%，副室式69～89%の削減（H15～H16年規制）となっている．また，ディーゼル車のPM排出ガス規制値は，自動車の種類によるが，72～96%の削減となっている．

「スパイクタイヤ粉塵」とは，スパイクタイヤを装着した自動車を移動させることに伴い，そのスパイクタイヤに固定された金属鋲その他これに類するものが舗装された路面を損傷することにより発生する物質とされる．積雪寒冷地域においてスパイクタイヤ粉塵による大気汚染が深刻な社会問題となっていたが，平成2年6月に「スパイクタイヤ粉塵の発生の防止に関する法律」が公布された．この法律は，スパイクタイヤの使用を規制し，スパイクタイヤ粉塵の発生の防止に関する対策を実施して，スパイクタイヤ粉塵の発生を防止し，国民の健康を保護するとともに生活環境を保全することを目的として制定された．指定区域内にあるセメント・コンクリート又はアスファルト・コンクリート舗装道路の積雪又は凍結の状態にない部分において，スパイクタイヤの使用を禁止している．

この他にSPMの排出規制に関係するものとして，平成11年7月に公布された「ダイオキシン類対策特別措置法」がある．ダイオキシン類とは，ポリ塩化ジベンゾフラン，ポリ塩化ジベンゾーパラージオキシン，コプラナーポリ塩化ビフェニルをいう．この法律によって，製鋼用電気炉，廃棄物焼却炉等の施設でダイオキシン類を発生し，大気中に排出し，又はこれを含む汚水若しくは廃液を排出する施設でダイオキシン類の排出規制が行われた．排出基準を満たさない施設の改廃の結果，ダイオキシン類はもとより，結果的に大気中塩化アンモニウム（NH_4Cl）の削減に顕著な効果があった．

ダイオキシン
Dioxin

ダイオキシン類とはポリ塩化ジベンゾーパラージオキシン（PCDDs）とポリ塩化ジベンゾフラン（PCDFs）およびコプラナーポリ塩化ビフェニル（CO-PCB）の総称である．それぞれ図1のような化学構造をしている．

水平および垂直軸の両方について対称な形態を有し，熱や酸•アルカリなどに対して極めて安定である．しかし，光に対しては（310nm付近の紫外線）比較的不安定で，脱塩素化反応を起こしやすい．また，親油性を示し水への溶解はわずかであり，有機溶媒に対しては溶けるがその溶解度は比較的低い．ダイオキシン類の中でも代表的で，最も毒性が高い異性体が2,3,7,8-TCDDであるが，これは室温では無色の結晶性の固体として存在する．

これらは意図的に製造される物質ではなく，主に廃棄物焼却や塩素系農薬の製造過程で極微量副次的に生成するもので，環境中に広く存在している．しかし，このうちのCO-PCBは絶縁油や熱媒体等として大量に製造されたPCBの一部でもあることから，環境中の存在はPCDDsやPCDFsと比較するとかなり多い．

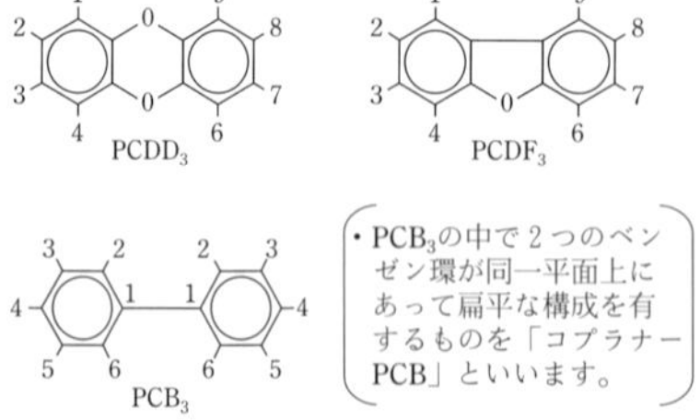

PCDD₃
PCDF₃
PCB₃
・PCB₃の中で２つのベンゼン環が同一平面上にあって扁平な構成を有するものを「コプラナーPCB」といいます。

図1 ダイオキシン類の化学構造

■年間排出量

ダイオキシン類の主な発生源は廃棄物焼却炉である．2001（平成13）年度の排出量は一般廃棄物焼却炉から812 g-TEQ／年，産業廃棄物焼却炉で533 g-TEQ／年，小型焼却炉から約200 g-TEQ／年となっている．しかし発生源はこれらのみではなく産業系発生源もある．製鋼用電気炉，製鋼業焼結工程，亜鉛回収業やアルミ合金再生業などからあわせて204 g-TEQ／年程排出されている．

■ダイオキシン類の生成機構

ダイオキシン類はごみ焼却炉において主に不完全燃焼が原因で生成する．不完全燃焼で一酸化炭素と未燃ガスが多く発生する．この未燃ガス中にはダイオキシン類とベンゼン環をもった化合物などダイオキシン類に変化しやすい化合物も多く含まれる．

ダイオキシン類生成のもう一つの経路が存在する．それは不完全燃焼で生成したベンゼン環をもつ物質（マクロカーボン類）が，排ガスが冷却される過程で煙道等でダイオキシン類を生成するという経路である．この反応のことをdo novo合成と呼んでいる．

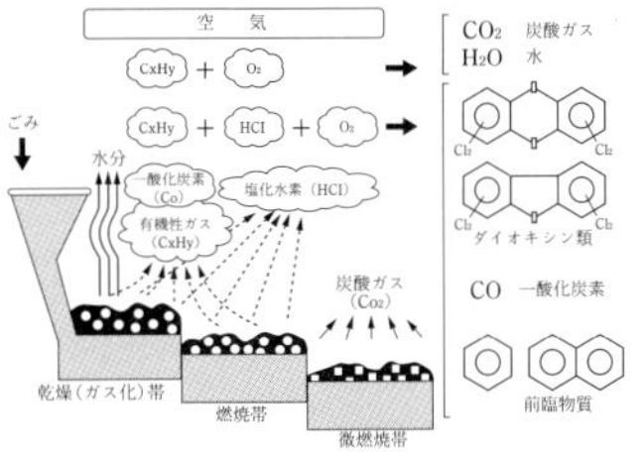

図2　ダイオキシン類の生成機構

■ダイオキシン類の毒性

ダイオキシン類全体の毒性評価は次のような方法でなされる．PCDDsは75種類の異性体があり，PCDFsは135種類，CO-PCBは十数種類の異性体が存在する．その異性体ごとに毒性はかなり異なっている．このうち最も毒性の強い2,3,7,8-TCDDの毒性を1として他の異性体にはその毒性の相対的な強さを示す係数（TEF）を与える．この係数を各異性体の存在濃度に乗じて全体を足し合わせた値がダイオキシン類の毒性として用いられている．これを毒性当量（TEQ）と呼んでいる．

■耐容1日摂取量

長期にわたって体内に取り込むことにより健康影響が懸念される化学物質について，その量までは人が一生涯にわたり摂取しても健康に対する有害な影響が現れないと判断される量で，1日当たりかつ体重1kg当たりの量として定義される．わが国では現在ダイオキシン類については4pg-TEQ/kg/日と設定されている．

■人体への影響

通常の生活における摂取量での人体への影響は次のように判断されている．

①急性毒性：ダイオキシン類が環境中や食品中に含まれる量は極微量であるため，私たちが日常生活で摂取する量により急性毒性が生じるようなことはない．

②発ガン性：ダイオキシン類のうち最も毒性の高い2,3,7,8-TCDDについては発ガン性があるとされている．しかし，ダイオキシン類が直接ガンを引き起こすのではなく，他の物質による発ガン作用を促進する作用をもつとされている．

③催奇形性：比較的多量のダイオキシン類を投与した動物実験では，口蓋裂等の奇形を起こすことが認められているが，現在のわが国の汚染レベルでは赤ちゃんに奇形などの異常が生じることはないと考えられている．

④生殖毒等：多量の暴露では生殖機能，甲状腺機能および免疫機能への影響があることが動物実験で報告されている．しかし，人に対しても同様な影響があるかどうかよく分かっていない．

■日本人のダイオキシン類摂取量

1999（平成11）年度の厚生省調査によれば日本人のダイオキシン類摂取量は2.3pg-TEQ/kg/日でその内訳は食品経由で2.25pg，大気から呼吸経由で0.05pg，土壌から0.0084pgとなっておりほとんどが食品から摂取されている．食品のなかでは魚介類が最も多く全体の7割以上を占めている．

●関連文献・参照文献

厚生省（ごみ処理に係るダイオキシン削減対策検討会）（1997）『ごみ処理に係るダイオキシン類発生防止等ガイドライン』．

通商産業省（監修）（2000）『公害防止の技術と法規（ダイオキシン類編）』．

11

気象・地球環境

火山性エアロゾルの気候影響

Climatic Effects of Volcanic Aerosols

火山活動に伴って生じる大気エアロゾルには，噴火の際直接噴出する鉱物性粒子（いわゆる火山灰）と，噴出気体成分から二次的に生成される粒子の二種類がある．火山性気体の約9割は水蒸気（H_2O）で，その他二酸化炭素（CO_2），二酸化硫黄（SO_2），硫化水素（H_2S），などがこれにつづく．このうち硫黄を含む気体分子（SO_2，H_2S）は大気中で硫酸（H_2SO_4）にまで酸化される．硫酸は大気中の水分子とともに硫酸水溶液を成分とする硫酸エアロゾルを作る（硫酸水溶液の飽和蒸気圧は非常に低いため）．

三宅島の噴火（2000年8月10日，中田節也氏撮影）

噴火を伴わないような火山活動や小中規模の火山噴火では，火山物質はほとんどの場合，対流圏（高度約10～17 km以下の大気．高度とともに温度が低下するため対流活動が盛んである．降水は対流圏内で生じる．）内の高度に放出される．対流圏では降水のため，これらの火山物質は数週間で大気中から地球表面に落とされる．このため，気候への影響は後述の大噴火に比べ小さいと考えられていた．しかしながら，上部対流圏に届いた火山噴火物質は巻雲生成の核として働く．この雲を通しての気候への間接効果が比較的大きく，地表付近の人為起源の硫酸エアロゾルと同程度であるとの報告もある．

大噴火の場合，噴火物質は成層圏（対流圏の上，高度45 km付近までの，温度が高度とともに増加するような高度領域．大気はきわめて安定である．乾燥しているため降水はない．）高度に達する．成層圏は安定で降水が無いため，対流圏に比べてエアロゾルの寿命は非常に長い．また大噴火であるが故に噴火物質の量も桁違いに多い．

大噴火直後の成層圏火山性エアロゾルには直接噴出した火山灰が多く含まれる．火山灰の粒径は数ミクロンより大きい．この大きさのエアロゾル粒子の落下速度は成層圏高度約20 km付近で0.1～1 cm/sec程度である．このため，半年から1年程度で成層圏から対流圏に戻る．対流圏に戻った後は前述のごとく数週間で除去される．

一方，硫黄を含む火山大噴火気体に含まれる硫黄が硫酸に酸化されるまでのタイムスケールは約1年であるため，1年以上経過すると，成層圏火山性エアロゾルはほとんど硫酸エアロゾルに代わる．硫酸エアロゾルの粒径は0.1〜0.5ミクロン程度であり，同じ高度での落下速度は火山灰に比べて一桁以上小さい．硫酸エアロゾルは落下が遅いため大気の流れに従って成層圏中を移動するが，成層圏と対流圏を含む大気大循環とゆっくりとした落下によって，最終的には対流圏に戻ってくる．これに要するタイムスケールは数年である．すなわち，火山大噴火で成層圏に形成された大量の硫酸エアロゾルは数年間の長期にわたって成層圏中に滞留する．

ところで，大気の温度は，太陽からの可視光線として受け取るエネルギーと地球自身が熱放射する赤外線エネルギーのバランスで定まっている．

成層圏に生成した硫酸エアロゾルの粒径は太陽光の中心波長である可視光線と同程度である．また，硫酸エアロゾルは可視波長の光をほとんど吸収しないため，太陽光放射を効果的に散乱する．このため，それが無い場合に地表面に届くはずであった太陽光の一部を遮り，宇宙空間に向ける．すなわち，その分地球に届くはずであったエネルギーを減少させる．

地球からの赤外放射に関しては，硫酸エアロゾル粒径が放射の中心波長約10ミクロンより一桁以上小さく，太陽可視放射への場合に比べ，地球から出ていくエネルギーにはほとんど影響を与えない．結果として，入ってくるエネルギーが減少し，出ていくエネルギーが変化しないため，大気の温度は低下する方向に動く．この気候への効果は，太陽光を遮って温度が下がるという類似から，日傘効果と呼ばれることがある．火山大噴火で成層圏に生成した硫酸エアロゾルは数年にわたって滞留しているためこの効果が顕在化する．

過去，火山大噴火後さまざまな場所で通常に比べて寒冷な気候が観測され，噴火との関連が示唆されてきた．たとえば，ベンジャミン・フランクリンは1783年に見られたヨーロッパ全域，および北米の低温現象の原因として，同年のアイスランド，ヘクラ火山大噴火から噴出した噴火煙（エアロゾル）を示唆した．日本では同じ年，浅間山の大噴火があり，これがヘクラ山大噴火と重なって気候に影響を与えた可能性がある．ちなみに天明の大飢饉はこの翌年である．ただし，大気温度の変動は，火山エアロゾルの影響として予測される変化以上に大きいため，火山噴火エアロゾルとの因果関係を直接確認することは容易でない．

1982年に大噴火したメキシコのエルチチョン火山や1991年に大噴火したフィリピン，ピナツボ火山の大噴火の際には，火山エアロゾルの詳細な観測が実施され，上記火山エアロゾルの気候影響が直接的に研究・確認された．

●関連文献・参照文献

Houghton, , J. T. Y. Ding, D. J. Griggs, M. Noguer, P. J. van der Linden, and D. Xiaosu (Eds.) (2001) Climate Change 2001: The Scientific Basis, *The third assessment report of the Intergovermental Panel on Climate Change*, Cambridge University Press.

黄砂，土壌，鉱物エアロゾル

Kosa（Asian Dust），Soil and Mineral Aerosol

大気科学や地球科学の分野においては，鉱物エアロゾルも土壌エアロゾルも表層土が巻き上げられることによって生じたエアロゾルをさす．土壌エアロゾルの発生源は多岐にわたるが，全世界の陸地の約33%にあたる砂漠と草原からの発生が卓越している．土壌エアロゾルの発生量は気象条件（砂塵嵐，風速，降水量）や地形，土地利用の仕方などによって決まり，年間発生量は全球で2150 Tgと見積もられている．また，海洋に沈着する土壌エアロゾルの量は全球で年間910 Tgと見積もられている．

黄砂エアロゾルは土壌エアロゾルの一種で，アジア大陸の乾燥地帯（砂漠や黄土地帯）の表層土が巻き上げられることによって生じるエアロゾルであり，サハラ砂漠から発生するサハラダストと並ぶ代表的な土壌エアロゾルである．両者は発生源地から数千km輸送されることが知られている．「黄砂現象」と日本でいわれている現象は，大陸から飛来した黄砂エアロゾルによって視程が悪化する現象である．

■黄砂エアロゾルの発生・輸送・沈着

黄砂エアロゾルの発生源地はアジア大陸の乾燥地帯（砂漠や黄土地帯）である．黄砂粒子の巻き上げは，寒冷前線を伴った温帯低気圧の中心や前線帯に向けて高気圧から吹く強風によることが多い．氷雪や植生で地表が覆われていない時期に発生した強風は，大量の土壌粒子を巻き上げる．こうして，砂塵嵐（中国語では砂塵暴）が発生する．砂塵嵐の発生条件は春に揃うことが多い．量にして50%以上の黄砂エアロゾルが春季に発生している．年間の黄砂エアロゾルの発生量は800 (500－1100) Tgと試算されている．

黄砂エアロゾルは低気圧の移動に伴い，中国，朝鮮半島，日本まで輸送される．上空まで巻き上げられた黄砂エアロゾルは，偏西風により日本上空やアラスカ，太平洋上の島々，アメリカ西海岸にまで輸送される．黄砂エアロゾルの主たる輸送高度は地表付近から6 kmである．発生源地に近い北京では黄砂エアロゾルは地表付近を輸送されることが多い．北京より発生源地から遠い日本では，地上付近において顕著な黄砂現象が観測されなくても上空で黄砂エアロゾルが観測されることがある．

アジア大陸の風下に位置する北太平洋に沈着する土壌粒子の量は年間400－500Tgと見積もられている．その大半は黄砂粒子と考えられる

■黄砂エアロゾルの特徴

砂塵現象（黄砂現象や砂塵嵐のような土壌粒子が寄与する大気現象）時のエアロゾル濃度は，現象の規模やエアロゾルの発生源地からの距離によって異なる．

表1　同一砂塵現象時に採取したエアロゾルの化学組成の例（Mori et al. (2003)より抜粋）

採取地点	中国内陸部	日本離島
（μg/m^3）		
TSP	6700	230
F^-*	0.219	0.056
SO_4^{2-}*	30.5	10.3
NO_3^-	1.7	5.8
NH_4^+	4.76	0.79
Na*	56.6	1.4
Mg*	84.0	3.2
Al	412	12
P	5.74	0.22
K*	122	4
Ca*	142	8.9
Mn	4.99	0.18
Fe	216	7
Zn	0.733	0.116
Sr*	1.23	0.05
Pb	0.149	0.070

*日本離島の濃度は海塩エロゾル寄与分を差し引いた値

発生源地付近における砂塵嵐時のエアロゾル濃度は10 mg/m^{3}以上であることが多い．北京では砂塵現象時のエアロゾル濃度は500 μg/m^{3}以上であることが大半である．日本における黄砂時のエアロゾル濃度は100 μg/m^{3}を越えることが多い．黄砂エアロゾル濃度が半減する距離は約300–600 kmと見積もられている．

砂塵現象時に採取されたエアロゾルの質量粒径分布の特徴は粗大粒子領域にピークをもつことである．ピーク粒径（空気力学径）は北京において5–7 μm，日本において3–5 μmである．

砂塵現象時に採取されたエアロゾルの化学的特徴は，Al，Fe，Caなどが高い割合で含まれることである（表1）．これらの元素のAlに対する比は黄砂エアロゾルの発生源地からの距離に関わらず，ほぼ一定である．各元素の粒径分布は粗大粒子領域にピークをもつ一山分布である．砂塵現象時に採取されたエアロゾルの鉱物組成は，石英，長石，イライト，緑泥石，カオリナイトに加え，方解石（炭酸カルシウム）を含むという特徴をもっている．

黄砂エアロゾルが表面に硝酸塩や硫酸塩，炭素成分等を付着させる可能性が指摘されている．このような粒子動態機構は，黄砂エアロゾルが地球温暖化へ与える影響や黄砂エアロゾルによる海洋への栄養塩の供給と深く関連する．

●関連文献・参照文献

Duce, R. A. (1995) Sources, distributions, and fluxes of mineral aerosols and their relationship to climate, In Charlson, R. J. and Heintzenberg, J. (eds.), *Aerosol forcing of climate*, John-Wiley & Sons.

Mori, I., Nishikawa, M., Tanimura, T., and Quan H. (2003) Changes in size distribution and chemical composition of kosa (Asian dust) aerosol during long-range transport. *Atmos. Environ.*, 37: 4253–4263.

名古屋大学大気水圏科学研究所（編）（1991）『黄砂』古今書院.

植松光夫（1999）「大陸起源エアロゾルの海洋への影響：物質循環に関連して」，『エアロゾル研究』，14，209–213頁.

極域成層圏雲とオゾンホール

Polar Stratospheric Clouds（PSCs）and Ozone Hole

写真1にみられる青空に浮かぶ霞のようなもの（カラーでは淡いピンク色に見える）は，南極域で冬季にしばしば観察される雲の写真であり，極（域）成層圏雲（PSCs）と呼ばれている．この雲は地平線下の太陽に照らされており，その高度角と太陽天頂角より，対流圏ではなく成層圏に出現している雲であることがわかる（高度約20 km）．

写真1　1991年7月9日に南極昭和基地で撮影された極成層圏（魚眼レンズを水平に向けて使用，撮影：著者）

成層圏に相当する高度にこのような雲が形成されることは，目視観測により1800年代から確認され，多くの観察記録が残されていた．1970年代にイギリスのスタンフォードは，100年にわたる目視観測記録にもとづき南極と北極の成層圏雲（当時はcirro-stratusと呼ばれていた）の出現特性の違いの検討，成層圏の水蒸気量の推定などを試みていた．1980年代に入ると，人工衛星，レーザーレーダー，気球搭載粒子計数装置等による近代的な観測がされ，PSCsの実態が次第に明らかになってきた．そして，1986年に，PSCsが南極域のオゾンホール形成に深く関与している可能性が指摘されてから，PSCsは急速に注目を集めるようになった．

■極成層圏雲とオゾンホール

人間活動の活発な北半球の中緯度で主に放出されたクロロフルオロカーボン（CFC，いわゆるフロン）類は人間活動から最も遠い南極域で，春季に成層圏オゾンの大規模な破壊（オゾンホールの形成）を引き起こす．その破壊過程は，次のように説明されている．

放出されたCFC類は，拡散し成層圏に達する．成層圏ではCFC類は強い紫外線により光化学的に解離する．CFC類から遊離・生成するClOなどの活性塩素化合物は触媒反応的に成層圏オゾンを破壊する．しかし，活性塩素化合物は成層圏では窒素酸化物との反応などにより，不活性な塩素化合物（$ClONO_2$など）に変換される．このため，CFCが大規模な成層圏オゾンの破壊をもたらすことはないと考えられた．

ところが，極域では日射のなくなる極夜期に，成層圏下部（高度10～28 km）の気温は氷点下80℃ 以下にまで低下する．このため，大気中に存在する微量の水蒸気や硝酸蒸気が凝結して，0.1〜10μm程度の微粒子が多量に形成される．これがPSCsを構成する粒子となる．PSCs粒子の表面では，不活性塩素化合物を活性塩素化合物（Cl_2など）へ変換する不均一反応（気—固界面反応，気—液界面反応）が急速に進行する．その結果，冬季にオゾン層内の活性塩素化合物が蓄積される．春季に日射が回復するとCl_2などは光分解し，オゾンを触媒反応的に分解することになる．また，数μmまで成長した硝酸を含むPSCs粒子は，大気に対して相対的に降下することで成層圏から硝酸等の窒素化合物を除去する．このことにより，日射により光分解された窒素化合物が，ClOを再び不活性な塩素化合物へと変換することを妨げる．こうしてオゾンホールが形成される．

大気エアロゾルの表面反応が大気組成変動に影響を与えることは，以前から知られていた．しかし，PSCs粒子がオゾンホール形成の鍵とも言える役割を果たしているという事実は，大気化学，物質循環および大気環境変動に果たすエアロゾルの役割の特殊性と重要性を多くの科学者に再認識させることになった．

■極域成層圏雲の構成粒子と形成過程

PSCsを構成する粒子の主要なものは，氷粒子，硝酸—水—硫酸や硝酸—水の過冷却液滴粒子，硝酸水和物粒子と考えられている．同時に，硝酸—水の非晶質固体粒子など，の存在なども指摘されている．これらの組成や相状態は，光の散乱特性，粒径計測，大気中の水蒸気，硝酸蒸気などの分圧計測結果などによる昇華点推定などの間接的な推定や，特定イオンと試薬の特異反応を利用したサンプル粒子の組成の直接同定，赤外分光特性等から推定されたものである．

多様なPSCs粒子は，気温低下の程度などに依存して形成される．霜点（氷の飽和温度，約−86℃）より5度程，高い気温で，硝酸三水和物粒子と考えられる非球形の粒子（大きさ：数μm；濃度：10^3〜10^4個/m^3）を主体とするPSCsが形成される．気温が霜点近くまで下がると，過冷却液滴粒子と考えられる球形粒子（大きさ：1μm以下；濃度：10^6〜10^7個/m^3）を主体とするPSCsが出現することが多い．また，霜点以下の気温になると，氷粒子と考えられる非球形粒子（大きさ：数〜10μm，濃度：10^4〜10^5個/m^3）が主体のPSCsが出現する．

しかし，観測が困難な条件にあるため，PSCsの組成や形成過程，発達過程などには，未だよくわかっていないことが多い．一方で，赤道上空にも，同様な低温領域も存在しており，オゾン破壊のみならず地球における水や窒素の循環などの視点からも今後の研究が求められている．

●関連文献・参照文献

岩坂泰信（1990）『オゾンホール—南極から眺めた地球の大気環境』，裳華房．

岩坂泰信（編）（2000）『北極圏の大気科学—エアロゾルの挙動と地球環境』，名古屋大学出版会．

Hamil, P. and Toon, O. B. (1991) Polar Stratospheric Clouds and the Ozone Hole. *Physics Today,* 44: 34–43.

温暖化とエアロゾル

Global Warming and Aerosols

地球温暖化問題は，単に気温の上昇や海面水位の上昇だけではなく，気候変動の問題である．気候変動の自然的要因と人為的要因を明確に区別することは難しいが，いわゆる地球温暖化問題とは人為的要因による気候変動のことである．その代表的なものは化石燃料消費による大気中の二酸化炭素濃度の増加とそれに伴う全球平均気温の上昇であるが，他方，エアロゾルによる気候変動への影響も看過できない問題として，最近特に注目されている．

様々な人間活動の結果，化石燃料が消費されると二酸化炭素も排出されるが二酸化硫黄も排出される．硫黄は特に石炭に多く含まれている．二酸化硫黄は大気中で硫酸エアロゾルや硫酸塩エアロゾルに変換される．また，焼畑等のバイオマス燃焼によって有機エアロゾルや黒色炭素エアロゾルが排出されたり，砂漠化の進行にともなって土壌起源エアロゾルの増加も懸念されている．

エアロゾルの気候への関与の仕方としては，図に示すように大きく二つに分けて考えることができる．第一は，エアロゾルが放射，特に太陽放射を散乱・吸収することによって地球の放射収支に影響を及ぼすことである．これを「エアロゾルの直接効果」と呼ぶ．地球表層（大気，海洋，陸面）は太陽から放射エネルギーをもらい，赤外放射（長波放射）を宇宙空間に射出することによってバランスを保っているが，エアロゾル粒子の大きさと放射の波長の関係から長波放射に対する影響は極めて小さい．したがって大気中のエアロゾルが増加すると地表へ到達する太陽放射が減少することになり，一般に地球は寒冷化されることになる．この効果は日傘効果と呼ばれることもある（11．気象・地球環境「火山性エアロゾルの気候影響」参照）．

しかしながら，太陽放射に対するエアロゾルの影響の仕方や大きさは個々の粒子の放射特性（光学的特性）によって様々である．たとえば硫酸や硫酸塩から構成されているエアロゾルは光の吸収が弱いので，これらのエアロゾルが増加すると太陽放射を散乱し，大気も地表面も冷却する．一方，黒色炭素エアロゾルは光の吸収が強いので，地表面へ到達する太陽放射を減少させるが大気そのものは加熱されることになり，結果的に地表面を加熱すると考えられている．したがって，エアロゾルの気候への影響を評価する場合，その光学的特性と時空間変動を把握することが重要であるが，エアロゾルは温室効果気体と異なり，変動の幅が大きいので定量的な解明はまだ十分なされていない．

エアロゾルの気候への影響としては，二つめに雲との相互作用に関係するものがあげられる．エアロゾルの種類によっ

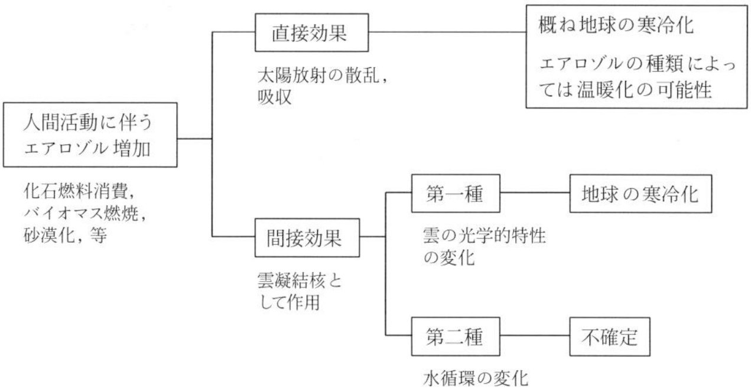

温暖化問題におけるエアロゾルの効果

ては，雲凝結核として働くので，人為起源エアロゾルの変動により，雲の特性が変化し，気候へ影響を及ぼす．この雲凝結核としての作用による気候影響を「エアロゾルの間接効果」と呼ぶ．エアロゾルの間接効果はさらに二種類に分けることができる．

そのひとつは，エアロゾルの変化が雲粒の大きさや雲水量を変化させることにより，雲の放射特性が変化し，地球の放射収支に影響を及ぼす効果である．これを「第一種間接効果」と呼ぶ．現在のところ，雲凝結核として働くエアロゾルが増加すれば雲粒の数が増え，粒径が小さくなるので，結果的に光の散乱断面積が増加し，雲の反射率が大きくなることが考えられる．この効果については，低層雲の雲粒は陸域よりも海域で大きいことや，大きな船の航跡上では煙突から出たエアロゾルが海域の低層雲の雲粒を小さくしていることなどが衛星データ解析から確認されている．しかしながら，現実のエアロゾルは土壌粒子に硫酸塩，硝酸塩粒子等が付着するなど，複雑な様相を呈している．したがって，定量的な評価は不十分であるが，この効果は定性的には地球を寒冷化すると考えられている．

もうひとつのエアロゾルの間接効果は，雲の変化が降水や水蒸気の分布と変動に影響を及ぼし，ひいては地球表層の水循環に影響するというものである．その結果，気候に大きな影響を及ぼす可能性があり，これを「第二種間接効果」と呼ぶ．しかしながら，雲の生成，維持，消滅過程および降水過程には凝結核の問題だけでなく，大気力学等，様々な要因が関与するので，実際のところ，この過程を通じてどのように気候に影響を及ぼすのかということについては不確定要素が多い．

●関連文献・参照文献

総合科学技術会議（2003）『地球温暖化研究の最前線』財務省印刷局.

Houghton, , J. T. Y. Ding, D. J. Griggs, M. Noguer, P. J. van der Linden, and D. Xiaosu (Eds.) (2001) *Climate Change 2001: The Scientific Basis*, The third assessment report of the Intergovernmental Panel on Climate Change, Cambridge University Press.

オゾン層破壊とエアロゾル

Stratospheric Ozone Destruction and Atmospheric Aerosols

成層圏にはオゾン濃度が比較的高い場所があり，これをオゾン層と呼んでいる．オゾン層は，地球全体を包むようにして存在し，太陽からやってくる有害紫外線を吸収しているので，地表面に存在している生き物にとって無くてはならない存在である．

現在の地球表層にはさまざまな生き物が存在しているが，このような世界が出現したのはオゾン層によって太陽からの有害紫外線が地表面付近にまでやって来ることがなくなったからなのである．

およそ5億年前に，今のような厚さ(高度25-30kmで濃度極大25-30mPa)のオゾン層が出来，続々と生き物が陸上に生活圏を広げたのである．

オゾン層が安定して成層圏に存在しているのは，オゾンの生成と消失反応が定常的に起きているからである（表1).

表1　成層圏オゾンの生成と消滅

生成にかかわる主な反応

- $O_2 + h\nu \rightarrow O + O$
- $O_2 + O \rightarrow O_3$

消滅にかかわる主な反応

- $O_3 + h\nu \rightarrow O_2 + O$
- NOxによるオゾン破壊連鎖反応
  - $NO + O_3 \rightarrow NO_2 + O_2$
  - $NO_2 + O \rightarrow NO + O_2$
  - （正味の反応は，$O_2O_3 \rightarrow 2O_2$）
- HOxによるオゾン破壊連鎖反応
  - $HO + O_3 \rightarrow HO_2 + O_2$
  - $HO_2 + O \rightarrow HO + O_2$
  - （正味の反応は，$O + O_3 \rightarrow 2O_2$）
- ClOxによるオゾン破壊連鎖反応
  - $Cl + O_3 \rightarrow ClO + O_2$
  - $ClO + O \rightarrow Cl + O_2$
  - （正味の反応は，$O + O_3 \rightarrow 2O_2$）
- BrOxによるオゾン破壊連鎖反応
  - $BrO + O_3 \rightarrow BrO_2 + O_2$
  - $BrO_2 + O \rightarrow BrO + O_2$
  - （正味の反応は，$O + O_3 \rightarrow 2O_2$）

ほかにもたくさんの反応がある．これらの連鎖反応が終結するには，酸化物がオゾン（O_3）や酸素原子（O）に衝突する前にほかの成分と衝突して安定な物質に変化する必要がある．

おもなオゾンの生成は，大気中の酸素分子（O_2）が太陽紫外線によって分離（光解離）して出来る酸素原子（O）が，周辺の酸素分子（O_2）と衝突するプロセスによっている．

生まれたオゾン（O_3）は，再び太陽紫外線の影響で分解したり，成層圏に微量に存在している，窒素酸化物（NOx)，水素酸化物（HOx)，臭素酸化物（BrOx)，塩素酸化物（ClOx）などが関与する反応によって消滅する．これらの酸化物同士の反応も同時に進行するために，大変複雑な反応システムになっている．また，オゾン消失過程に関与するのは，このような気体反応だけでなく，大気中の微小粒子（エアロゾル粒子）が関与する反応（不均一反応;5. 化学反応「不均一反応」参照）もあり，オゾンホール形成に関連して注目されている（表2).

日本列島が存在する北東アジアの上空は強いジェット気流が流れておりその周

表2　成層圏オゾン破壊と大気エアロゾル

大気エアロゾルが成層圏オゾン破壊にかかわるとき大別して以下の2つのプロセスがある Ⅰ：NOxがエアロゾルの発生・成長のために使われ，エアロゾル物質になる． （硝酸蒸気が凝結してPSCが生まれるのは，典型的な例である） Ⅱ：$ClONO_2$のような安定な塩素化合物がエアロゾル表面で分解し，ClOxの前駆物質となるCl_2やClOHなどが発生する． （これらの前駆物質は，太陽光があると速やかに分解しClが生まれる）

辺で生じる成層圏から対流圏への空気の運動によって，しばしば成層圏からオゾンが対流圏に運ばれる．対流圏では汚染大気中でしばしば「異常にオゾン濃度が高い」現象が見つかるが，成層圏からやってきた空気が「高濃度のオゾンを運びこむ」こともあるのである．日本での山岳地方では成層圏起源の高濃度オゾン現象が見られるのはまれなことではない．

この成層圏のオゾン層が人間の生活の影響を受けて次第に破壊されつつあることが判っている．南極で観測されているオゾンホールや，火山噴火の後に生じる全世界的なオゾン減少はその典型的な証拠と考えられている．

フロン（クロロフルオロカーボン）は，きわめて安定な化合物であり広い分野で使用されていた．しかし，そのことは地球環境から見ると必ずしも良いことではなかった．安定なために分解せず長時間漂っている間に次第に成層圏へ拡散してゆく．この種のフロンは，成層圏で紫外線によって分解して初めて大気中から消滅するのである．フロンが光分解するときに塩素（Cl）を放出する．このことがオゾン破壊に大きな原因になる．塩素が，ClOxによる成層圏のオゾン破壊の連鎖反応をするのは，表1で見るとおりである．

実際の成層圏では，窒素酸化物（NOx）なども反応して，比較的安定な硝酸塩素（$ClONO_2$）を形成するために，成層圏で発生するClがすべてオゾン破壊反応サイクルを作るわけではない．ほとんどの塩素は$ClONO_2$となって存在している．このことは，ClOxによるオゾン破壊がNOxによって緩和されていると考えることもできるのである．しかし，ClOx濃度とNOx濃度のバランスが大きく崩れNOxの緩和が期待できなくなるとClOxによるオゾン破壊が急激に顕在化する．このようなシナリオの正しさは，オゾンホールの出現が証明している．

オゾンホールが生まれている成層圏では「NOx濃度が低くClOx濃度が高い」（NOxの緩和作用が期待できない）になっている状態になっている．

大きな火山噴火の後に出現する世界的なオゾン濃度の低下現象も，「NOx濃度の低下」によってClOxのオゾン破壊反応を緩和できなくなることから生じると考えられている．

●関連文献・参照文献

World Meteorological Organization (2002) *Scientific Assessment of Ozone Depletion: 2002.*

気象庁（2002）『オゾン層観測報告：2002』.

海塩粒子
Sea Salt Particles

■発生と大気中の濃度

海塩粒子は，海面から大気中に放出された小さな液滴が，液滴の状態か，乾燥した固体粒子として大気中に浮遊しているものである．波頭が崩れると空気が海水中に取り込まれ，その気泡が海面上で破裂する時に生じる．まず，海中にあった泡が海面まで浮上し，泡の上面の海水膜が薄くなり破裂する．この際に泡上面の海水膜がちぎれてフィルム粒子と呼ばれる微小海水粒子が生成される．泡の側面の海水は泡の底部に向かって逆流し，表面張力波を形成して，泡の底部から上方に向かうジェット（水柱）を生成する．このジェットは上昇するにつれて不安定となり，1 – 5個の水滴（ジェット液滴）をつくる．ジェット液滴からは乾燥半径で数10 μmの海塩粒子が生じるが，フィルム粒子の乾燥半径は主に0.1–10 μmである．風速が大きくなると，海塩粒子の発生量が増加するため，大気中の濃度も高くなる．濃度の風速との関係は経験則で表され，海面付近の重量濃度は風速10 m/sの時，約20 μg/m^3，20 m/sの時，約100 μg/m^{3}となる．また，半径1.5 nm以上のサブミクロン粒子の個数濃度は，風速10 m/sの時，約40/cm^3，20 m/sの時，約100/cm^{3}となる．

IPCC（2001）の報告によれば，海洋から大気へのフラックスは約3300 Tg/yrと見積もられ，土壌粒子の2200 Tg/yrよりも多い．またサブミクロンの海塩粒子も54 Tg/yrと生物起源の硫酸塩に匹敵する．

■組　成

発生したての海塩粒子は液滴で，その組成は海水とほぼ同じである．海水100 g中に含まれている主要6元素の重量は，10.56 g(Na)，18.98 g(Cl)，0.88 g(S)，1.27 g（Mg)，0.38 g（K)，0.4 g（Ca）である．

海洋上で捕集した海塩粒子を一個一個，元素分析すると，その成分比が海水の組成と異なることがある．その原因として以下の3つが考えられる．

(a) フィルム粒子が発生する時に組成の隔たりが起きる（分化；fractionation).
(b) 液滴の粒子が乾燥するとき組成ごとに結晶が析出したものが，輸送中にバラバラになる（シャタリング；shattering).
(c) 酸性物質との化学反応により組成が変わる（変質；modification).

これらのうち，一番大きい原因は変質である．

海水のCl/Naの値は約1.8である．しかし海塩粒子中のNaClは，大気中を漂う硫黄酸化物や窒素酸化物と反応し，塩素損失が起こる．

$$NaCl + H_2SO_4 \rightarrow Na_2SO_4 + 2HCl \quad (1)$$

$$NaCl + HNO_3 \rightarrow NaNO_3 + HCl \quad (2)$$

個々の粒子の形態と元素組成を比較すると，正方形の粒子の組成比は海水の比にほぼ等しいのに，円形の粒子は，Clの値が低く，Sの値が高く，硫酸と反応したものが見られる．海塩粒子は粒径が小さい程，変質を受ける度合いが強い．粒径が小さくなる程，粒子の相対表面積（表面積/体積）が大きくなり反応面積が大きくなるということと，大気中の滞留時間が長いので，反応の機会が多くなるためである．風が強い（約8 m/s以上）と海塩粒子の発生が活発となり変質した粒子の割合は小さい．風が弱い時には，相対湿度が高いと変質した粒子の割合は増加する傾向にある．

ラドン濃度の測定や流跡線解析の結果から，陸起源の気塊の時には変質の度合いが大きいが，海洋性気塊の時にも変質粒子が観測されることがある．これはDMSを起源とする硫黄化合物と反応したもので，その地理的分布は広範囲にわたっている．海塩粒子と反応した硫黄は海塩粒子とともに海へ戻るので，DMSを起源とする硫酸粒子の冷却効果は予想より小さいかもしれない．

■相対湿度の影響

乾燥状態のNaClは，湿度約75%で水分を吸収し溶け出し（潮解性），80%になると乾燥粒子の約2倍に成長する（図1実線）．一方，湿度が下がるときは約45%でやっと結晶が析出する（図1破線）．このような特性をヒステリシスという．海面付近では湿度が50%以下になることはほとんどないので液滴で存在するが，高気圧下で自由対流圏から下降した

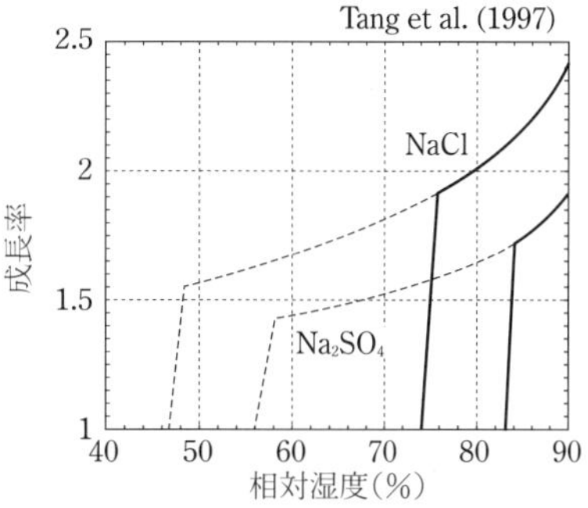

図1　NaCl，Na_2SO_4の湿度特性

気塊中では，固体で存在することも考えられる．変質したNa_2SO_4は湿度80%ではその履歴により全く異なる（図1）．このように，海塩粒子は湿度と履歴により粒径が変化する．

NaClやNa_2SO_4の屈折率は約1.55であるが，水を吸収すると水の屈折率1.33に近付き，湿度80%では，約1.4となる．このように湿度が変われば，粒径のみならず屈折率も変化するので，気候への直接効果が変わってくる．さらに変質により成長率も変わるので，間接効果にも影響するものと思われる．

●関連文献・参照文献

Houghton, , J. T. Y. Ding, D. J. Griggs, M. Noguer, P. J. van der Linden, and D. Xiaosu (Eds.) (2001) *Climate Change 2001: The Scientific Basis*, The third assessment report of the Intergovernmental Panel on Climate Change, Cambridge University Press.

三浦和彦・原壮史・宇井剛史・早野輝朗（2002）「海塩粒子の変質」，『月刊海洋』，34，208–213頁．

雲，霧，煙霧，環八雲

Cloud, Fog, Haze, Kanpachi Street Cloud

■雲

雲は，無数の微小な水滴（気温が約−10℃ 以下になると氷晶の存在割合が増加）からなり，上空に浮かんで見えるものである．雲の種類としては，対流圏では地表付近の層雲・層積雲（写真1）・積雲，中層の高層雲・高積雲，上層の巻雲，また積乱雲や前線に伴う組織化された雲群などがある．また，約15 kmから25 kmの高度では成層圏雲が，約80 kmの高度では夜光雲が発生する．雲は，通常空気が上空にもち上げられて冷却し，相対湿度が100％以上になることによって形成される．雲の基本粒子である雲粒は主にエアロゾル中の吸湿性粒子を核として，また氷晶は土壌粒子などを核として形成される．雲は地球上における降水の源であるため，これまで降水機構や豪雨・豪雪の形成などの観点から研究されてきた．最近，気候変動や酸性雨形成などの観点から，大気汚染に伴う雲の性質・分布の変化，エアロゾル―雲―放射の相互作用，大気質と雲・降水化学組成の関係などの研究が注目されている．さらに，極域におけるオゾン破壊に深く関与する極成層圏雲（PSC）が関心を惹いている．

写真1　冬季日本海上における層積雲雲頂部の写真．雪粒子は雲頂部で盛り上がった積雲部分で主に形成される．

■霧

霧の実態は，雲とほぼ同じであるが，地表近くで形成され，視程（地物の輪郭を識別できる距離）が1 km以下のものを特に霧と呼ぶ．霧を形成する空気の過飽和度は一般に雲の場合より小さく，また霧粒の大きさや数濃度も雲粒より小さい．霧粒は，雲と同じように一般に大気中の吸湿性粒子によって形成されるが，これらの粒子はまた霧粒初期の組成にも影響を及ぼす．霧の種類として，海霧などの移流霧・地表面の放射冷却によってできる放射霧・気温の異なる2つの空気塊の混合による混合霧，前線に伴ってできる前線霧・山の斜面で発生する滑昇霧などがある．霧は主に地表付近に発生し，視程悪化による交通障害や日射の減少などを引き起こす．また，霧は，霧水量が小さいことに加え，汚染物質濃度が比較的高い地表付近で発生するため，しばしば強い酸性霧を形成する．

写真2　名古屋市内における煙霧．名古屋大学から名古屋駅のツインタワーがほとんど見ることができず（視程は約4キロメートル程度），大気はかなり汚染されていることが分かる．

■煙　霧

非常に微細な粒子が無数に大気中に浮遊し，地物がかすんで見える現象を煙霧（Haze）と呼ぶ．煙霧は相対湿度が100%以下で起こる．一方，霧のように無数の微小な水滴や湿った吸湿性の粒子が大気中に浮遊していても，視程が1km以上であればもや（Mist）という．煙霧の発生頻度とその濃度は大気中のエアロゾルの存在状態と数濃度に依存するために，しばしば大気汚染度の指標として利用される．煙霧の濃度は視程に大きな影響を及ぼす．近年，わが国の都市とその周辺では，大気汚染の進行により煙霧が恒常的に出現し，視程が極めて悪化している（写真2）．

■環 八 雲

環八雲は，さまざまな種類の雲の中で，特に夏から秋にかけて東京環状八号線道路付近上空に発生するものをいう（写真3）．航空機観測からの目視観測によると，環状八号線道路上空で南北に三列をなし，雲底高度は400～500m，雲頂高度は高いもので900～1000m，平均で700～800m，ひとつの雲の幅は500m程度である．甲斐ら（1995）は，出現日の気温・風向・風速・天気図などの事例解析を行い，東京のヒートアイランド循環と夏季日中の東京湾・相模湾の海風の収束による強い上昇気流の形成，さらに豊富な雲粒核の存在（大気汚染物質や海塩粒子流入による）によって出現することを明らかにしている．

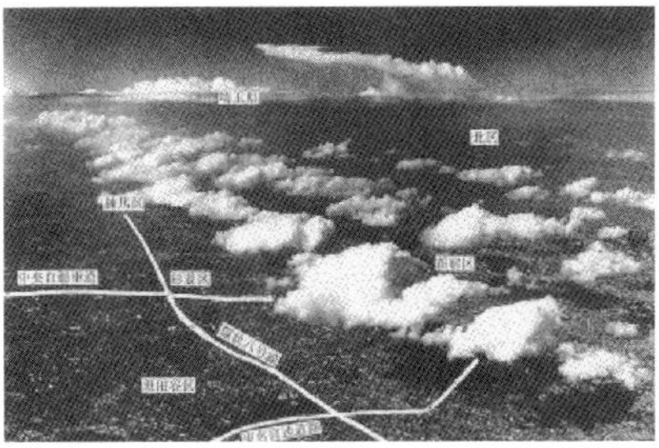

写真3　1989年8月21日15時頃の環八雲（甲斐ら，1995より引用）

●関連文献・参照文献

甲斐憲次，浦健一，河村武，朴（小野）恵叔（1995）「東京環状八号線道路付近の上空に発生する雲（環八雲）の事例解析：1989年8月21日の例」，『天気』，42，417-427頁．

Minami, Y., and Y. Ishizaka (1996) Evaluation of chemical composition in fog water near the summit of a high mountain in Japan, *Atmospheric Environment*, 30: 3363-3376.

Qian, G-W., Y. Ishizaka, Y. Minami, Y. Krahashi, B. I. Tjandradewi and C. Takenaka (1992) Transformation of individual aerosol particles in acidic fog evolution, *J. Met. Soc. Japan*, 70: 711-722.

北極ヘイズ
Arctic Haze

北極ヘイズとは，北極海およびその周辺に位置するシベリヤ，アラスカ，カナダ，北欧を含む北極圏において，主に冬季から春季にかけて見られる現象で，対流圏内のエアロゾル濃度が上昇し，靄(もや)がかかったような状態になる．北極ヘイズ＝Arctic haze（アークティック・ヘイズ）は北極煙霧とも訳され，本来，このように視程が悪くなる（10 km程度以下）北極特有の現象をさす言葉であるが，その原因となるエアロゾル自身をさすこともある．

Arctic hazeという言葉は1950年代のアメリカ空軍偵察機の飛行報告の際に用いられた造語であると言われ，北極圏上空を飛行中のパイロットがしばしば目撃した水平線方向に広がる汚染大気層を示したものであった．1950年代から1970年代にかけて北極ヘイズが頻繁に観測されるようになり，この頃から，もはや北極圏は人為汚染のない清澄な大気環境にあるとは言えなくなった．1970年代には北極ヘイズをもたらすエアロゾル粒子の直接採取と分析が行われ，主成分は硫酸（塩）であることが分かった．1980年代に入って欧米諸国を中心に航空機を用いた北極ヘイズの集中観測が展開された．その結果，北極ヘイズ発生時のエアロゾルからは硫酸（塩）の他にも煤（すす）や重金属成分が多く検出され，人為起源のエアロゾルが主体であることが示された．また，ヘイズ層は多層構造をもち，大気境界層内だけでなく対流圏上部まで及んでいることが明らかになった．その汚染源として，シベリヤやヨーロッパの重工業地帯や都市部の寄与が注目されたが，北米や東アジアの人間活動に起因するエアロゾルもまた北極域に長距離輸送されていることが分かっている．

北極ヘイズをもたらすエアロゾルやその前駆気体の発生源はむしろ北極圏以外にあり，そこから長距離輸送によって北極圏に到達し，さらに北極圏内の大気中に長時間滞留することが北極ヘイズの生成・維持にとって重要であり，北極ヘイズを特徴づけている．北極ヘイズが中低緯度域のエアロゾルと大きく異なる点はその寿命（滞留時間）の長さであると言える．一般に中低緯度域のエアロゾルの寿命が数日程度であるのに対し，北極ヘイズのエアロゾルの寿命は数週間のオーダーである．北極ヘイズの季節的な特徴としては，2月頃からエアロゾル濃度が増加し，4～5月に最大に達し，その後急減し，6月以降の夏季～秋季には現れない．総じて冬季～春季の北極大気は安定し雲量も少なく降水も少ない．そのため，乾性沈着や湿性沈着によるエアロゾルの除去作用が極めて少なく，そのことが北極ヘイズを持続させる要因となっている．一方，6～9月の北極域は北極層雲と呼ばれる低層雲に覆われることが多

写真１：アラスカ・マッキンリー山の後方に広がる北極ヘイズ（撮影：グレン・ショー）
写真出典：AMAP (1997) Arctic Pollution Issues: A State of the Arctic Environment Report. Arctic Monitoring and Assessment Program (AMAP), Oslo, Norway, p. 134）

く，北極ヘイズの消滅時期と重なっている．すなわち，冬季から春季にかけて主に中緯度域から長距離輸送され蓄積されたエアロゾルが北極ヘイズをもたらし，そのエアロゾルは夏季に発生する雲に取り込まれ，さらに降水過程により大気中から除去されることによって，北極ヘイズが消滅すると考えられている．

北極ヘイズは光吸収性が高い煤（黒色炭素）を含む．雪氷面で覆われた極域は高い地表面反射率をもつために大気と地表面との多重反射・多重散乱により煤の光吸収効果がより一層強められ，大気加熱率を増加させる．また，北極ヘイズに多く含まれる水溶性エアロゾルが間接効果として夏季の低層雲（北極層雲）の放射特性に関与している可能性も指摘されている．

このように北極ヘイズは，この20〜30年のあいだに，その成分や成因について多くの知見が得られ，理解が進んだ．今後，解明すべき問題としては，グローバルな気候変化において北極ヘイズがその直接的間接的効果によりどのような影響をどのくらい及ぼしているか，あるいは今後及ぼしうるかを定量的に調べる必要があること，また，地球環境問題としての北極ヘイズの環境影響評価，とりわけ生態系にとっての影響評価も重要な課題である．

●関連文献・参照文献

AMAP (1997) Arctic Pollution Issues: A State of the Arctic Environment Report, Arctic Monitoring and Assessment Program (AMAP), Oslo, Norway.

Shaw, G. (1995) The Arctic haze phenomenon, Bull. Amer. Meteor. Soc., 76: 2403–2413.

Stonehouse, B. (Ed.) (1986) *Arctic air pollution*, Cambridge University Press.

12

粒子合成

CVD法
Chemical Vapor Deposition

■はじめに

CVD法とは，反応性ガスの化学反応により微粒子が析出することであり，カーボンブラック，酸化チタン，シリカ，酸化物セラミックス，磁性材などの微粒子の製造方法として既に重要な技術である．CVD法を，用いる熱源の種類により分類すると，表のように分類される．実際には，熱源の種類が異なるほかに，反応ガスの種類，反応器の構造，反応器へのガスの導入法，反応器出口での粒子の回収法などにより，生成される粒子の性状（凝集形態，一次粒子），収率，結晶構造などが大きく変化するので，各因子の影響を整理するのは容易ではない．

■CVD法による微粒子の製造例

W，Ag，Cu，Ni，Feの金属微粒子をそれぞれの塩化物のH_2還元によって生成する場合，生成物の比表面積より求められた微粒子の平均径は，粒径が0.1 μm以下の範囲で，原料塩化物の分圧psの約0.2乗に比例することが報告されている．Niの微粒子は，現在コンデンサーの電極用として広く利用されている．

チタンテトライソプロポキシド（TTIP，$Ti(C_3H_7O)_4$）蒸気の加水分解反応により製造されたTiO_2超微粒子も，興味深い粒子製造の一例である．この粒子は，アモルファスであるために，バルク材料にはない，すぐれた可視光透明性を有する．TiO_2微粒子は，化粧品としてだ

表　CVD法による微粒子の製造プロセス分類と特徴

	電気炉加熱プロセス	火炎プロセス	プラズムプロセス	レーザープロセス
材　料	カーボンブラック，酸化物，炭化物，窒化物，金属	カーボンブラック，酸化物，金属	酸化物，カーボン，炭化物，窒化物，金属，ダイヤモンド	シリコン，炭化物，窒化物，金属
一次粒子径	2～100nm	20～300nm	3～200nm	2～200nm
粒子形状	凝集体は制御可能	鎖状凝集体	軽く凝集	凝集の程度は不明
反応温度	<2000K	1200K<3000K	>5000K	1400K<1800K
反応時間	1ms～1s	1～10ms	1～100 μs	10 μs～1ms
滞留時間	10ms～10s	10ms～1s	1～100ms	1～100ms

けでなく，塗料添加剤，トナー添加剤，焼結助剤，吸着剤，光学材料としての単結晶として興味深い材料となっている．また，$TiCl_4$の酸化で，ルチル型の結晶構造をもつTiO_2が製造され，化粧品のほかにも高耐候性塗料，触媒，電子材料，セラミックスなどの分野へ応用されている．

$SiCl_4$のO_2，H_2火炎中での加水分解からヒュームドシリカと呼ばれる高純度のアモルファスSiO_2（粒径10～40 nm）が得られており，既に増粘剤，補強剤，流動性改善剤などとして，多くの分野で用いられている．

■単分散の微粒子合成

CVD法により大きさの揃った微粒子が合成される条件は，以下のようであると考えられる．①化学反応を瞬時に終了させ，均一核生成により粒子が発生する期間，すなわち核生成の期間を短くする，②均一核生成の期間と凝縮による成長の期間を分離する，③凝集による粒子成長を抑制する，などである．凝集現象の抑制は，気相中での微粒子の場合は困難である．したがって，CVD法により製造される微粒子は凝集体を形成することが多いが，一次粒子の大きさは，粒子の焼結特性時間により，凝集形態は，粒子の凝集特性時間により決定される．

最近，Nakasoらは，球形の単分散のナノ粒子を製造するために，図に示すように静電噴霧法を応用して，液体原料を噴霧することで多量のイオンを発生させ，原料液滴とともに反応器へ供給した．その結果，静電噴霧法によって発生したイオンを核に粒子生成，あるいは，生成粒子とイオンが衝突することにより，単極に帯電した微粒子が形成され，生成した単極帯電粒子間には静電反発力が働き，粒子同士の凝集現象が緩和され，比較的サイズのそろったシリカ，チタニア，ジルコニアなどのナノ粒子が製造できた．

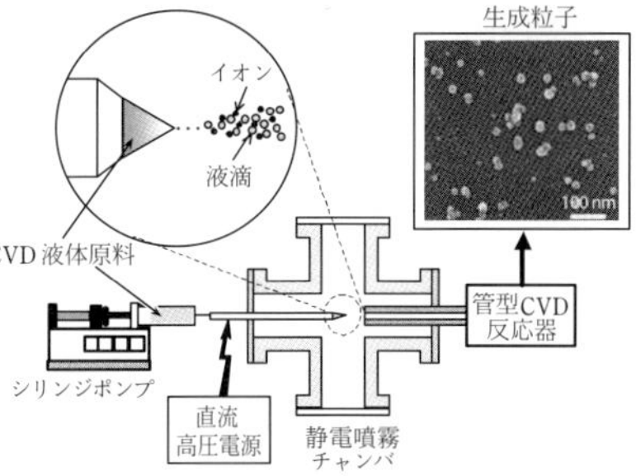

図　静電噴霧CVD法で生成したナノ粒子

■おわりに

CVD法による微粒子の製造は，高純度で高結晶性の微粒子材料として今後ますます重要となるが，微粒生成過程の評価には，エアロゾルの動力学的挙動の評価が重要となる．

●関連文献・参照文献

Nakaso, K., B. Han, K. H. Ahn, M. Choi and K. Okuyama (2003) Synthesis of Non-agglomerated Nanoparticles by An Electrospray Assisted Chemical Vapor Deposition (ES-CVD) Method. *J. Aerosol Sci.*, 34: 869–881.

奥山喜久夫・増田弘昭・諸岡成治（1992）『微粒子工学』（新体系化学工学）オーム社．

PVD法

Physical Vapor Deposition

PVD法は，CVD法と同様に気相中で薄膜または微粒子を製造する方法であるが，CVD法とは異なり，化学反応を含まないものをさす．一般にガス中蒸発法(gas evaporation method)と呼ばれる方法が主に用いられるが，その他の方法として，薄膜生成に用いられるスパッタリング法を微粒子生成に応用する方法や，油の表面に金属を蒸着し，油とともに金属粒子を回収する流動油面上真空蒸着(VEROS法）などもある．

■ガス中蒸発法

ガス中蒸発法では，HeやArなどの不活性ガス中で目的物そのものの原料を加熱して蒸発させると，生成した原料物質の原子が温度の低い不活性ガス分子と衝突して冷却され，原子同士が衝突・結合しつつ微粒子に成長する．（図1）この現象は，エアロゾル工学的には蒸気を急冷することで，非常に高い過飽和状態を形成し，核生成現象によって粒子が生成し，凝縮および凝集で粒子が成長すると説明される．

ガス中蒸発法で生成される粒子のサイズは操作条件によって変化し，蒸発温度が高い程，また不活性ガスの圧力が高い程，大きくなる傾向がある．ガス中蒸発法により生成された超微粒子のサイズ分布は，平均径d_{p50}=3.5～250nmの広い範囲にわたって粒度分布がほぼ対数正規分布であり，幾何標準偏差σ_gが1.36～1.6の範囲であることが報告されており，衝突・合体による成長メカニズムが支配的であると考えられる．

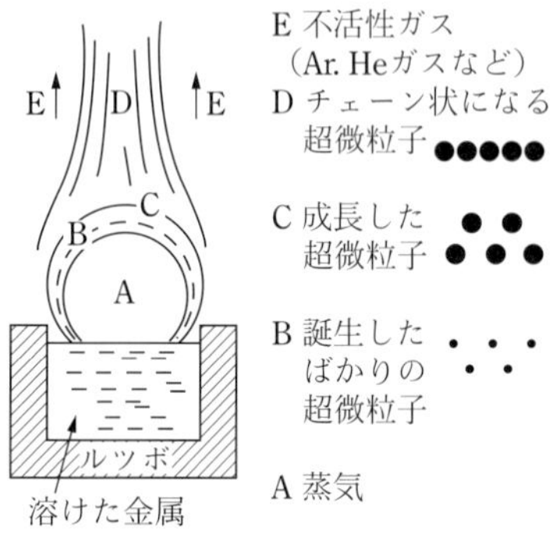

図1 PVD法による粒子生成過程（神保元二他編『微粒子ハンドブック』）

ガス中蒸発法で生成される粒子は，各種の金属単体（Li, Mg, Al, Fe, Co, Ni, Zn, Ag, In, Sn）やFe-Co, Cu-Znなどの複合金属のほか，厳密にはCVD法とのハブリッド法であるが，不活性ガスに酸素や窒素などの反応性気体を添加した反応性ガス中蒸発法により，TiO_2, Al_2O_3, Fe_2O_3, など酸化物が得られる．また，通電加熱法と呼ばれる方法では，炭素棒を電極とし，Si, Cr, Ti, V, Zrなどの炭化物粒子などの超微粒子，さらには有機化合物や高分子化合物などの超微粒子も得られる．

原料の加熱および蒸発方式は原料の融点，沸点を考慮して選択するが，以下の方法が用いられる.

i）抵抗加熱

原料を入れたルツボを加熱する方法や，原料自体に通電加熱し蒸発させる方法がある．前者は不活性雰囲気での金属単体微粒子や酸化雰囲気での酸化物粒子の製造，後者はグラファイト電極からのフラーレンやカーボンナノチューブ等の製造に用いられる．（図2）

ii）誘導加熱

原料を仕込んだルツボを高周波誘導によって加熱する．大出力，長時間の連続運転が可能であり，Fe−Co粒子の製造では，月産トンオーダーの超微粒子の製造が可能となっている.

iii）電子ビーム加熱

電子ビーム加熱は，TaやWなどの高融点金属およびTiN，AlNなどの高融点化合物の製造に用いられる.

iv）熱プラズマ加熱

熱プラズマによる加熱の詳しい説明はプラズマ加熱法の項に譲る.

v）レーザービーム加熱

レーザービーム加熱による微粒子の製造は，レーザーアブレーションと呼ばれる．詳しくはレーザーアブレーションの項を参照されたい.

■**スパッタリング法**

スパッタリング法では原料を溶融する必要が無いため，①ルツボが不要，②原料となるターゲット材の配置が自由である，③高融点金属も使用できる，④蒸発面積を大きくできる，⑤反応性スパッタリングで，化合物粒子の製造ができる，⑥超微粒子薄膜の製造ができるなどの利点がある.

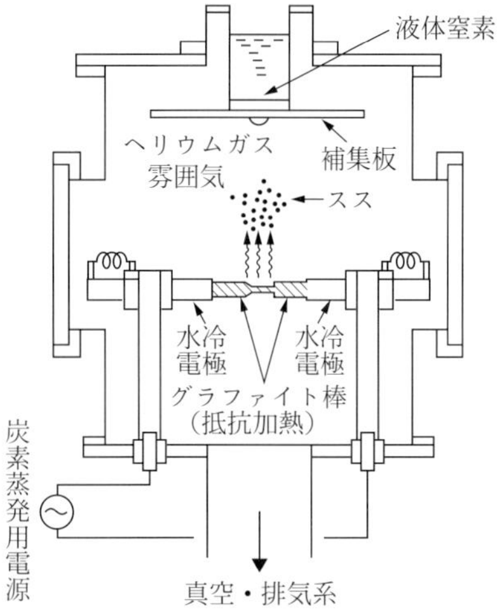

図2　抵抗加熱によるフラーレン大量生産装置の一例（柳田博明監修『微粒子工学体系　第1巻』）

■**流動油面上真空蒸着（VEROS法）**

VEROS法の特徴は①ガス中蒸発法で製造の難しい小さな粒子が製造できる，②生成する粒子径が揃っている（平均径が約3 nm），③生成する粒子が油の中に分散し，孤立しているなどの利点がある.

●関連文献・参照文献

神保元二他（編）（1991）『微粒子ハンドブック』，朝倉書店.

日本粉体工業技術協会（編）（1986）『超微粒子応用技術』，日刊工業新聞社.

柳田弘明（監修）（2001）『微粒子工学体系第1巻：基本技術』，フジテクノシステム.

安田源，高萩隆行，奥山喜久夫，峠登，安保正一，岡本健一（1998）『機能性材料科学』，朝倉書店.

噴霧法

Particle Synthesis by Spray Method

噴霧法による粒子の合成プロセスは噴霧熱分解法（Spray Pyrolysis：SP）に代表される．SP法では，分子レベルで十分に混合された原料溶液を噴霧させて得られた微小液滴を熱分解することにより，化学量論的に制御された目的の微粒子を連続的に得ることができるという利点がある．これまで，SP法を用いて，酸化物，硫化物，金属などの微粒子の合成が行われてきた．このプロセスは多成分系材料の合成に非常に適しており，難しいと言われる超伝導材料や青色蛍光体粒子の直接合成にも成功している．

プロセス：図1に示すように，SP法では，まず目的の材料の金属塩などが溶けている溶液を液滴化し，キャリアガスによってその液滴を反応炉などの高温場に導入する．反応炉内では，液滴中の溶媒は蒸発し，液滴内の溶質の熱分解などにより，固体の粒子となる．図2 a）にSP法により製造した粒子の写真を示す．SP法による粒子の製造の代表的装置は，主に噴霧器，キャリアガス，反応炉，捕集器からなっている．

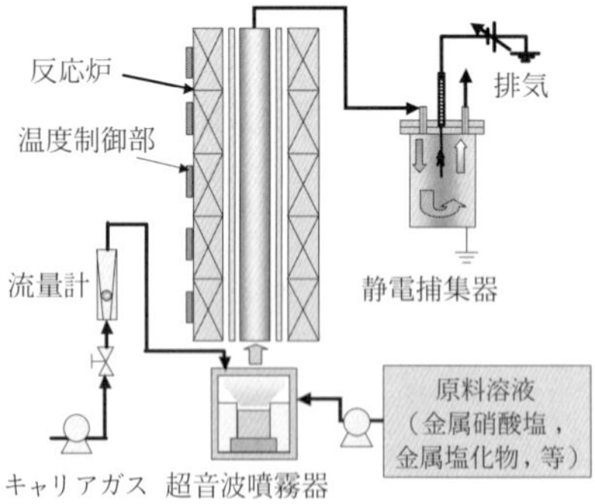

図1　噴霧熱分解装置図

目的の粒子材料の種類は原料溶液によって決定される．一般に各種金属の硝酸塩や酢酸塩などの溶質を溶媒に溶かして原料溶液とする．また，溶液を用いた方法とは別に，粒子の懸濁液を噴霧して粒子を含む液滴を発生させ，その溶媒を蒸発させて固体の粒子を生成するのが噴霧乾燥法（Spray Drying）である．

通常のSP法では1個の液滴から1個の粒子が形成すると考えられており，粒子径を制御するひとつのパラメータとし

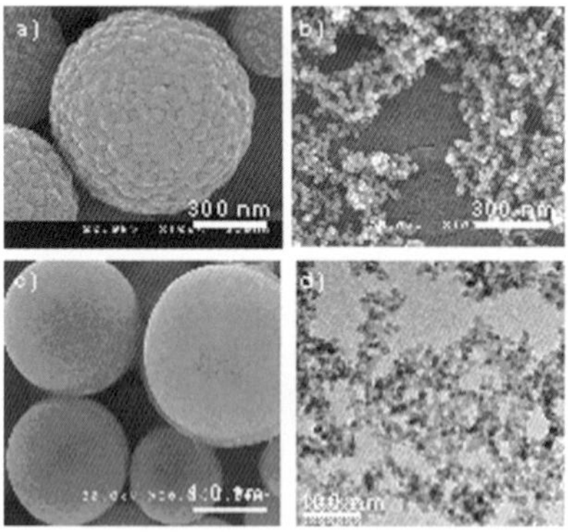

図2　噴霧熱分解法により製造した粒子
a）ZnS:Mn（SP），b）NiO（LPSP），
c）Y2O3-ZrO2（SASP; 洗浄前），
d）Y2O3-ZrO2（SASP; 洗浄後）

て，液滴の粒径および粒径分布が重要となる．いろいろな噴霧方式が用いられ，二流体ノズル式，超音波式，回転ディスク法に代表される．また，液滴径や噴霧量などの違いによって，合成粒子の粒径および形態も違ってくる．生成する粒子の形態に影響を与えるパラメータとして，溶液およびキャリアガスの種類，溶媒の蒸発速度，高温場での滞留時間，熱分解温度などがあげられる．

ナノ粒子化：一般的に使用される超音波式または二流体ノズル噴霧法による液滴サイズは数μmから数10 μm程度であり，100 nm以下の粒子（ナノ粒子）を生成することは難しい．ナノ粒子を生成するためには，一般に原料溶液濃度をできるだけ低くする，またはより微小な液滴が発生する噴霧法を用いる．低濃度溶液での合成は粒子の生産速度が低い．そこで，ナノ粒子を合成する新しい噴霧プロセスとして，静電噴霧法，フィルター減圧型噴霧器，塩添加噴霧熱分解法があげられる．

静電噴霧法：液体が供給される細管と対向電極との間に電圧を与えると，細管の先端に出ている液体には，表面張力と電気力が作用する．これらの合力が推進力となり，液体が円錐形に歪められる．電気力が増加し，ある値で表面張力を越えると，液体表面が不安定になり液柱現象が生じ，液体が分裂現象を起こし，そこから液滴が発生する．発生する液滴径が数nmから数μmと広い範囲であるため，この静電噴霧法は様々な分野に応用されている．近年では，質量分析装置のイオン源としての応用が非常に盛んになっている．

減圧噴霧熱分解法（Low-Pressure Spray Pyrolysis: LPSP）：減圧噴霧の場合は，噴霧器としての二流体ノズルおよびガラスフィルター，反応炉と真空ポンプにより構成される．二流体ノズルから噴霧される液滴はフィルターの上面で液膜を形成し，この液膜とキャリアガスはフィルターの細孔（10 μm程度）を通って減圧場のチャンバー内に飛散する．図2 b)に合成したナノ粒子の写真を示す．減圧噴霧熱分解法によるナノ粒子の合成においては，主に反応炉温度を変化させることにより，粒子サイズが制御できる．

塩添加噴霧熱分解法（Salt-Assisted Spray Pyrolysis: SASP）：一般に噴霧熱分解法により合成された粒子は多数のナノ結晶子で構成されている場合が多い．これらの結晶子は三次元ネットワークで固着している．SASP法では，溶融塩の混入により，噴霧熱分解法により生成された結晶子（ナノ粒子）の凝集が抑制されている．塩は洗浄によって容易に除去でき，凝集していないナノ粒子を生成することができる（図2 c), d)）．さらに，合成された粒子の結晶性を分析すると，塩の存在は，物質の形成反応を促進させ生成物の結晶性を改善することがわかった．

●関連文献・参照文献

Kodas, T. T., and Hampden-Smith, M. (1998) *Aerosol processing of materials*, John-Wiley & Sons, New York.

Okuyama, K., and Lenggoro, I. W. (2003) Preparation of nanoparticle via spray route. *Chem. Eng. Sci.*, 58: 537–547.

レーザーアブレーション

Laser Ablation

レーザーアブレーションは，固体へのレーザー光の照射によってターゲット表面より蒸発，脱離した原子や原子塊（クラスター）が，気相中あるいは基板上において核生成を生じて，薄膜あるいはナノ粒子を形成する方法である（Chrisey et al, 1994；電気学会，1999）．アブレーション（Ablation）とは「除去」を意味し，広範囲にはレーザーを用いた除去加工（穴あけ，切断）等も含まれる．固体表面のレーザー照射によってナノメートルオーダーのエアロゾル粒子の生成が可能であることから，金属，セラミックス，半導体等，種々のナノ粒子合成に関する研究が行われている．レーザーの特徴として，メガ～ギガワットクラスのエネルギーを特定の集光スポットに照射することができるため，任意の物質の超高純度ナノ粒子を作製することが可能である．また，光励起された原子がプラズマ状態を経て急冷され，ナノ粒子が形成されるため，レーザーのパラメータ，雰囲気，系の圧力等を調整することによってナノ粒子の生成過程における諸現象が制御でき，さらに他の方法では合成が困難である高温相などの構造形成の可能性をもっている．このためナノ粒子だけでなく特に近年注目されているフラーレン，ナノチューブやナノワイヤなどの新規機能性材料の発見や合成にも用いられている．

■レーザーアブレーションにおけるエアロゾル・ナノ粒子の生成

レーザー照射による粒子生成の初期過程は図1に示すようにレーザー光を固体が吸収することによって表面に急激な温度上昇が生じ，表面層の原子あるいは原子層が爆発的に剥ぎ取られて放出されると考えられている．粒子生成に関しては，表面より蒸発した原子が核生成に

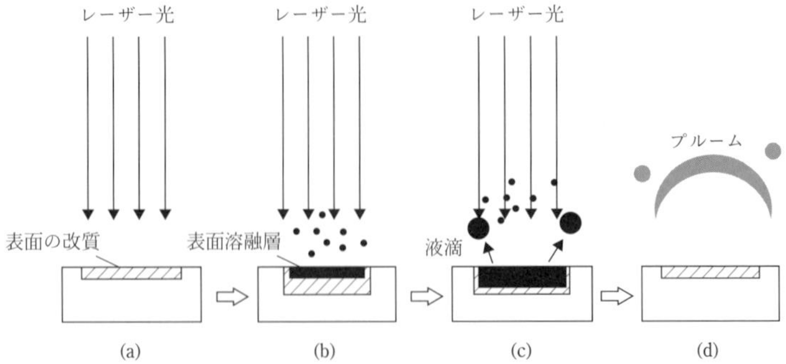

図1 レーザーアブレーションの初期過程

よって気相成長する機構と，表面から脱離したクラスター状の塊が同一レーザーの再吸収によって再解離する機構の二つのモデルが考えられている．

パルスレーザーにおいては，図1（c）に示したように，溶融状態の表面から大きいもので粒径が数μmの液滴状の粗大粒子が放出され問題となることがある．これらの粗大粒子の低減には，ターゲット材料の高密度化，レーザー照射スポットやパルス幅の拡大等が有効であることが知られている．レーザーのエネルギー密度が高い場合や低圧雰囲気中でのアブレーションでは，図1(d)に示したようなレーザー励起プルームが形成される．プルームの終端においては，雰囲気との衝突によって急激に冷却，減速された原子およびクラスター同士の衝突によって過飽和状態が形成され，核生成によって粒子が生成する．各種パラメータによるナノ粒子のサイズ分布変化の予測は，現在のところ困難であるが，一般的にレーザー強度の増加に伴い一次粒径が増大し，また系の圧力の増大に伴い平均自由行程が減少することでブラウン凝集が進行することがわかっている．

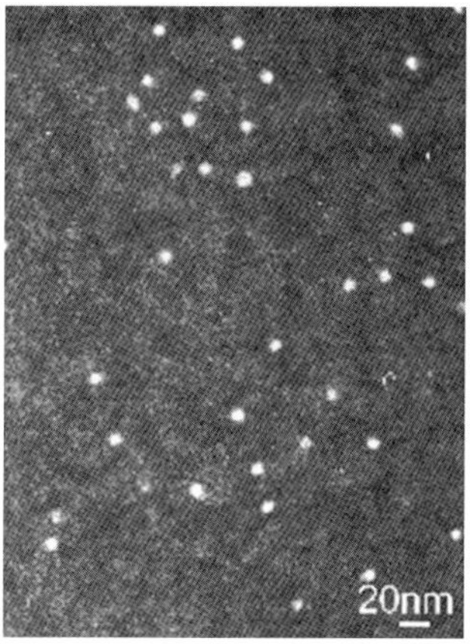

図2　単分散シリコンナノ粒子

■作製されるエアロゾルの例

高純度，高出力，プラズマ場の形成などの特徴を生かして，近年レーザーアブレーションによる種々のナノ粒子の作製が試みられている．特にシリコンナノ結晶超微粒子による発光素子の開発は，従来の半導体プロセスの中心であるシリコンテクノロジーと次世代の光デバイス技術の融合として世界的に試みられている．高純度のヘリウムガス中で固体シリコンにレーザーを集光・照射して超微粒子を作成し，DMAを用いて，特定の粒径の粒子のみを選別（分級）する技術を用いると，図2に示す粒径がナノメートルオーダーで非常に分散性の良いシリコンナノ粒子の作成が可能となっている．ここで開発された方法では，極めて高純度で大きさの揃った任意の超微粒子が作成できることから，サイズによって波長が制御できる新たな発光素子開発や，量子機能発現メカニズム解明のブレークスルーとなることが期待されている．

●関連文献・参照文献

Chrisey, D. B., and G. K. Hubler (1994) *Pulsed Laser Deposition of Thin Films,* John-Wiley & Sons.

電気学会（レーザーアブレーションとその産業応用調査専門委員会）（編）（1999）『レーザーアブレーションとその応用』，コロナ社.

プラズマ加熱法

Plasma Heating Method

粒子合成に用いられる熱プラズマ(thermal plasma)は温度が5000-20000 K, 電離度が0.1-0.5の部分電離プラズマであり，局所熱平衡（Local thermodynamic equilibrium, LTE）の状態である．熱プラズマには次に示すような特徴あるので，ナノ粒子の合成プロセスとして広く用いられている．

■熱プラズマの特徴

熱プラズマは，電子のみならずイオンや原子なども高温なので，被加熱物質を短時間で加熱することができる．また熱プラズマ中では反応速度が著しく速いので，高温のみで進行する化学反応，高融点物質の融解・精製などに利用できる．第2の特徴は，熱プラズマ中に存在する電子やイオンなどの荷電粒子を活用できることである．電子やイオンは電磁場の影響を受けるので，外部からの電磁場によってプラズマ流を制御することができる．第3の特徴は，ラジカルなどの活性種を容易に生成できることである．ラジカル反応を利用した粒子合成が可能となる．第4の特徴は，雰囲気を自由に選べることである．不活性雰囲気，酸化雰囲気，還元雰囲気などを自由に選択できるので，粒子合成には好都合である．

■プラズマの発生方法

熱プラズマの発生方法では，直流アーク放電が一番手軽であり，非移送式と移送式がある．非移送式は，陽極部と陰極ノズルとの間でアークを発生させる．移送式の場合には，ノズルから離れた導電性の物質に主たる正電位をかける．非移送式の熱効率は30%程度と低いが，移送式アークのようにトーチ外部に陽極が存在しないので，粒子合成などの材料プロセシングに適している．しかし，直流アーク放電によって生成したプラズマの温度や軸方向速度は，半径方向および軸方向に急激な温度，速度勾配が存在しているので，プラズマジェット内で均質な化学反応を進行させることは難しい．

高周波（RF）プラズマは無電極放電の一種であり，電極物質が不純物としてプラズマ中に混入しないので，粒子合成に適している．図1にRFプラズマによる粒子合成装置を示す．RFプラズマの特色は，大きな直径（5 -10 cm程度）のプラズマであること，およびガス流速が直流アークに比べて1桁程度低いことである．そのためにプラズマ内における反応物質の滞留時間を長くすることができる．しかしRFプラズマは無電極放電であるので，外的じょう乱には敏感である．よって粒子合成に用いる場合には，トーチに導入する反応物質の量が限定される．このRFプラズマの不安定性を克服するために，ハイブリッドプラズマが開発された．ハイブリッドプラズマは，

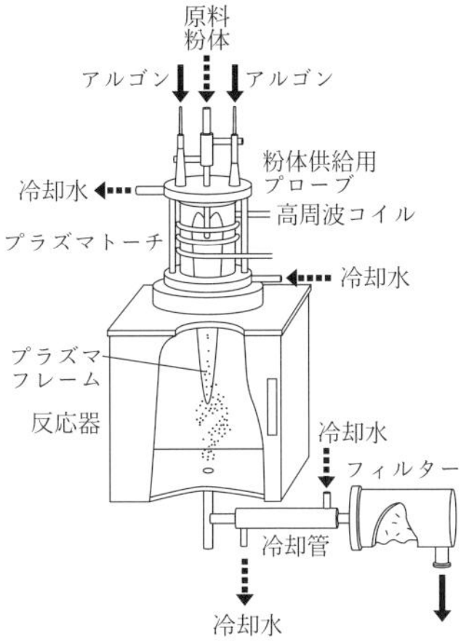

図1　高周波プラズマによる粒子合成装置

RFプラズマを維持するためのエネルギー供給源として上部に直流プラズマジェットを設けた方式である．通常のRFプラズマに比べて数十倍の反応物質を注入することができる．

マイクロ波プラズマは，トーチ先端部においてマイクロ波の電場強度を強めることにより生成される．マイクロ波プラズマは，イオンや電子が支配的に存在している領域が比較的狭いが，下流に向かって解離した原子が支配的に存在する領域が広がっている．

■熱プラズマによる粒子合成

アークを用いる粒子合成には，活性プラズマー溶融金属反応法がある．これはアーク中で原子状に解離した活性化学種により溶融金属から粒子を合成する方法である．主に水素を用いて，合金粒子や金属間化合物粒子が合成されている．この粒子の組成は，水素溶解時の溶融金属の活量，あるいは水素化物の生成等に依存すると考えられる．

プラズマジェットやRFプラズマを用いる粒子合成には，プラズマ蒸発法，反応性プラズマ蒸発法，プラズマCVD法がある．プラズマ蒸発法は熱プラズマにより金属を加熱蒸発させ，その蒸気を気相中で冷却凝縮する方法である．反応性プラズマ蒸発法は熱プラズマで得られる高温蒸気の冷却過程において化学反応を起こさせる方法である．プラズマCVD法は熱プラズマ中に気体の反応物を供給し，化合物の高温蒸気を得て，粒子を合成する方法である．

プラズマを用いて窒化物粒子を合成するには，窒素プラズマ中で金属粉体を蒸発させ，その冷却過程で窒化させる．また，尾炎部にNH_3を吹き込む方法もある．酸化物粒子を合成するには，酸素プラズマ中に金属粉体を供給する．Ti，Al，Si等の金属粉体は，酸化熱により原料の金属粉体の蒸発が促進されるので，効率の良い粒子合成方法である．炭化物粒子を合成するには，炭素源としてCH_4を用いる．また，2種類以上の金属粉体を熱プラズマに供給することにより，蒸発過程を経て，その高温金属蒸気を急冷することによって合金粒子あるいは金属間化合物粒子を合成できる．生成物の組成は，原料の金属成分の核生成温度に依存する．

●関連文献・参照文献

Boulos, M. I., Fauchais, P., and Pfender E. (1994) *Thermal Plasmas,* Plenum Press.

日本学術振興会プラズマ材料科学第153委員会（編）（1992）『プラズマ材料科学ハンドブック』，オーム社．

13

ナノテクノロジー

ナノ粒子
Nanoparticle

最近，ナノテクノロジーに対する関心が急速に高まっており，新聞，雑誌等で目にする機会も非常に多くなっている．ナノテクノロジーの詳細については，1998年に出版されたオランダの報告書を参照して頂きたいが，簡単に説明すれば，大きさが1 nm（10^{-9}m）から100 nm程度の物質の合成プロセスと合成された物質の構造，機能を扱うテクノロジーのことである．したがって，ナノメートルオーダーの超微粒子（以下ナノ粒子と呼ぶ）が，ナノテクノロジーの中で重要な役割を果たすことになる．ナノ粒子の合成と機能化技術の発展によるナノテクノロジーへの寄与には，エアロゾルの科学および工学の導入が非常に重要となる．

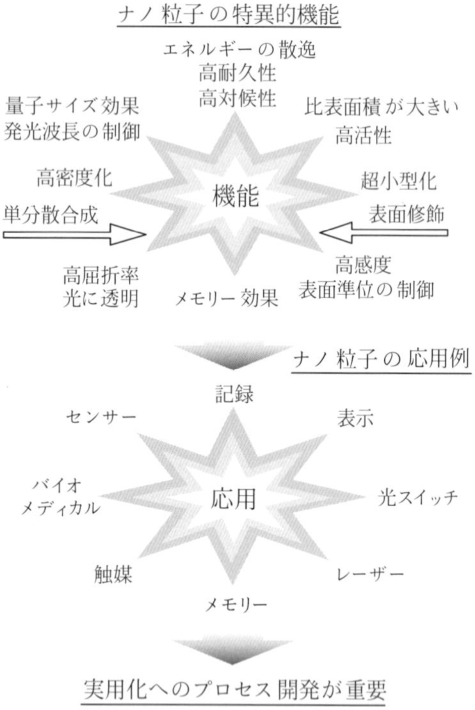

図1　ナノ粒子の特異的機能の発見とデバイスへの応用を考慮に入れたプロセス開発の重要性

■ナノ粒子の物性とデバイスへの応用

固体物質の大きさがナノメートルオーダーなると，表面積が非常に大きくなるために，固体でありながら気，液体との界面が極端に大きくなるため，表面の特性が固体物質に大きな影響を与える．また，粒子のサイズが光の波長より小さくなると，導体の平均自由行程よりも小さくなることなどから同じ物質のバルク状態と異なる特異な電子的，光学的，電気的，磁気的，化学的，機械的特性などを発揮する（これを量子サイズ効果と呼ぶ）．その結果，ナノ粒子は，高性能化，高機能化，小型化，省資源化などが要求されている新しいデバイス用の原料材料として将来重要になると考えられている．例えば化学センサ，積層コンデンサ，フラットパネルディスプレイ，燃料電池など付加価値の高い機能性製品へのナノ粒子の応用を視野に入れた研究も近年多く報告されている．この概要を示すと図1のようになる．ナノ粒子の特異的な機能の発現は，サイエンスの立場から見出され，それらの機能を生かしたナノ粒子の各種デバイスへの応用が応用物理・化学などの立場から数多く提案されている．現在，ナノ粒子材料の実用化のために，デバイスへの応用を考慮に入れた粒径の揃った新規ナノ粒子合成プロセスの開発と機能化技術の確立が重要となっている．

■ナノ粒子の合成法と機能化

ナノ粒子の合成には，ビルドアッププロセスである気相法と液相法の方がより妥当である．まず，気相法は，高温蒸気の冷却による物理的凝縮プロセス（PVD法）および気相化学反応による粒子生成プロセス（CVD法）に大別される（12. 粒子合成「CVD法」;「PVD法」参照）．高純度でかつ，粒子径が小さい粒子が製造できることから，現在広く用いられているが，生成粒子が凝集体であることがほとんどで，また，化学的に均一な多成分系材料の製造には原料の選択が難しいという問題がある．

一方，液中でナノ粒子を合成する液相法について簡単に述べると，液相法では，多成分系材料を合成する際の原料を溶液中で調整できるので分子レベルで原料の混合が可能であるという利点がある．このような液相法には共沈法，アルコキシド（ゾルーゲル）法，噴霧熱分解法等が提案されているが，共沈法，アルコキシド法では原料が高価で，製造工程が濾過，乾燥，加熱処理等の多数のステップを伴うため，比較的装置が単純で，ワンステップでの製造が可能な噴霧熱分解法が現在注目を集めている．

気相法および噴霧熱分解法は，微粒子がエアロゾル状態で生成されるので，エアロゾル材料プロセスとも呼ばれている．

ナノ粒子を用いたデバイスの高性能化，高機能化を目指した試みについては，現在のところ，単一ナノ粒子を配列させることで新しいデバイスを作り上げる試みが積極的になされている．また，ナノ粒子の集積化プロセスとして自己集積化膜（SAM）を用いて基板表面を改質し粒子を特定の位置に付着させるというSAMパターニング法や基板上に集束イオンもしくは電子ビーム描画によって静電ポテンシャルの帯電パターンを形成することで粒子を特定の位置に誘導・付着させるエレクトロフォトグラフ法等が提案されている．

●関連文献・参照文献

小泉光恵・奥山喜久夫・目義雄編（2002）『ナノ粒子の製造・評価・応用・機器の最新技術』，シーエムシー．

Wolde, A. T., (1998) *Nanotechnology, Towards a Molecular Construction Kit,* Netherlands Study Center for Technology Trends.

クラスター
Cluster

クラスターとは，数十個〜数千個の原子，分子が結合した塊状集合体であり，ナノ構造体の構成要素（Building Blocks）として，ナノテクノロジー分野で重要な物質である．固体へのエネルギー付与による蒸発や気相化学反応によって急激に形成される過飽和状態を経て生成されるクラスターは，エアロゾルの生成過程における前駆体とも考えられる．これらのクラスターは多くの場合，原子と固体の中間的な種々の化学的性質（構造安定性，サイズに依存した反応性など）をもつために，その成長過程を考える場合には離散的な取扱いが必要となる．これらの化学的性質によって魔法数（マジックナンバー）と呼ばれる特異な構成原子数における安定構造のクラスターが観測されることがある．カーボンにおいては，C_{60}，C_{70}などに代表されるフラーレン類が有名である（図1）．

ナノ構造体や薄膜の製造法として用いられるクラスターイオンビーム（ICB）法は，蒸発•凝縮により生成した100〜数千個程度の原子からなるクラスターをイオン化し，電場の作用で運動エネルギーを与えビーム状にすることで，制御性良く膜形成を行う手法であり，種々の金属，半導体，有機物などの薄膜形成に応用されている（高木，1986）．図2にクラスターイオンビーム加工装置の概念図を示す．この方法では，蒸発セルや固体のレーザー照射などによって形成したクラスターをイオン化し，オリフィスに印加した電界により加速することでイオンクラスターを任意のエネルギーで基板に衝突させ，基板上でのマイグレーションによって均一な薄膜を作製する．また，衝突エネルギーを増加させることにより，基板のエッチングも可能である．

クラスターからナノ粒子への成長過程を制御する手法としてプラズマガス凝縮法（Yamamoto et al., 1999）が提案されている．この手法では，スパッタリングによって生成したプラズマ中のクラスター

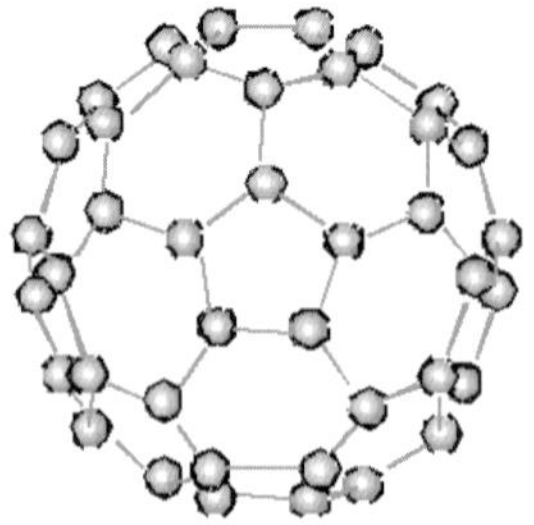

図1　フラーレン（C_{60}）

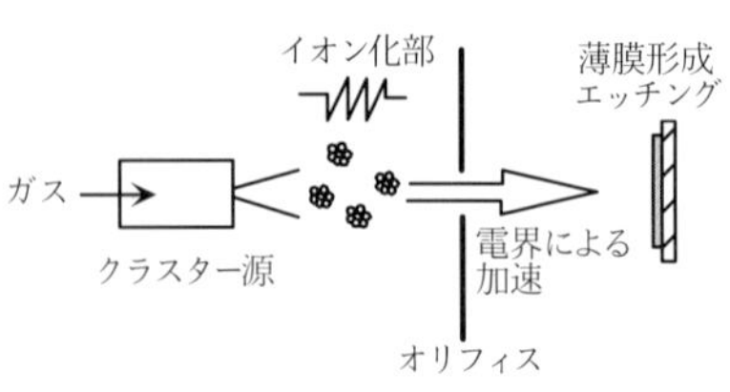

図2　イオンクラスタービーム加工装置

の凝縮過程を制御し，単分散のナノ粒子を得ることができるため，種々の金属クラスターや単分散ナノ粒子の作製法に応用されている．

イオンクラスタービーム法において生成したクラスターの分析や，また広く分析化学の分野において物質をイオンクラスター化し，質量数／電荷数を計測することで，その化学組成を同定する装置として四重極型や飛行時間型など，各種の質量分析装置が幅広く用いられている．計測のためにはクラスターのイオン化が必要であり，これには一般的に熱フィラメントによって生成した電子線の衝撃（Electron Impact; EI）を用いる．この場合，物質の同定には，EIによって破壊されたクラスターの断片，すなわちフラグメンツ（分子の断片）を解析することで，親イオンを推定し，その化学種を決定する方法が用いられる．近年，物質を壊さずに質量分析する方法として，2003年ノーベル化学賞を受賞したエレクトロスプレー（Fenn et al., 1989）やMALDI（田中，1996）などのソフトなイオン化法が注目されている．エレクトロスプレーイオン化法においては，図3に示すように，電解質溶液を供給したキャピラリーに数kVの直流電圧を印加することによって，溶液の表面張力を緩和し，テイラーコーン（Taylor cone）と呼ばれる円錐状の先端部から蒸発によって，溶質のイオンクラスターが形成される．この手法を用いると溶媒に可溶な種々のイオン種を生成することが可能である．

一方，大きさがサブミクロンのエアロゾルの荷電においては，気体への放射線や紫外線，電子線の照射あるいは，コロ

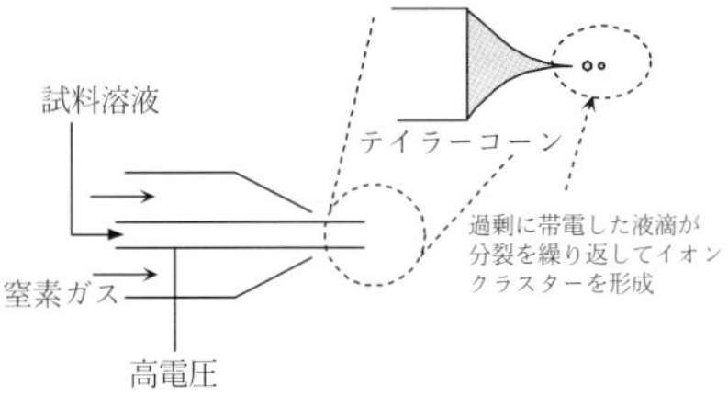

図3　エレクトロスプレーイオン源

ナ放電などによって気体を電離して生成する大気イオンクラスター（正負イオン）が用いられる．これらのクラスターは，一般に窒素や酸素のイオンに水分子が数個溶媒和していると考えられており，その電気移動度は1〜2×10^{-4} m^2/Vsであることが知られている．また，これらのイオンクラスターへの凝縮性蒸気の核化過程はイオン誘発核生成と呼ばれ，大気エアロゾルの生成機構と関連して重要な研究課題である．

●関連文献・参照文献

Fenn, J. B., M. Mann, C. K. Meng, S. K. Wang, and C. Whitehouse (1989) Electrospray Ionization for Mass-Spectrometry of large Biomolecules, *Science,* 246: 64.

高木俊宜（1986）「クラスターイオンビーム技術とその応用」，『応用物理』，55，746頁．

田中耕一（1996）「マトリックス支援レーザー脱離イオン化質量分析法」，『ぶんせき』，No. 4，253頁．

Yamamoto, S., K. Sumiyama, and K. Suzuki (1999) Monodispersed Cr cluster formation by plasma-gas-condensation, *J. Appl. Phys.,* 85: 483.

デバイスへの応用
Nanoparticle Devices

ナノテクノロジーにおいてナノ粒子は多くの応用が期待されている．図1に示すように，その中で電子情報などの分野で用いられる記憶，記録，表示，給電等のデバイスへの応用が期待されている．ナノ粒子の効果には，単位体積あたりに充填できる粒子数を高密度化できること，単位体積あたりの表面積を増大できること，などの物理的効果がある．さらに，一個あたりの表面積が大きいことにより粒子同士の相互作用が大きく現われ，自己組織化配列が顕著に進むこと，量子サイズ効果，多電子効果などまったく新しい現象が現われることに特徴がある．

■**電池電極**：電池は電子情報機器の小型軽量化が進む中で，最重要デバイスのひとつである．取り出されるエネルギー量は電池電極の表面積に比例するので表面積は広いほうがよい．これまで紛体を成型した電極が用いられており，ナノ粒子の応用が期待されている．また，最近注目されている燃料電池への応用が期待されている．

■**蛍光標識素子**：蛍光体はこれまで照明用などに数多く用いられてきた紛体材料の代表である．プラズマディスプレイなどの数〜数十ミクロンスケールの表示セルでは発光効率を向上させるためにセル内に蛍光体を無駄なく充填することが必要である．また，物質をナノサイズまで小さくするとバルクスケールとは異なる量子サイズ効果と呼ばれる現象が現われる．これらの理由によりナノ粒子の応用が期待されている．さらに，蛍光体の新しい応用として細胞の標識用の開発が進められている．ナノサイズ化した蛍光体は，サイズを変えると量子サイズ効果により蛍光色を赤（長波長）から青（短波長）まで自由に選ぶことができる，発光効率が高い，光に対して安定，などの利点があり，有望な新材料として期待されている（Bruchez et al. 1998）．

■**磁気記録媒体**：磁気記録媒体は年率60〜100%で高密度化がすすんでいる．記録密度を増すためには一ビットの大きさをそれに反比例して小さくする必要がある．この記録媒体にナノ粒子の応用が提案されている（Shouheng et al. 2000）．磁性ナノ粒子の一粒子ずつを一ビットとして記録することで，記録密度を飛躍的に高めることが可能となる．ナノサイズの粒子は粒子間の相互作用が強く働くため自己組織化と呼ばれる規則的な配列を容易に得ることができる．このことを利用してナノ粒子を塗布した塗布型媒体が提案されている．

■**量子ドットデバイス**：量子ドットとは半導体原子が数百個から数千個集まった10 nm程度の小さな塊を指す．ナノサイズの半導体に閉じ込められた電子のエネルギーは，バルクスケールの連続的なバンド構造ではなく，離散的なエネルギー準位をとるようになる．電子を閉じ込めている壁である量子ドットのサイズを変えることで，電子のエネルギー状態が変化する．量子サイズ効果は，量子ドットのサイズが小さくなると，最も低い位置にあるエネルギー準位が上昇し，他のエネルギー準位との差（ΔE）が大きくなることを示す．先に述べた蛍光体ではこの効果が利用されている．

量子ドットでは閉じ込められた電子間に働く多電子効果と呼ばれる相互作用が重要となる．量子ドットに一つの電子を注入した後で，新たに別の電子を注入するとクーロン力により反発を受ける．そのため，この反発力に打ち勝つようなエネルギーを供給しないと，次の電子を注入することはできない．この現象をクーロンブロッケイドと呼ぶ．

量子ドットは量子サイズ効果と多電子効果により，新しい性質をもった材料となる可能性がある．バルクスケールの半導体の電子のエネルギー分布は，それぞれの物質によって固有であるのに対し，量子ドットはその大きさを変えることで，エネルギー状態を自由に変化させることができる．これまでの半導体レーザーの開発では，自然の限られた物質のなかから材料を選択し，高輝度・低消費電力のレーザーを作り出していたのに対し，量子ドットはその材料に幅広い選択肢を提供する．

量子ドットデバイスの共通の課題は大きさのそろったドットを配列させることである．これまで電子線リソグラフィーや特殊な結晶成長技術が用いられてきた．今後は新しいドット形成方法としてナノ粒子の応用が期待されている．

●関連読書案内

Bruchez, MP, M. Moronne, P. Gin, S. Weiss, and A. P. Alivisatos (1998) Semiconductor Nanocrystals as Fluorescent Biological Labels, *Science*, 281, 2013.

Shouheng Sun, C. B. Murray (2000) Monodisperse FePt Nanoparticles and Ferromagnetic FePt Nanocrystal Superlattices, *Science*, 287, 1989.

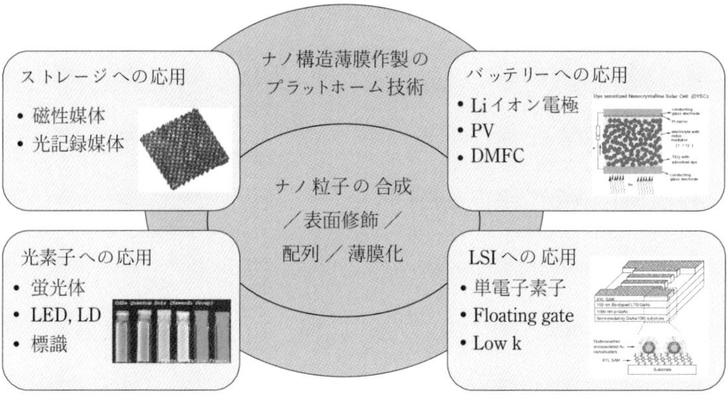

図　ナノ粒子デバイスの例

14

プロセシング

分級・空気分級
Classification, Air Classification

粒子の集合体である粉粒体を，粒子の特性の差に従って分離する操作を分級という．分離に利用される粒子特性としては，粒子径や密度，形状が一般的である．

分級操作を行う装置，すなわち，分級装置は，篩（ふるい）と湿式または乾式流体分級機に分類される．エアロゾル状態の粒子群の分級には，乾式が一般的である．乾式流体分級操作は，風力分級とも呼ばれる．また，乾式流体分級では流体として空気が用いられることが多く，このような分級機を空気分級機と呼ぶ．

乾式流体分級では，気流中で運動する粒子に重力などの外力や慣性力を作用させ，気流流線からのずれの大小で粒子を分けるのが一般的である．例えば，図1に示すように，粒子を水平気流中に投入すると，大きな粒子は重力のため，すぐに落下するが，小さな粒子は気流に乗って水平方向に移動し，投入口から離れた位置に落下する．この装置下部に仕切り板を設けておくと，仕切り板先端に衝突する粒子より大きな粒子は上流側，小さな粒子は下流側に捕集できる．このような装置が水平流型重力分級器である．

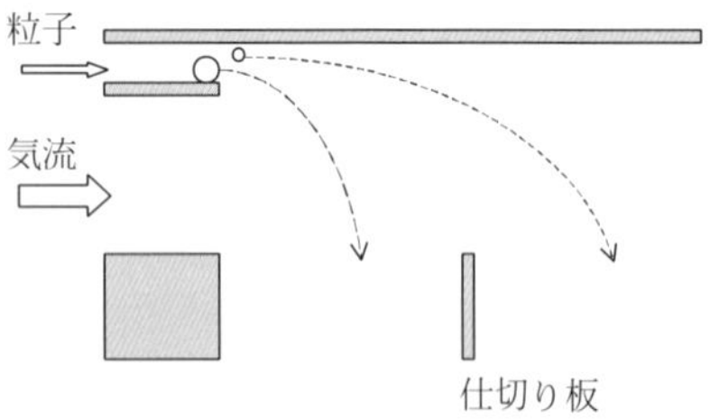

図1　重力を利用した風力分級の原理

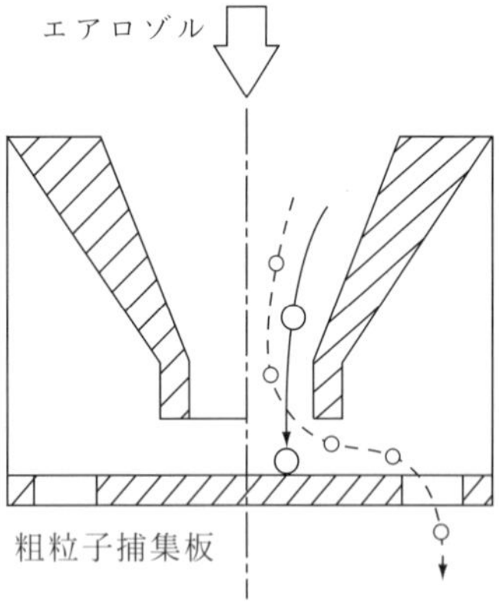

図2　インパクター概念図

重力の影響が無視できる微小粒子が気体中に浮遊した状態(＝エアロゾル状態)で流れるとき，気流の方向が変わらなければ，粒子は気流に追従して流れる．しかし，気流の方向が変わるときには，粒子は気流の方向変化に追従できず，気流流線からずれる．このずれの大きさは気流方向変化の大きさ，および，粒子の慣性力の大小に依存する．この慣性力に依存する粒子軌跡の違いを利用する分級機が慣性分級機である．

この原理を利用し，高速気流を平板に衝突して気流方向を急激に変化させ，慣性力の大きな粒子（＝粗粒子）を板上に捕集し，微粒子は気流とともに系外に排出されるようにした装置が図2に示したインパクターである．ノズル径の異なる複数のインパクターを粗粒として捕集できる粒子径が上流より順に小さくなるように直列に接続した装置はカスケード・インパクターと呼ばれ，エアロゾル粒子の粒子径分布測定に利用される．

慣性分級機内での粒子の運動は，重力等の外力の影響が無視できるので，次の無次元運動方程式により記述できる（4.動力学「慣性運動・沈降」参照）．

$$\Psi\frac{d\bar{v}}{d\bar{t}}=-\bar{v}$$
$$\Psi=\frac{C_c\rho_p D_p^2 U}{18\mu D} \quad (1)$$

Ψは慣性力の大小を表わす無次元パラメータで，慣性パラメータと呼ばれる．

インパクターでは，一般に，ノズル部での気流流速を代表流速Uとし，ノズルが円形断面の場合は半径または直径を，矩形（＝長方形）断面の場合は流路幅を代表長さDとする．気流操作条件（＝流速U）および分級機（代表長さD）が同じであれば，粒子径または粒子密度が大きい粒子程，慣性パラメータは大きい．慣性パラメータが大きい粒子は，慣性の影響が大きい挙動，すなわち，気流からのずれが大きくなる．

一方，気流流速を大きく，ノズルの径を小さくすると慣性パラメータは大きくなる．よって，小さな径または幅をもつインパクターを作製し，高流速で操作すれば，小さな粒子も気流からのずれが大きくなり，分級することができる．さらに，分級部を減圧すると，カニンガムの補正係数Ccが大きくなるので，慣性パラメータを大きくすることができる．

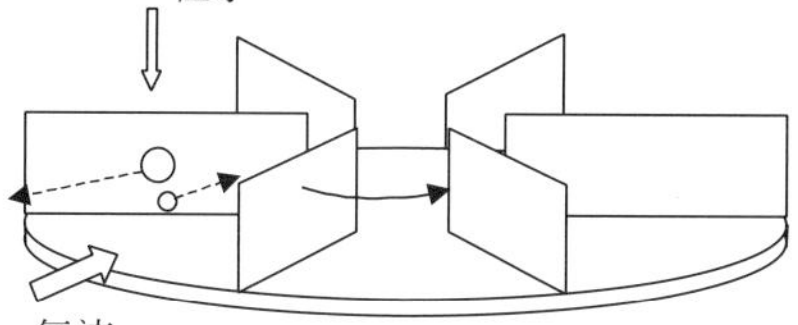

図3　強制渦式分級機の分級原理

慣性パラメータを用いて分級性能を表わせば，粒子の種類（粒子径および密度）に依らない普遍的な性能を表わすことができる．分級機の性能は一般に，ニュートン効率や部分分離効率で表わされる．

工業的に用いられる流体分級機のひとつがサイクロン（16.集塵「サイクロン」参照）である．サイクロンでは，装置内での旋回気流によって起こる遠心力により，粒子質量に従って分級される．

サイクロンと同様，遠心力を利用した分級機に強制渦式分級機がある．強制渦式分級機は，図3に示すような機械的に回転する羽根に，分級対象となる粒子を導入する．空気は回転羽根から回転中心に向かって吸引される．質量の小さい粒子は気流に乗って回転中心から排出され，一方，質量の大きい粒子は，回転羽根間の空間で回転による遠心力を受け，気流に逆らって回転羽根円周部より排出される．羽根の形状，および粒子の導入方法の異なる数種類の強制渦式分級機が市販されており，工業規模での分級に利用されている．

●関連読書案内

粉体工学会編（2001）『粉砕・分級と表面改質』，（有）エヌジーティー．

気中分散
Dry Dispersion

粒子は付着力をもつので，ビンや袋の中に保存すると凝集体を形成する．粒子が気体中に浮遊した状態であっても，気体のブラウン運動や気流の渦運動などの影響で，粒子同士が衝突し，凝集する．このように形成された凝集粒子を乾式で解砕・分離し，1次粒子に近い粒子径分布をもつエアロゾル状態で気体中へ供給する操作が，気中分散である．気中分散は，乾式分級の前処理，集塵性能試験等のエアロゾル発生，粉体の空気輸送などで必要とされる操作である．

粒子の凝集体を分散するには，凝集体を構成する1次粒子の間に働く付着力より大きな外力（＝分散力）を作用する必要がある．分散法は，この外力（分散力）を凝集体に作用する方法，すなわち，分散機構により分類することができる．

分散機構については多くの検討が行われており，分散力を表わすモデル式がいくつか提案されている．モデル化された分散力と粒子間付着力を比較すると，それぞれの分散機構で分散可能な凝集体の大きさを見積もることができる．一例として，気流による凝集粒子の加減速で生じる流体抵抗力の差を分散力とする場合に対する解析を以下に示す．

凝集粒子が図1に示すように，粒子径の異なる2個の単一粒子A，Bから構成されているとし，この凝集粒子が一様な流れ場（＝速度がどこでも一定の流れ場）

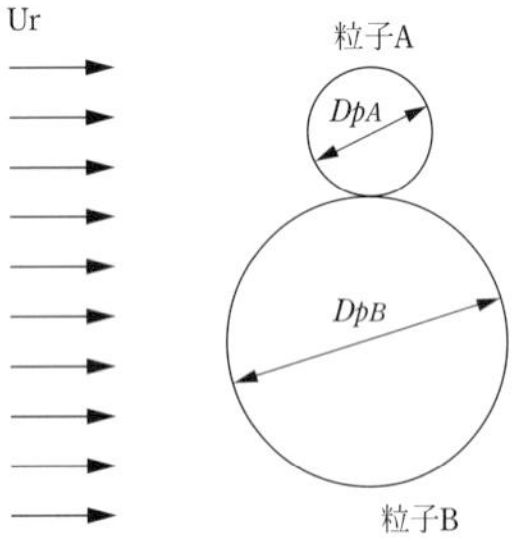

図1　一様流中に投入された凝集粒子

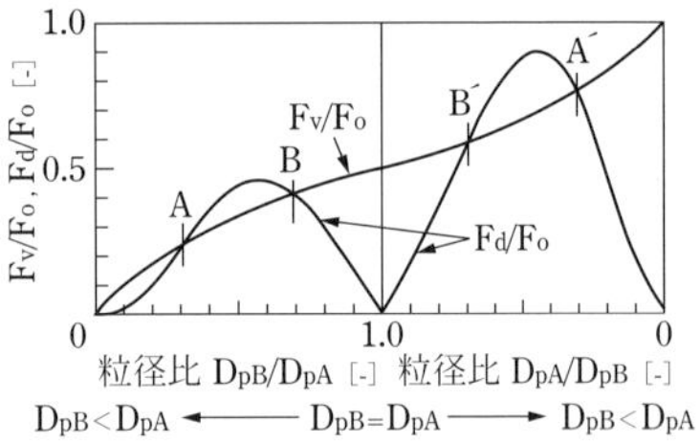

a) 分散力と付着力の比較

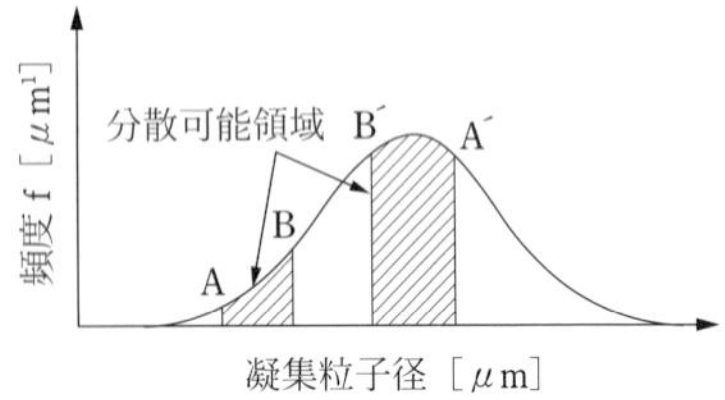

b) 分散可能領域と頻度分布の比較

図2　分散力と付着力の比較

に投入されたとする．すると，粒子A，Bにはそれぞれその粒子径に応じて異なる流体抵抗力が働く．流体抵抗則にストークス則（4．動力学「慣性運動・沈降」参照）を適用すると，分散力F_dを表す次式が得られる．

$$F_d=3\pi\mu u D_{pA}D_{pB}\times \frac{(D_{pB}-D_{pA})}{(D_{pA}^2-D_{pA}D_{pB}+D_{pB}^2)} \quad (1)$$

図1の粒子Aの直径を1μmに固定し，粒子Bの大きさを変えて分散力F_dを計算した結果が図2(a)である．この図中に，凝集粒子を構成する粒子間での付着力として，次式から計算されるファンデアワールス力F_Vの計算結果を合わせて示す．

$$F_v=\frac{H}{12(\alpha+\delta)^2}\cdot\frac{D_{pA}D_{pB}}{D_{pA}+D_{pB}} \quad (2)$$

なお，図中の縦軸は，分散力F_d，ファンデアワールス力F_Vともに，粒子Aと平板（(2)式で$D_{pB}=\infty$）間に働くファンデアワールス力F_0で規格化してある．

図2(a)を見ると，A－BおよびB'－A'の領域で分散力F_d/F_0が付着力F_v/F_0よりも大きい．すなわち，A－BおよびB'－A'の領域の凝集粒子は，加速により生じる分散力で分散可能であると予想される．また，分散不可能（$F_d/F_0<F_v/F_0$）となる領域は凝集粒子を構成する2粒子の大きさがほぼ等しいとき（B－B'），および，粒子の大きさが極端に異なるとき（0–AおよびA'–0）であることがわかる．分散させたい凝集粒子の粒子径分布が図2(b)のようにわかっていると，粒度分布と分散可能範囲を比較することにより，分散できる凝集体粒子径範囲（図中の斜線部）を推定することができる．

例示した気流による加減速による分散力以外に，せん断気流による曲げ応力や凝集粒子と物体の衝突による衝撃力についても，モデル式が提案されている．

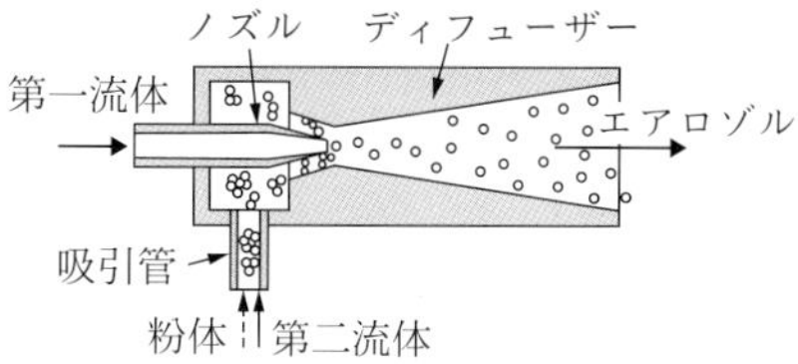

図3　エジェクター

上述の気流による加減速およびせん断流れによる力を主たる分散力とする分散機には，図3に示したエジェクター，ベンチュリ型分散機およびオリフィス型分散機がある．エジェクターは，空気などの気体（第1流体）をノズルからディフューザーに噴出させ，噴流により生じる負圧を利用して吸引管より他の流体（第2流体）を吸引し，第1流体と混合して排出させる装置である．吸引される第2流体に凝集体を混入すると第2流体と第1流体が混合する際の加減速やせん断により生じる力により分散する．

流体の流量計測にも用いられるオリフィスと同様の形をしたオリフィス型分断機も利用される．オリフィス型分散機では，オリフィス前後の流れの急拡大・急縮小により加減速やせん断気流により生じる力が分散力として働く．また，細管を分散機として利用することも可能である．オリフィス型分散機や細管については，操作条件から決まる圧力損失と，分散機通過後のエアロゾル粒子の質量中位径との関係式が報告されており，操作条件から分散状態を予測することができる．

●関連文献・参照文献

粉体工学会（編）(1998)『粉体工学便覧第2版第4章4.3分散』，日刊工業新聞社．

輸送
Transport

■空気輸送

粉粒体を気流によって搬送することを空気輸送(pneumatic transport, pneumatic conveying)という.このシステムは,気流の発生源,輸送管,粒子の供給部および回収部から構成される.輸送用の流体は空気に限らず,窒素などの反応性の低い気体も用いられる.被輸送物は,化学原料,食品原料,医薬品原料,鉱産物,微粉炭,砂,セメント,触媒など,様々である.粉粒体は管内を流れるため,環境の影響を直接受けることがなく,粉塵を外部に飛散させることもない.また,装置に可動部が少ないので,運転や保守が容易であり,自動化も行いやすい.しかし,条件によっては輸送管の磨耗,粒子の破砕,管壁への付着など,製品の品質や運転に支障をもたらすことがあるので,輸送管や被輸送物の機械的強度と粒子の付着特性を考慮する必要がある.

空気輸送は,吸引式と圧送式の二つに大別される.吸引式は複数の場所から粉粒体を集める場合に適しており,圧送式は1箇所から複数の場所に輸送するのに適する.また,高圧を用いると長距離輸送や高濃度輸送を行うことも可能である.

表1に,空気輸送の方式と輸送の状態を示す.低濃度輸送では,粒子を浮遊させるために気流を高速にしなければならないが,高濃度輸送では,気流は比較的遅いので,管の磨耗や粒子の破砕が少なく,所要動力も低減できる.ただし,水平管の底部には,移動しにくい粒子層が残ることが多い(例:スラグ流).独立したプラグ(栓)状の粉粒体を等間隔で送れるように,粉粒体の供給モードの制御や二次空気の導入によって理想的なプ

表1 空気輸送の方式と輸送の状態

方式	条件		輸送状態(水平管)	
吸引式・低圧圧送式	低濃度	高濃度	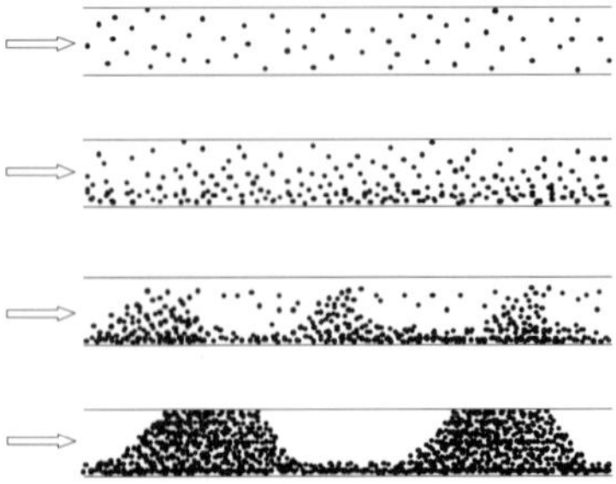	均一に分散
	⇩	⇧		管底に密,跳躍運動あり
高圧圧送式				部分的に群状
	高濃度	低濃度		スラグ流

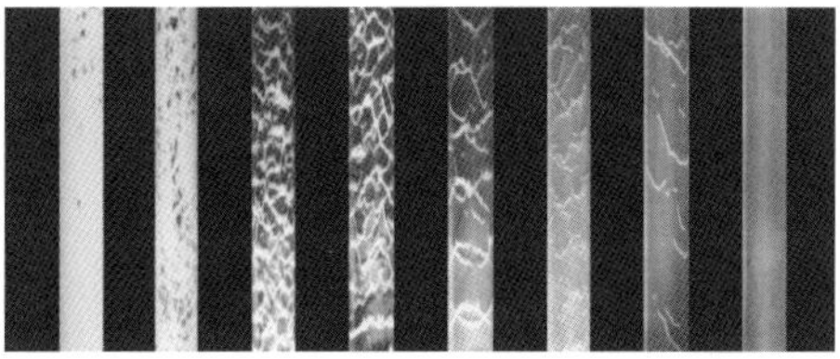

図1　沈着層のパターン

ラグ輸送に近づけることは可能である．

■微粒子の輸送

一般に，微粒子は付着性が強く，ハンドリングが難しいので，遠距離の空気輸送には向かないが，気相系での粒子生成，分散，分級，回収など，微粒子を気流で搬送することは多い．

一部の微粒子は，輸送の途中で壁に沈着する．沈着した粒子にも流体抵抗は働くが，十分な分離力が得られなければ，粒子は壁に付着したままである．沈着量が増加して粉体層が作られると，粉体層の表面に作用する流体抵抗は大きくなり，微小凝集粒子は容易に再飛散する．沈着と再飛散の速度が釣り合うと，目立った沈着量の変化はないが，沈着層を構成する粒子は，気流中を浮遊する粒子と入れ替っており，再飛散した凝集粒子が気流に混入することになる．

図1は，沈着•再飛散同時現象で見られる沈着層のパターンである．低流速では，沈着層は壁の全面を膜状に覆うが，流速の増加とともに粒子の慣性が大きくなり，沈着位置が変化して筋状になる．さらに流速を上げると沈着層は消滅する．サブミクロン粒子では，粒子の挙動は慣性よりも拡散に支配されるので，流速を上げても沈着層は筋状にはならない．

■静電気の影響

微粒子が帯電すると粒子の挙動は静電気力の影響を強く受ける．帯電微粒子が静電場を通過すると粒子の沈着が局所的に集中するので，そこに形成される沈着層は膜状になる．外部電場がなくても，多数の粒子が同符号に帯電すると，粒子同士の静電反発によって拡散するので，沈着速度は大きくなる．また，壁近傍の帯電粒子には電気影像効果に基づく引力が加わる．これらの静電気現象を利用すると，粒子の運動を制御して，特定の搬送粒子を分離，回収することも可能である．

●関連文献・参照文献

狩野　武（1991）『粉体輸送技術』，日刊工業新聞社．

松坂修二・増田弘昭（2001）「粒子沈着・再飛散同時現象―管内固気二相流における粒子層の形成―」，『粉体工学会誌』，38，866-875頁．

造粒，コーティング

Agglomeration and Coating

粉体材料は，粒子径が100 μm以下では流動性が悪くなったり，飛散性が高くなり取り扱いが不便になる．そのため粒子を適当な結合剤（のり）を用いて凝集させて粒体にして商品化したり，次のプロセスに供給される．このように微粒子の凝集物を造る操作を造粒といい，粒子の表面に高分子や他の微粒子を被覆する操作をコーティングという．

造粒やコーティングは広範な産業分野で用いられる単位操作であり，目的に応じて種々の方法や装置が考案されている．汎用されている方法のひとつは，円筒容器に充填された粉体層に下方から空気を入れて粒子を浮遊させた流動層へ，結合剤や被覆剤の溶液，あるいはそれらの微粒子懸濁液をスプレーする流動層スプレー造粒・コーティング法である．図1に典型的な流動層装置の略図を示す．Aでは中心で粒子が吹き上がり周辺部に落下，下降する．このような流動層を噴流層という．Cのように中心部に円筒(ドラフトチューブ)を設置するとより明瞭な噴流層を作ることができる．Bは容器の底板を回転させて粒子を転動させながら周辺に集め，回転板と管体の隙間から流入させた空気で流動化させる転動流動層装置である．スプレーは，流動層・噴流層の上部から行う場合をトップスプレーといい，造粒では通常この方法がとられる．コーティングでは上下方向の粒子流れに対して水平方向にスプレーする接線スプレーや，底部から上方に向かうボトムスプレーが行われる．

スプレーには通常二流体ノズルが用いられ，高速気流で液体の微粒化し，微小液滴を生成する．造粒では，液滴によって粒子表面を濡らして粒子を凝集させ，流動層の分離力とバランスする大きさの粒体として乾燥する．コーティングで

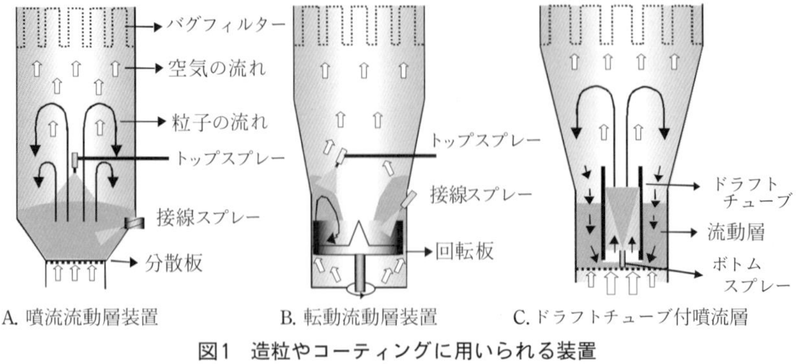

図1　造粒やコーティングに用いられる装置

は，造粒より速い乾燥速度で操作し，粒子に衝突した液滴が，粒子間架橋して造粒物が生成する前に乾燥して粒子表面に被膜を形成するか，液滴径をできるだけ小さくして，たとえ凝集しても流動層の分離力で個々の粒子に解離する．

二流体ノズルで生成する液滴は，広い粒度分布を有するのが普通である．図2に液滴径分布の例を示す．生成する液滴のうち粒子径の大きいもの程，粒子の凝集を起こしやすく，また乾燥後の架橋が強固なので，もとの粒子には解離しにくくなる．このためスプレー液の0.1%程度が粗液滴となるだけで，最終製品には許容限界である5%の凝集物が混入することになる．

粒子が定常な流動層や噴流層を形成するのは，多くの粉体では粒子径が20 μm以上の場合に限られる．これ以下の微粒子を操作する場合には，造粒では速やかな粒子成長によって流動状態を維持することができるが，コーティングでは，初期の粒子が被覆されて徐々に粒子成長が起こるため，扱える粉体は20 μm以上のものに限られる．粒子密度によって流動状態は異なるが，密度が1.5 g/cm³前後の有機物では，20～150 μmの粉体は粒子の凝集・分離を繰り返しながら流動化しており，しかも流動層の分離力が小さいため，スプレー液滴の架橋によって凝集が容易に起こり，コーティングは困難である．このため，流動層や噴流層によるコーティングは，現在のところ150 μm以上の粒子に限られている．しかし，これより粒子径の小さなコーティング製品へのニーズは多く，技術開発は盛んに行われている．例えば，粒子と被覆剤溶液あるいは懸濁液などをともにスプレーして高速で衝突させる方法，回転型流動層の遠心場で微粒子を流動化する方法，超臨界流体を溶媒に用いる方法などがある．

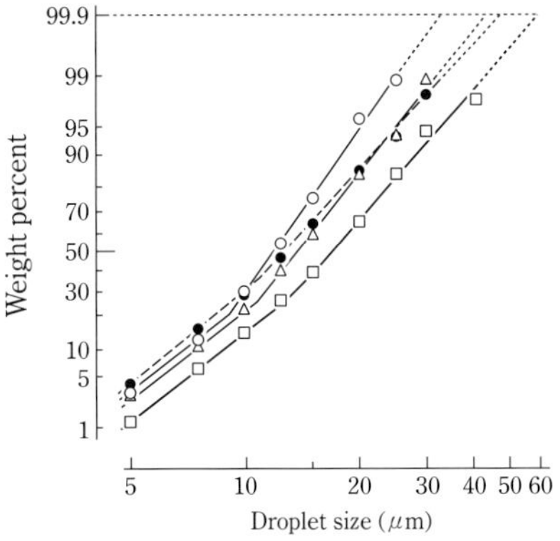

図2　スプレー液滴径分布の例

	スプレー液	溶液質量比	HPC濃度 (W/V%)	スプレー空気圧 (kg/cm²)
○	水	なし	0	2.3
△	HPC：CMC-NA	10:1	1.25	2.3
□	HPC：CMC-NA	10:1	2.50	2.3
●	HPC：CMC-NA	10:1	2.50	3.0

HPC：ヒドロキシプロピルセルロース
CMC-Na：カルボキシメタルセルロースナトリウム

スプレー方式のコーティング技術の利点は，単純な機械的被覆によって粒子の多層構造化が容易なところにある．各層の構造もスプレーする材料を工夫すれば，多様な機能を粒子に付与することができる．この技術を微細な粒子に拡張する試みが盛んに行われる理由はここにある．

●関連文献・参照文献

日本粉体工業技術協会（編）（1999）「流動層による造粒およびコーティング」『流動層ハンドブック』，207-243頁．

15

機能性材料

シリカ粒子
Silica Particle

シリカ粒子とは，二酸化ケイ素（SiO_2）粒子全般を指す俗称である．SiO_2は地球上で最も多く存在する無機物であり，原料が豊富であることと，熱および化学的安定性から，極めて幅広く用いられる物質である．

SiO_2は多種類の構造をとり，結晶質のものと非晶質のものが存在するが，我が国では非晶質SiO_2粒子のことを，一般にシリカ粒子と呼ぶことが多い．ここでは，広く用いられる非晶質シリカ粒子の基本的性質について記述する．なお，SiO_2の結晶には，石英（quartz），クリストバライト（cristobalite）等が存在する．

■製法および用途

非晶質シリカ粒子の工業的製造法は，乾式法と湿式法に分類される．乾式法では非多孔質微粒子が製造され，湿式法では非多孔質微粒子および多孔質ゲルが製造される．一般に，乾式法（または気相合成法）の方が高純度のものが得られるが，湿式法でも条件により高純度のシリカゲルが得られる．

乾式法は，主に四塩化ケイ素蒸気を原料として，高温での燃焼，加水分解により合成される．四塩化ケイ素以外にもアルコキシシランなどの有機ケイ素化合物を原料として，気相反応によりSiO_2微粒子を合成することが可能で，表面および内部に有機基を含む粒子を合成することも可能である．

表1　一般的なシリカ粒子の性質

製造法	乾式	湿式	
原料	$SiCl_4$	Na_2O・$nSiO_2$	
製品粒子	微粒子	微粒子	ゲル
SiO_2(wt%)	99.8	98	99.5
1次粒子径(nm)	5-50	10-40	2-5
凝集体粒径(μm)	0.1-0.3	>5	>10
強熱減量水分(wt%)	1-2	2-6	2-6
かさ密度(g/cm^3)	0.1-0.2	0.2-0.3	0.4-0.8
比表面積(m^2/g)	50-500	50-300	100-700
細孔径(nm)	-	-	2-50

湿式法では，ケイ酸ナトリウムの酸分解などにより，多孔質シリカゲルおよび沈殿性微粒子が得られる．湿式法でも200 m^2/g程度の比表面積を有するシリカ微粒子が合成され，粒子中含水量は，乾式法により製造されたものよりも大きい．表1に，一般に用いられるシリカ粒子の代表的性質を示した．

非多孔質シリカ微粒子は，添加成分として用いられることが多い．ゴムなど有機高分子に対する充填・補強剤や，液体中に分散させて粘度制御等に用いられる．多孔質シリカゲルは，乾燥剤，吸着剤としての用途のほか，細孔構造特性を利用して，触媒担体として広く用いられる．

■粒子表面の反応性

シリカ粒子の内部バルク構造は化学的

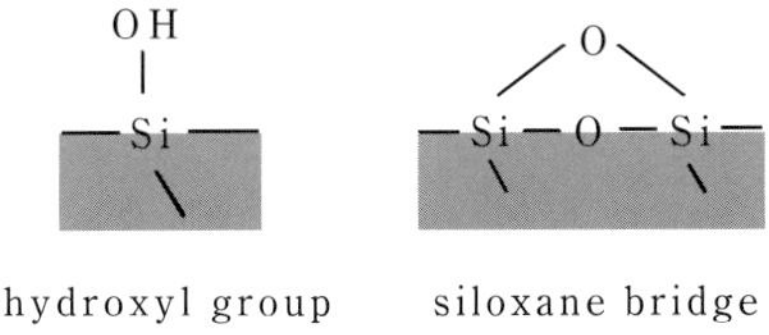

図1　シリカ粒子の表面サイト

に安定であるが，粒子表面状態は比較的容易に変化する．表面化学反応により，様々な機能性表面をもつシリカ粒子が合成される．超微粒子など表面積の大きな粒子ほど，粒子物性に対する表面状態変化の影響が大きく，分散性，流動性，吸着特性などの性質が変化する．シリカ粒子の性質を考える上では，表面反応性を把握しておくことが重要である．

純粋なシリカ粒子表面は，表面水酸基（surface hydroxyl group）およびシロキサン結合（siloxane bridge）から構成され，これらは様々な物質に対する不可逆吸着サイトとして作用する（図1）．また，これらサイトの反応性を利用して，化学的表面改質や触媒成分等の固定化が行われる．SiO_2結晶の表面も基本的には同じである．表面水酸基SiOHは，シラノール基（silanol group）とも呼ばれる．

表面水酸基は，水素結合性水酸基（水素結合を形成している状態のもの），および非水素結合性水酸基に大別される．常温大気中では，粒子表面には水分子が吸着されており，大部分が水素結合性水酸基である．加熱により水酸基から水が脱離し，反応サイトとして作用する非水素結合性水酸基およびシロキサン結合が形成される．これら表面サイトの反応性は，加熱温度に依存する．

高温で残存する水酸基は，孤立水酸基

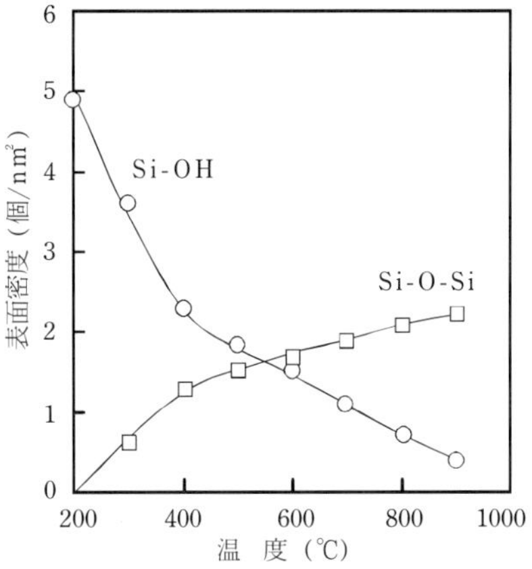

図2　表面サイト密度

（isolated hydroxyl group）とも呼ばれ，反応性が高い状態である．また，シロキサン結合の反応性は，立体構造的歪みの影響を受けるものとされている．一般に，低い加熱温度（概ね600℃以下）で生成されるシロキサン結合は，構造的歪みが大きく，反応性が高い．

表面水酸基およびシロキサン結合の存在密度は，粒子により異なるが，概ね4～6個/nm^{2}程度である．製造法の異なる多数のシリカ粒子についての平均的な値を図2に示した．加熱により生成するシロキサン結合は，水との接触により少なくとも一部が表面水酸基に再生される．

●関連文献・参照文献

Iler R. K. (1979) *The Chemistry of Silica*, John-Wiley & Sons.

Legrand A. P. (1998) *The Surface Properties of Silicas*, John-Wiley & Sons.

Parfitt G. D. and Sing K. S. W. (1976) *Characterization of Powder Surfaces,* Academic Press.

酸化チタン
Titanium Dioxide

広義には，チタンの酸化物TiO_xの総称であるが，狭義には二酸化チタン（TiO_2）をさす．なお，チタン自身は，地殻中に0.56％を占めるごくありふれた元素である．天然に産する結晶系としては，アナターゼ，ルチルおよびブルッカイトの3種類が存在するが，工業的に用いられるのは前二者である．（図1）酸化チタンの一般的性質として，融点が非常に高い点や，フッ酸，濃硫酸，溶融アルカリ塩以外の酸，アルカリ，有機溶媒には溶けないことから，熱的・化学的に非常に安定である．さらに，屈折率が高く，可視光領域に吸収が見られない．

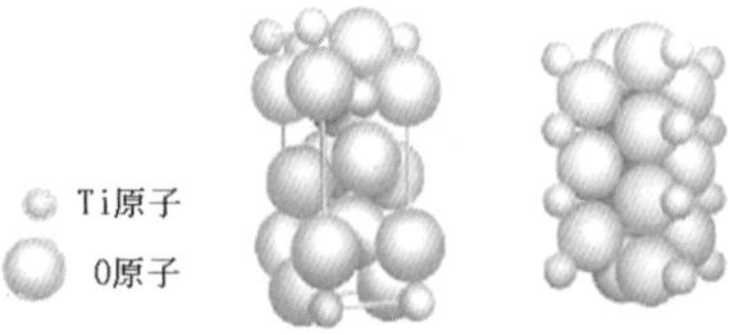

	アナターゼ型	ルチル型
結晶系	正方晶系	正方晶系
格子常数a	3.78Å	4.58Å
格子常数c	9.49Å	2.95Å
比重	3.9	4.2
屈折率	2.52	2.71
硬度	5.5～6.0	6.0～7.0
誘電率	31	114
融点	高温でルチル型へ転移	1858℃
バンドギャップ	388 nm	413 nm

図1　TiO_2の構造と主な性質

■酸化チタンの用途

上記のような化学安定性と光学的特性から，古くから白色顔料として使用されている．我が国の白色顔料の約70％を占めており，国内生産量は30万トン弱である．通常，顔料としてはルチル型が優れており，全生産量の3/4程度を占める．具体的な用途としては，多い順に塗料，インキ・顔料，合成樹脂，製紙，化学繊維である．

■酸化チタンの製造方法

酸化チタン粒子を工業的に製造する方法として，大きく2つの方法が知られている．1つは硫酸法と呼ばれ，原料鉱石を硫酸に溶解させて得られる硫酸チタニル（$TiOSO_4$）溶液を熱加水分解して得られた白色の含水酸化チタンを焼成する．通常，この焼成で得られる酸化チタンの結晶系はアナターゼ型である．

もう1つは，欧米で行われている塩素法である．塩素法は，鉱石を炭素とともに塩素と反応させて得られた四塩化チタン（$TiCl_4$）溶液を精留した後，1000℃の火炎中で燃焼させてルチル型の酸化チタンを得る．

以上の方法は，主に顔料用の粒子を製造するものであるが，後述する光触媒用として，比表面積の大きいサブミクロン粒子を合成するために，チタニウムアルコキシド（$Ti(OR)_4$）の加水分解を用いたゾル・ゲル法を用いることがある．本法で合成した酸化チタンは非晶質であり，これを焼成することで結晶化させる．

■光触媒としての酸化チタン

近年酸化チタン粒子の機能として注目を浴びているのが，光触媒機能である．光触媒とは，「半導体の固体材料が光を吸収することで生じる励起電子および正孔が起こす化学反応」と定義されている．図2に示すように，電子が価電子帯から伝導帯に励起するのに必要なエネルギー（バンドギャップ）が小さい化合物であれば，光触媒となりうるが，酸化チタン以外の化合物は化学的に不安定であるため，現在実用的な光触媒として酸化チタンが注目されている．酸化チタンの場合，波長380 nm以下の紫外光により励起し，酸素，水の存在下で，・OHやO_2^-・等のラジカル種により，表面に吸着した物質を酸化する．なお，酸化チタン粒子の場合，一次粒径が20-40 nm前後が最も光触媒活性が高いとされている．

酸化チタンが光触媒作用を有することは，顔料として酸化チタンを使用した塗料の塗膜が光照射により劣化するチョーキング現象等により，古くから知られていた．さらに，光が照射された酸化チタンにより水が分解できる，いわゆる本多-藤嶋効果が，酸化チタンの機能性に関する学術研究の発端となった．

酸化チタン光触媒の用途としては，ガラス，壁材等に塗布して防汚や防菌作用のほか，光照射下で酸化チタン膜表面が親水化されることを利用してガラスの曇り防止にも使用されている．さらに，ハニカムやフィルタ等に酸化チタンを塗布することで，空気清浄機等にも採用されている．

今後の動向として，金属等を担持することで可視光領域でも光触媒作用をもたせる工夫や，アパタイト等の他の材料との複合化で，多くの新しい試みがなされている．

●関連文献・参照文献

藤嶋　昭・橋本和仁・渡辺俊也（1997）『光クリーン革命–酸化チタン光触媒が活躍する』，シーエムシー．

東レリサーチセンター調査研究部門（編）（1998）『光触媒の最新技術動向』，東レリサーチセンター．

光産業技術振興協会（編）（2003）『光技術応用システムのフィージビリティ調査報告書XXIII：環境向け光触媒』

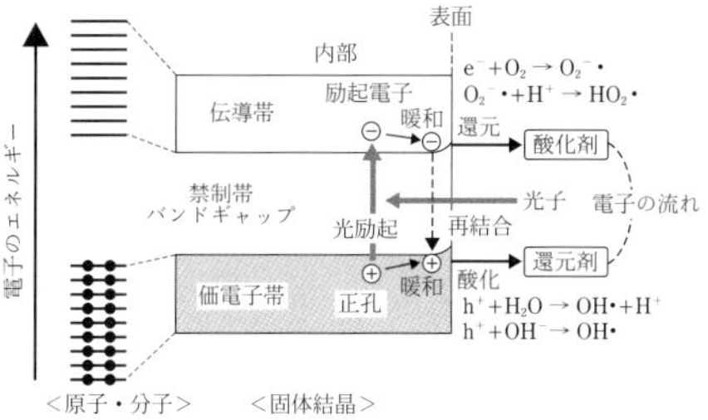

図2　光触媒材料の電子エネルギー構造

金属触媒
Metallic Catalyst

金属触媒は自動車排気ガス浄化触媒や石油化学におけるリフォーミング触媒等で幅広く使用されている．また河川の窒素成分増加の問題に関連して，水中の硝酸根の除去用の触媒としても研究が進められつつある．

多くの金属触媒は高活性であるが，金属成分の単位重量当たりの価格が高いため，触媒を安価に製造するためには金属を微粒化し単位重量当たりの表面積を増やし有効に機能する金属原子の割合を高める必要がある．一般的には，数百～1000 m^2/gの比表面積を有する多孔質担体に分散担持し触媒とする．触媒調製における要点としては，1）数nm程度の超微粒子として担持される，2）粒子径の分布が狭い，3）担持された超微粒子が反応条件下においても安定に維持される等があげられよう．以下に高分散担持金属触媒の調製法についてまとめた．

湿式含浸法（impregnation method）：最も広く使われる調製法で，担持する金属塩水溶液（あるいはアルコール溶液など非水系も可）に多孔質担体を浸漬し，熟成後水を溜去することで担持する．この場合用いる担体の酸・塩基性質と金属塩の選択と含浸する際の溶液のpHが極めて重要である．担体としてゼオライトやシリカ・アルミナなどの表面にプロトン（H^+）を有する多孔質体を用いるときは，テトラアンミン白金錯塩（$Pt^{II}(NH_3)_4Cl_2$）のような，金属を含むイオンがカチオンとして存在する出発原料塩を選択し，浸漬溶液が塩基性であることが必要である．ゼオライト表面のプロトンと金属錯イオンが交換されることで担体表面に強く固定化される．逆にアルミナなどでは，塩化白金酸（$H_2Pt^{IV}Cl_6$）のようなアニイオンとなる出発原料塩を選び酸性条件下で調製する必要がある．アルミナ表面の水酸基（プロトンを発生する酸性水酸基ではない）が酸性条件下でプロトン化され，$PtCl_6^{2-}$のような陰イオンが静電的に捕獲されると考えられる．このように湿式含浸法では，高分散微粒子を得るために担体表面の特別なサイトとの相互作用を利用している．したがってサイト数以上に金属イオンを導入すると表面との相互作用が弱い金属量が増加し，結果的に凝集が起こり粒子径の増大や分布の幅広化が起こる．例えば，代表的な担体であるγ-アルミナ表面には，特別な水酸基が1個/nm^2程度存在すると報告されている．アルミナの比表面積が150 m^2/gであるとすると，Pt金属に換算しておおよそ5wt％に相当する．この担持率まではPtが高分散に担持され得る．このように担持率も重要な因子である．得られた触媒前駆体（この状態では金属塩として担持されている）を乾燥後，空気流中などで所定温度焼成処理し塩を分解する．引き続き水素流中で還元処理することで高分散金属担持触媒を得る．最後の加熱活性化処理によって担体表面上に高分散した超微

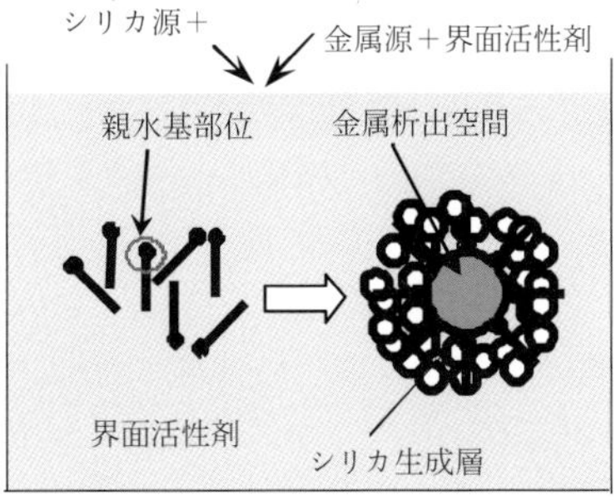

図　マイクロエマルションによる単分散担持金属触媒の調製法

粒子が一部合一し粒子の粗大化，粒子径分布の幅広化が起こる．先に述べた担体表面の特異なサイトの数以下の担持量であれば比較的熱安定性の高い金属触媒を得ることが可能だが，簡便な湿式含浸法では中程度の粒子径で分布の鋭い超微粒子を得ることが困難である．類似した方法であるが，金属塩水溶液の濃度およびpHを制御して多孔質担体表面に水酸化物として沈積させる析出沈殿法（deposition-precipitation method）も提案されている．この調製法の特徴は簡便な含浸法に比べ粒子径分布が狭くできる点である．触媒金属粒子径依存性が特異な反応（触媒粒子径によって大きく活性，選択性が異なる反応）の場合重要である．

化学固定化法（chemical deposition method）：様々な名称で呼ばれるが，気相あるいは液相で金属を含む分子と担体表面の官能基との化学反応で担持する方法で，金属と担体表面原子の間に化学結合が形成されるので，原理的には原子状分散の触媒を調製することが可能である．例えば，$Pd^{II}(C_3H_5)_2$をn-ヘキサン溶媒中SiO_2と接触させるとSiO_2表面の水酸基と反応してプロピレンを発生しながら表面に固定化される．明確な化学反応を利用しているため高分散超微粒子を得られるが，調製法が複雑であること，一般に使用する化合物が大気中で不安定であり，試薬や触媒試料を空気から遮断するための窒素箱などの特別な装置が必要であること，また担体表面の水酸基密度の制御が必要であるなど困難さを伴う．

マイクロエマルション法（micro emulsion method）：有機溶媒中，金属塩水溶液および界面活性剤を導入することで逆ミセル中に金属塩を閉じこめ還元剤を加えることで，いわば体積一定の多数のナノサイズフラスコ内で金属を還元析出させる（Kishida *et al.* 1996）．界面活性剤の濃度（水/界面活性剤比）を変えることで逆ミセル中に含まれる水の量を調整し，ミセル（micell）の大きさを制御する．ミセルの大きさを超える量の金属イオンはミセル内に入ることができないので，粒子径が精密に制御できる．調製時に担体成分となる化合物を加え加水分解で沈殿させることで安定化された担持触媒を調製できる．下図にその概略を示した．また，金属の担持率は，金属イオン量と担体成分の量の比によって決まる．本法の特徴は，粒子径をミセルの大きさで比較的自由に制御できること，粒子径分布が鋭いことである．特に整った中程度の大きさの微粒子を均一に合成できる大きな利点を有する．

●関連文献・参照文献

Kishida, M., Umakoshi, K., Ishiyama, J., Nagata, H., and Wakabayashi, K., (1996) Hydvogenation of carbon dioxide over metal catalysts prepared using micro-emulsion, *Catal. Today,* 29: 335–359.

16

集　塵

集塵方式
Dust Collector

集塵は気体中に浮遊している粒子を分離除去する操作であり，大きさはサブミクロンから数百ミクロン，濃度は数十g/m^{3}程度から数個/m^{3}までの極低濃度と非常に広範囲に及ぶ．粒子への作用力で分類すると，重力，慣性，遠心力，洗浄，濾過，電気集塵などに，また，気流と粒子の分離形態からは，図1に示すように，①流通形式，②障害物形式，③隔壁形式に分類できる．

■流通形式

障害物のない流路に含塵ガスを流通させる方式である．粒子は流れに直交して作用する重力，遠心力，静電気力などの作用を受け，流れの系外へと移動，除去される．この形式には，重力集塵，サイクロン，電気集塵などがある．

この形式では，流通抵抗は低く，気流は時間的に安定している．集塵率Eは粒子の移動速度，沈着面積Sおよび処理流量Qにより図2のように変化する．すなわち，集塵率は，Sv/Qとともに大きくなるが，流れに乱れのない層流のほうが乱流より効率はよくなる．

■障害物形式

流路中に障害物を挿入して，含塵気流中の粒子を障害物に捕集する形式の集塵装置であり，エアフィルター，慣性集塵，洗浄集塵などがこの形式に属する．粒子は個々の障害物表面に捕集されるので，集塵率は障害物の捕集効率ηを用いて次式で表現下きる．

$$E=1-\exp\left[-\frac{A}{V_c}\frac{\alpha}{1-\alpha}\eta L\right] \qquad (1)$$

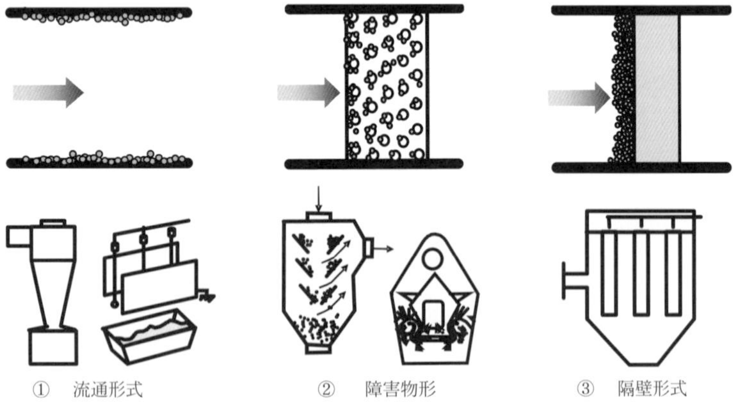

図1 集塵装置による粒子分離の形式

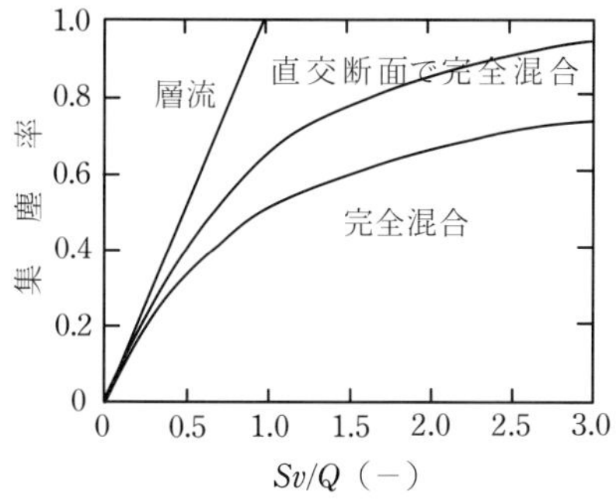

図2　流通形式集塵装置のに集塵率

ここで，A/V_cは障害物形状により定まる定数である．

上式において，η以外は装置が決まれば定まる装置定数である．これに対し，μは捕集体形状と操作条件により変化する．したがって，この形式に属する集塵装置の粒子捕集性能はηが分かれば式(1)より求めることができる．

固体粒子の場合，捕集粒子が捕集体上に堆積し，捕集体形状を変化させるので，捕集の進行とともに捕集効率がよくなる反面，圧力損失も増大する．

■隔壁形式

布や多孔質体など気体は通すが粒子はほとんど通さない捕集体を流路をさえぎるように配置することにより，粒子を捕集体表面に分離する形式の集塵装置である．粒子は，払い落とし直後のごく短時間を除くと，堆積した粒子層で古い効果により捕集される．この形式には，バグフィルタ，セラミックフィルタなどがある．

粒子は捕集体表面に堆積するので，ガスの流通抵抗を増加させる．したがって，定期的に堆積粉塵を払い落とすことが連続運転に欠かせない．表1に代表的な集塵装置の特徴をまとめて示す．

●関連文献・参照文献

日本粉体工業技術協会（編）(1997)『集塵の技術と装置』，日刊工業新聞社．

表1　集塵装置の形式と特徴

集塵方式		分離径（μm）	圧力損失（Pa）	温度（℃）	入口濃度（g/m^3）
流通形式	重力集塵	20	150	1000	10
	遠心力集塵	10	2000	1000	5
	電気集塵	0.02	300	500	10
障害物形式	慣性力集塵	10	3000	1000	10
	洗浄集塵	0.2	20000	—	10
	エアフィルタ	0.01	500	150	0.02
	粒子充填層	0.1	3000	1000	5
隔壁形式	バグフィルタ	0.01	2000	250	10
	ラミックフィルタ	0.01	10000	1000	10

電気集塵

Electrostatic Precipitation

電気集塵は，粒子を帯電し，電界内において分離する集塵方式である．粒子の荷電と分離を同時に行う一段式と，分離する二段式とがある．通常は，図1に示すような一段式が用いられる．図1は，大容量化が容易で一般的に使用される平板状の集塵電極（接地）のあいだに，高電圧を印加する放電電極を設置した平板式の例であるが，放電電極を円筒型集塵電極の中央に設置した円筒式もある．いずれの方式も，気流の通路に障害物を設置しない流通式の集塵方式であり圧力損失が低いため，大容量のガスの処理に適している．放電電極には，通常は負の高電圧を印加する．そこで発生するコロナ放電により負イオンが放出されて気流流中の粒子を負に荷電し，高電圧の放電電極と接地集塵電極のあいだに形成された電界の作用により，集塵電極に衝突・捕集させる．捕集粒子は，集塵装置下部に設置されたホッパーに収集され回収される．集塵電極，放電電極に付着した粒子は槌打ちにより，電極に衝撃を与え剥離する．極めて集塵率の高い方式であり，大容量のガス処理が可能なため，事業用火力発電所などの大型プラントの集塵技術として良く利用される．

電気集塵装置の集塵性能は，捕集される粒子の物性によって大きく異なるが，最も大きな影響を及ぼす因子は，粒子の電気抵抗である．図2は，粒子の電気抵抗率と電気集塵装置の荷電特性，集塵率を示したもので，10^2～$5\times10^8\,\Omega\cdot m$の範囲で荷電が安定し，高い集塵率が得られる．一方，$10^2\,\Omega\cdot m$より低い範囲では，電気抵抗が低いので粒子の荷電は容易であるが，集塵極に捕集されると，すぐに電荷を集塵電極に放出し，粒子が集

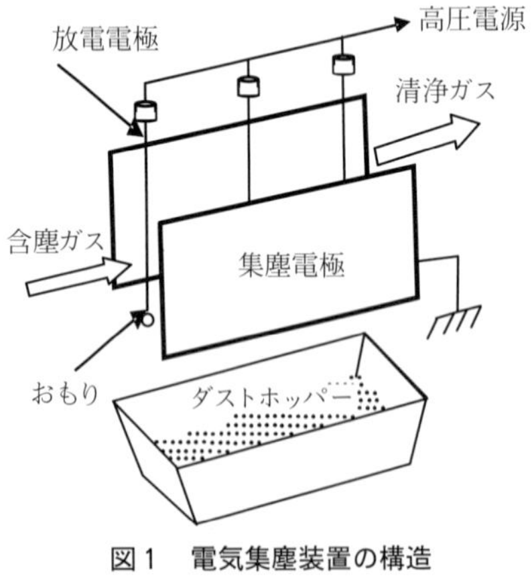

図1　電気集塵装置の構造

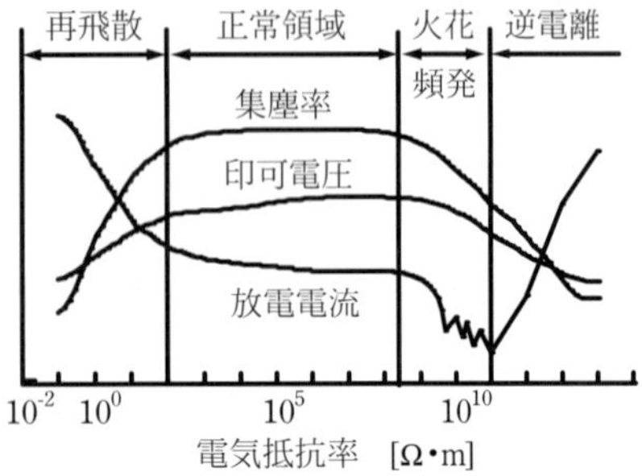

図2　ダストの電気抵抗率と電気集塵装置の特性

塵極と同極性になるため，再び気流中に飛散してしまい集塵率が低下する．$5 \times 10^8\,\Omega \cdot m$より高抵抗の粒子は，逆に集塵極に捕集された後も電荷を放出し難いため集塵極上に厚く堆積する．このため，空間に安定かつ十分な電界が形成され難くなり，集塵率が低下する．さらに極端に電気抵抗が高い場合は，集塵電極より正の電荷を大量に放出する逆電離現象を発生させるなどの問題が生じ，極端に集塵率が低下する．

電気集塵では，粒子を帯電して集塵するので，印加電圧が高く電界の強度が大きい程，また放電電流が大きく，粒子の荷電効果が高い程，集塵率が増加する．ただし，放電電流密度（集塵電極単位面積あたりの放電電流量）が$0.3\,mA/m^2$以上で集塵率は，ほぼ飽和する．通常この付近の放電電流密度になるように操作される．また，その際の電界強度（放電電極と集塵電極の距離に対する印加電圧の割合）は，2～3 kV/cmとなる．

電気集塵装置の集塵率は，対象となる粒子の大きさによっても影響される．大粒径粒子は衝突荷電により荷電が容易であること，一方きわめて微細な粒子は拡散荷電の効果があるため極端に荷電量が低下せず，かつ荷電時の粒子の電界内移動度が大きいことにより，それぞれ集塵率は高くなる．そのため，このいずれの作用も弱い，粒径0.1～1.0 μmの領域の粒子が最も集塵率が低くなる．この領域の粒子の集塵率を改善することが電気集塵の大きな課題となる．

集塵率に影響の大きな電気抵抗において，特に問題になるのは電気抵抗の高いダストが集塵しにくいことである．しかも，最も重要な捕集対象である石炭燃焼灰の電気抵抗が$5 \times 10^8\,\Omega \cdot m$よりも高く集塵し難いため，この対策技術について様々な新技術開発がなされている．石炭灰の電気抵抗は200～250℃ で極大値をもち，それ以上の温度でも，以下の温度でも低下する．そこで，1980年前後から，温度を350℃ 前後まで上昇させて電気抵抗を調整する高温電気集塵装置の開発が進められた．ただし，この方式は温度上昇により処理ガス容積が大きくなり，装置も大きくなるため，1990年頃からは，逆に操作温度をさげ，100℃ 以下で運転する低々温電気集塵機が開発されている．電気集塵機の操作温度が下がり，特に100℃ 以下になると，粒子表面への水分の凝縮が盛んになり，そこをイオンが通過しやすくなり電気抵抗を下げるため，集塵率が大幅に向上することが明らかになっている．

一方，高電気抵抗の粒子捕集時の問題点が，集塵電極板上に堆積したダストによって起こされることから，この堆積を防ぐ構造にして効率を改善する方法として，半湿式電気集塵装置や移動電極式電気集塵装置が開発されている．半湿式電気集塵装置は，集塵電極表面に水膜を作成し粒子の堆積を防ぐものであり，移動電極式電気集塵装置は，集塵電極を移動させながら，ブラシにより電極上堆積粒子を除去する方法である．いずれの方式も既に十分な性能を有することが明らかにされている．

●関連文献・参照文献

日本粉体工業技術協会（編）（1997）『集塵の技術と装置』，日刊工業新聞社．

サイクロン
Cyclone

微粒子を対象とした分級および集塵操作はエアロゾルを扱う工業プロセスで重要である．近年，粉体の付加価値を高めるため，微粉でかつ粒度分布幅が制御されたものを要求する傾向が強くなっている．例えば複写機のトナー粒子は約8 μm程度であるが，今後はさらに解像度を高めるために分布幅の狭い微粉の要求が予想される．また米国の環境規制である2.5 μm以下の粒子濃度（$PM_{2.5}$）の計測や日本での10 μmカットにおいても各種のサイクロンが使用されている．サイクロンは乾式と湿式があるが，エアロゾルの分野では主として乾式サイクロンが用いられており，捕集装置としての利用だけでなく分級機としても利用されている．

一般に利用されているサイクロンの構造を図1に示す．粒子は入口部から接線的に導入され，円筒部および円錐部で粗大な粒子は遠心力を受け内壁に移動し下部捕集箱で回収される．一方，遠心力の効果を受けにくい微粉は上部の出口管より排出される．サイクロンの入口速度は10-25 m/sの範囲が一般的である．これは入口速度があまり低すぎると分離径が大きくなり，また30 m/s以上の高速条件では一度内壁に沈着した粒子が再飛散し，性能低下を生ずる場合があるためである．サイクロンの圧力損失のおおよその推定は，気流の遠心力を半径方向に出口管の2/3の半径位置から入口管位置まで積分することにより可能で，圧損は円周速度成分の2乗に比例した値を示し，また，サイクロン直径にあまり依存しない．圧損は入口速度の上昇により増加し，水柱で約10-15 cm程度である．またサイクロンの分離径は次式で表されるように，直径の平方根に比例するので，処理量が多い場合は小型サイクロンを並列に配置するマルチクロンの利用が有効である．

$$D_{pc}=K\sqrt{D} \tag{1}$$

ただし上式でKは定数，Dはサイクロン直径である．

サイクロンの入口形状として図1に示した接線流入式と構造が複雑な全円周渦巻式があり，後者の方が前者よりも若干粒子の捕集効率が高い．これは全円周渦

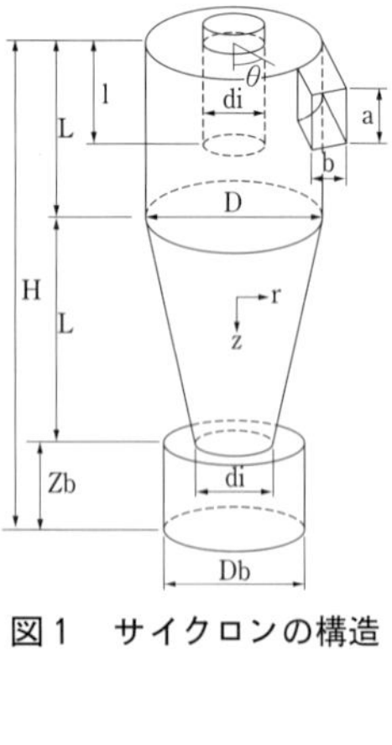

図1 サイクロンの構造

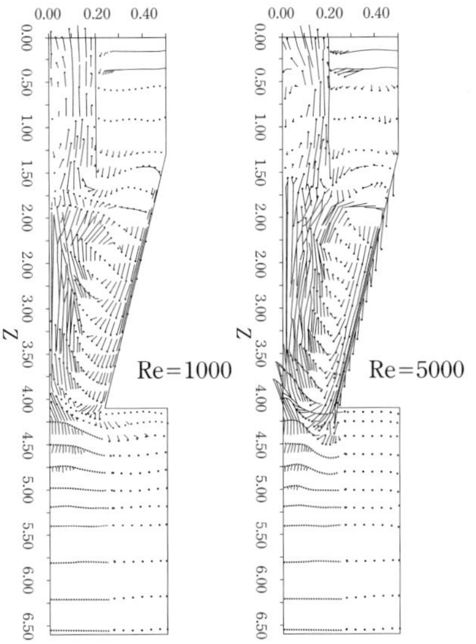

図2　計算による気流ベクトル結果

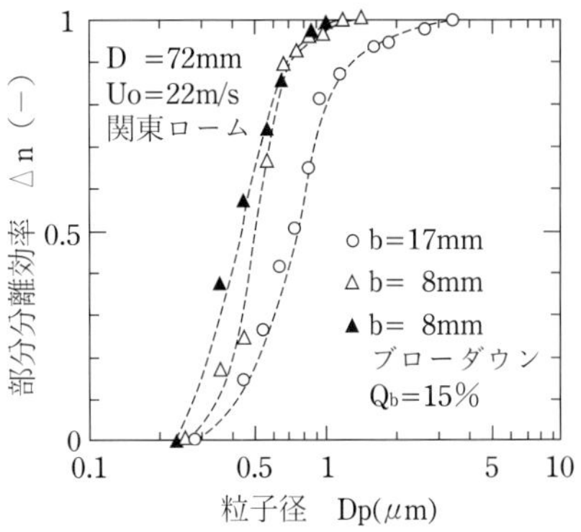

図3　ブローダウンと案内板の効果

巻式がより理想的な回転流を形成するためであろう．サイクロン内部の気流は円筒壁から出口管径までの領域は準自由渦で，中心に近づくにつれて回転速度は速くなっている．出口管径の約2/3から中心側は剛体回転する強制渦領域であり，この部分は台風と同様に低圧部となる．半径方向速度分布については，上部天板面に沿って中心方向に気流が流れている．粒子の分離径は出口管下端より内向き中心軸方向流れ成分と釣合う遠心沈降速度をもつ粒子径に相当する．

近年の数値解析の手法を適用することにより，サイクロン内部での流動および粒子運動の様子を解明することが可能である．図2は得られた気流速度ベクトル分布である．流れレイノルズ数Re＝1000の場合に円錐壁近くの下降流速度が小さいのに対して，Re＝5000の場合ではかなり大きい．また捕集箱入口部での速度がRe＝5000の場合には速度がより激しく変化している．さらに出口管下部に注目すると，中心軸近傍で捕集箱からの上昇流と出口管の中間部からの下降流とが衝突して逆流域を形成している．この逆流域の大きさはRe＝5000の場合がより大きい．サイクロンの直径が大きくなると分離性能が低下するのは，出口管下部の逆流域が発達すること，および捕集箱入口近傍の速度分布がより急激に変化するために生ずるものであろう．

サイクロンの分離径制御を目的とした測定結果を図3に示す．サイクロン入口部に円弧状で円周方向に移動可能な案内板を用いて入口幅bを小さくすると，分離径は0.75 μmから0.5 μmに小さくなる．さらに入口流量の15％の流体を捕集箱内で吸引すると，分離径が0.4 μm程度にまで移動しサブミクロンの粒子捕集や分級操作が可能である．

●関連文献・参照文献

粉体工学会編（1998）『粉体工学便覧，第2版』，日刊工業新聞社，136，326頁

エアフィルタ
Air Filter

エアフィルタは，空気中の微粒子をフィルタで濾過する装置で，集塵装置の一種であるが，排ガス用または有用物質回収用の工業用集塵装置と異なり，主として室内あるいは局所空間の空気清浄を目的として使用される．したがって，空気中の粒子濃度は，一般に質量濃度で10 mg/m^{3}以下，個数濃度で106 mg/cm^{3}以下と低いレベルを対象とする．エアフィルタは，通常一つのユニットに組み立てられたものをいうが，狭義には濾材（メディア）そのものを指す．

■濾材の集塵性能

1〈濾材の種類〉

フィルタ濾材構造のほとんどは繊維層であり，そのうちの80%以上は材質がガラス繊維である．材質としてその他ポリエステル，ポリプロピレンなどの合成繊維，ウール（羊毛）やセルロース，木綿といった天然繊維が用いられる．フィルタ濾材はこれら繊維の集合体であり，その空間率（フィルタ全体積に占める空間の割合）は95%以上と極めて高い．濾材の構造としてはこの他，膜状（メンブレン）のものがあり，空間率はやや低く70%から90%の範囲にある．

2〈捕集機構〉

繊維層フィルタの空間率は，このように95%以上と極めて高いので，繊維間の距離は繊維半径の8倍以上もあるため，フィルタの中に空気とともに送られてきた粒子は，1本1本の繊維に衝突して捕集される．繊維への粒子の捕集機構は，慣性，ブラウン拡散，重力，さえぎり，であり，慣性は，濾過速度が速く（50 cm/s以上）粒径が大きい（1 μm以上）ときに，ブラウン拡散は，両者が小さい（5 cm/s以下，0.5 μm以下）ときに，また重力は，速度が遅く（5 cm/s以下）粒径が大きい（5 μm以上）ときにそれぞれ有力となり，さえぎりはそれらの力が働かないときに有力となる．さらに，粒子または繊維が帯電しているときは静電気力が支配的に働く．図1は機械的機構による単一繊維の捕集効率を示したものである．

3〈捕集性能〉

フィルタ内部で，粒子と繊維とのあいだに上記のような力が働くため，最も捕集効率が低くなる粒径または速度が存在する．最もフィルタを通過しやすい粒子

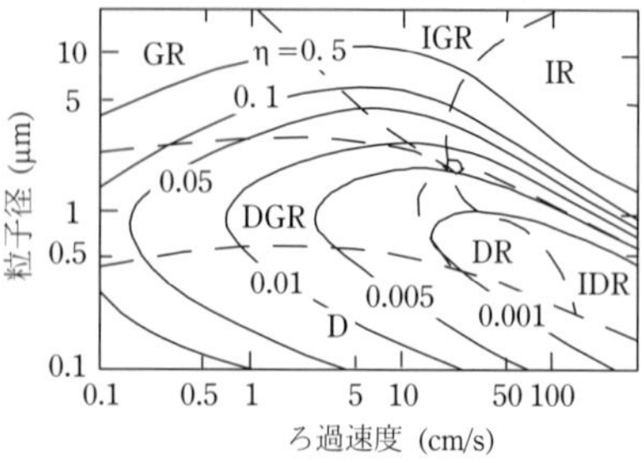

図1　単一繊維捕集効率

I：慣性，D：拡散，G：重力，R：さえぎり

の大きさは，繊維径や濾過風速によって異なるが，一般に，0.1 μm〜1 μmのあいだに存在する．最も粒子が通過しやすい濾過風速は，10 cm/s〜50 cm/sのあいだに存在する．粒子が小さい程，捕集されにくいと考えられがちであるが，サブミクロン粒子が最も捕集されにくいのである．また，繊維径は小さい程，捕集効率は高くなる．

1 μm以下の粒子は，濾過風速がよほど大き過ぎない（2 m/s以下）限り，繊維表面に留まるが，2 μm以上の大きい粒子は，繊維表面で反発現象が生ずる．目安として，5 μmの粒子では25 m/s，10 μmでは10 cm/sの低速度でも，繊維表面に到達した粒子の半分が飛散し効率低下を招くので注意する必要がある．

■エアフィルタの種類

実際のフィルタは一つの枠の中に納められ使用される．フィルタを分類すると以下のようになる．

1〈粗塵用フィルタ（プレフィルタ）〉

数 μm 以上の粗い粒子を対象とし，フィルタの繊維径は数10 μmと太い．フィルタ形状としては四角い枠に嵌めたユニット型とロールで巻き取る自動更新型がある．粒子の飛散防止のため粘着材を塗布したものが多い．性能試験は質量法で行われる．

2〈中性能フィルタ〉

1 μm前後の比較的細かい粒子を対象とし，繊維径は数μmから10 μm程度である．高性能フィルタの前置フィルタとしても使用される．フィルタの形式は，パネル型，袋型，折込型に大別される．性能試験は通常，比色法で行われるが，対象とするエアロゾルの濃度や粒径により，質量法や計数法が用いられることもある．

3〈高性能フィルタ〉

1 μm以下，nmオーダーまでの粒子をほぼ完全（99.99%以上）に捕集するフィルタの総称で，特に性能の良いものには「超」を頭につけて呼ぶ．0.1〜0.7 μmの微細繊維に補強材として数ミクロンの繊維を混ぜた濾紙状繊維層を密に折り込んだものをユニットとして使用される．セパレータ型とミニプリーツ型がある．0.3 μmの粒子を99.97%以上捕集するHEPA（High Efficiency Particulate Air）フィルタ，0.1 μmの粒子を99.999%以上捕集するULPA（Ultra Low Penetration Air）フィルタは原子力施設やクリーンルームで主に使用されている．性能試験は計数法で行われている．

4〈静電フィルタ〉

粒子と繊維のあいだの静電気力を利用して集塵性能の向上を目指したフィルタである．静電フィルタは大きく帯電フィルタと誘電フィルタに分類される．前者は繊維に帯電させたもので，エレクトレットフィルタが良く知られているが，ウールレジンの摩擦帯電フィルタも同程度の性能をもつ．後者は外部から電気エネルギーを与え，フィルタ内部に不平等電界を形成させて繊維表面を分極させ，これによる分極力を利用したものである．粒子を荷電させると，より一層効率は上昇する．

●関連文献・参照文献

日本空気清浄協会（編）（2000）『室内空気清浄便覧』，オーム社．

バグフィルタ

Bag Filter（Fabric Filter）

ろ布（織布または不織布）を袋状として含塵ガスをろ過分離する装置．ダストがろ布上に堆積し圧力損失が上昇するので，払い落しを行って集塵操作を繰り返す．家庭用の電気掃除器も布，紙等をろ材とした一種のバグフィルタである．

バグフィルタは集塵装置の中で最も集塵率が高く，排気含塵濃度は容易に10 mg/m³N以下となる．さらに，設備費および運転費を含めた経済性も優れ，しかも取扱いが比較的容易である．このため，最も普及し，国内で販売される集塵装置の生産台数のうち約85％以上を占めている．

バグフィルタの型式は，払落し方式やろ材形状により分類できる．代表的な形式を図1に示すが，(c)パルスジェット方式が最も多く使用されている．

バグフィルタの捕集性能は，清浄ろ布が最も低く，ダストケーキの形成とともに図2のように集塵率は著しく上昇し，ろ布出口濃度は急速に減少する．一定時間経過後に一定となるが，ろ過速度が大きくなると，到達濃度，すなわち出口濃度は非常に高くなる．

ろ材は機械振動式および逆圧式では主に織布，パルスジエット式では主に不織布（フェルトなど）が使用される．

圧力損失の推算はバグフィルタの設計すなわち「ろ過面積」の決定に重要となる．ろ過圧力損失は粉塵の粒子径，付着性，繊維の織り方などに依存するが，通

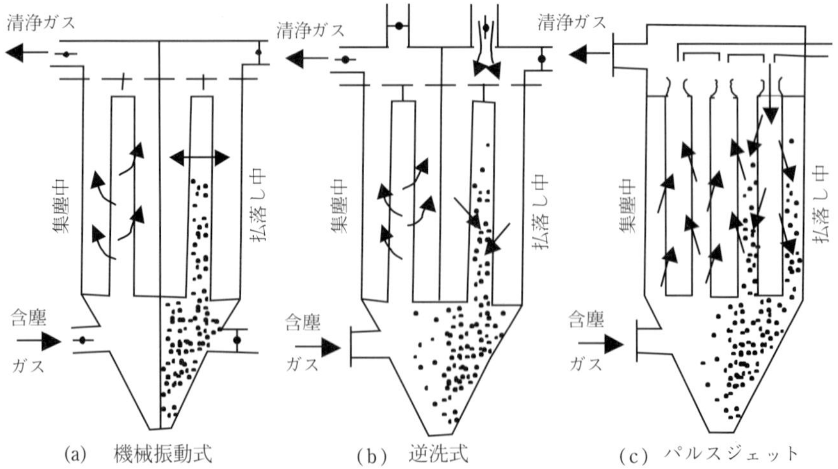

図1　代表的なバクフィルタの型式

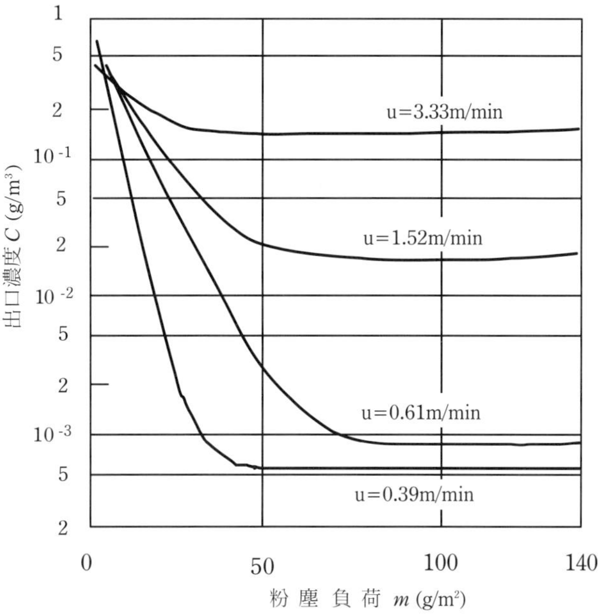

図 2　ガラス織布の排出含塵濃度と粉塵負荷およびろ過流速との関係（フライアッシュ集塵）

常は汚れたろ材の圧力損失とダストケーキ層の和として次式が実用されている．

$$\Delta P = \Delta P_f + \Delta P_d$$

ろ布汚れ抵抗係数を $\zeta_d(m^{-1})$，ダストケーキの比抵抗を α (m/kg) とすれば，

$$\Delta P = (\zeta_d + \alpha CUt) U \mu$$

ここで，C：入口含塵濃度（kg/m^3）
U：見掛け濾過速度（m/s）
t：ろ過時間（s）
μ：空気の静粘性係数（kg/(m・s)）

ζ_d，α は粉塵や運転条件により異なるが，だいたい，$\zeta_d = 10^9 \sim 10^{10}$　m^{-1}，$\alpha = 10^{10} \sim 10^{12}$ m/kg程度である．

一般にろ過速度はヒュームは低速で0.3～0.5 m/min，最も高速なのは穀物粗粒などで5～6 m/minである．

最近ではバグフィルタは粉塵の捕集のみでなく，前段に吸収剤や吸着剤を投入し有害ガス，水銀等の重金属，ダイオキシン等を同時に処理用として，ごみ焼却炉の排ガス処理に適用されている．

また，セラミックフィルターによる高温（300℃以上）含塵ガス集塵も開発され，一部で実用されている．

●関連文献・参照文献

日本粉体工業技術協会（編）（1997）『集塵の技術と装置』，日刊工業新聞社．
米田　佐（2001）「乾式濾過集塵技術」，『粉体工学会誌』，38（6），436-445頁．

洗浄集塵
Scrubber

含塵ガスを液体（おもに水）と接触させて洗浄し，ダストを除去する集塵方式の総称で「湿式集塵装置」あるいは「スクラバ」ともいう．

捕集機構は液滴や液膜と粒子の衝突，増湿凝縮による粒子の凝集，気泡内部における沈着などによる．捕集限界粒子径は約1 μm程度である．1 μm以下の粒子の捕集にはベンチュリスクラバのように約10000 Pa以上の高圧力損失で運転される場合に限られる．代表的な洗浄集塵装置を図1に，仕様と性能を表1に示す．一般に，洗浄集塵装置は処理ガス量当たりの集塵装置のコストは比較的安価であるが，保守管理・運転費および排水処理など付属装置のコストを含めて考えなければならない．

洗浄集塵では粒子は多くの場合液滴により捕集される．液滴の空間密度はそれほど高くないので，一つの液滴による粒子の捕集効率が明らかになればそれをそのまま装置全体に拡張できる．しかし，粒子と液滴がともに運動しているので，液滴は気流中に注入されるとはじめは大きな相対速度をもつが，気流速度までに

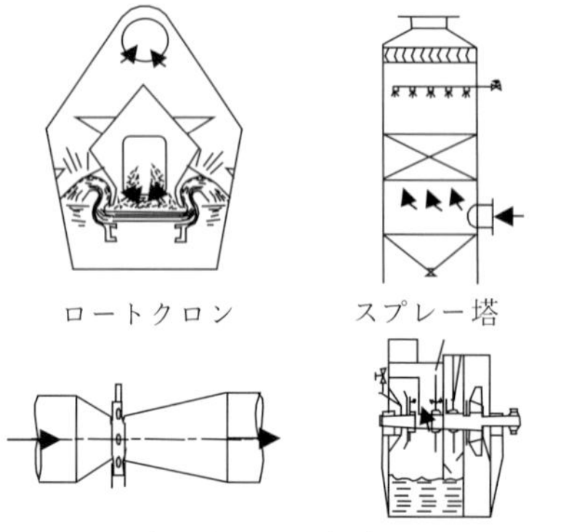

図1　代表的な洗浄集じん装置

表1　洗浄集じん装置の使用と性能

	ガス流量 (m/s)	ガス流量 (m^3/min)	圧力損失 (Pa)	液ガス比 (L/m^3)	分離径 (μm)
ロートクロン	20-30	1000	500-1500	0.1-0.3	0.5
動突スクラバ	10-100	5000	500-2000	1-5	1.5
サイクロンスクラバ	1-2	5000	500-2000	0.5-5	1
ベンチュリスクラバ	40-100	10000	2000-200000	0.3-1	0.1
スプレー塔	1-2	1000	100-500	0.1-1	3
充填塔	1-2	1000	1000-3000	1-10	0.1
タイゼンワッシャ	1-5	1000	2000-4000	0.5-2	0.2

急速に加速される．液滴による粒子捕集は気流と液滴のあいだに相対速度がある区間だけに限られ，この間の粒子捕集量は洗浄数と呼ばれ次式で定義される．

$$R' = \frac{3\int_0^x \eta dx}{2d_w}$$

ここで，l_xは液滴と気流が相対運動する距離である．

図2はベンチュリースクラバのスロート部気流速度80m/s，l_x=1mの場合の森島によるR'の計算結果を示したものである．同図において，拡散捕集が支配的となる粒径0.1μm以下の粒子では洗浄数Rは液滴径とともに減少するが，慣性捕集が有効な0.5 μm以上では液滴径200～300 μmの範囲で洗浄数は最大となっており，粒径ごとに捕集に最適な液滴径が存在する．

いま，装置内で変化がなければ集塵率Eは

$$E = 1 - \exp(-R'LX)$$

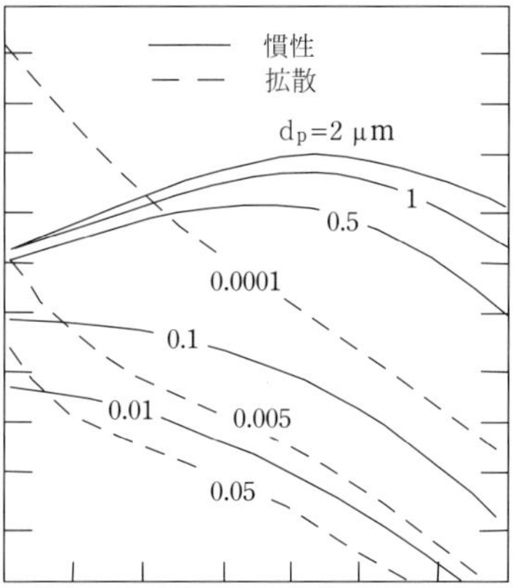

図2　ベンチュリースクラバの計算結果（スロート部気流速度80 m/s，l_x=1 m）

ここで，LとXはそれぞれ液ガス比と装置長さである．

洗浄集塵装置は前述のように，保守コストおよび集塵率の点から現在生産される各種集塵装置のうちわずか数%である．

洗浄集塵装置の用途の代表的なものはアルミショットブラスト，マグネシウム合金の研磨工程など粉塵爆発性の微細粉を扱う集塵がある．バグフィルタでは万が一，着火源が存在すれば大きな粉塵爆発事故を起こしかねない．そのため，現在では防爆対策として火の粉など着火源が混入しても水により消火可能な洗浄集塵装置が適用される．

●関連文献・参照文献

森島直正（1967）「ベンチュリースクラバに関する研究」大阪府立大学博士論文．

日本粉体工業技術協会編（1997）『集塵の技術と装置』日刊工業新聞社．

厚生労働省産業安全研究所（1999）「産業安全研究所技術指針「集塵機及び関連機器における粉塵爆発防止技術指針」，NIIS-TR-No. 36，産業安全技術協会．

高温集塵技術
High Temperature Dust Collection

高温集塵の対象となる温度は，バグフィルターや電気集塵機などの上限である300℃ 程度以上を「高温」の目安としている．この技術は，石炭，バイオマスや廃棄物などの燃焼・ガス化により生成する高温ガスのエネルギーを高効率で発電や熱利用する際に，ガス中の灰粒子の捕集・除去を行う目的で，開発された．

代表的な発電システムとして，石炭加圧流動層燃焼（Pressurized fluidized bed combustion, PFBC）複合発電がある．燃焼ガスは850℃，10気圧の高温高圧ガスであり，ガス中に含まれる灰粒子を除去すれば，タービン翼の磨耗損傷ガを防止してスタービン発電が可能となる．蒸気タービン発電との組み合わせで40数％の発電効率が見込まれる．この他に高温集塵は，石炭のガス化ガスの精製，廃棄物やバイオマスの燃焼・ガス化プロセスでも使用が検討されている．

これらのガス化・燃焼ガスは高温の上に，灰粒子の他，アルカリ金属や塩素など腐食性成分を含むためフィルター材質には，セラミックスや耐腐食性の合金が用いられている．

高温集塵用フィルターの形状には，大きく分けて図に示した3種類の構造が提案されている．(a)がチューブ型と呼ばれ含塵ガスはチューブ内に導入されてフィルターを通過し外へ出る形式である．(b)は，キャンドル型と呼ばれ，先端を閉じた形状で，含塵ガスはフィルター外面から内部に通過する．(c)はハニカム型で，ハニカムの出入り口を交互に塞いで，片方から流入した含塵ガスをハニカム壁面で通過させ，もう一方の側が空いている孔からクリーンガスを排出する．フィルター材質は，低熱膨張性のコージエライト，耐クリープ性の高いムライトなどの酸化物，ガス化用にはSiCやFeAlなどが使用される．フィルター自身の構造も，焼結により粒子を結合させた剛性の高い硬質フィルターと，セラミックス繊維を編んで変形性を有するタイプなどがある．

PFBC用高温集塵技術の開発過程で，各形式のセラミックスフィルターが試験され，①燃焼状態のトラブル等による激しい温度変動，例えばフィルター表面での可燃分燃焼による熱応力破壊などによるフィルターの突然の破壊・破損，②フィルターおよび周辺配管等の高温腐食などの損傷，③粉塵粒子の高温付着性増大による破壊③破損等を原因とする様々

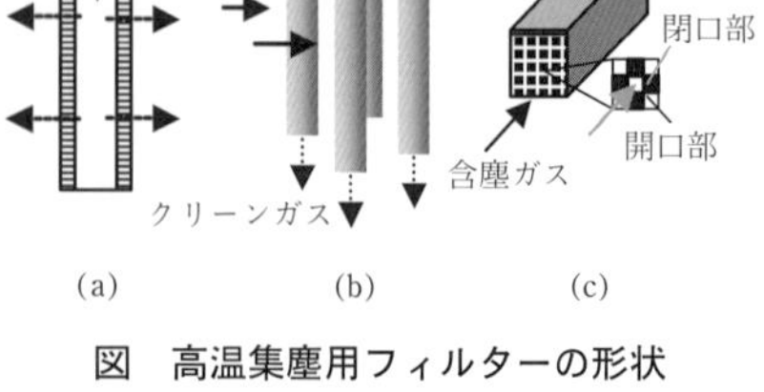

図　高温集塵用フィルターの形状

なトラブルが発生した．

①の熱衝撃による破壊は，フィルターの材質を低熱膨張係数の材料を用い，フィルターを固定・支える冶具がフィルターの膨張などをうまく吸収できる構造にすることで防止できた．

②の腐食については，フィルター自身の耐腐食性が高いことは無論であるが，払い落とし時に吹き込むガスで腐食性成分が凝縮し，配管等を痛めるケースなどもあり，腐食防止はシステム全体の細部にわたる考慮が必要である．また灰粒子はアルカリ金属分など腐食性成分を含んでおり，フィルター内部に灰粒子が入りこむと長期間フィルターと接触してアルカリ分などがフィルター内部に拡散し腐食が促進される．そのため，高温集塵では，フィルター内部に粒子が侵入しないように，強度を高める骨格構造の多孔体表面に細孔径の小さな薄い濾過層を被覆し表面濾過構造にする必要がある．

最後の粉塵付着性増大が最も一般的に発生する現象である．石炭燃焼灰では，760℃程度に融点をもつK_2O・$4SiO_2$等の低融点共晶物（eutectic phase）が微量液相となり粒子間に液架橋を形成することが原因のひとつとされている（Kamiya *et al*, 2002）．灰の付着性増加は，残留粉塵による圧損上昇から，チューブやハニカムではフィルター自体の閉塞，キャンドル型ではフィルター間に架橋を作り，最悪の場合にはフィルターが破損する原因となる．また，廃棄物燃焼灰では高濃度の塩素やアルカリ金属，重金属類と融点が400〜500℃とさらに低い低融点共晶が生成し，低温での灰付着性増大やアルカリ・塩素腐食が進みさらに高温集塵は困難になる．

この付着性増大の対策には，セラミックスフィルターの前段で粗い粒子を捕集するサイクロンで全量を捕集せず，一部粗粒子をフィルターに送り，粉塵層の強度の低減とフィルター上の付着残留粒子を粗粒子の衝突で落とす方法（Sasatsu *et al*, 1999）や，燃料に低融点共晶物質の生成を阻害する効果のある物質を添加し，液相生成温度を上昇させる手法などが検討されている．

PFBC用の高温集塵実証試験として1000時間の連続運転に成功したが，商用レベルの運転例は世界的に見てもまだ少ない．セラミックスフィルター自体は，優れた耐久性からバグフィルターの代替としての利用が増えている．

●関連文献・参照文献

Kamiya, H., A. Kimura, M. Tsukada and M. Naito (2002) Analysis of the High-Temperature Cohesion Behavior of Ash Particles Using Pure Silica Powders Coated with Alkali Metals, *Energy & Fuels*, 16: 457–461.

Sasatsu, H., N. Misawa, R. Abe and I. Mochida, (1999) Prediction for Pressure Drop across CTF at Wakamatsu 71MWe PFBC Combined Cycle Power Plant, *High Temperature Gas Cleaning*, Vol. 2: 261–275.

17

クリーンルーム

クリーンルームの概要と清浄度

Cleanroom and Air Cleanliness

我が国における先端産業である半導体・液晶などのエレクトロニクス，精密工業，バイオテクノロジーなどの基盤技術として，クリーンルームに代表されるクリーン化技術の役割は大きい．一般に空気には窒素，酸素，水分のほか，微量のガス状物質，粒子状物質，浮遊微生物などが含まれ汚染の原因となっているが，クリーンルームは従来，超高性能フィルタ（HEPA，ULPAフィルタ）を用い，空気中の粒子状物質を制御した室として，半導体，電子，光学などの工業分野および医療・医薬などのバイオ分野で利用されている．

■クリーンルームの基本方式

クリーンルームは，室内圧力を正圧にして給気処理を中心としたクリーンルームと，負圧として排気処理を行うハザード制御施設に大別できる．気流形式による分類では，図1に示すように一方向流方式と非一方向流方式，あるいはこれらを混合した混合（Mixed Airflow）方式に分類できる．方式の選定には要求される清浄度，運転管理，設備費などの検討が必要であり，上記の方式を適宜組み合わせて用いる場合が多いが，ミニエンバイロメントといわれる局所清浄化の形式が利用されている．

クリーンルームの状態は，施工完了時（As built），製造装置設置時（At rest），運転時（operational）に分けられる．

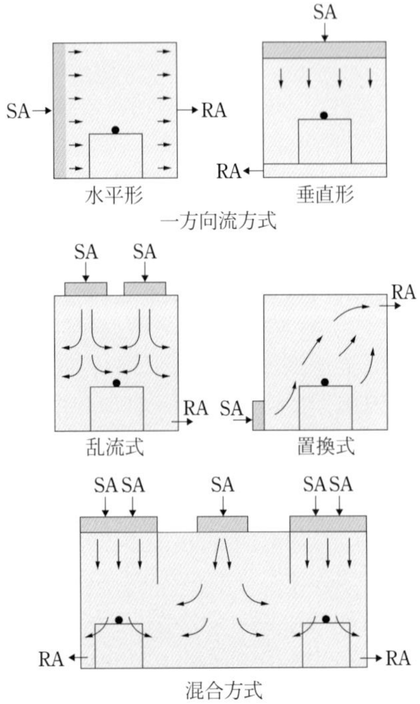

図1　クリーンルームの形式

各種産業における必要な空気清浄度については，クリーンルームの使用用途によりある程度決まってくるが，さらに厳しい清浄度を要求するだけではなく，ガス状物質についても制御が必要となっている．

■空気清浄度

クリーンルームにおける浮遊微粒子に

関する空気清浄度は，清浄度クラスによって表される．清浄度の基準には，米国連邦規格（Fed. Std. 209E）が良く用いられていたが，現在は図2に示すように，JIS B 9920:2002とISO14644－1で規定されている．これらの清浄度クラスは粒径別の粒子濃度によって分けた等級クラス1～9で表記し，測定対象粒径をとしたときの粒子濃度C_nを

$$C_n = (0.1/D)^{2.08} \times 10^N$$

と表記したときのNの小数点以下を繰り上げた値を清浄度クラスの値とする．最も大きな特徴は「清浄度クラスの分類が1～9であること」，「超微粒子（Ultrafine particle），粗大粒子（Macroparticle）についての記述が加えられたこと」，「測定点数（床面積の平方根）の違い」などである．通常の清浄度クラスが粒径0.1～5 μmの粒子を対象として分類されるのに対し，Ultrafine particleは粒径0.1 μm未満，Macroparticleは粒径が5 μmを超える大粒径粒子を定義したもので，それぞれU表示（U-descriptor），M表示（M-descr-iptor）という表記で表すことができる．

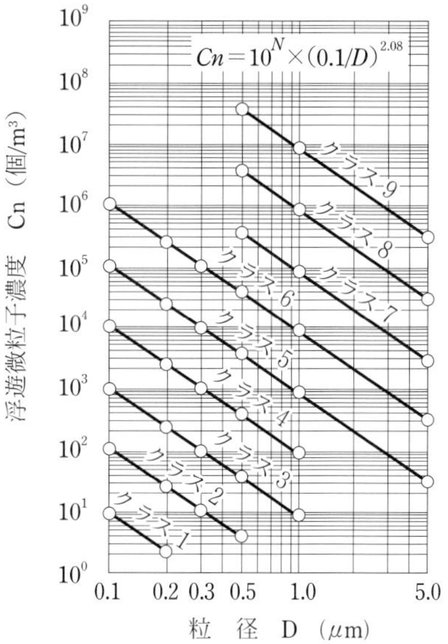

図2　空気清浄度クラス

空気清浄度もクリーンルームの状態により異なってくるため，状態を併記して用いられる．

■空気清浄度の評価方法

清浄度の評価基準は，測定点数により3つの方法に区分され，各区分で「適合」と判断されるのは以下の場合となる．

① 測定点数が1点：3回以上測定を行い，その平均値が清浄度クラスの上限濃度以下

② 測定点数が2～9点：全測定点数の平均粒子濃度から，平均の全平均，標準偏差および95%上側信頼限界を計算し，95%上側信頼限界の値がクラス上限濃度以下

③ 測定点数が10点以上：各測定点において2回以上測定し，各測定点における平均値がクラス上限濃度以下

なお，空気清浄度の計測には，一般的に個々の粒子を計数できる光散乱式の粒子計数機（DPC）が用いられ，サンプリング流量の規定がある．

●関連文献・参照文献

空気清浄協会（編）（2000）『クリーンルーム環境の計画と設計』，オーム社．

システム
Cleanroom System

クリーンルームシステムは，主な構成要素として，粒子を除去するエアフィルタ，送風機，空調機器などがあげられる．このほかに，局所的に高い清浄度が得るための機器として，クリーンベンチやクリーンブースが使用され，作業員の出入口に設置して室外からの微粒子の持ち込みを防止するためのエアシャワー，機材・物品の搬入を行うためのパスボックス，室内圧を調整するためのリリーフダンパなどの付属機器が備えられている．

クリーンルームでは，一般に清浄度を維持するため，送風量が多く運転コストが多大である．特に，高い清浄度を必要とする半導体デバイス製造用クリーンルームでは，以下に述べるようにその方式が歴史的に変遷しており，運転コストの低減が図られてきている．

■大部屋方式

仕切りのないクリーンルームに各種設備・装置が設置されており，特に高清浄度のクリーンルームでは，HEPAフィルタを天井全面に張り巡らせたシステム天井が用いられる．送風方式は，1つの送風機で天井に設置されるエアフィルタに送風するセントラルファン方式が導入当初採用されていたが，運転コスト低減の観点から，個別のフィルタサプライユニットにファンを内蔵したファンフィルタユニット（FFU）により清浄空気を供給するローカルリターン方式の方が現在では一般的になっている．

この方式は，空間効率が高く，配置変更・機器更新などに対してフレキシビリティがある一方で，室内で局部的に発生した汚染が他の清浄域に容易に広がりやすい欠点を有する．そのため，カーテン・垂れ壁などの間仕切りにより区分を行ったり，吹き出し風速をゾーンごとに変えることで対処している．

■ベイ方式

自動化された半導体デバイス製造ラインに用いられ，主要通路の両側にベイ(湾)状に各工程ラインが配置される．各工程ラインでは，製品を取り扱う高清浄度のプロセスエアリアと，装置の保守管理を行うメンテナンスエリアに，壁によって仕切られている（図1）．

この方式は，最も清浄度が要求される

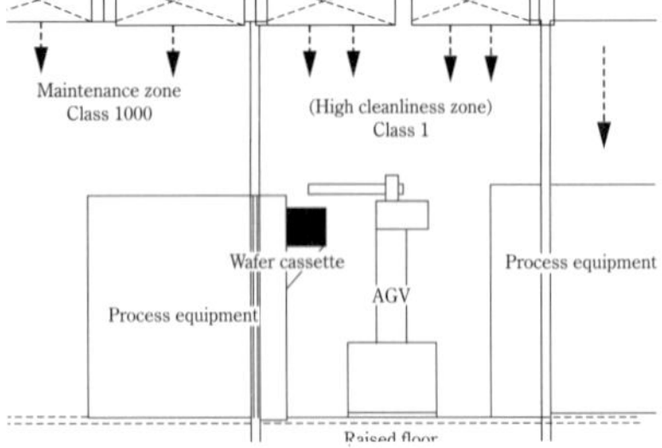

図1　ベイ方式の例

プロセスエリアを，作業員や機器由来の汚染から隔離しやすいため，清浄度の管理は容易となるが，その分フレキシビリティに欠ける．

■ミニエンバイロメント方式（図2）

ミニエンバイロメントは，ISO14644－6で「製品と汚染と人から隔離するために囲いよって作られた局所環境」と定義されている．ベイ方式と異なる点として，ウェハを収納した容器に蓋を取り付けて密封したポッド（FOUPと呼ばれる）と製造装置へウェハを搬送する移載装置からなっており，高清浄度域がFOUPから移載装置および製造装置から移載装置へのウェハの受け渡しのゾーンだけとなる．そのため，プロセスエリアではFOUPで密封されたウェハを搬送するだけなので，清浄度を下げることが可能である．

■その他の方式

以上の方式は，複数のウェハを一度に処理する方式（バッチ処理）に適したものであるが，ウェハを1枚1枚処理する枚葉処理の方式としてクリーンチューブ方式がある．この方式は，製造装置間を高清浄度の空気（または窒素）を封入したチューブで連結し，その中でウェハを浮上させて搬送する方式である．クリーンルームという範疇から逸脱するが，将来的に注目されている方式である．

●関連文献・参照文献

角並英夫（1999）「次世代集積回路と製造ライン：今後のデバイス展望と300 mmウェハ製造ラインの動向」，『エアロゾル研究』，14(1)，11–18頁．

空気清浄協会（編）（1996）『コンタミネーションコントロール便覧』，オーム社．

並木則和（1999）「局所清浄化技術の大きな転換期」，『クリーンテクノロジ』，9（12），1–7頁．

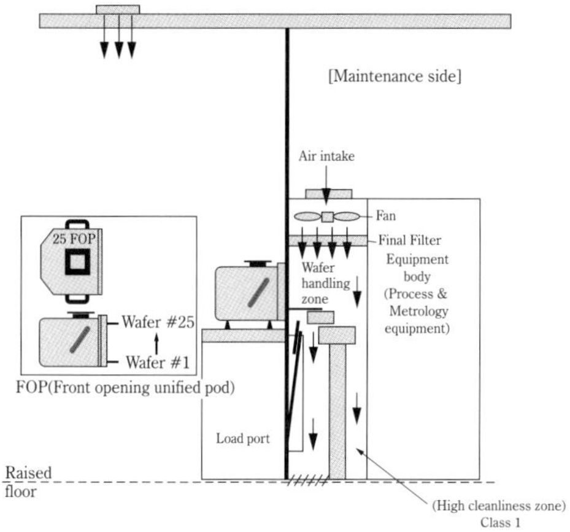

図2　ミニエンバイロメント方式の例

性能評価法

Evaluation Method

クリーンルームにおける性能評価は，以下の項目に大別される．

①空気清浄度性能試験

クリーンルーム空間の清浄度そのものに関する試験（浮遊粒子濃度，浮遊分子状汚染物質濃度）のほか，清浄度を維持するための基本的な要素（差圧，気流など）の試験

②清浄度を維持する設備の性能試験

設置したフィルタのリーク試験やその他の環境要素である微振動などの試験

各試験は表1に示されるような試験項目があり，その具体的な内容についてはISO14644-1（発行済）やISO14644-3原案（2004年3月現在審議中）などに沿う形で,（社）日本空気清浄協会において審議されている（2004年3月現在）.

■試験項目の選定

クリーンルームの主目的は清浄空間の形成とその維持にあることから，清浄度に関わる試験の実施は必須である．しかし，その他の試験項目については全て実施されるわけではなく，クリーンルームの用途や種類（一方向流，非一方向流），試験時期（施工完了時，製造装置設置時，通常運転時，再検収時）などによって試験項目が選定される．

■その他の試験項目

クリーンルームの用途が医薬品工場などのバイオロジカルクリーンルームの場合は，浮遊菌などの測定が必須の試験項目として更に加わる．

分子状汚染物質（AMC）が問題となるような半導体工場などのクリーンルームでは，材料からの発生ガス試験が必須の項目になっている．発生ガス試験は脱ガス試験あるいは放散試験とも呼ばれ，AMC発生源のひとつであるクリーンルーム構成材料等を対象に，そこから発生するAMCの成分と発生量を把握するために実施される．この試験結果を用いて，材料の選定や気中濃度推定に用いる基礎データ（単位時間，単位面積（または単位重量）あたりの発生量）が収集される．発生ガス試験は日本空気清浄協会の指針（JACA No. 34）で規定されており，試験体の種類と評価目的に応じて「スタティックヘッドスペース法」「ダイナミックヘッドスペースースクリーニングテスト法」「ダイナミックヘッドスペースーエンジニアリングテスト法」「基板表面吸着—加熱脱着法」「現場試験法」の5つの方法が示されている．

製造現場において，問題となる粒子・AMCを制御するためには，製品の表面分析も重要となる．そこで走査型電子顕微鏡（SEM）やX線マイクロアナライザ（EPMA）などを用いて，表面観察や元素

表1　クリーンルームにおける性能評価試験項目

分類	試験項目	目　的
①	1. 浮遊粒子濃度試験	クリーンルーム空間の清浄度（粒子あるいは分子状汚染物質）を把握し，清浄度クラスを分類する
	2. 浮遊分子状汚染物質濃度試験	
	3. 差圧試験	CR内外およびCR内の所定エリア間での設定差圧を確認
	4. 気流，風速試験	所定の循環風量が得られていることを確認 風速のばらつき確認 気流パターンの確認（可視化）により滞留域などを確認
	5. 回復性能試験による清浄度維持性能	運転開始時や汚染発生後における所定清浄度レベルに至るまでの動的特性を評価
	6. その他（温度，湿度）	温湿度およびそのばらつきを測定し，所定の空調能力を発揮していることを確認
②	1. 設置フィルタのリーク試験	ダクト内や天井に設置されたフィルタにリークがないことを確認
	2. 分子状汚染物質用フィルタ試験	設置後の初期性能および余命の把握
	3. 封じ込めリーク試験	清浄域外面又は出入口付近外側の微粒子を測定することで汚染空気の流入について評価
	4. クリーンルーム内静電気除去性能試験	静電気によるデバイスの損傷，静電気力による粒子汚染を防止することを目的としたクリーンルームにおける静電気対策を評価
	5. 粒子表面付着試験	クリーンルーム施設内の製品または半製品の表面に粒子が付着する危険性を予測し，発生源を特定するなどの方法で付着防止対策を評価
	6. 微振動レベル性能試験	床振動レベルを測定し，設定値以下であることを確認
	7. 騒音レベル性能試験	騒音レベルを測定し，設定値以下であることを確認
	8. 照度レベル試験	照度を測定し，設定値以下であることを確認

（社）日本空気清浄協会（2000）『クリーンルーム環境の施工と維持管理』：表2.2より一部引用）

分析などを行い，汚染原因の追求が行われる．この表面汚染物質測定法の指針について，（社）日本空気清浄協会で審議がなされている（2004年3月現在）．

●関連文献・参照文献

日本空気清浄協会（1999）『JACA No. 34–1999　クリーンルーム構成材料から発生する分子状汚染物質の測定方法指針』．

日本空気清浄協会（2000）『クリーンルーム環境の施工と維持管理』．

汚染と清浄化

Contamination and Cleanliness

電子製品や医薬品・食品・医療現場や一般室内では汚染制御対象に対して汚染物質・汚染経路を制御し，管理し，清浄な環境を保つことを汚染制御と言う．半導体製造の場合，汚染制御対象はウェーハであり，対象となる汚染物質は粒子状物質，分子状汚染物質，水分などとなり，汚染経路はクリーンルーム空気，薬液，純水などになる．

■粒子状汚染物質

固体または液体の粒状の物体で，製品又は製造過程で悪影響を及ぼす可能性があるもの．半導体製造上では，シリコンウェーハに粒子が付着することで，成膜やエッチングなどのプロセスで欠陥を引き起こす．対象となる粒子の粒径は，ウェーハ上の配線の線幅の1/2程度と言われている．

■微生物汚染

無細胞性のウィルス，細胞性であるが細菌と異なるクラミジア，リケッチアあるいはマイコプラズマ，細菌類，菌類(カビおよび酵母を含む真菌)，藻類，原生動物などの微生物によって，対象物に悪影響を与える汚染物質で，主にバイオロジカルクリーンルームを使用する食品・医薬品・医療施設が対象となる．一般に室内環境では，細菌と真菌を対象とすることが多い．

■微生物由来揮発性有機化合物

微生物から発生する揮発性有機化合物（VOCs）で，従来建築材料に使用されている接着剤や塗料からVOCsが発生することは知られていたが，微生物の増殖や代謝の副産物としてVOCsの発生源となり得ることから名付けられた．特に直接人体に影響があるとの報告はないが，独特の臭気を放つ点が指摘されている．

■HEPAフィルタ（High Efficiency Particulate Air Filter）・ULPAフィルタ（Ultra Low Penetration Air Filter）

クリーンルームにおいて，最終段のフィルタとして使用される．JIS B 8122（1997）には，HEPAフィルタは「定格流量で粒径0.3 μmの粒子に対して99.97％以上の粒子捕集率をもち，かつ初期圧力損失が一般に300 Pa以下の性能をもつエアフィルタ」，ULPAフィルタは「定格流量で粒径0.15 μmの粒子に対して99.9995％以上の粒子捕集率をもち，かつ，初期圧力損失が一般に300 Pa以下の性能をもつエアフィルタ」と規定されている．

■沈着速度

空気中に浮遊している汚染物質が，対象表面（ウェーハやガラス基板）に輸送され，付着する際の指標で，速度の次元をもつ．垂直一方向気流中の水平シリコンウェーハ表面における粒子の沈着速度は，粒径により，重力・拡散の影響を受け，0.2 µm 前後の粒径を境に沈着速度が大きい値をとる．また，静電気の影響によりこの特性は大きく変わる．（図1）

■分子状汚染物質

クリーンルーム中の原子・分子状で存在する物質で，シリコンウェーハやガラス基板に吸着し，デバイス特性を劣化させるなどの影響を与えるもの．ガス状汚染物質，ケミカル汚染物質とも呼ぶ．酸性物質として，NOx，SOx，塩化水素などがあり，製品に乾燥しみなどを起こす．塩基性物質として，アンモニア，アミン類があげられ，化学増幅レジストの解像度障害を引き起こす．有機物質としてフタル酸エステルやリン酸エステルがあげられ，半導体への動作不良の原因となる．ドーパントとして，ボロン・リン化合物があり，半導体素子の動作不良があげられる．これらの発生源として，外気や人間に加え，薬液などプロセス起因のもの，建材・シール材・フィルタろ材などの建物起因のものがある．

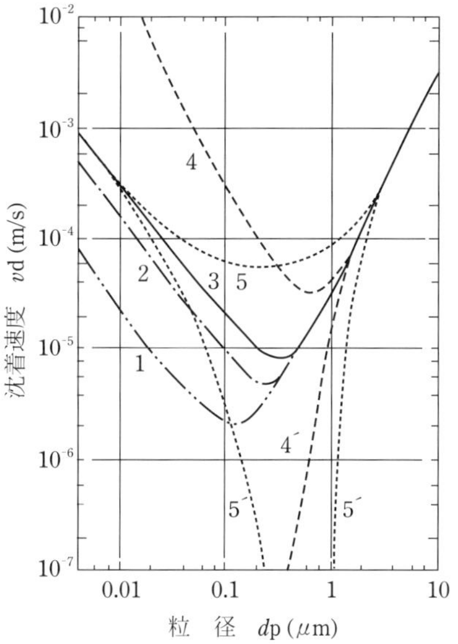

図1　種々の流れ場・外力存在下における粒子の沈着速度（島田他，1996）

■ケミカルエアフィルタ

空気中の分子状汚染物質の除去に用いられ，主に物理および化学吸着により除去する．特にクリーンルームで用いられているものは，対象汚染物質・対象濃度が通常のものと異なることが多い．ろ材として，イオン交換体・活性炭・化学処理材料・セラミックスなどが用いられ，粒状・繊維状・ハニカムなどで構成される．

■表面汚染

対象表面，クリーンルームにおいてはシリコンウェーハやガラス基板が汚染物質によって汚染されていること．クリーンルーム空気中，製造装置内，純水・薬液などが原因となる．また，汚染物質が空気中から表面へ沈着・吸着することにより汚染されるほか，ピンセットなど接触によっても引き起こされる．

●関連文献・参照文献

日本規格協会 JIS Z 8122（1997）「コンタミネーションコントロール用語」．

島田学・向阪保雄（1996）「エアロゾル粒子の物体表面への沈着現象」，『エアロゾル研究』，3(4)，273-282頁．

18

試験粒子

標準粒子

Standard Particles

様々な粒子計測器に対する校正や性能試験を行う目的で利用される粒子を，一般に標準粒子という．校正・試験の対象となる計測特性としては様々なものがあり得るが，単に標準粒子というと，粒径が良く揃い，その粒径が何らかの信頼できる方法で値づけされた，粒径校正用の粒子を意味することが多い．光散乱式粒子計数器の粒径校正や顕微鏡の倍率校正などは，粒径校正用標準粒子の典型的な利用方法である．

スチレンの乳化重合反応等により合成されるポリスチレンラテックス（polystyrene latex; PSLと略す）粒子（写真1）は，粒径が良く揃ったものが比較的容易に作成できるため，粒径校正用の標準粒子として最も広く利用されている．PSL粒子は，数十nmから数十μmの粒径を有するものが，通常，水中の懸濁粒子の形で市販されている．粒子懸濁液から校正・試験用エアロゾルを得るために，図1に示すような噴霧乾燥法によるエアロゾル発生器がしばしば利用される．PSL懸濁液の原液は，1%から5%程度の重量濃度になるよう調整されているものが多く，これを超純水などにより適当な倍率に希釈したうえで，アトマイザによって液滴として噴霧し，乾燥空気との混合によって水分を蒸発させることにより，PSL粒子が浮遊したエアロゾルが得られる．

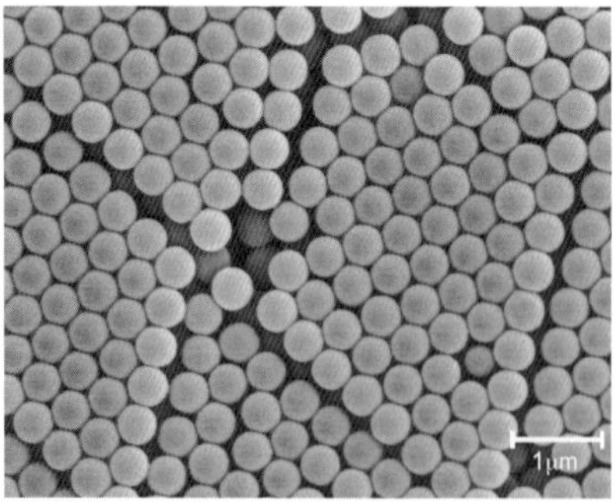

写真1　ポリスチレンラテックス粒子（直径およそ0.3μm）の電子顕微鏡写真（JSR（株）提供）

噴霧乾燥法によって目的とする粒子のみを含むエアロゾルを得るためには，1）2個以上の粒子が相互に凝着した多重粒子，2）PSL懸濁液中に含まれる保存用の防黴剤や粒子凝集防止用の界面活性剤などが乾燥後の粒子表面を被覆することによる粒径変化，3）これらの混入物質を含む液滴が乾燥したあとに固体粒子として残る蒸発残渣，などが生じないように注意が必要である．このために，PSL懸濁液原液を清浄な超純水で十分に希釈したり，可能な限り微小な液滴を噴霧可能なアトマイザを利用する，などの対策が効果的である．

一般に，標準値を正確に決定するために行われる測定が，最終的に国際単位系（SI）で定義されている7つの基本単位にまで関連づけられている場合，その測定

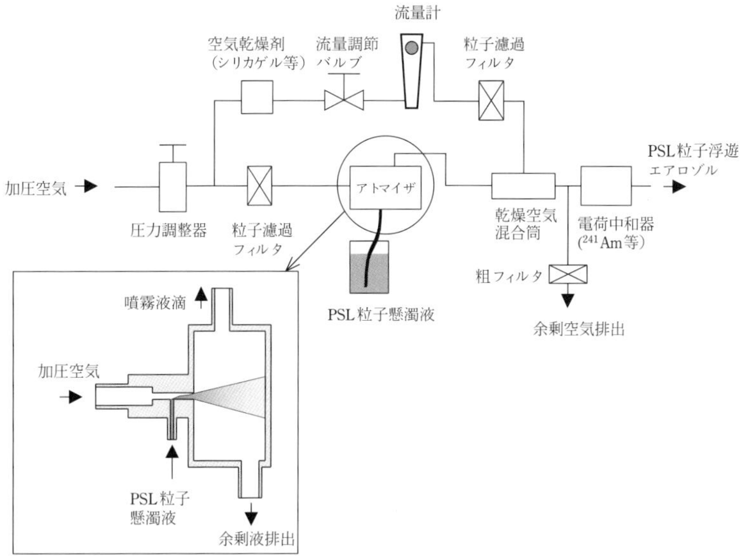

図1　噴霧乾燥法によるポリスチレンラテックス粒子浮遊エアロゾルの発生装置

結果はSIトレーサブルと呼ばれる．SIトレーサブルな粒径値をもったPSL標準粒子は，以前より米国の国家計量機関であるNational Institute of Standard and Technology（国立標準技術研究所）から提供されており，現在30 μmから100 nmまでの範囲で6種類の粒子が入手可能である．わが国では，産業技術総合研究所が，標準粒子メーカに対する依頼試験の形で，1 μmから100 nmの範囲でSIトレーサブルな粒径値を供給している．

標準粒子の粒径値を決定するための測定方法としては，100 nmから1 μm程度の粒径範囲では，帯電した粒子に働く静電気力と重力の平衡を利用する方法，電気移動度分析を利用する方法，粒子からの散乱光の角度依存性を利用する方法などが用いられている．1 μm以上の粒径範囲では，平面上に粒子を最密充填して得られる六方格子の格子定数を，光学顕微鏡で求める方法などがある．

また，このような方法で値づけられたSIトレーサブルな標準粒子を一次的な基準とし，透過型電子顕微鏡による方法，電気移動度分析による方法，水中懸濁粒子に対する光子相関法などにより二次的に粒径を決定された粒子が，商用の標準粒子として市販されている．

●関連文献・参照文献

Mitchell, J. P. (2000) Particle Standards: Their Development and Application, KONA Powder and Particle, 18.

榎原研正（2003）「粒径値づけ技術と測定器校正用標準粒子」，『空気清浄』，40，314–320頁．

試験粒子発生法

Test Particle Generation Method

試験粒子を空気浄化装置の性能試験等に用いる場合，長時間安定して同じ粒径分布および粒子濃度を維持でき，高濃度で発生できることが必要とされている．発生法には，表1に示すように，(1)加熱することにより原料である固体あるいは液体を蒸発させた後冷却させて，固体粒子あるいは液滴を得る蒸発凝縮法や，(2)液体あるいは懸濁液を噴霧し液滴あるいは固体粒子を得る液体分散（噴霧）法，(3)固体粉末を分散させて発生させる固体粒子分散法，(4)気相中で化学反応を起こして液滴または固体粒子を得る化学反応法がある．なお，(4)の方法は，定常的に一定濃度の粒子を長時間発生させることが難しく，主に前3者がJIS（日本工業規格）や国際規格で試験粒子の発生法として採用されている．

■蒸発凝縮法

蒸発凝縮法には，主に液体を加熱蒸発させるものと固体を加熱蒸発させるものに分類される．前者は，液体を加熱蒸発させ，この蒸気と他の経路で発生させた核粒子を混合させた後，冷却し凝縮させるものであり，シンクレアーラメール法

表1　試験粒子の発生方法の概要

生成法	原料の状態	発生粒子の状態	粒子の構成物質	発生法の具体例
蒸発凝縮法	液体 固体	液滴 固体粒子	DOP，ステアリン酸など 金属，金属塩化物など	シンクレアーラメール法 高周波誘導加熱炉，赤外線イメージ炉，金属線通電加熱
液体分散（噴霧）法	液体 溶液 懸濁粒子	液滴 固体粒子，液滴 固体粒子	DOP，DOS，PAO，パラフィンなど 塩，メチレンブルー，油，ウラニンなど PSL，シリカなど	コリソンアトマイザ，ラスキンノズル，超音波ネブライザ，振動オリフィス。
固体粒子分散法	固体	固体粒子	関東ローム，ビーズ，フライアッシュなど。	流動層式発生装置，ミキサー
化学反応法	主として蒸気	固体粒子，液滴	塩化アンモニウム，硫酸塩	

が代表的なものとしてあげられる．この核粒子は，試料蒸気を不均一核生成により粒径のそろった粒子を発生させるために使用され，後で述べる金属の通電加熱や(2)の溶液の噴霧により発生させた固体超微粒子を用いることが多い．液体の加熱温度や核粒子の濃度を変化させることにより，0.1～1 μmの範囲でそろった粒子の発生が可能である．

一方，後者の方法は，金属・金属塩化物等を加熱炉で高温で加熱するのが一般的である．加熱温度および供給ガス流量を変化させることで，0.01～0.5 μm前後の範囲で粒径分布を変化させられるが，一般に多分散である．また，金属線を通電加熱させる方法では，通電するだけで超微粒子（0.1 μm以下）の発生が可能であり，簡便な方法であるため，前者の核粒子の発生にも用いられる．

■液体分散（噴霧）法

不揮発性の液体の表面に加圧気体を高速で流す，バブリングを行う，あるいは加圧気体と液体を混合してノズルから吹き出すと，液体は破砕分散されて微小液滴になる．通常，大きな液滴も含まれるので，平板などを用いて慣性衝突させて大粒子を取り除く構造のものが多い．具体的な装置としては，コリソンアトマイザ，ラスキンノズル，超音波ネブライザ，振動オリフィス型発生器等があり，これらは構造が簡単であるため，古くから粒子発生装置として用いられている．また，発生粒子も，試験液滴を直接噴霧して得られる液滴以外に，固体や不揮発性液体を溶かした溶液や固体粒子を分散させた懸濁液を噴霧乾燥させることで，微小の固体粒子や不揮発性液滴の発生も可能である．通常，本法で発生させた粒子は，噴霧時の液滴の分裂により帯電していることが多く，エアフィルタの性能試験等に用いる場合には中和器を用いる必要がある．

■固体粒子分散法

固体粒子をミキサーや流動層（粉体充填層の下部から空気を吹き込んで粉体を浮遊状態にしたもの）等を用いて気中に機械的に分散させ，高速気体に同伴させて発生させる方法である．JISZ8901で規定されている多くの試験用粉体は，ほとんどこの方法で発生させる．これらの試験粒子は1 μm以上であり，分散をよくするために分散用の大粒子（粒径0.1～1 mmの金属粉やガラスビーズなど）を一定割合で混合する．なお，前述の(2)の液体分散法と同様に，粒子分散時に粒子が帯電し，凝集を起こすことから，静電気対策を施す必要がある．

●関連文献・参照文献

エアロゾル研究協議会編集委員会（1991）「市販テスト粒子およびテスト粒子発生装置」，『エアロゾル研究』，6，341-344頁．

空気清浄協会（編）（1996）『コンタミネーションコントロール便覧』，オーム社．

高橋幹二（著）・日本エアロゾル学会（編）（2003）『エアロゾル学の基礎』，森北出版．

工業規格
Industrial Standard

国際化，複雑化，多様化する経済，社会活動の中で，製品の品質確保やその互換性，消費者の利便性，環境保全等の観点から，工業標準化法に基づいて制定されている国家規格が，日本工業規格(JIS: Japan Industrial Standards) である．

近年においては，国際標準化機構(ISO: International Standardization Organization)・国際電気標準会議（IEC：International Electrotechnical Commission）が定める国際規格との整合化が重要な課題となっており，日本工業標準調査会が積極的にこれを推進している．

JIS規格は，AからZの部門（表1）に分類され，9000近い規格を定めている．

日本規格協会では，これらのJISを分野別・産業別に年度ごとにハンドブックとして刊行している．エアロゾル関連のハンドブックとしては，「クリーンルーム」や「環境測定Ⅰ」がある．（表1）

試験粒子は，集塵装置の性能試験，計測器の性能試験，磨耗試験などに用いる試験用粉体および光散乱式自動粒子計数器などの校正，エアフィルタの捕集率試験などに使用する試験用粒子について規定されている．

試験粒子を規定するJISには，JIS B 9928「コンタミネーションコントロールに使用するエアロゾルの発生法」(1998) とJIS Z 8901「試験用粉体及び試験用粒子」(2004) があるが，この他にも「枯草菌芽胞の調整法」(JIS K 3800) など，各々の規格の中で規定されているものもある．

JIS B 8901では，試験用粉体としてけい砂やフライアッシュ，カーボンブラックなど17種を規定する試験用粉体1と，ガラスビーズ，白色溶融アルミナを規定する試験用粉体2を，試験用粒子には，試験用粒子1としてポリスチレン系粒子

表1　JISの部門分類

記号	JIS部門	記号	JIS部門
A	土木・建築	M	鉱山
B	一般機械	P	パルプ・紙
C	電気	Q	管理システム
D	自動車	R	窯業
E	鉄道	S	日用品
F	船舶	T	医療安全用具
G	鉄鋼	W	航空
H	非鉄金属	X	情報
K	化学	Z	その他（基本，包装，溶接，原子力）を含む
L	繊維		

表2　関連するJIS

JIS A 6201	フライアッシュ
JIS B 7954	大気中の浮遊粒子状物質自動計数器
JIS B 9908	換気用エアフィルタユニット・換気用電気集じん器の性能試験方法
JIS B 9919	クリーンルームの設計，施工及びスタートアップ
JIS B 9920	クリーンルームの空気清浄度の評価方法
JIS B 9921	光散乱式自動粒子計数器
JIS B 9922	クリーンベンチ
JIS B 9923	クリーンルーム用衣服の汚染粒子測定方法
JIS B 9924	表面付着粒子計数器
JIS B 9925	液体用光散乱式自動粒子計数器
JIS B 9926	クリーンルーム使用する機器の運動機構からの発じん量測定方法
JIS B 9927	クリーンルーム用エアフィルタ性能試験方法
JIS B 9928	コンタミネーションコントロールに使用するエアロゾルの発生方法
JIS K 0302	排ガス中のダスト粒径分布の測定方法
JIS K 0554	超純水中の微粒子測定方法
JIS K 0901	気体中のダスト試料捕集用ろ過材の形状，寸法並びに性能試験方法
JIS K 3800	バイオハザード対策用クラスIIキャビネット
JIS K 3801	除菌用HEPAフィルタの性能試験方法
JIS K 3805	除菌用空気ろ過デプスフィルタのエアロゾル捕集性能試験方法
JIS K 3823	限外ろ過モジュールの細菌阻止性能試験方法
JIS K 3824	限外ろ過モジュールのエンドキシン阻止性能試験方法
JIS K 3835	精密ろ過膜エレメント及びモジュールの細菌捕捉性能試験方法
JIS K 3836	空気中浮遊菌測定器の捕集性能試験方法
JIS T 8151	防じんマスク
JIS T 8153	送気マスク
JIS T 8157	電動ファン付き呼吸用保護具
JIS T 8160	微粒子状物質用防じんマスク
JIS Z 8122	コンタミネーションコントロール用語
JIS Z 8202	放射性エアロゾル用高性能エアフィルタ
JIS Z 8813	浮遊粉じん濃度測定方法通則
JIS Z 8901	試験用粉体及び試験用粒子

これらのJIS規格は，原則的に5年ごとに絶えず見直しが行われるので，使用に当たっては最新のものであることを確認することが大切である。

を，試験用粒子2としてはポリアルファオレフィン（PAO）とステアリン酸を規定している．

従来規定されていたフタル酸ジオクチル（DOP）は，外因性内分泌攪乱物質の疑いがもたれ，環境省が優先的にリスク評価する物質のひとつとしてリストアップしているため，これを規格から除外し，代替の物質としてPAOを新たに規定している．

他の規格ではまだDOPを規定しているものも多いが，JIS B 8901にならって順次改定されることになっている．

試験粒子と関連する規格の主なものを表2に示す．

19

動力学モデル

数値流体解析プログラム

Computational Fluid Dynamics

流体現象の基礎方程式を数値的に解くことで，さまざまな流れの性質や流体中での物質輸送，熱輸送などの現象を解析する手法を数値流体解析（CFD）と呼ぶ．CFDは実験や理論解析に比べ非常に汎用性の高い手法であるが，膨大な数値データの演算処理や解析結果のグラフィック処理を行うため，解析用コンピュータとコンピュータプログラムが必須である．最近ではCFDを目的とした汎用ソフトウエアも多く市販されている．

■流れの基礎方程式とその解法

流体には圧縮性流体と非圧縮性流体とがあるが，現象速度が音速に比べ遅い場合には気体でも非圧縮性流体として扱うことが多い．基礎方程式を表1に示す．

圧縮性流体では基礎方程式中のすべての従属変数が状態方程式を介して連結される．一方，非圧縮性流体では，運動量と圧力とを関係付け，連続の式を満足させる特殊な操作が必要となる．圧力のポアソン方程式を用いて速度場・圧力場を連成させるMAC法(Harlow et al., 1965)，SIMPLE法（Patankar, 1980）などが用いられる．

CFDでは基礎方程式を離散化することで代数方程式に置換え，初期値・境界値問題として対象領域内で方程式を満足するような近似解を求める．離散化には，差分法（FDM：Finite Difference Method），有限体積法（FVM：Finite Volume Method）(Patankar, 1980)，有限要素法（FEM：Finite Element Method）（川原

表1　CFDに用いられる流体の基礎方程式

・圧縮性流体の場合

連続の式	$\frac{\partial \rho}{\partial t}+\frac{\partial \rho u_i}{\partial x_i}=0$
運動量方程式	$\frac{\partial \rho u_i}{\partial t}+\frac{\partial u_j \rho u_i}{\partial x_j}=\frac{\partial \sigma_{ij}}{\partial x_j}+f_i$
エネルギー方程式	$\frac{\partial \rho H}{\partial t}+\frac{\partial u_j \rho H}{\partial x_j}=\frac{\partial p}{\partial t}+\frac{\partial u_i p}{\partial x_j}+\sigma_{ij}\frac{\partial u_i}{\partial x_j}+\frac{\partial}{\partial x_j}K\frac{\partial T}{\partial x_j}+\dot{q}$

・非圧縮性流体の場合

連続の式	$\frac{\partial u_i}{\partial x_j}=0$
運動量方程式	$\frac{\partial \rho u_i}{\partial t}+\frac{\partial u_j \rho u_i}{\partial x_j}=-\frac{\partial p}{\partial x_i}+\frac{\partial}{\partial x_j}\mu\frac{\partial u_i}{\partial x_j}+f_i$

μ_i：速度，ρ：密度，x_i：座標，t：時間，μ：粘性係数，f_i：外力，
H：比エンタルピー，K：熱伝導率，T：温度，$\dot{q}$：発熱量，
δ_{ij}：クロネッカのデルタ，σ_{ij}：応力テンソル

表2　オイラー法，ラグランジュ法によるエアロゾル挙動解析の基礎式の例

・オイラー法による拡散方程式の例

$$\frac{\partial \rho C}{\partial t}+\frac{\partial u_j \rho C}{\partial x_j}=\frac{\partial}{\partial x_j}\rho D\frac{\partial C}{\partial x_j}+\rho\dot{d}$$

・ラグランジュ法による粒子の運動方程式の例

$$m\frac{dV_i}{dt}=m\frac{d^2X_i}{\partial t^2}C_D\frac{\pi}{8}D_p^2\rho|\vec{u}-\vec{V}|(\vec{u}-\vec{V})+f_i+R_i$$

C：個数濃度，D：拡散係数，$\dot{d}$：粒子の生成・消滅項　m：粒子の質量，
X_i：粒子の座標，C_D：抵抗係数，D_p：粒径，$\vec{u}$：流れの速度ベクトル，
$\vec{V}$：粒子の速度ベクトル，u_i：流れの速度の i 方向成分，V_i：粒子速度の i 方向成分
f_i：外力，R_i：拡散効果を表すランダム力

睦人，1985）が用いられる．基礎方程式中の一次微分項の扱いは，特に計算の安定性や慣性効果の再現精度に大きく影響するため，様々な高精度のスキームが提案されている．

■乱流モデル

乱流現象を対象としたCFDでは，変動を含む二次モーメント項を乱流モデルで表現する方法が広く用いられている．乱流モデルにはレイノルズ方程式に基づく時間平均モデル（Launder, et al., 1972）（乱流粘性モデル，応力方程式モデルなど）と，空間的なフィルタリング操作により導出される格子平均モデル（Smagorinsky, 1963）（LES：Large Eddy Simulation）とがある．時間平均モデルは比較的少ない演算量で乱流を解析できるため，特に工学的な検討に多く用いられている．

■エアロゾル挙動の解析

エアロゾル挙動の解析手法にはオイラー的に解析する方法と，ラグランジュ的に粒子追跡を行う方法とがある．オイラー法では，エアロゾル粒子の個数濃度について拡散方程式を立て，運動量方程式と連成して解析する．一方，ラグランジュ法では各々の粒子について運動方程式を立て，非定常に粒子追跡を行う（表2）．

一般に，粒子濃度の時間変化や表面への沈着量など定量的な検討を行う場合にはオイラー法が有利であるが，物体表面への慣性衝突など粒子ひとつひとつの挙動が重要となる問題ではラグランジュ法が有効な場合もある．

●関連文献・参照文献

Harlow, F. H. and Welch, J. E. (1965) Numerical calculation of time dependent viscous incompressible flow of fluid with free surface, *J. of Phys. Fluids*, 8: 2182–2189.

川原睦人（1985）『有限要素法流体解析』，日科技連．

Launder, B. E., and Spalding, D. B. (1972) Mathematical *Models of Turbulence,* Academic Press.

Patankar, S. V. (1980) Numerical *Heat transfer and Fluid Flow,* Hemisphere Publishing Corp.

Smagorinsky, J. (1963) General Circulation Experiments with the Primitive Equations: Part I, the Basic Experiment, *Monthly Weather Review,* 91: 99–164.

一般動力学方程式

General Dynamic Equation（GDE）

凝集，凝縮，核生成，沈降，輸送など多様なメカニズムによって空間的，時間的に変化するエアロゾルの物理・化学的性状（分布を有する集合体として）を数学的に表現したポピュレーションバランスの式のことで，英語名の頭文字からGDEと略記される．通常，粒度分布関数を用いて定式化が行われるが，性状因子のうち，特に粒径，濃度，化学組成が重要である．いま，粒度分布関数fが個数基準であるとき，独立変数として空間内の位置$\mathbf{r}$（x, y, z），時間t，粒径として粒子体積v，k種の成分からなる粒子の化学種のモル数$\mathbf{m}=(n_1, n_2, \cdots, n_{k-1})$をとれば，粒子中の第$i$成分のモル数が［$n_i, n_i+dn_i$］，体積が［$v, v+dv$］であるような粒子の個数$dN$は

$$dN=f(\mathbf{m}, v, \mathbf{r}, t)d\mathbf{m}dv \qquad (1)$$

$$v=\sum_{i=1}^{k} n_i \bar{v}_i$$

となる．ここで，$\bar{v}_i$はi成分のモル体積である．

粒度分布関数の時間的変化は，図1に示すように，粒子の生成条件（凝縮，凝集，化学反応，分裂・破砕，核生成），粒子に対する外力（重力，静電気力など）場の条件，媒質気体の条件（層流，乱流場における輸送・拡散など，および粒子の動力学特性に関与する気体温度や圧力など）に影響をうけ，

$$\begin{aligned}\frac{\partial f}{\partial t} &= -\mathbf{u}\cdot\nabla f+\nabla D\cdot\nabla f && \text{（輸送・拡散）}\\ &+\left.\frac{\partial f}{\partial t}\right|_{\text{coag}} && \text{（凝集）}\\ &+\left.\frac{\partial f}{\partial t}\right|_{\text{drift (growth)}} && \text{（化学反応，凝縮，蒸発）}\\ &-\nabla \mathbf{v} f && \text{（除去）}\\ &+F(\mathbf{m}, v, \mathbf{r}, t) && \text{（核生成）}\\ &+S(\mathbf{m}, v, \mathbf{r}, t) && \text{（発生源からの付加）}\end{aligned} \qquad (2)$$

のような各種機構からの寄与の和として記述できる．ここで，$\mathbf{u}, D, \mathbf{v}$はそれぞれ媒質気体の移流速度，粒子の拡散係数，外力場により生じる粒子の移動速度（重力沈降など）である．空間的に一様な系における球形の単成分エアロゾルを対象にすれば，粒子直径D_pを用いた通常の粒度分布関数f（D_p, t）の変化の式となる．

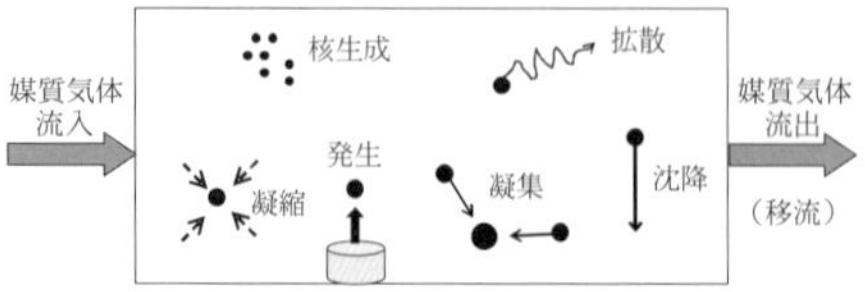

図1　コントロール体積内で生じるエアロゾルに係わるさまざまなプロセス

GDEは，核生成初期段階のような極微小粒子が支配的な状況下の粒度分布変化を記述する場合，分子数を基本単位とし，その整数倍値を粒径とする離散型の式で，表すことができる．すなわち粒径に分子数をとった離散型粒度分布関数が用いられる．一方，粒径範囲が増加するにつれて方程式の元の数が著しく増大するため，粒度分布関数を連続関数として扱うことができる．

実際にGDEを解く場合には粒度分布の初期条件，および空間的に非一様な場合には境界条件が必要である．また，媒質気体の条件を，事前に計測されたデータの使用や，気体の運動，熱輸送方程式を解いて予測することで求めておく必要がある．

■GDEのシミュレーション手法

GDEは一般に非線形の偏微積分方程式で与えられるため，初期分布や各プロセスの関数形が特殊な場合を除いて解析解を求めることは困難であり，表1のような計算機による数値シミュレーションが広く行われている．特に，大気エアロゾルの分野では計算コードがいくつか開発され公開されているものもある．

GDEの数値解法は，空間的に一様な場を考えると，最終的には粒径（あるいは粒径区分）および化学成分ごとに離散化された連立常微分方程式の初期値問題にほとんどが帰着する．

表1　GDEの主な数値解法

解　法	適用系
モーメント法	単成分
変換法	単成分
区間分割法	単成分，多成分
移動有限要素法	単成分，多成分，凝縮項のみ
移動区間分割法	単成分，多成分，凝縮項のみ

連続型GDEでは，数オーダーにも及ぶ粒径範囲を体積で直接差分化すると格子点数が莫大となるため，$v=v_0a^{b(J-1)}$ のようにvをJへ変数変換する方法が提案されている．ここで，v_0は最小粒子体積，a，bは定数である．この場合，$J=1\sim J_{max}$までの整数個の方程式を解くことになるが，凝集計算において合一して生成する粒子のJは整数とはならないため，fの値を内挿補間する必要がある．

区間分割法（sectional method）は対象粒径範囲をいくつかの区間に分割し，各区間における成分ごとの質量濃度の積分値について式(2)に対応する保存式をたて，計算する方法である．

凝縮項だけを含むような場合，GDEはいわゆる伝達方程式と呼ばれる双曲型偏微分方程式となり，その数値計算では人工的な擬似拡散効果（差分計算によりあたかも拡散項が付加されたような結果が生じること）に伴う分布の拡がりが生じる．この問題を回避するために表1に示したような計算方法が検討されている．

●関連文献・参照文献

Friedlander, S. K. (2000) Smoke, Dust and Haze, John-Wiley & Sons.

Seinfeld, J. H. and Pandis, S. N. (1998) Atmospheric Chemistry and Physics: From Air Pollution to Climate Change, John-Wiley & Sons.

東野　達（1995）「エアロゾルの粒度分布変化のシミュレーション手法」，『エアロゾル研究』，10，106–113頁.

分子動力学法

Molecular Dynamics Simulation

分子動力学法とは，原子間ポテンシャル下での個々の原子の運動を，ニュートンの運動方程式を用いて数値的に解くことにより，それら原子が構成する系の静的・動的安定構造や，系の動的過程を解析する方法をいう．ここで，原子間ポテンシャルを，原子の運動ごとに，新しい原子配置に応じた電子状態を量子力学的に計算することにより得る場合，その方法を第一原理分子動力学法と呼ぶ．一方，原子間ポテンシャルを，経験的な手法等によりある関数として表す場合，それを古典的分子動力学法とよんでいる．前者の方法のほうがより厳密ではあるが，計算の負荷が大きく，現実的には扱える原子数は少ない．現時点で扱える最大原子数は，数ナノ秒程度の時間をシミュレーションするとして，前者で1000原子程度，後者では数万原子程度である．したがって，大きな系の様々な条件下での動的過程を解析する場合，古典的分子動力学法の利用が依然現実的な選択肢となる．

エアロゾル関連分野において分子動力学法をシミュレーションに用いる場合，一般的には古典分子動力学法が用いられている．例えば，3 nmの銀粒子を考えた場合，その構成原子数は1000個を超え，第一原理分子動力学法によるシミュレーションは困難である．例をあげると，パーティクル同士の衝突・融合過程や，パーティクルの表面との衝突などが，古典分子動力学法によって計算されている．

古典分子動力学法では，原子間ポテンシャルの選択により，シミュレーションの質が左右される．原子間ポテンシャルの決め方としては，ある関数形を仮定し，その中のパラメータを実験を再現するように決める方法（経験的方法）が従来行われてきた．その一方，第一原理計算により原子間ポテンシャルを数値的に得て，それをある種の関数で近似する方法も最近は良く用いられている．

分子動力学法においては，ニュートンの運動方程式を，定エネルギー，定温，定圧，定積等，様々なアンサンブル（統計集団）の条件下で解くが，それに応じて，運動方程式には拘束条件が付加される．運動方程式を数値的に解くには，Verletアルゴリズム，Leapfrogアルゴリズム等，様々な方法が考案されている．

分子動力学法の一例として，18個のシリコン原子，36個の酸素原子からなる図1のようなシリカ粒子が，ある初速度で銀表面に衝突した際のエネルギーの振る舞いを図2に示す．"center of mass, vertical"で示されているのは，粒子の重心の垂直方向の運動エネルギーだが，衝突時に，重心の運動エネルギーが減少し，粒子の回転エネルギーに変換されていることがわかる．粒子は衝突後，表面において回転するが，回転しながら表面に数回再衝突し，その度に表面にエネルギーが移動していることがわかる．この結果は，粒子から表面へのエネルギーの移動に，粒子の回転が大きな寄与をしていることを示すものであり，分子動力学以外の方法では，このような詳細な動的メカニズムを明らかにすることは困難である．

以上，分子動力学は，実験等では得ることが困難な，系の詳細な動的メカニズムを明らかにできるという点で，非常に有用な方法である，今後，計算能力の進展に伴い，より広範な分野での応用が期待されている．

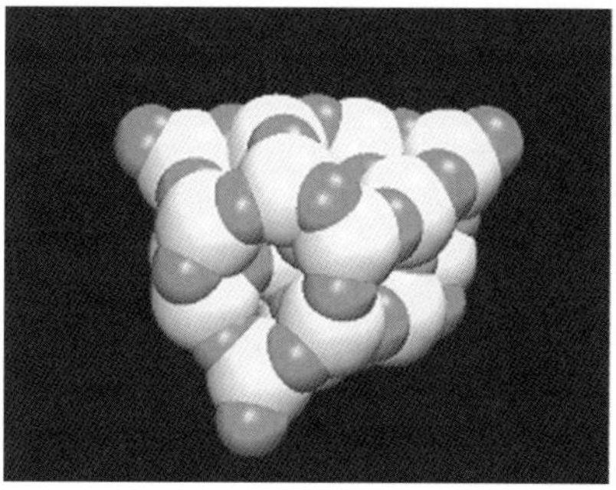

図1　18個のシリコン原子，36個の酸素原子からなるシリカ粒子の一例

●関連文献・参照文献

Frenkel, D., and Smit, B. (1996) *Understanding molecular simulation: from algorithm to applications*, Academic Press.

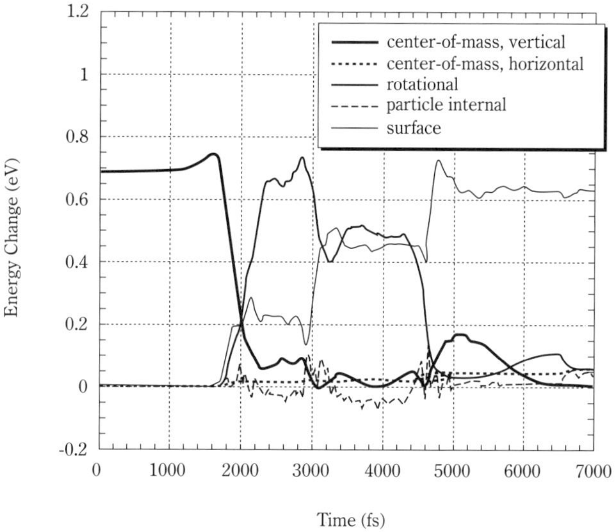

図2　シリカ粒子が銀表面に衝突した際の粒子，表面のエネルギー変化の一例．横軸はフェムト（10^{-12}）秒．粒子の重心の垂直方向の運動エネルギー（center of mass vertical）以外は，初期値からの変化が示されている．なお，center of mass，horizsontal，rotational，particle internal，surfaceはそれぞれ，粒子重心の水平方向の運動エネルギー，粒子の回転エネルギー，粒子の内部エネルギー，表面の全エネルギーを示す．

20

環境モデル

大気エアロゾルのモデル研究

Model Study for Atmospheric Aerosols

各種発生源から排出されたガスやエアロゾル粒子は，風下方向に移流しながら風の乱れによって水平および鉛直方向に拡散する．多くのガスや粒子は大気中において物理的化学的に変質し，新たな粒子を生成したり他の粒子に変化する．最終的に粒子は，雲や降水に取り込まれたり（湿性沈着），風の乱れ等によって地表面に運ばれたり（乾性沈着），重力沈降によって大気中から除去される．このように，大気エアロゾルのライフサイクルは，発生（排出），移流・拡散，生成・変質，除去の四つのプロセスからなり，大気エアロゾルのモデリングにおいてはこれらのプロセスのモデル化が中心課題となる．

大気エアロゾルの時空間変化は，発生項，移流・拡散項，生成・変質項，除去項からなる微分方程式で表現され，この大気エアロゾルのモデル式を解くことによってエアロゾル濃度分布を計算することができる．モデル式を解く方法は大きく2種類に分けられる．そのひとつは様々な仮定を設定して解析解が得られるところまで簡略化する方法（解析モデル）である．もうひとつは，計算機を使って微分方程式を数値的に計算することによってエアロゾル濃度を計算するもので数値シミュレーションモデル（以下，数値モデル）と呼ばれる．

■数値モデルの種類

数値モデルは，地表面に固定された座標系に基づくオイラーモデルと大気の流れとともに動く座標系に基づくラグランジュモデルに大別される．オイラーモデルにはボックスモデルやグリッドモデル，ラグランジュモデルにはトラジェクトリモデルや粒子モデルなどが含まれる．図1は代表的なモデルの概念を示す．

ボックスモデルは計算領域を1個から数個程度のボックスに分割し，各ボックス内では汚染物質が充分に混合し一様になっていると仮定した上で汚染濃度を計算するモデルである．一方，グリッドモデルは計算領域を多数のグリッド（格子）によって分割するもので，汚染濃度分布の時空間変化を計算するのに適している．一般的に，グリッドモデルは計算量が多大となるために高濃度エピソードのような短期間（1日～数週間程度）のシミュレーションに使用されることが多いが，最近では計算機性能や計算アルゴリズムの進歩によって長期間シミュレーションも頻繁に行われている．

ラグランジュモデルとしてはトラジェクトリモデル（流跡線モデル）と粒子モデルがあげられる．トラジェクトリモデルはトラジェクトリ（流跡線；大気中の粒子が風に流されて辿る軌跡）に沿った空気塊の濃度変化を追跡するモデルである．一方，粒子モデルは発生源から多数

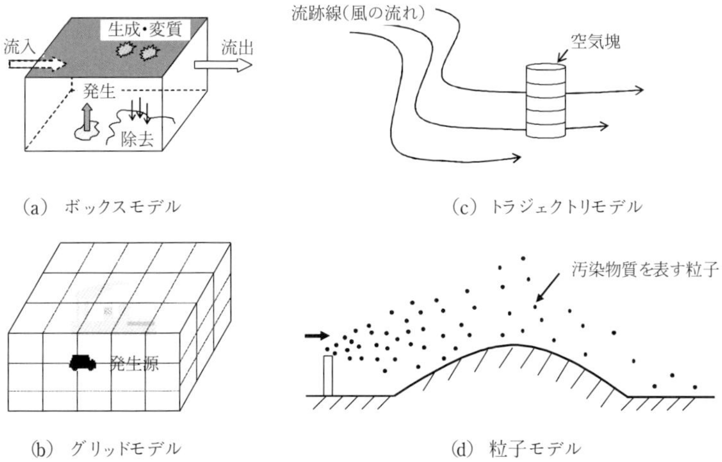

図1　大気汚染の数値シミュレーションモデルの概念図

の粒子を放出して個々の粒子の移動を追跡するモデルである．

■大気エアロゾルのモデル

大気エアロゾルの数値モデルは，エアロゾル粒子の動態に関係する諸過程を計算する複数のサブモデル（気象モデル，発生モデル，移流・拡散モデル，沈着モデル，生成・変質モデル）によって構成されている．気象モデルはエアロゾル濃度計算に必要な気象データを計算するモデルであり，風速，拡散係数，気温，湿度，降水量，雲水量などの時空間分布を計算する．発生モデルはガスとエアロゾル粒子の発生量を計算するモデルであり，一般に各種の発生源調査データや統計データから年間発生量を算出する部分と，それを時間・組成分解しモデル入力データとして加工する部分から成る．移流・拡散モデルは，ガスとエアロゾル粒子の移流・拡散過程を計算するモデルであり，計算速度と計算精度に応じて様々な計算アルゴリズムが提案されている．沈着モデルは，ガスとエアロゾル粒子の乾性沈着・湿性沈着による大気中からの除去量を計算するモデルである．一方，生成・変質モデルは新粒子生成，エアロゾル粒子の蒸発・凝縮・凝集，気相・液相・粒子相内の化学反応などの諸過程を計算するモデルであり，一定の変換率を設定する簡略モデルから，粒子を複数の代表粒径に分割して粒子生成や化学反応，凝集などを計算する精緻なモデルまで多数のモデルが提案されている．

●関連文献・参照文献

環境庁大気保全局大気規制課監修（1997）『浮遊粒子状物質汚染予測マニュアル』，東洋館出版社．

Seinfeld, J. H. and Pandis, S. N. (1998) *Atmospheric Chemistry and Physics: From Air Pollution to Climate Change,* John-Wiley & Sons: 1193–1244.

化学輸送モデルとエアロゾル
Chemical Transport Model for Aerosol

■化学輸送モデルとは

大気中には，窒素酸化物，硫黄酸化物，炭化水素，オゾン等，自然および人為起源の種々の微量化学物質が存在する．人類の活動に伴って増加するこれらの化学物質の排出が，都市・地域・地球規模で人類の生息環境を不可逆的に改変しつつある．この認識の下に，不都合な未来を回避するために人為の排出を管理するツールとして，“化学輸送モデル”が研究，開発されている．化学輸送モデルは，種々の化学物質の排出量と，それら一次汚染物質および化学反応によって生成する二次汚染物質の濃度や地表への沈着量を結びつけるものである．

■化学輸送モデルの歴史

当初，石炭，石油の燃焼に伴う煤塵，二酸化硫黄等が注目の大気汚染物質であった．影響の範囲も排出源の近くに限られ，それらの化学的な変質はあまり問題とされなかった．やがて，大量に排出された自動車排気中の窒素酸化物と炭化水素の混合物に太陽光があたりオキシダントに代表される種々の有害な化学物質が生成するいわゆる“光化学スモッグ”が深刻な大気環境問題となった．1950年代の米国のロスアンジェルスから始まったが，やがて同様の排出条件，気象条件をもつ世界の各地で顕在化した．化学反応で生成する物質が主として問題になる点で，それ以前の大気汚染と異なる．この光化学スモッグ反応を組み込んだ本格的な化学輸送モデルが作られたのが1970年代の始めである．

一方，先進工業国で一度は克服されたと考えられた二酸化硫黄の大気汚染に代わって，それが酸化されて生成する硫酸イオン等に起因する降水の酸性化，いわゆる“酸性雨”が問題となってきた．人体への直接的な影響というよりも生態系への長期的な被害が問題とされること，放出された二酸化硫黄が酸化され酸性雨となって降下するまでに長距離を輸送されることから越境大気汚染になりうることが特徴である．化学輸送モデルの観点からは，この酸性雨には，雲生成や降水現象に伴って生じる液相での大気汚染物質の変質と地表への湿性沈着を，光化学スモッグモデルに加えて扱う必要がある．この酸性物質の生成・輸送をも取り扱えるモデルとして1980年代の後半にRADOM（Chang et al., 1987），STEM-II（Carmichael et al., 1986）等の包括的な酸性雨モデルが提案された．その後，米国EPAがMODEL-3（EPA 2003）（化学輸送モデルCMAQとMM5などメソスケール気象モデルからなる）としてこの種のモデルを総合化した．

■化学輸送モデルとエアロゾル

化学輸送モデルは，多数の化学種につ

いて，移流，拡散，気相・液相化学反応，気相―大気水象相（雲，雨，雪など）間物質移動，乾性・湿性沈着などの諸過程（図1）を含む数理モデルである．

化学輸送モデルの中でエアロゾル粒子は次の意味をもつ，(1) 深刻な健康被害をもたらす主要な大気汚染物質である．(2) 凝結核となり雲や降水の生成に影響する．雲の蒸発により粒子にもどり，雨・雪になれば地表に落下し生態系への負荷となる．(3) 粒子表面が反応の場を与える．(4) 放射を直接的，間接的に変えることによって地球温暖化に影響する．

エアロゾル粒子の発生源は，(1)土壌や海塩粒子の巻上げ，(2)化石燃料等の燃焼に伴う元素状炭素・有機炭素粒子の排出，(3)有機炭素粒子の反応生成，(4)硫黄酸化物（燃焼，海洋の微生物活動，火山から発生）や窒素酸化物（燃焼，土壌から発生）の大気中での酸化による硫酸塩・硝酸塩粒子の生成である．したがって，燃焼や化学反応による微小粒子（粒径，数十nm～1μm程度）から，土壌や海塩起源の粗大粒子（数μm～数十μm）まで幅広い粒径分布をもつ．粒径および化学組成によって沈着速度，成長機構が違うため，化学種および粒径のクラスごとに方程式を必要とする．

二次粒子生成モデル（Seinfeld, *et al.*, 1998）には，無機エアロゾルについては，硫酸，アンモニアなどのガス成分と土壌や海塩粒子などの共存下で，その場の気温，水蒸気圧のもと平衡状態にあるときのエアロゾル濃度および組成を予測する平衡モデルが使用されている．有機炭素粒子の生成モデルも提案されているが，経験的な要素が強く研究途上である．

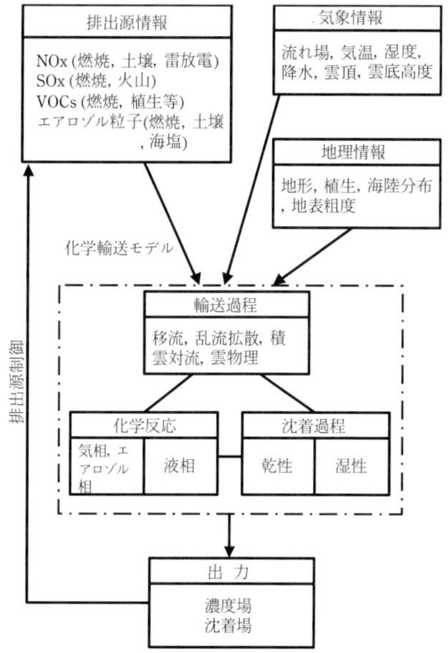

図1　化学輸送モデルの概念図

●関連文献

Seinfeld, J. H. and Pandis, S. N. (1998) *Atmospheric Chemistry and Physics*, John-Wiley & Sons.

Carmichael, G. R., Peters, L. K. and Kitada, T., (1986) A second generation model for regional-scale transport/chemistry/deposition, *Atmos. Environ*. 20: 173–188.

Chang, J. S., Brost, R. A., Isaksen, I.S.A., Madronich, S., Middleton P., Stockwell W. R., and Walcek C. J. (1987) A three-dimensional Eulerian acid deposition model, J. Geophys. Res., 92: 14681–14700.

Environmental Protection Agency (2003) Web site: http://www.epa.gov/asmdnerl/model3/

リセプターモデルとエアロゾル

Receptor Model and Aerosol

リセプターモデルとは，環境中でのエアロゾルの様々な特徴を基にして，発生源寄与や影響を推定する方法のことである．一方，発生源の排出データをベースにして，拡散計算などで環境中のエアロゾルの発生源寄与を推定する方法は，ソースモデルと総称されている．エアロゾルは，発生源が自然起源や人為的起源と多様であり，大気中で反応して変化しやすく，成分によって寿命が異なるなど挙動が複雑である．このような特性をもつエアロゾルの発生源寄与を推定する方法として様々なリセプターモデルが開発されてきた．エアロゾルは，形状，色，粒径などの物理的性状が違ったものと，化学的成分が異なったものが共存しており，これらの情報がリセプターモデルでは有効に使われる．

リセプターモデルは，下図に示すように，大きくは，形状を観察するために顕微鏡を使う方法と，化学的分析データを使う化学的方法に分けられる．顕微鏡法は，光学顕微鏡や電子顕微鏡でエアロゾルの一部を観察し，その形状から発生源の種類を推定する．走査型電子顕微鏡では，化学的成分のいくつかを同定することができるため，より正確な発生源推定が可能になる．顕微鏡法では，エアロゾルのごく一部分を観察するため，全体としての定量性につなげることは難しく，化学的方法と併用して使われることが多い．化学的方法については，統計的手法である多変量解析法を使う方法と化学成分の量的なバランスから発生源寄与を推定するケミカルマスバランス（CMB）法（Chemical Mass Balance method）がよく利用される．

■多変量解析法

多変量解析法では，主成分分析，重回帰分析，クラスター分析などがエアロゾルでの解析に応用されている．多変量解析は，同じ発生源から排出されたエアロゾル中の成分は環境中でも同じように挙

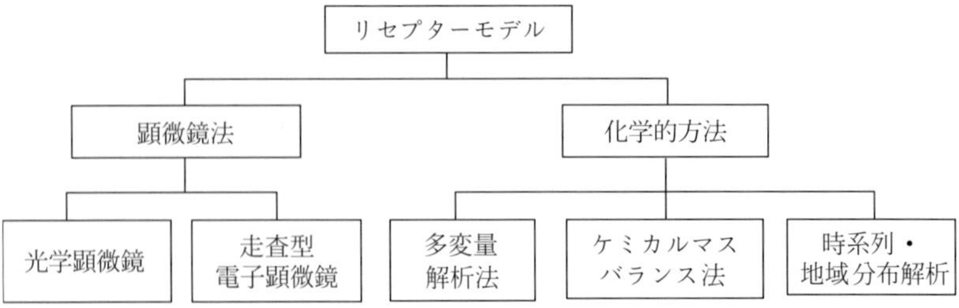

リセプターモデルの種類

動し関連性を維持しているとの考えに基づいており，試料が数多く採取されていることが必要である．主成分分析は，分析された成分濃度を関連性の強さでグループ分けし，そのグループ毎の構成成分を根拠に発生源推定を行う．Fe，Al，SiO_2などの土壌を起源とするもの，Na，Clのような海塩粒子，複数の金属成分を排出する工場などはこの方法によって比較的容易に発生源の存在を確認することができる．この分析法は，発生源の状況がよくわかっていない場合などに発生源種類の特定に使われることが多い．

重回帰分析は，複数のサンプルが得られている場合に，エアロゾル総濃度の変化にどのような成分が大きく寄与しているかをみるのに有効である．エアロゾル総濃度を従属変数にし，分析した各成分を独立変数にして重回帰分析を行い，標準回帰係数などの数値を基にエアロゾル総濃度への寄与の大きさを判断する．さらに，発生源から排出される特定成分（トレーサー）を想定し，その成分を従属変数として重回帰分析することによって，各発生源のエアロゾル総濃度に対する寄与を大まかに把握することも可能になる．

■ケミカルマスバランス（CMB）法

CMB法は，定量性に優れていることや単独の試料でも適用できることから，最も広く使われているリセプターモデルである．CMB法は分析された環境中の成分濃度は，いくつかの発生源からの寄与の合計であるという考えに基づいている．すなわち，環境中に存在するエアロゾルの成分濃度は，エアロゾルを排出する可能性のある発生源からのそれぞれの成分の合計値としてみることができる．あらかじめ測定された発生源での各成分の比率と，環境中で測定されたエアロゾル中の各成分濃度とで，連立方程式をたてる．この連立方程式を解くことによって，複数の発生源から排出されたエアロゾルの濃度を算出する．この計算には，過去，様々な解法が提案されてきたが，現在，リセプターと発生源での両方の測定結果の誤差を組み込んだ有効分散最小自乗法が最も優れているといわれている．アメリカ環境庁（EPA）ではこの解法を使ったソフト（CMB8）がインターネットで公開されている．このソフトは，エアロゾル濃度に対する同定率や各成分での実測値と計算値の整合性など計算結果の検証が可能である．CMB法での結果を信頼できるものにするには，その地域でのエアロゾルの発生源を網羅し，発生源データを正確に掌握しておくこと，できるだけ多くの分析データを組み込むことなどが重要である．

エアロゾルの成分濃度について，時系列でのデータや地域内で複数地点のデータが得られているケースがある．これらのデータでは，気象状況（特に風向，風速）との関係で発生源を推定できる場合もあり，時系列解析，地域分布解析はリセプターモデルでの有効な手段となる．

●関連文献・参照文献

Cooper, J. A., Watson, J. G. (1980). Receptor Oriented Methods of Air Particulate Source Apportionment, J. *Air. Pollut. Cont. Assoc.*, 30: 1116–1125.

地域規模環境モデルとエアロゾル

Aerosol Modeling for Regional Air Quality

大気中におけるエアロゾルの滞留時間は，数日から1週間程度と言われている．これは，3 m/sの風で輸送されるとすれば，1日で約260 km，1週間で5000 km超という距離を移動可能なことを意味する．実際，黄砂の発生源のひとつはわが国から4000 km以上離れたタクラマカン砂漠であるし，最近では黄砂が太平洋を渡る現象が人工衛星により捉えられている．都市域において日中に高濃度となる短期的な現象はともかく，バックグラウンドや，日から月・季節・年レベルの比較的長い時間スケールでのエアロゾル濃度は，数百kmから数千kmといった地域規模で考える必要がある．

地域規模モデルに必要なエアロゾル過程

地域規模のモデルは，都市域におけるエアロゾルの短期高濃度現象を扱うモデルと基本的には同じで，エアロゾルおよび原因物質の発生，移流・拡散，変質，除去などの過程を計算する．しかし，輸送時間の長さゆえ，都市規模モデルでは無視可能な過程も含める必要がある．

わが国を含む東アジア地域は人為汚染物質の大発生域であり，一次発生もしくは二次生成のエアロゾルによる都市大気汚染が深刻である．また，東南アジアを中心とするバイオマス燃焼は有機エアロゾルの大発生源であり，火山ガスからもエアロゾルが生成する．

こうした燃焼起源のエアロゾルは粒径が小さく大気からの除去機構が働きにくいため，遠方に輸送される可能性がある．この輸送途上において，生成速度の遅い成分（硫酸塩など）も徐々に生成し粒子化する．また，揮発性のエアロゾル成分（硝酸アンモニウムなど）は条件の変化に伴ってガス化したり，再び粒子化することが考えられる．ガスとエアロゾルとでは除去特性に大きな違いがあるため，どちらの形で存在するかは輸送量や輸送距離に大きく影響する．

土壌や海洋などを起源とするエアロゾルは，都市域では表面積濃度が低く，ガス成分との反応速度が遅いため無視されることが多い．しかし，領域の広大な地域規模モデルでは，遅い反応が進行するに十分な輸送時間がある．特に東アジア地域は，黄砂に代表される土壌起源のエアロゾルや，広大な海洋からの海塩起源のエアロゾルが豊富に存在するため，条件によっては，ガス成分が比較的速やかにこれらのエアロゾルと反応すると考えられる．黄砂時に採取されたエアロゾル中の硫酸塩と硝酸塩が表面積濃度とともに増加したとの観測事実は，その考えを支持するものである．モデルにおける土壌および海塩のエアロゾルの発生速度は，経験式により風速などから推定して与えることが多い．しかし，砂漠や海洋はそもそも風速の実測データからして乏しく，検証は容易ではない．しかしながら近年は，人工衛星により捉えたエアロゾルの空間分布などによりモデルの精度向上が図られている．

■地域規模モデルの現状

エアロゾルの挙動を地域規模で扱うモデルには，上述のような過程を考慮する必要がある．しかし，初期のモデルはいわゆる酸性雨の広域輸送モデルとして開発され，エアロゾルは単一粒径で，成分は硫酸塩のみとするものがほとんどであった．硫酸塩は，二酸化硫黄から一定の変換率で生成すると近似され，変換率として1～3％／hという値がよく用いられた．この値に対する科学的な説明は十分ではないものの，観測濃度との整合性は高かった．窒素化合物を扱うモデルでは，生成した硫酸塩の当量分だけアンモニアが粒子化し，さらにアンモニアが残存していれば硝酸と平衡反応により硝酸アンモニウム粒子を生成するとしていた．硝酸の生成は，硫酸塩と同様に一定の変換率で近似するか，多数の化学反応式を解いて求められていた．

近年，計算機および計算技術の発達と，基礎データ（気象，土地利用，発生源）の充実により，地域規模のモデルは大気質モデルとして精緻化，総括化の方向に進んでいる．こうしたモデルは二次生成が卓越する短期的な高濃度現象の解析に適しているが，通年計算も十分に可能である．精緻モデルで扱われるエアロゾルは粒径または粒径モードにより区分され，各区分のエアロゾルは同一組成として，凝集，凝縮，反応などの各過程を計算する．エアロゾルの反応計算のみ，粒径区分を無視して行うモデルもある．揮発性成分（硝酸塩，アンモニウム塩など）のガスとエアロゾル間の分配関係は，平衡状態を仮定して求めるものと，ガスの拡散律速として反応速度を与えるものがある．有機の二次生成は，収率により表現することが多い．

精緻モデルで先行する米国では，都市域における24時間平均の$PM_{2.5}$濃度を50％の誤差範囲で予測可能との報告がある．しかし，成分でみると，硫酸塩は比較的精度が高いものの，硝酸塩，元素状炭素，有機炭素は誤差が大きく，前駆物質を含めた発生量と有機炭素エアロゾルの生成過程の精度向上が不可欠とされている．

●関連文献・参照文献

Jacobson, M. Z. (1999) *Fundamentals of Atmospheric Modeling*, Cambridge University Press. 656.

Seigneur, C. (2001) Current Status of Air Quality Models for Particulate Matter, Journal of Air and Waste Management Association, 51: 1508–1521.

索　　引

斜体の数字は，当該の語が本文中の見出し項目として特に論じられているページを示す．

著者紹介（[　] 内は，執筆項目）

■編集委員

〈編集委員長〉

笠原三紀夫（かさはら　みきお）京都大学大学院エネルギー科学研究科教授・研究科長
関心領域と学会活動：エアロゾルを中心とした大気環境問題．日本エアロゾル学会会長，大気エアロゾル国際委員会委員等を歴任．
主要著書：『明日のエネルギーと環境；及びその続編』（共著）日本工業新聞，1998，2001年．
[2 概論「エアロゾルとは」]
[2 概論「エアロゾルの発生源と性状」]
[8 健康・医療とエアロゾル「負イオン」]

〈編集幹事〉

東野　　達（とうの　すすむ）京都大学大学院エネルギー科学研究科助教授
関心領域と学会活動：大気環境場におけるエアロゾルの挙動と個別粒子化学組成分析．日本エアロゾル学会編集委員，総務委員長等を歴任．
主要著書：『バイオマス・エネルギー・環境』（共著）アイピーシー，2001年．
[6 計測・測定「計測・測定法の概要」]
[6 計測・測定「データ逆変換」]
[19 動力学モデル「一般動力学方程式」]

岩坂　泰信（いわさか　やすのぶ）名古屋大学大学院環境学研究科教授
関心領域と学会活動：エアロゾルの大気中での機能．日本エアロゾル学会会長，アジアエアロゾル研究協議会会長
主要著書：『環境学入門　2　大気環境学』，岩波書店，2003年．
[11 気象・地球環境「オゾン層破壊とエアロゾル」]

大谷　吉生（おおたに　よしお）金沢大学大学院自然科学研究科教授・副研究科長
関心領域と学会活動：エアロゾルの動力学，分離，捕集．日本エアロゾル学会元編集委員長，粒度分布測定に関するISO/SC国内委員会委員長．
主要著書：『基礎化学工学・第5章流体からの粒子の分離』，培風館，1999年．
[4 動力学「拡散」]
[4 動力学「泳動」]

奥山喜久夫（おくやま　きくお）広島大学大学院工学研究科教授
関心領域と学会活動：エアロゾルプロセスによるナノ粒子材料の合成，日本エアロゾル学会会長，米国エアロゾル学会誌副編集委員長．
主要著書：『微粒子工学』（共著）オーム社，1992年．
[12 粒子合成「CVD法」]
[13 ナノテクノロジー「ナノ粒子」]

金岡千嘉男（かなおか　ちかお）石川工業高等専門学校長
関心領域と学会活動：エアロゾルの挙動と捕集．日本エアロゾル学会副会長，日本粉体工学会副会長等を歴任．
主要著書：『集塵の技術と装置』（共著）日刊工業新聞，1997年．
[16 集塵「集塵方式」]

坂本　和彦（さかもと　かずひこ）埼玉大学大学院理工学研究科教授
関心領域と学会活動：大気エアロゾルの挙動と二次生成．大気環境学会副会長，日本エアロゾル学会理事等．
主要著書：『身近な地球環境問題』（共著）コロナ社，1997年．

畠山　史郎（はたけやま　しろう）国立環境研究所大気圏環境研究領域大気反応研究室長
関心領域と学会活動：酸性雨と大気汚染の化学過程．日本エアロゾル学会理事，大気環境学会評議員等．
主要著書：『酸性雨－誰が森林を傷めているのか？』，日本評論社，2003年．
［6 計測・測定「航空機観測」］

藤井　修二（ふじい　しゅうじ）東京工業大学大学院情報理工学研究科教授
関心領域と学会活動：建築環境工学，クリーンルームとコンタミネーションコントロール，日本エアロゾル学会理事，ISO/TC209/日本委員等．
主要著書：『クリーンルーム環境の計画と設計』（共著）オーム社，2000年
［17 クリーンルーム「クリーンルームの概要と清浄度」］

明星　敏彦（みょうじょう　としひこ）産業医学総合研究所人間工学特性研究部主任研究官
関心領域と学会活動：環境中エアロゾルの計測法および呼吸用保護具等の性能評価．日本エアロゾル学会理事，日本労働衛生工学会評議員，国際呼吸保護学会日本支部理事等．
［9 室内・作業環境「呼吸用保護具」］

■項目担当

足立　元明（あだち　もとあき）大阪府立大学先端科学研究所教授
［4 動力学「静電場における運動」］

綾　　信博（あや　のぶひろ）
産業技術総合研究所マイクロ・ナノ機能広域発現研究センター副センター長
［3 物性「光学的特性」］

池田　耕一（いけだ　こういち）国立保健医療科学院建築衛生部長
［9 室内・作業環境「室内空気」］

石坂　　隆（いしざか　ゆたか）名古屋大学地球水循環研究センター助教授
［11 気象・地球環境「雲，霧，煙霧，環八雲」］

石津　嘉昭（いしづ　よしあき）広島国際大学社会環境科学部教授
［8 健康・医療とエアロゾル「たばこ煙」］

岩本　真二（いわもと　しんじ）福岡県保健環境研究所環境科学部大気課長
［20 環境モデル「リセプターモデルとエアロゾル」：若松伸司と共著］

植松　光夫（うえまつ　みつお）東京大学海洋研究所教授
［5 化学反応「無機エアロゾルの組成・分布」：成田祥と共著］

榎原　研正（えはら　けんせい）産業技術総合研究所計測標準研究部門応用統計研究室長
［6 計測・測定「粒径測定：電気移動度・光」］
［18 試験粒子「標準粒子」］

江見　　準（えみ　ひとし）金沢大学名誉教授
［16 集塵「エアフィルタ」］

大久保雅章（おおくぼ　まさあき）大阪府立大学大学院工学研究科助教授
［7 ディーゼル粒子「DPF」］

太田　幸雄（おおた　ゆきお）北海道大学大学院工学研究科教授
［2 概論「性状と環境影響」］

大原　利眞（おおはら　としまさ）
国立環境研究所$PM_{2.5}$・DEP研究プロジェクト都市大気保全研究チーム総合研究官
[20 環境モデル「大気エアロゾルのモデル研究」]

岡田　菊夫（おかだ　きくお）気象庁気象研究所環境・応用気象研究部第四研究室長
[6 計測・測定「個々のエアロゾル粒子の分析法」]

鍵　　直樹（かぎ　なおき）国立保健医療科学院建築衛生部
[17 クリーンルーム「汚染と清浄化」]

神谷　秀博（かみや　ひでひろ）東京農工大学大学院生物システム応用科学研究科助教授
[16 集塵「高温集塵技術」]

河村　公隆（かわむら　きみたか）北海道大学低温科学研究所教授
[5 化学反応「有機エアロゾルの組成・分布」]
[6 計測・測定「有機成分測定」]

北田　敏広（きただ　としひろ）豊橋技術科学大学エコロジー工学系教授
[20 環境モデル「化学輸送モデルとエアロゾル」]

幸田清一郎（こうだ　せいいちろう）上智大学理工学部教授
[4 動力学「凝縮と核生成」]

神山　宣彦（こうやま　のぶひこ）産業医学総合研究所作業環境計測研究部長
[9 室内・作業環境「アスベスト・結晶質シリカ」]

古賀　聖治（こが　せいじ）産業技術総合研究所環境管理技術研究部門主任研究員
[5 化学反応「自然起源硫黄化合物」]

後藤　邦彰（ごとう　くにあき）岡山大学工学部教授
[4 動力学「気体と微粒子の相互作用」,「慣性運動・沈降」]
[14 プロセシング「分級・空気分級」,「気中分散」: 増田弘昭と共著]

桜井　　博（さくらい　ひろむ）
産業技術総合研究所計測標準研究部門物性統計科応用統計研究室特別研究員
[3 物性「粒径と粒度分布，粒子とエアロゾルの物理性状決定因子」]

佐藤　　圭（さとう　けい）国立環境研究所大気圏環境研究領域主任研究員
[5 化学反応「有機エアロゾルの生成過程」]

佐藤信太郎（さとう　しんたろう）株式会社富士通研究所ナノテクノロジー研究センター
[19 動力学モデル「分子軌道法」]

佐藤　良暢（さとう　よしのぶ）近畿予防医学研究所
[2 概論「性状と人体への影響」]

塩路　修平（しおじ　しゅうへい）和歌山工業高等専門学校物質工学科助教授
[15 機能性材料「シリカ粒子」]

塩原　匡貴（しおばら　まさたか）国立極地研究所南極圏環境モニタリング研究センター助教授
[11 気象・地球環境「北極ヘイズ」]

篠原　克明（しのはら　かつあき）国立感染症研究所バイオセーフティ管理室主任研究官
[8 健康・医療とエアロゾル「生物粒子」]

柴田　　隆（しばた　たかし）名古屋大学大学院環境学研究科助教授
[11 気象・地球環境「火山性エアロゾルの気候影響」]

島田　　学（しまだ　まなぶ）広島大学大学院工学研究科助教授
[4 動力学「沈着／再飛散」]

下　　道國（しも　みちくに）藤田保健衛生大学衛生学部客員研究員
[9 室内・作業環境「放射性粒子」]

進藤千代彦（しんどう　ちよひこ）東北大学医学部教授
[8 健康・医療とエアロゾル「吸入療法」]

杉本　伸夫（すぎもと　のぶお）国立環境研究所大気圏環境研究領域室長
[6 計測・測定「ライダー計測」]

諏訪　好英（すわ　よしひで）
大林組技術研究所グループ長・主査／東京工業大学大学院情報理工学研究科客員助教授
[19 動力学モデル「数値流体解析プログラム」]

瀬戸　章文（せと　たかふみ）産業技術総合研究所マイクロ・ナノ機能広域発現研究センター研究員
[12 粒子合成「レーザーアブレーション」]
[13 ナノテクノロジー「クラスター」]

高見　昭憲（たかみ　あきのり）国立環境研究所大気圏環境研究領域主任研究員
[5 化学反応「不均一反応」]

高村　民雄（たかむら　たみお）千葉大学環境リモートセンシング研究センター教授
[6 計測・測定「エアロゾルの放射効果の計測」]

田村　　一（たむら　はじめ）株式会社テクノ菱和技術開発研究所課長代理
[17 クリーンルーム「性能評価法」]

中島　　徹（なかじま　とおる）日本自動車研究所エネルギ・環境研究部
[7 ディーゼル粒子「DEPの特性」]

中曽　浩一（なかそ　こういち）九州大学大学院工学研究院助手
[4 動力学「凝集」]

並木　則和（なみき　のりかず）金沢大学工学部物質工学科助教授
[15 機能性材料「酸化チタン」]
[17 クリーンルーム「システム」]
[18 試験粒子「試験粒子発生法」]

成田　　祥（なりた　やすし）東京大学海洋研究所研究員
[5 化学反応「無機エアロゾルの組成・分布」：植松光夫と共著]

西川　雅高（にしかわ　まさたか）国立環境研究所環境研究基盤技術ラボラトリー室長
[2 概論「大気中の動態」]
[11 気象・地球環境「黄砂，土壌，鉱物エアロゾル」：森育子と共著]

西村　直也（にしむら　なおや）芝浦工業大学工学部助教授
［9 室内・作業環境「換気」］

西山　　覚（にしやま　さとる）神戸大学環境管理センター副センター長
［15 機能性材料「金属触媒」］

新田　裕史（にった　ひろし）国立環境研究所$PM_{2.5}$・DEP研究プロジェクト総合研究官
［10 地域環境・汚染「環境基準」］

根津　豊彦（ねづ　とよひこ）日本環境衛生センター環境科学部調査分析課長
［6 計測・測定「質量濃度測定」］
［10 地域環境・汚染「世界の大気中粒子状物質の汚染状況」］

早坂　忠裕（はやさか　ただひろ）総合地球環境学研究所研究部教授
［11 気象・地球環境「温暖化とエアロゾル」］

林　　政彦（はやし　まさひこ）福岡大学理学部教授
［11 気象・地球環境「極域成層圏雲とオゾンホール」］

速水　　洋（はやみ　ひろし）電力中央研究所環境科学研究所
［20 環境モデル「地域規模環境モデル」］

原　　　宏（はら　ひろし）東京農工大学農学部教授
［5 化学反応「硫酸系エアロゾル」］

平野耕一郎（ひらの　こういちろう）横浜市環境科学研究所主任技術吏員
［8 健康・医療とエアロゾル「花粉」］

福嶋　信彦（ふくしま　のぶひこ）日本カノマックス株式会社研究部
［6 計測・測定「個数濃度測定」］
［6 計測・測定「粒径測定：慣性力・拡散」：本間克典と共著］

福森　義信（ふくもり　よしのぶ）神戸学院大学薬学部教授
［14 プロセシング「造粒，コーティング」］

藤本　敏行（ふじもと　としゆき）室蘭工業大学工学部助手
［12 粒子合成「PVD法」］

藤吉　秀昭（ふじよし　ひであき）(財)日本環境衛生センター環境工学部長
［10 地域環境・汚染「ダイオキシン」］

古谷　圭一（ふるや　けいいち）恵泉女学園大学人間環境学科
［6 計測・測定「無機成分分析」］

本間　克典（ほんま　かつのり）東京ダイレック株式会社
［6 計測・測定「粒径測定：慣性力・拡散」：福島信彦と共著］
［9 室内・作業環境「作業環境管理」］

馬　　昌珍（マ　チャンジン）京都大学大学院エネルギー科学研究科研究員
［3 物性「化学性状」］

牧野　尚夫（まきの　ひさお）電力中央研究所CS推進室部長
［16 集塵「電気集塵」］

増田　弘昭（ますだ　ひろあき）京都大学大学院工学研究科教授
［14 プロセシング「分級，空気分級」］
［14 プロセシング「気中分散」：後藤邦彰と共著］

松井　　功（まつい　いさお）(株)東芝研究開発センター先端機能材料ラボラトリー主任研究員
［13ナノテクノロジー「デバイスへの応用」］

松坂　修二（まつさか　しゅうじ）京都大学大学院工学研究科助教授
［14 プロセシング「輸送」］

三浦　和彦（みうら　かずひこ）東京理科大学理学部専任講師
［11 気象・地球環境「海塩粒子」］

溝畑　　朗（みぞはた　あきら）大阪府立大学先端科学研究所教授
［7 ディーゼル粒子「DEP測定」］
「10 地域環境・汚染「日本の大気中粒子状物質の汚染状況」］
「10 地球環境・汚染「排出規則」］

向井　苑生（むかい　そのよ）近畿大学理工学部教授
［6 計測・測定「衛星リモートセンシング」］

森　　育子（もり　いくこ）国立環境研究所環境研究基盤技術ラボラトリーNIESポスドクフェロー
［11 気象・地球環境「黄砂，土壌，鉱物エアロゾル」：西川雅高と共著］

柳澤　文孝（やなぎさわ　ふみたか）山形大学理学部助教授
［6 計測・測定「エアロゾルの同位体計測と動態解析」］

山形　　定（やまがた　さだむ）北海道大学大学院工学研究科助手
［5 化学反応「硝酸系エアロゾル」］

山田　裕司（やまだ　ゆうじ）放射線医学総合研究所放射線安全研究センター
［8 健康・医療とエアロゾル「呼吸器沈着モデル」］

横地　　明（よこち　あきら）東海大学工学部教授
［18 試験粒子「工業規格」］

吉田　英人（よしだ　ひでと）広島大学大学院工学研究科教授
［6 計測・測定「サンプリング」］
［16 集塵「サイクロン」］

米田　　佐（よねだ　たけし）新東工業株式会社
［16 集塵「バグフィルタ」］
［16 集塵「洗浄集塵」］

Lenggoro, Wuled（レンゴロ，ウレット）広島大学大学院工学研究科助手
［12 粒子合成「噴霧法」］

若松　伸司（わかまつ　しんじ）国立環境研究所$PM_{2.5}$・DEP研究プロジェクトプロジェクトリーダー
［20 環境モデル「リセプターモデルとエアロゾル」：岩本真二と共著］

渡辺　隆行（わたなべ　たかゆき）東京工業大学原子炉工学研究所助教授
［12 粒子合成「プラズマ加熱法」］

■写真提供者

口絵1-2	西川　雅高
口絵3	金　　燦洙
口絵4, 6-8	岡田　菊夫
口絵5	東野　　達
口絵9	Robert Höller
口絵10-13	平野耕一郎
口絵14-16	森本　泰夫
口絵17-19	金　　燦洙
口絵20-22	金岡千嘉男

エアロゾル用語集

平成16（2004）年8月5日　初版第一刷発行

編　著　日本エアロゾル学会

発行人　阪　上　孝

発行所　京都大学学術出版会
京都市左京区吉田河原町15-9
京大会館内（〒606-8305）
電話（075）761-6182
FAX（075）761-6190
Home Page http://www.kyoto-up.gr.jp
振替 01000-8-64677

ISBN 4-87698-634-7
Printed in Japan

印刷・製本　㈱クイックス東京
定価はカバーに表示してあります

黄金分割

―自然と数理と芸術と―

アルプレヒト・ボイテルスパッヒャー
ベルンハルト・ペトリ　著

柳井　浩　訳

共立出版

Der Goldene Schnitt

2., überarbeitete und erweiterte Auflage

Albrecht Beutelspacher/Bernhard Petri

This editions is published by arrangement with ELSEVIER GmbH,
Spektrum Akademischer Verlag,
Slevogtstr. 3-5, 69126 Heidelberg, Germany in 1996.
ISBN 3-86025-404-9

Japanese edition is published by Kyoritsu Shuppan Company Ltd.
in 2005.

明晰にして知識欲に富むすべての精神に必要な書物；
哲学，遠近法，絵画，彫刻，建築，音楽，
その他の数学的分野の学徒は誰でも，
本書において，心地よく，繊細で，驚くべき知識を見いだし，
神聖なる学問のさまざまな問題を享受するであろう．

ルカ・パチョーリ*は1509年，著書“De Divina Proportione”(『神聖なる比率について』) において，巻頭にこのような言葉を述べている．

(* 訳注：Luca Pacioli，1445-1517．イタリアの数学者)

はじめに

黄金分割？？？
黄金分割というのは，
　——線分の，ある種の分割法
　——建築設計上の決め方のひとつ
　——パルテノン神殿に使われていた
　——モナリザにも使われていた
というようなもの？？？

“黄金分割”という言葉を耳にするとき，誰もが連想するのはこんなところだろうか．本書の目的は，黄金分割というものを，できるかぎりあらゆる切り口から眺めてみることである．基礎は数学だが，数学以外からもいろいろな見方ができる．本書では，読者が基礎となる数学の部分を“微量の劇薬”として呑み込むことにはなっても，数学でない部分が楽しめるように描き出すことを試みた．

*

“黄金分割”というのは，線分を，ある特定の幾何学的方法によって分割することだが，これには，ギリシャ・ローマの昔から，ことのほか人を惹きつけるものがあったようだ．今日，黄金分割が，美学的魅力と並んで注意を引くのは，これが，数学のさまざまな分野のみならず，建築や美術，さらには生物学のような分野にまで，いろいろな形で現われることである．そこで本書では，黄金分割の多様な性質，現われ方，応用の可能性などを描き出すことを試みた．しかし，重点となるのは，数学の分野での，魅力的ですばらしい成果の数々である．ただここでは，むろん学校数学で理解できる範囲の数学に限ることにした．したがって，たとえば黄金分割に関する TUTTE の定理などは割愛した．美しいが，グラフ理論の分野に属するものだからである．

第１章では，この線にそって，黄金分割の定義と簡単な性質を述べておく．この章の内容は第２章以降，黄金分割の美学的側面を扱った最後の章にいたるまでの基礎になっている．このような厳密な定義がないと，芸術家がその作品において本当に黄金分割を用いたのか否かについて，本質的できちんとした検討ができないのである.

その他の章の内容は，だいたいにおいて独立したものである．例外として，第6章（フィボナッチ数）の結果のいくつかが，それ以降の章でも用いられているだけである．だから，この本の各章を順序どおりに読む必要はない．すなわち，ある章の内容にとくに興味がある読者は，第1章を読んだあとでなら，一気にその章に飛んでも理解が困難になる心配はない．

黄金分割は，さまざまな場面にさまざまな形で出現するので，その一連の分野の中でも，さらに話題を絞らなければならなかった．とくに，第5章（幾何学），第6章（フィボナッチ数），第9章（自然），第10章（美学）では，これらの分野の中に，他にもなお多くの研究があるのだが割愛せざるをえなかったものが少なくない．著者の選択が，典型的かつ代表的なものになっていることを願っている．巻末には広範囲にわたる文献を掲げておいたので，読者がこれらを参照されれば，きっと詳細な情報や例を探し出すことができるだろう（訳注：日本語版では一部省略）．

*

黄金分割（あるいは**黄金比**）という名称は，まだ比較的新しい．これは19世紀になって一般に認められたものである．それ以前には，これとは異なる概念が用いられており，ギリシャ・ローマの昔には，これを表わす短くて適当な名称はなかったのである．ユークリッドのラテン語翻訳者は“proportio habens medium et extrema”という言い回しをしていたし，ケプラーまでは，これに対応して“外分すると比例中項になる分割”という言い方が見受けられる．

ヴェネツィアのルカ・パチョーリ（Luca Pacioli）は，16世紀の初頭に初めて“divina proportio”（神聖なる比率）という名称を使っているが，このことは，彼が黄金分割に対して大きな敬意を払っていたことをうかがわせる．この名称はそれ以後もたびたび使われているが，これと並んで，たとえば，“sectio proportionalis”（釣り合いのとれた分割）などという表現も使われていた（訳注：黄金分割という語が，レオナルド・ダビンチによる命名だという説もある）．

*

ギリシャ・ローマ時代における黄金分割の研究は，正五角形の研究と密接な関係をもっていた．TIMERDINGの主張によれば，ユークリッドは正五角形の作図をしようとしたのが発端で，線分の黄金分割の問題に取り組んだのだということである．

そこで，第2章においては，黄金分割が，正五角形の中でどのように現われてくるのかを考えることにするが，これはとくに中世の時代には魔力のあるものとされていた，ペンタグラム（星形五角形）にかかわるものである．

第3章においては，まず2辺の長さが黄金比になる長方形を扱う．この“黄金”長方形が，いわゆるプラトン立体と関係をもっていることが明らかになる．さらに，黄金長方形と対数螺旋の間には，第4章で示されるように興味深い関係がある．

幾何学の分野では，黄金分割がきわめて頻繁に姿を見せる．簡単な問題を解く際にも，びっくりするような形で黄金分割が登場することが少なくない．第5章では，そのような例を少しばかり選んで並べている．

第6章のはじめには，家ウサギの増殖や，階段を登る郵便配達員，あるいはミツバチの系図などが示される．そこでは，“フィボナッチ数”と黄金分割との関係を述べるが，これこそは，数論指向の数学者を長い間熱狂させてきた分野である．黄金分割の連分数表現に関するさらに進んだ数論的な結果は，第7章における力学系理論への橋渡しになっているが，これは“黄金分割はカオスにおける秩序の最後の砦となりうるか？”というまったく新しい数学的問題を提起している．

黄金分割は思いもかけぬ分野に現われる．第8章では，ある種のゲームの分析において，黄金分割が決定的な役割を果たすことを示す．

19世紀になると，黄金分割に関する文献が大量に現われ，黄金比がいたるところで探し求められ，（それほど驚くには当たらないが）自然の現象や人体の解剖学にまで及んだ．とくに，葉と芯（葉序），“均整のとれた”人体に黄金分割が見られることなどを第9章にまとめている．

＊

黄金分割に関する関心は，昔から，その数学的性質だけにとどまらない．これを手がかりに，ある種の空間的フォルムから受ける美的印象を説明し，〈目に見える現象に限られるにせよ〉，そもそも美の本質とは何かについての説明を得たいと望むものであった．

ともあれ，さまざまな時代に大勢の建築家や芸術家が，作品の形をつくるのに黄金分割を用いてきたということを考えれば，それが意識的であったか否かはともかくとして，そこに美学的な魅力があったことは明らかである．第10章においては，一連の例を通じてこれを具体的に説明することにしよう．それらの芸術家や解説者の信条は，黄金比によって形づくられた芸術作品には，全体が部分に対して均整のとれた比率をなしている点で，見る人に特別な心地よさを与えるものがあるのだ，ということである．また，“神聖なる比率”が教会建築に応用されているのは，黄金分割にしばしば宗教的な意味が込められることを示している．批判的に注釈を加えるならば，おそらくは“黄金の”という言葉の魔術が，このような効果をもたらしているのであろう．

さらに注目すべきは，音楽や文学の分野に黄金分割が現われるという例であるが，これを示すことで，黄金分割の美学的肖像が完全なものになるだろう．

印象深い例の数々や多くの理論的研究があるとはいっても，今までのところ，黄金分割と美学との関係に関する単純で納得のいく説明が見つかっているわけではない．だから，黄金分割は〈今なお引き続いて，形而上学の仙境への道へと誘っている〉のである．

*

著者らは，数え切れぬ友人や多くの貴重な助言に感謝する．

最終章の表題は Karl von Hortei によるものである．Klaus Müller と Michael Gundlach はタイプミスの発見に努めてくれた．

最後になったが，けっして軽んじているわけではない．本書の出版計画につきあってくれた B.I.-Wissenschaftverlag 社の Engesser 氏に対しては，その忍耐とねばり強さに大きな感謝の言葉を捧げたい．

1988年6月　ミュンヘンにて

アルブレヒト・ボイテルスパッヒャー（Albrecht Beutelspacher）
ベルンハルト・ペトリ（Bernhard Petri）

第2版では，まず旧版で発見できた誤植をすべて修正した．著者らは読者諸賢のご指摘とご示唆に感謝する．この他，文献を大幅に増補し，またさらに，ペンローズの寄せ木貼りに関する一節を付け加えた．協力者の Meike Stamer に感謝する．

本書がさらに読者の皆さんに喜んでもらえることを願ってやまない．

1994年8月　ギーセンおよびミュンヘンにて

アルブレヒト・ボイテルスパッヒャー（Albrecht Beutelspacher）
ベルンハルト・ペトリ（Bernhard Petri）

目　次

注意事項および記号

本書における幾何学はすべてユークリッド平面あるいはユークリッド空間におけるものとする．つまり，われわれが子供のときからなじんできた幾何学である．公理論や基礎論あるいはそれに類する規則類（戦略的に，こんなもので読者を混乱させようとする書物も少なくないが）は本書のテーマではない．

本書では，できるかぎり標準的な記号を用いているが，確認のため，ここで繰り返しておくことにする．

点は大文字，直線は原則として小文字で示してある．点 A および B を通る直線は AB，点 A および B を結ぶ線分は $\overline{AB}$，その長さは $|AB|$ と記す．

A_1，A_2，…，A_n を頂点とする多角形は $A_1A_2\cdots A_n$ と略記する．$ABCD$ はしたがって A，B，C，D を頂点とする四角形である．例外は $\triangle ABC$ で，これは A，B，C を頂点とする三角形である．

辺 OA および OB のなす角は $\angle AOB$（あるいは $\angle BOA$）と記す．

大文字で記された著者名，たとえば“COXETER”は，参考文献に記載されている文献の著者である（訳注：日本語版では，ピタゴラス，ユークリッドなど日本でもとくによく知られた人物の名前はカタカナで表記し，その他の人物はドイツ語表記のまま記載した．巻末の文献との対応のためである）．

本書中での相互の参照はほとんどしていないが，第 4 章の第 3 節は 4.3 節として引用される．これに準じて，第 1 章の第 4 番目の練習問題は練習問題 1.4 とした．

第1章

基本事項

本章の内容は，これ以降の章で行なう考察の基本である．ここでは黄金分割に定義を与え，あとで頻繁に参照が必要になる重要な性質を導いておく．本章は，ほとんど全部が数学的内容ではあるが，このような理由からして，きちんと勉強しておいてほしい．

1.1 黄金分割の定義

ギリシャの数学者ユークリッド（EUKLID, 365-300BC）の『幾何学原論』の第II巻を見ると，定理 11 として次のような問題が出ている．

〈与えられた線分を次のように分割したい．すなわち，線分全体を一辺とし，分割した切片のひとつを他の一辺とする長方形の面積が，残りの切片を辺とする正方形の面積に等しい．〉

『幾何学原論』は黄金分割の作図法を載せている最古の数学書である．黄金分割は，今日では次のように定義されている．

$\overline{AB}$ を 1 つの線分とする．$\overline{AB}$ 上の一点 S は，大きい方の切片と小さい方の切片の比率を，線分全体と大きい方の切片の比率と等しくするように $\overline{AB}$ を分割するとき，黄金分割とよばれる．

図 1.1

いうまでもないが，与えられた線分 $\overline{AB}$ を黄金分割する点は，大きい切片が

A 側にくる場合と，B 側にくる場合に対応して 2 つある．

図 1.2

以下では，とくに断らないかぎり，分割点 S は“B の近く”，したがって，A 側に大きい方の切片があるものとする．

このような取り決めの下では，上の定義を次のように定式化しなおすこともできる．

〈$|AS|/|SB| = |AB|/|AS|$ のとき，点 S は $\overline{AB}$ を黄金分割する．〉

長い方の切片 $\overline{AS}$ の長さを M と書き，**長い切片**（Major）といい，短い方の切片 $\overline{SB}$ の長さを m と書き，**短い切片**（Minor）とよぶ（これらはラテン語に由来するもので，“maior” と “minor” はラテン語で “より大きい”，“より小さい” という意味である）．これらを使えば，黄金分割は次のように記述することもできる．

> $\overline{AB}$ を長さ a の線分とする．一点 S が $\overline{AB}$ を
>
> $a/M = M/m$
>
> あるいは，同じことだが，
>
> $am = M^2$
>
> が成立するように分割するとき，これを黄金分割という．

この定式化によって，最初に引用したユークリッドの問題が黄金分割を求める問題に他ならないことが明らかになる．一方において，この定式化を黄金分割の値の “計算” に用いることができる．すなわち，

> S が黄金分割になるのは，ちょうど，
>
> $M/m = (1+\sqrt{5})/2$
>
> となる場合である．

この命題を証明する前に，その〈意味〉を明らかにしておこう．それによって，線分上に設定された点 S が黄金分割になっているか否かを調べることができる．すなわち，

$(1+\sqrt{5})/2 \approx 1.618$

であるから，個々の場合については，長い方の切片と短い方の切片の長さの比が1.618であるか否かを調べればよいことになる（数値マニアの人のために，上の数値をさらに詳しく記せば，$(1+\sqrt{5})/2 \approx 1.61803398874989484820458683436563811772030917980576286213 5\cdots$ となる）.

実際的な応用例として，読者には，**ライプツィッヒ市**にある古いルネッサンス様式の**市議会堂**の塔が，建物の正面を黄金分割していることを検証してみていただきたい（図1.3）.

図1.3

しかし，自信をもっていえるようになるには，まずこれを証明しておかなければならない．このため，線分 $\overline{AB}$ の長さを a で表わすことにしよう．そうすると，$a=M+m$ であり，黄金分割の定義から，次のようなことが順にわかる．

定理 S は $\overline{AB}$ の黄金分割である．

$\Leftrightarrow am = M^2$ （黄金分割の定義）

$\Leftrightarrow (M+m)m = M^2$ （$a=M+m$ を代入）

$\Leftrightarrow M/m+1=(M/m)^2$　　（両辺を m^2 で割る）

$\Leftrightarrow (M/m)^2-M/m-1=0$

最後の式は，（M/m）を未知数とする二次方程式であるが，これを解けば，

$M/m=(1\pm\sqrt{5})/2$

を得る．

M と m はともに正であるから，M/m も正である．そこで，解としては

$M/m=(1+\sqrt{5})/2$

だけが考察の対象になる．

以上により，点 S が線分 $\overline{AB}$ の黄金分割であるのは，比 M/m が上記の値になるときに限られる．

定数

$(1+\sqrt{5})/2$

を，本書では，原則として ϕ（phi，ファイ）と記すことにしよう（ϕ の代わりに τ を用いている書物もある）．ϕ は ΦΙΔΙΑΣ（Phidias，フィディアス）の頭文字で，この人は 460～430BC ごろアテネで活躍した彫刻家であり，パルテノン神殿製作の監督をしたといわれる人だが，その作品には，いたるところに黄金分割が見られる．

本書では，“黄金分割”という言葉を多様に使うことにしよう．まず，

- **分割すること**（“S は $\overline{AB}$ を黄金分割する”）

また，

- **分割点 S**

という意味で使うこともあるし，

- **数値 ϕ**

を示す場合も少なくない．

黄金分割の幾何学的作図をするのに先だって，ϕ に関するいくつかの簡単な性質に注意をしておこう．これらは定義から簡単に導かれるが，非常に重要である．

1.2　数値 $\boldsymbol{\phi}$ の性質

はじめに，次の簡単な補助定理を導こう．

補助定理

（a）　$\phi^2 = \phi + 1$．逆に，x が正の実数で $x^2 = x + 1$ ならば $x = \phi$

（b）　$1/\phi = \phi - 1 = (\sqrt{5} - 1)/2$

（c）　$\phi + 1/\phi = \sqrt{5}$

（a）は 1.1 節の定理から直接導かれる．

（b）の証明：（a）で得られた関係式に $1/\phi$ を掛ければ，

$$\phi = 1 + 1/\phi$$

したがって，

$$1/\phi = \phi - 1$$

であり，これから

$$1/\phi = \phi - 1 = (1 + \sqrt{5})/2 - 1 = (\sqrt{5} - 1)/2$$

となる．

（c）は（b）から簡単に導かれる．すなわち，

$$\phi + 1/\phi = (1 + \sqrt{5})/2 + (\sqrt{5} - 1)/2 = \sqrt{5} \qquad \square$$

（a）および（b）から，〈ϕ の有理式は，すべて，ϕ の一次式に書き直すことができる〉という重要な帰結が導かれる．たとえば，

$$\begin{aligned}\phi^4 - \phi^{-2} &= \phi^2 \cdot \phi^2 - 1/\phi \cdot 1/\phi = (\phi + 1)(\phi + 1) - (\phi - 1)(\phi - 1) \\ &= [\phi + 1 - (\phi - 1)][\phi + 1 + \phi - 1] = 2 \cdot 2\phi = 4\phi\end{aligned}$$

次の定理が示す性質はとくに重要である．これは，ある数が黄金分割であるか否かを調べるのに頻繁に用いられることになろう．

定理　〈$\overline{AB}$ 長さ a の線分，S をその上の一点としよう．$\overline{AS}$ の長さを M，$\overline{SB}$ の長さを m とする．このとき，次の命題は互いに等価である．

（a）　S は $\overline{AB}$ を黄金分割する

（b）　$M/m = \phi$

（c）　$(M/m)^2 = M/m + 1$

（d）　$a/M = \phi$

（e）　$a/m = \phi + 1$〉

証明　（a）と（b）が等価であることは，1.1節ですでに述べた．

（b）と（c）が等価であることは1.2節のはじめに証明された補助定理によるものである［理由：$M/m = \phi$であるから，$(M/m)^2 = \phi^2 = \phi + 1 = M/m + 1$．逆に，$(M/m)^2 = M/m + 1$として，$x = M/m$とおけば，$x^2 = x + 1$．これから，$x = \phi$．したがって，$M/m = x = \phi$］．

次に，（d）と（e）を証明しよう．定義によって，（a）は$am = M^2$であるときに限って成立する．$a = M + m$であるから，これによって，順次以下の命題が得られる．

$$
\begin{aligned}
& am = M^2 \\
& \Leftrightarrow a(a - M) = M^2 && (m = a - M \text{を代入}) \\
& \Leftrightarrow a^2 = M^2 + aM \\
& \Leftrightarrow (a/M)^2 = a/M + 1 && (\text{両辺を } M^2 \text{ で割る}) \\
& \Leftrightarrow a/M = \phi && (\text{補助定理による})
\end{aligned}
$$

よって，（a）と（d）は等価である．

（a）と（e）が等価であることも，同様にして導かれる．上と同じ関係から始めれば，

$$
\begin{aligned}
& M^2 = am \\
& \Leftrightarrow (a - m)^2 = am && (M = a - m \text{を代入}) \\
& \Leftrightarrow ((a - m)/m)^2 = a/m = (a - m)/m + 1 && (\text{両辺を } m^2 \text{ で割る}) \\
& \Leftrightarrow (a - m)/m = \phi && (\text{補助定理による}) \\
& \Leftrightarrow a/m = (a - m)/m + 1 = \phi + 1
\end{aligned}
$$

以上によって，定理の命題はすべて証明された．　□

1.3　黄金分割の作図

黄金分割は，本書で述べるさまざまな幾何学的対象にとどまらず，さらにいろいろなところで発見されるが，ここでは，まずは“音合せ”として，定規とコンパスによるいくつかの作図法を導いておこう．原理的に見れば，2 つのタイプの作図法がある．そのひとつは，線分 $\overline{AB}$ が与えられていて，その中に $\overline{AB}$ を黄金分割する点を求める方法である（これを**黄金分割の内部作図法**という）．これに対して，**外部作図法**は，逆に，線分 $\overline{AS}$ が与えられているとき，S が線分 $\overline{AB}$ を黄金分割するような一点 B を探す方法である．次に述べる作図法のうちには両方のタイプのものがある．

● 作図法 1

$\overline{AB}$ を長さ a の線分とし，B を足として $|BC| = a/2$ となるような垂線 BC を立てる．C を中心として $|CB|$ を半径とする円が線分 $\overline{AC}$ と交わる点を D とする．A を中心，$|AD|$ を半径とする円を描き，$\overline{AB}$ と交わる点を S とする．

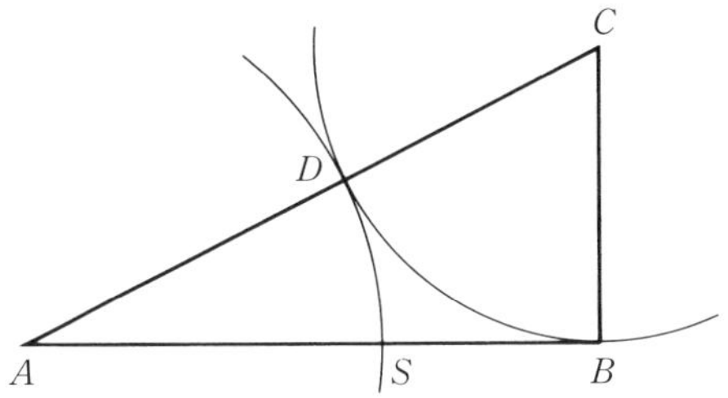

図 1.4

証明すること：〈S は $\overline{AB}$ を黄金分割する.〉

この証明はむずかしくはない．ピタゴラスの定理により，

$$|AC| = a\sqrt{5}/2$$

である．一方，

$$|CD| = |CB| = a/2$$

であるから，

$$|AS| = |AD| = |AC| - |CD| = 2a\sqrt{5} - a/2 = a(\sqrt{5} - 1)/2 = a/\phi$$

したがって，

$$|AB|/|AS| = \phi$$

1.2 節で述べたことによって，S は $\overline{AB}$ を黄金分割する点である．　□

● 作図法 2

$\overline{AB}$ を長さ a の線分とする．A を足として $|AC| = a/2$ となるような垂線 $\overline{AC}$ を立てる．C を中心とする半径 $|CB|$ の円が $\overline{AC}$ の延長線と点 D で交わるものとする．A を中心とする半径 $|AD|$ の円が線分 $\overline{AB}$ と S で交わるものとしよう．

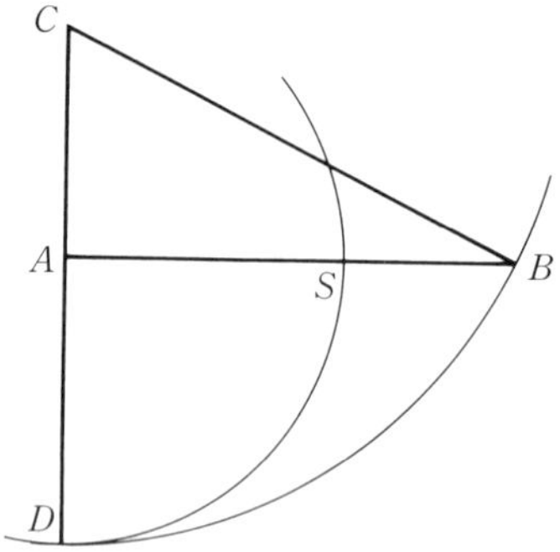

図 1.5

証明すること：〈S は $\overline{AB}$ を黄金分割する．〉

この証明も簡単である．ここでも，ピタゴラスの定理により，

$$|CD| = |CB| = a\sqrt{5}/2$$

だから，

$$|AS| = |DA| = |DC| - |CA| = a\sqrt{5}/2 - a/2 = a/\phi$$

となる．これから，

$$|AB|/|AS| = \phi$$

□

ところで，次の，まことにみごとな作図法は，古くから知られているもののよ

うに見えるが，驚いたことに，発見されたのはごく最近である．

● 作図法 3 (George ODOM，1982)
正三角形 $\triangle XYZ$ とその外接円 K を考えよう．A および S を，それぞれ辺 $\overline{XZ}$ および $\overline{YZ}$ の中点とする．直線 SA は外接円 K と，点 C および B で交わるものとしよう．

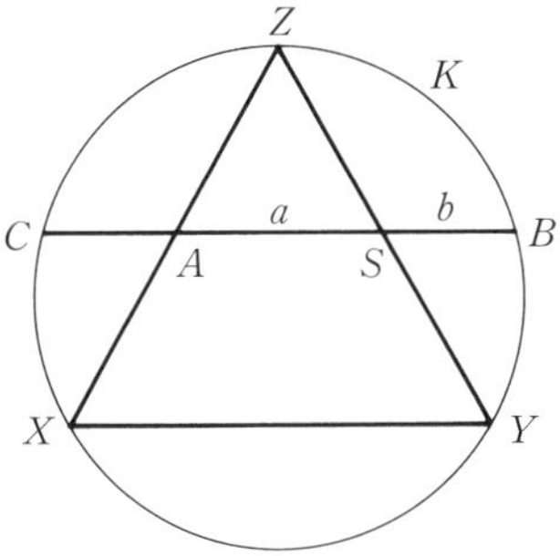

図 1.6

証明すること：$\langle S$ は $\overline{AB}$ を黄金分割する．$\rangle$

これは，次のようにして証明できる．正三角形の辺の長さを $2a$ とすれば，$|YS| = |SZ| = a$ である．一方，$AS \| XY$ から $|AS| = a$．

線分 $\overline{SB}$ の長さを b と書くことにすれば，$|AC| = b$．

ところで，方ベキの定理によれば，

$$a^2 = |SY||SZ| = |SB||SC| = b \cdot (a + b)$$

が成立するが，これがこの証明のハイライトで，以下は手続きということになる．すなわち，これから，

$$(a/b)^2 = a/b + 1$$

が導かれる．すなわち，

$$|AS|/|SB| = a/b = \phi$$

となり，これと 1.2 節で述べたことから，点 S が $\overline{AB}$ を黄金分割することが導かれる． □

次の作図法は外部作図法である．

● 作図法4

線分 $\overline{AS}$ において，S を足として $|SC| = |AS|$ となるように垂線を立てる．$\overline{AS}$ の中点 E を中心とする半径 $|EC|$ の円が直線 AS と S 側で交わる点を B とする．

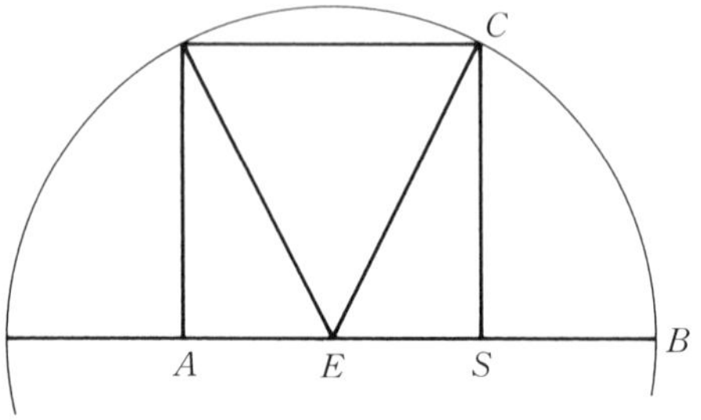

図 1.7

証明すること：〈$\overline{AB}$ は S によって黄金分割される．〉

$\overline{AS}$ の長さを c とすれば，

$$|EB| = |EC| = c\sqrt{5}/2$$

であるから，

$$|AB| = |AE| + |EB| = c(\sqrt{5}+1)/2 = c \cdot \phi$$

したがって，

$$|AB|/|AS| = \phi$$ □

この章の最後の作図法として，与えられた黄金分割から，第1，第2，第3，…の黄金分割を魔法のようにつくり出す方法を示しておこう．

● 作図法5

一点 S が $\overline{AB}$ の黄金分割であるものとしよう．A を中心とする半径 $|AS|$ の円が，直線 AB と交わるもうひとつの点を C とする．

証明すること：〈A は $\overline{BC}$ を黄金分割する．〉

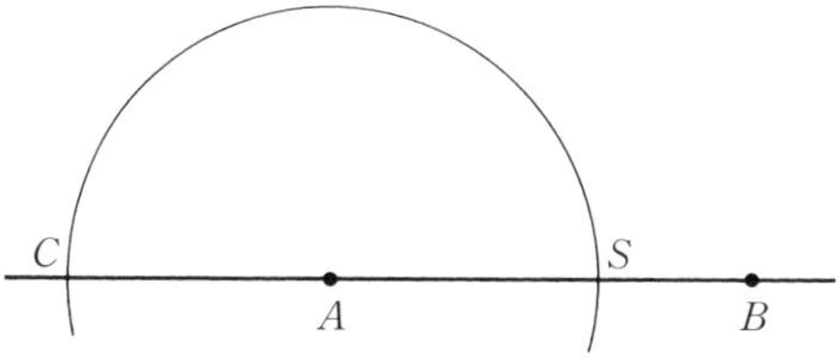

図 1.8

まず，S が $\overline{AB}$ を黄金分割するから，

$$|AC| = |AS| = |AB|/\phi$$

が成立する．このことから，

$$|BA|/|AC| = |BA|/(|AB|/\phi) = \phi$$

となるから，A が $\overline{BC}$ を黄金分割することが導かれる．　□

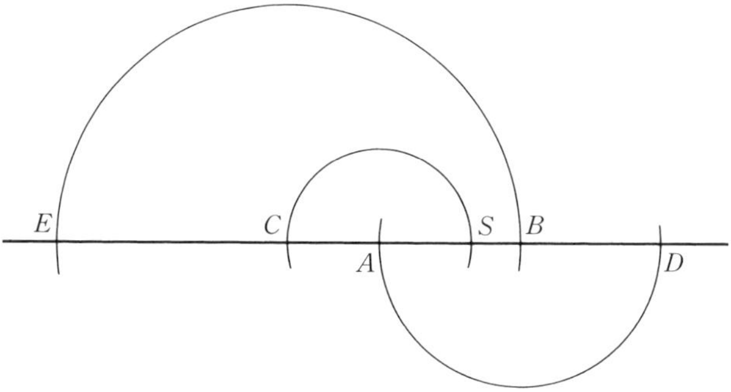

図 1.9

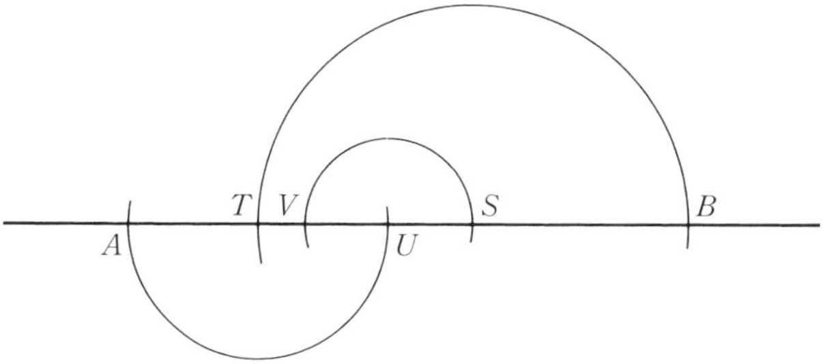

図 1.10

すでに述べたように，作図法5は何回でも好きなだけ繰り返すことができる(図1.9)．また，この作図法は“内側に向かって”行なうこともできる（図1.10)．

1.4　黄金分割用コンパス

黄金分割用コンパスというのは，黄金分割を与える機械的な道具であるが，これを使えば，ある点が与えられた線分を黄金分割しているかどうかを見きわめることができる．黄金分割用コンパスは，たとえば指物師の道具としてよく使われた．図1.11には1919年に出版されたR. ENGELHARDTの著書の中に出てくる4種類の黄金分割用コンパスを示している．

最も簡単なモデルは**比例コンパス**であるが，これは，長さの等しい2本の棒からできており，棒を黄金分割する点を軸に回転できるようになっている．このようなコンパスの古いものは，ポンペイの出土品にも見られる．

三角形の辺の平行線に関する定理により，一方の側を長い切片とすれば，反対側はそれに対応する短い切片になる．

図1.11の右上にあるものは，左上のものよりもずっと使いやすいものになっている（図1.13の模式図を参照のこと)．

この黄金分割用コンパスは次のようにつくられている．

- 点PおよびQは，長さの等しい脚$\overline{AS}$および$\overline{SB}$をそれぞれ黄金分割する点である．さらに，
- $|QT| = |QB|$および$|PT| = |PA|$が成立する．

ここで，このコンパスがどのようにして，黄金分割の大きい切片と小さい切片を指し示すのかを確認しておこう．

そのため，脚$\overline{AS}$および$\overline{SB}$の長さをaとしよう．

$$|SP| = |QB| = |QT| \text{ かつ } |SQ| = |PA| = |PT|$$

であるから，$SPTQ$は平行四辺形である．αがSにおける頂角であれば，Tにおける頂角もαになる．このことから，PおよびQにおける平行四辺形の

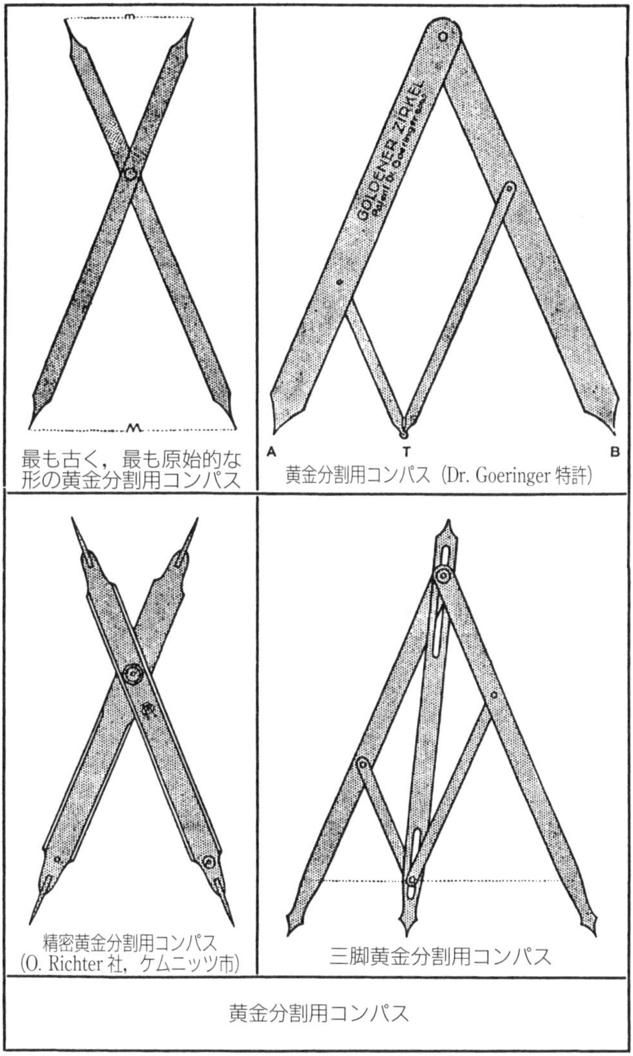
m
M
最も古く，最も原始的な
形の黄金分割用コンパス
GOLDENER ZIRKEL
A
T
B
黄金分割用コンパス（Dr. Goeringer 特許）
精密黄金分割用コンパス
（O. Richter 社，ケムニッツ市）
三脚黄金分割用コンパス
黄金分割用コンパス

図 1.11

角度 β は

$$\beta = (360^\circ - 2\alpha)/2 = 180^\circ - \alpha$$

となる．また，角 $\angle APT$ は角 $\angle TPS$ の補角であるから，$180^\circ - \beta$，すな

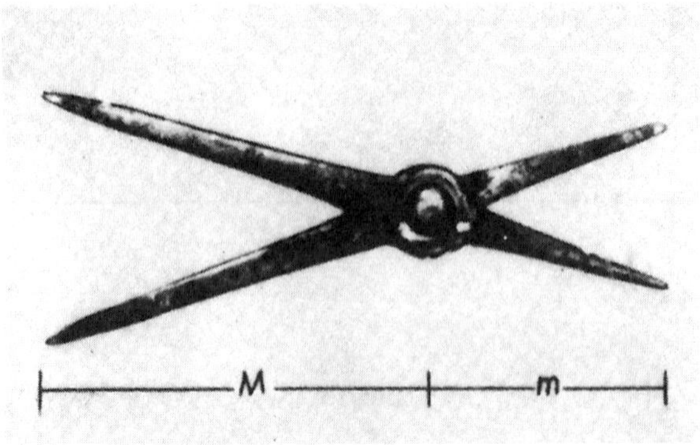

図 1.12

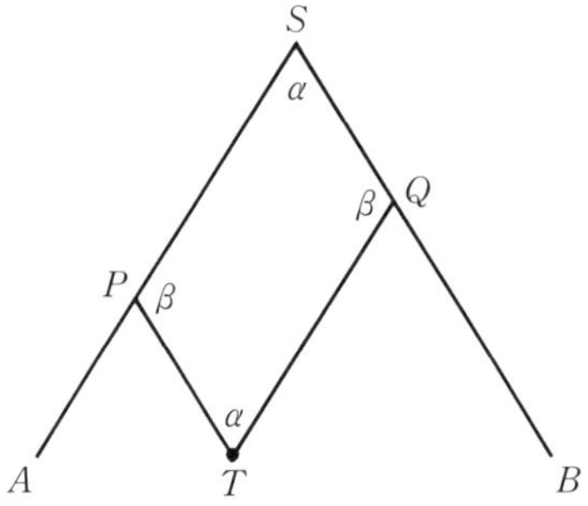

図 1.13

わち α という大きさになる．まったく同様にして，角 $\angle TQB$ もまた α という大きさになる．

さて，$|PT| = |AP|$ および $|TQ| = |QB|$ であるから，二等辺三角形 $\triangle APT$ と $\triangle TQB$ は相似である．この二等辺三角形の底角を γ とすれば，

$$\gamma + \gamma + \alpha = 180^\circ$$

である．このことから，角 $\angle ATP$，$\angle PTQ$ および $\angle QTP$ の和は 180° になる．このことによって，点 A，T および B が本当に一直線上にあることが確認できる（このことは，当たり前のようにも見えるが，これまでのところ明らかになっていなかったのである）．

そこで結局，

$$|AP| = |AS|/(\phi + 1) = a/(\phi + 1) = a/\phi^2$$

および

$$|QB| = |SB|/\phi = a/\phi$$

さらに，証明すべき関係

$$|TB|/|AT| = |QB|/|AP| = \phi$$

が導かれることになる． □

練習問題

1．本章の作図法のうち，どれが外部作図法で，どれが内部作図法でしょうか？

2．次の関係式が成立することを証明してください．

（a）　$\phi^2 + \phi^{-2} = 3$

（b）　$1 + \phi^{-3} = \phi(1 - \phi^{-3})$

（c）　$\phi^{-2} = 2 - \phi$

第2章

正五角形

黄金分割は，正五角形の中のいろいろな場所に現われるが，それがなかなかに印象深い．実際，黄金分割と関連する数学的対象としては，正五角形が最も重要な位置を占めている．ユークリッドの『原論』でも，正五角形の作図を可能にするのが主目的で黄金分割が導入されている．

本章では，まず正五角形の対角線が互いに黄金分割することを示す．これは，最終的には，“黄金三角形”の作図と，さらに，正五角形の幾何学的な作図に役立つ．この章の終わりでは，黄金分割が折り紙でもつくれることを示すことにしよう．

2.1 正五角形の対角線

凸 n 角形は，その辺がどれも同じ長さをもち，すべての内角が同じ大きさであるとき，正 n 角形といわれる．たとえば，正方形は正四角形である．

正五角形の対角線に関する主要な結果を述べる前に，次の補助定理を明らかにしておこう．

補助定理 〈$F = P_1P_2P_3P_4P_5$ を正五角形とするとき，次の関係が成立する．

（a） 内角の大きさは $108°$ である．

（b） 対角線はどれも長さが等しい．

（c） 各辺は，“それに向き合う辺に平行である．” たとえば，$\overline{P_2P_3} \parallel \overline{P_1P_4}$，$\overline{P_1P_2} \parallel \overline{P_3P_5}$，など．〉

証明

（a） よく知られているように，任意の n 角形の内角の和は $(n-2)\cdot 180°$ であるから，五角形 F の内角の和は $540°$ である．さらに，F は正五角形であるから，内角はどれも等しい．したがって，その大きさは $540°/5 = 108°$ となる．

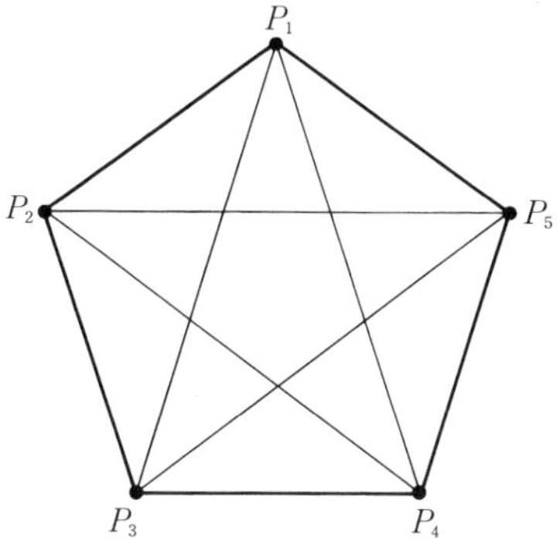

図 2.1

（b）　図形の対称性からただちにわかるように，1つの頂点を端点とする対角線の長さは等しい（たとえば，$\overline{P_1P_3}$ と $\overline{P_1P_4}$ の長さは等しい）．このことから，すべての対角線の長さが等しいことが順に導かれる［いま例として，$\overline{P_1P_3}$ と $\overline{P_1P_4}$ の場合を考えてみよう．上に述べたことから，$\overline{P_1P_4}$ と $\overline{P_1P_3}$ は長さが等しい．同様にして，$\overline{P_1P_4}$ と $\overline{P_2P_4}$ の長さは等しい．よって，$\overline{P_1P_3}$ と $\overline{P_2P_4}$ の長さが等しい…という具合いである］．

（c）　この命題については，1つの辺，たとえば $\overline{P_1P_2}$ についてだけ示しておけばよい．P_4 から $\overline{P_1P_2}$ に下ろした垂線 h は正五角形 F の対称軸であるから，$\overline{P_1P_2}$ も $\overline{P_3P_5}$ も h に直交する．したがって，両者は平行である．　□

そこで，次の定理を証明することにしよう．これは，以下本章の基本となる重要な定理である．

定理　〈$F = P_1P_2P_3P_4P_5$ を正五角形としよう．このとき，次の命題が成立する．

（a）　F の頂点を共通の端点としない2本の対角線は互いに他を黄金分割する．

（b）　対角線の長さの，一辺の長さに対する比率は ϕ である．〉

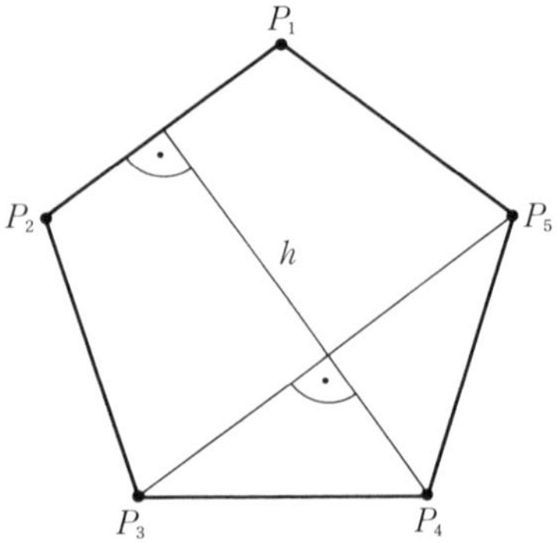

図 2.2

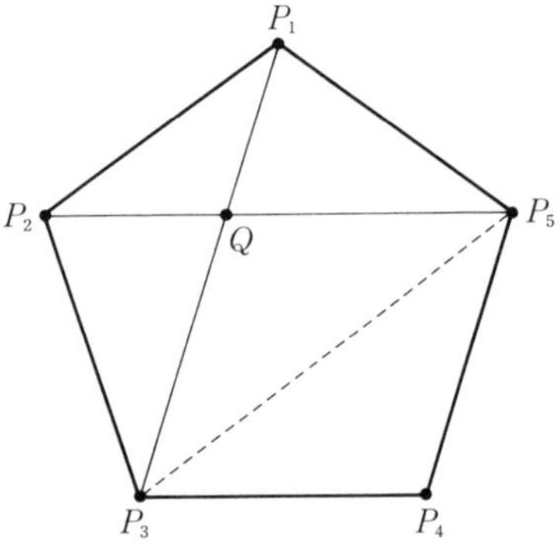

図 2.3

証明　対角線$\overline{P_1P_3}$と$\overline{P_2P_5}$の交点Qに注目しよう．$\overline{P_1P_2}$と$\overline{P_3P_5}$は平行であるから，

$$|QP_3|/|QP_1| = |P_3P_5|/|P_1P_2|$$

が成立する．また，正五角形の定義から，$|P_1P_2| = |P_4P_5|$であるし，上の補助定理から$|P_3P_5| = |P_1P_3|$が得られている．これらをまとめると，

$$|QP_3|/|QP_1| = |P_1P_3|/|P_4P_5|$$

が成立する．あとは，$|P_4P_5| = |QP_3|$の成立を示せばよい．

次のステップとして，$QP_3P_4P_5$が平行四辺形であることを示す．そのためには，$\overline{QP_3}$と$\overline{P_4P_5}$および$\overline{QP_5}$と$\overline{P_3P_5}$がそれぞれ平行であることを示さなければならない．しかし，これもまた，上に証明した補助定理から導かれる．すなわち，補助定理から，$\overline{P_4P_5} \parallel \overline{P_1P_3}$がいえるから，$\overline{P_4P_5} \parallel \overline{QP_3}$．さらに$\overline{P_3P_4} \parallel \overline{P_2P_5}$であるから，$\overline{P_3P_4} \parallel \overline{QP_5}$．したがって，$QP_3P_4P_5$は平行四辺形となることがわかる．よって，

$$|QP_3| = |P_4P_5|$$

が導かれる．

以上の結果をまとめると，

$$|QP_3|/|QP_1| = |P_1P_3|/|P_4P_5| = |P_1P_3|/|QP_3|$$

となるから，Qが線分$\overline{P_1P_3}$を黄金分割することが導かれる．$\overline{P_1P_3}$は任意の対角線であるから，定理の(a)の部分はこれで証明されたことになる．

ここまでくれば，(b)の証明もむずかしくない．(a)によって，$|P_1P_3|/|QP_3| = \phi$が成立する．$|QP_3| = |P_4P_5|$であるから，$|P_1P_3| = \phi|P_4P_5|$となる． □

2.2 黄金三角形

二等辺三角形において，斜辺と底辺の長さの比がϕ：1であるとき，この三角形を黄金三角形という．いいかえれば，三角形の三辺がa：ϕa：ϕaという長さをもつとき，これを黄金三角形という．

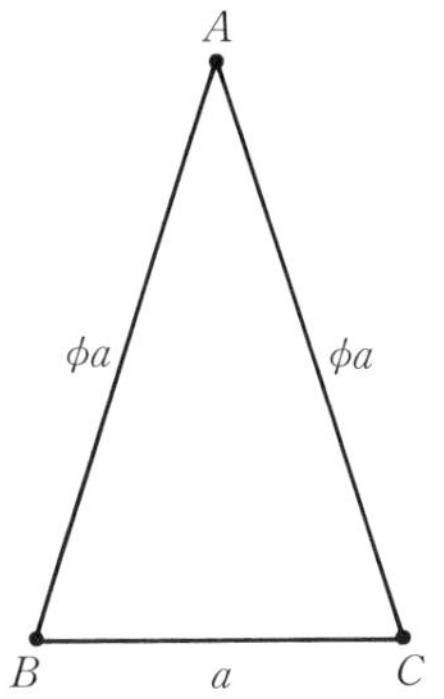

図 2.4

黄金三角形をコンパスと定規で描くのはむずかしいことではない．長さ a の線分 $\overline{BC}$ が与えられているものとしよう．第1章で述べた黄金分割の作図法のひとつを使えば，長さ ϕa の線分を作図することができる．B を中心とする半径 ϕa の円と C を中心とする半径 ϕa の円の交点を A と A' としよう．そうすると，$\triangle ABC$ も $\triangle A'BC$ も底辺 $\overline{BC}$ の長さが a の黄金三角形になっている．

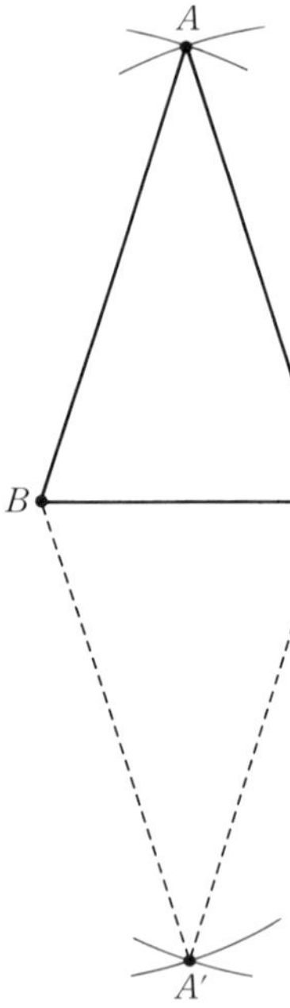

図 2.5

正五角形の中には，このような黄金三角形が見られる．$F = P_1P_2P_3P_4P_5$ を1つの正五角形としよう．このとき，対角線の長さはどれも F の各辺の ϕ 倍であるから，たとえば，$\triangle P_1P_3P_4$ は黄金三角形である．

また，一辺の長さが a の正五角形は，1つの黄金三角形（上の例では $\triangle P_1P_3P_4$）と辺の長さが a，a，ϕa の2つの二等辺三角形（上の例では $\triangle P_1P_2P_3$ と $\triangle P_1P_4P_5$）を簡単に組み合わせたものになっている．

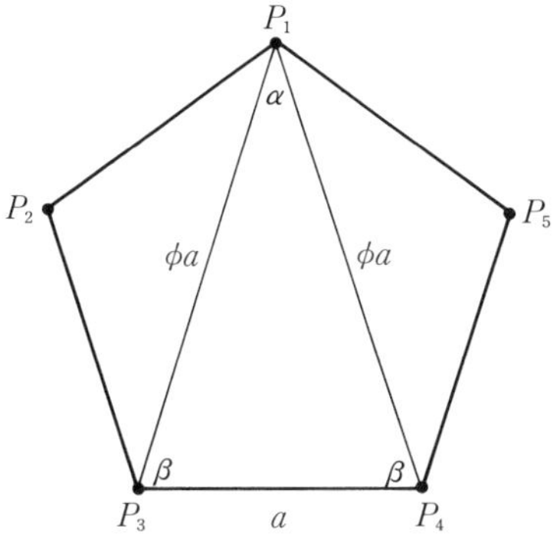

図 2.6

このように，正五角形に黄金三角形を“はめ込む”ことができることから，次の補助定理を証明することができる．

補助定理　〈黄金三角形の底角は 72° であり，頂角は 36° である．逆に，内角が 72°，72°，36° の三角形は黄金三角形である．〉

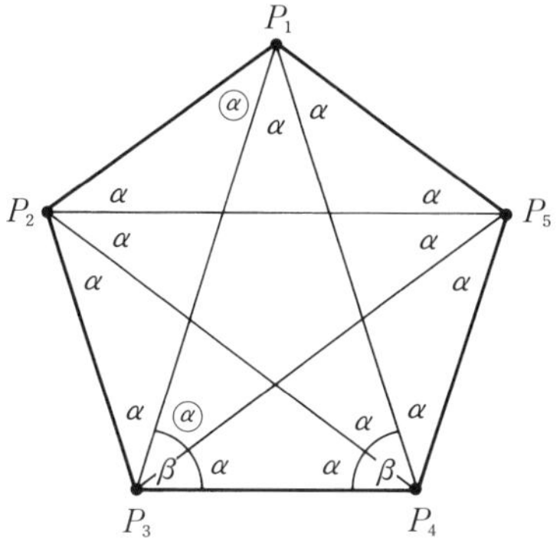

図 2.7

証明　$\triangle P_1P_3P_4$ を 1 つの黄金三角形としよう．この証明の要点は $\triangle P_1P_3P_4$ において，底角 β が頂点 P_1 における頂角 α の 2 倍になることを示すことである．そのため，いま黄金三角形が正五角形 $F = P_1P_2P_3P_4P_5$ に“はめ込まれて”いるものと考えよう．

図形の対称性から，$\angle P_3P_1P_4$のみならず，$\angle P_5P_2P_4$，$\angle P_1P_3P_5$，$\angle P_2P_4P_1$および$\angle P_3P_5P_2$は，どれもみなαという大きさである．2つの直線P_1P_2およびP_3P_5が平行であることから，$\angle P_2P_1P_3$と$\angle P_1P_3P_5$とが錯角をなす．後者がαに等しいので，$\angle P_2P_1P_3$もαという値をもつ．同様にして考えれば，他の9つの角のどれもがαという値になり，また，これから$\beta = 2\alpha$が導かれる．したがって，$\triangle P_1P_3P_4$において内角の和は$2\beta + \alpha = 5\alpha$となるから，$\alpha$を計算すれば，$\alpha = 180°/5 = 36°$．したがって，$\beta = 72°$となる．

逆に，このような内角の三角形が黄金三角形になることは明らかであろう（底辺の長さがaであり，このような内角を有する三角形は，この底辺の黄金三角形に一致するからである）．　□

この補助定理からただちに導かれる系として，〈72°という角度はコンパスと定規で作図できる（上に述べたようなやり方で，黄金三角形を描けば，底角は72°になる）こと〉を記憶しておくことにしよう．

2.3　正五角形の幾何学的作図法

正五角形の，コンパスと定規によるいくつかの作図法を簡単に述べておこう．

（a）与えられた円に内接する正五角形を，コンパスと定規を用いて描くには，円の中心Oから72°の間隔で半直線を引く（上に述べた系から，72°という角度はコンパスと定規で作図できる）．これらの半直線と円の交点が，求める正五角形の頂点になる．

（b）一辺が与えられた長さaの正五角形を描くには，底辺の長さが$|P_3P_4| = a$の黄金三角形$\triangle P_1P_3P_4$から出発し，それぞれ，P_1およびP_3を中心とする半径aの2つの円の交点として一点P_2が得られる（こうすれば，辺の長さがa，a，$a\phi$の三角形を描いたことになるから，この点P_2は正五角形の頂点になる）．同様に，P_1およびP_4を中心とする円を描けば，残りの頂点P_5が得られる．

（c）次に述べる方法は，ユークリッドがその著書『原論』の第Ⅳ巻で課題11としたものと本質的に同じものである．1つの黄金三角形$\triangle ACD$（Aが

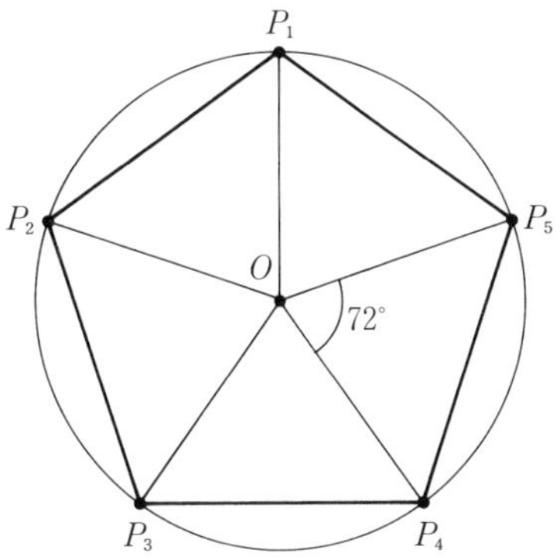

図 2.8

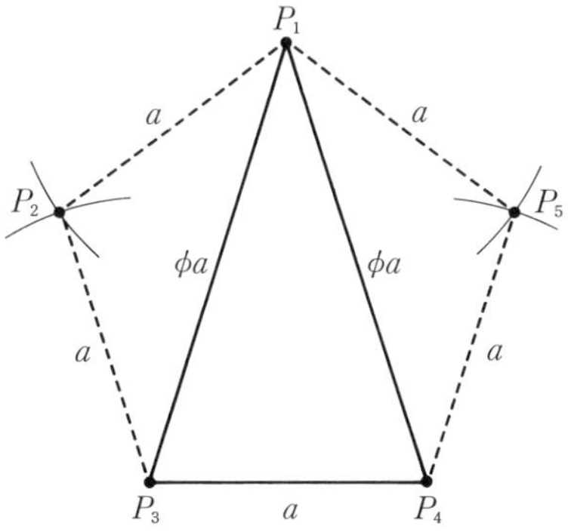

図 2.9

上側）から始める．この三角形の外接円 K を考えよう．この円の中心は，それぞれ AC および AD に立てた垂直二等分線の交点として求められる（図 2.10）．

残りの頂点 E および B は，$\angle ACD$ および $\angle ADC$ の二等分線が円と交わる点を求めればよい．

命題　$ABCDE$ は正五角形である．
この命題の証明は，課題として読者に委ねることにしよう．

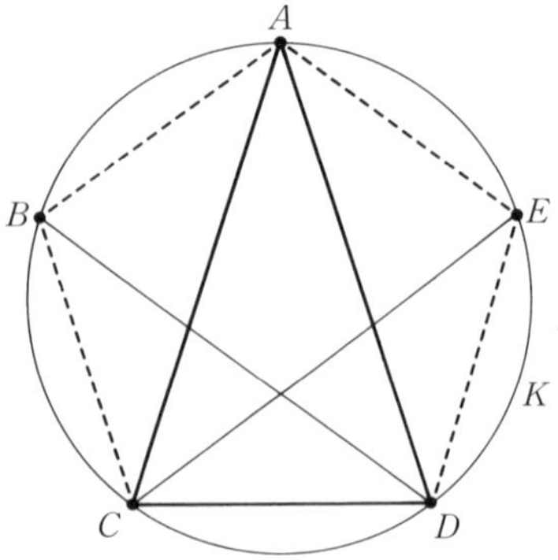

図 2.10

2.4　折り紙による正五角形のつくり方

正五角形は，次のような簡単な“魔法”でも簡単につくれてしまう．

　　細長い紙テープをとり，
　　ただ，結ぶだけでよい．
　　きっちりと引っ張って，
　　平らに押しつければ，…
　　アブラカダブラ・ジムザラビーム…

そこで，たちどころに正五角形がひとつできあがってしまう．それればかりではない．対角線のひとつは黄金分割されているのだ．

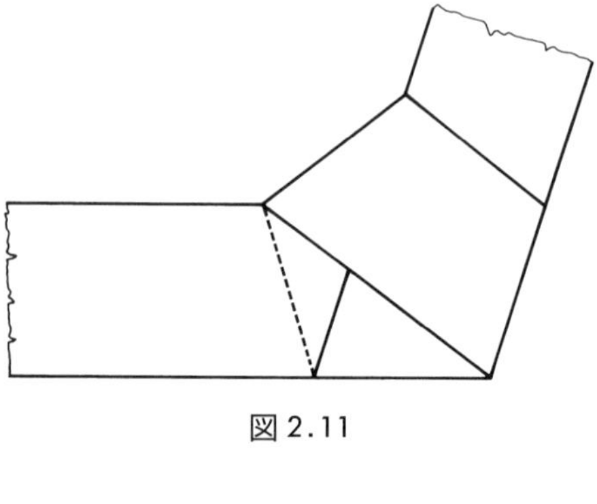

図 2.11

この方法の数学的解析に取りかかる前に，読者は，まず自分自身で，紙テープを結んでみてほしい．その結果を自分の目で見れば，これからの話もよくわかるだろう．

まず，次の数学的補助定理を明らかにしておこう．これで魔法の結び方を解明できるとは思えないかもしれないけれど．

補助定理　〈$ABCD$ を左右対称な台形としよう．
（a）　$|AB|=|BC|=|CD|$ ならば，AC は $\angle BAD$ を二等分する．
（b）　さらに，$\angle BAD$ がちょうど $72°$ ならば，$\overline{AC}:\overline{AB}$ は $\phi:1$ になる．〉

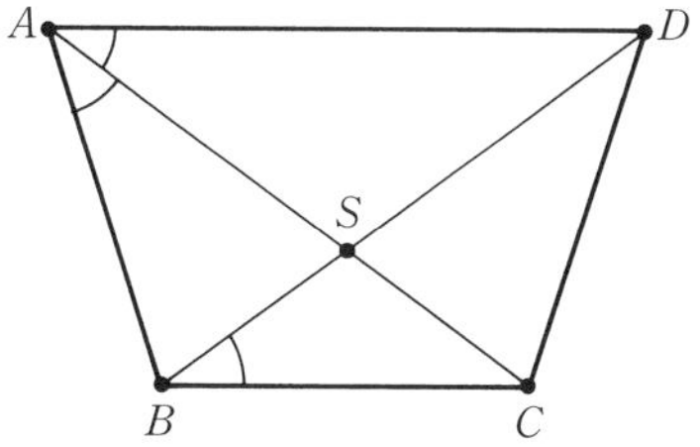

図 2.12

証明
（a）　仮定により，$\triangle BAC$ は二等辺三角形である．したがって，$\angle BAC = \angle BCA$．同じ理由から，$\angle CBD = \angle BDC$．この台形は左右対称であるから，これらの 4 つの角度はどれも等しい．次に，S を 2 つの対角線 $\overline{AC}$ および $\overline{BD}$ の交点としよう．対頂角が等しいことから，$\angle ASD = \angle BSC$ が得られる．このことから，二等辺三角形 $\triangle SAD$ の底角は $\triangle SBC$ の底角と等しい．よって，$\angle BAC = \angle CBD = \angle CAD$ を得る．いいかえれば，AC は $\angle BAD$ を二等分する．

（b）　（a）を用いれば，仮定から $\angle CAD = 36°$ が導かれる．この台形は左右対称であるから，$\angle ADC = 72°$ であることも導かれる．一方，$\triangle ACD$ の内角の和は $180°$ だから，$\angle ACD = 72°$ となる．このように，$\triangle ACD$ の内角は $36°$，$72°$，$72°$ であるから，これが黄金三角形だということになる．そこで，$\triangle ACD$ の辺の長さは，適当な a について，a，ϕa，ϕa となる．このことは

$$|AC|/|AB| = |AC|/|CD| = \phi/1 = \phi$$

を意味している．□

ここで，折り紙の問題に戻ろう．ねらいは，折り目がどのようにつくのかを記述することである．つまり，紙テープの上に，あらかじめ何本かの直線をうまく引いておいて，これらが，テープを折ったときの折れ目になることを示すのである．

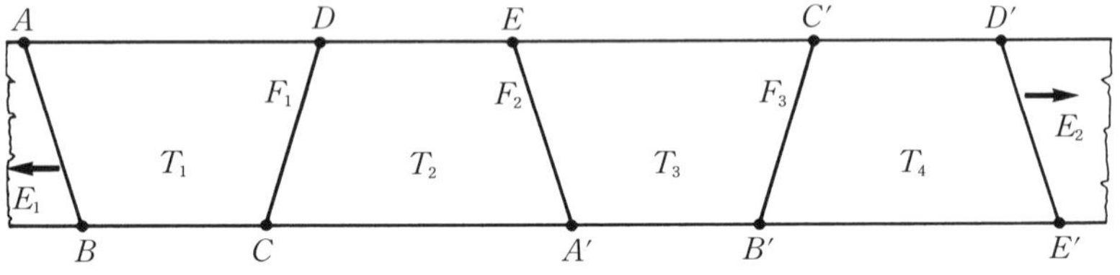

図 2.13

テープの両端を E_1 および E_2 としよう．図 2.13 に示すように，テープの上に 4 つの台形を描き，これらが，上の補助定理の(a)および(b)の条件を満たすものとする．こうしておいて，F_1，F_2 および F_3 が順ぐりに折られた結び目になることを示そう．

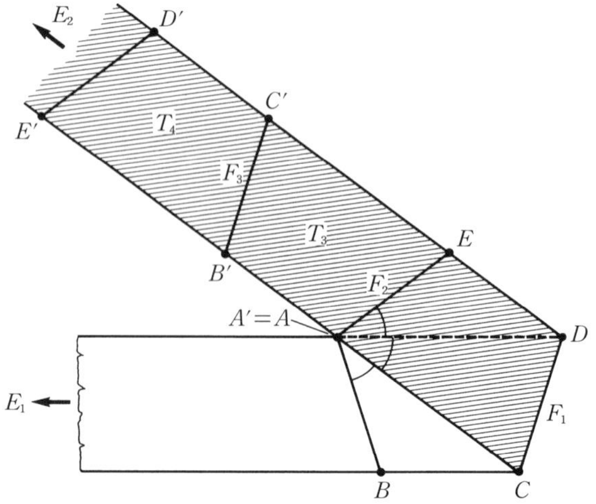

図 2.14

まず，F_1で折ろう．補助定理によれば，$\angle ACD = 72° = \angle DCA'$であり，$|AC| = |CA'|(= \phi|CD|)$であるが，このことは，$F_1$で折ったときに$A'$が$A$の上にくることを意味している．また，ここで（すなわち1回目に折ったあとでは），$ABCDE$が正五角形になっている（これは簡単にわかる．まず，各辺が$|AB|$と同じ長さであり，台形の内角が72°か108°のいずれかなので，この五角形の各内角も互いに等しくなるからである）．

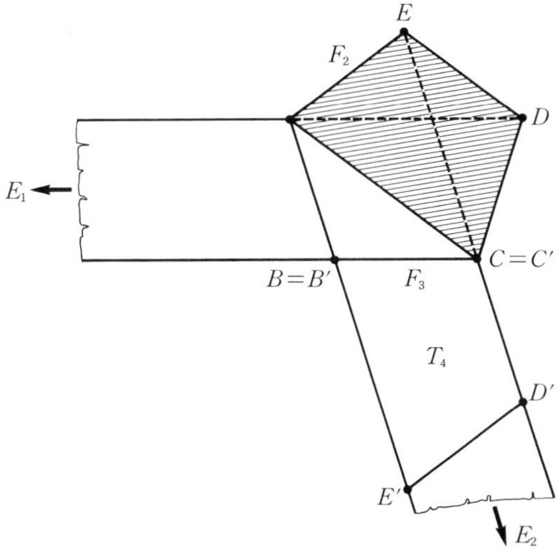

図 2.15

次に，F_2で折ろう．こうすると，台形T_3が台形T_1とT_2の後ろに隠れてしまう．ここでもまた，補助定理によってBがB'の上に，CがC'の上にくることがわかる．なかでも，折り目F_3はちょうど$\overline{BC}$の真下にくることになる．

最後に，F_3で折って，テープの端E_2をT_1とT_2の間を通して，補助定理をもういちど使う．これによって，DがD'の上に，EがE'の上にくることが示せる．

以上によって，折り紙の過程全部をわれわれの“数学実験室”において再現したことになる．結果として，正五角形や黄金分割らしいものが見られるという

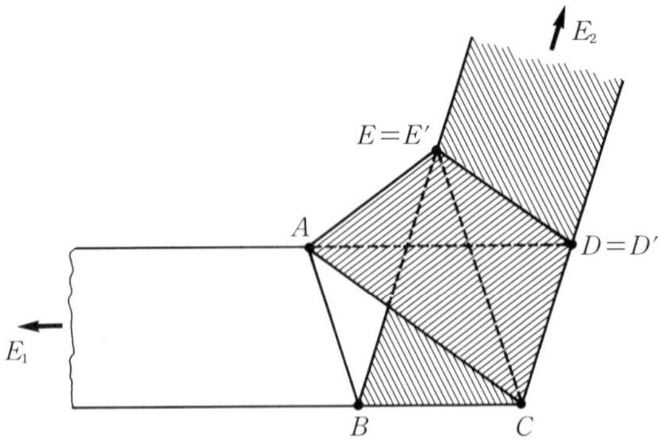

図 2.16

のではなく，それらが，本当に正五角形や黄金分割になっていることもわかった．

2.5　歴史的なことに関するいくつかの注釈

おそらくはありえないことなのだが，それにもかかわらず，ささやかれる根強い噂として，エジプトのピラミッド（2000BC ごろ）の建築家が黄金分割を知っていて，ピラミッドの建設に応用したという説がある（10 章で詳しく述べる）．

これに対して，前 5 世紀ごろ，ピタゴラスが黄金分割を知っていたというのは確かなようである．ピタゴラスの直接の弟子であったと思われるメタポンティオンのヒッパソスは，ギリシャ数学の初期に正五角形と，それに関連して黄金分割を発見したものと思われる．とにかくカルキスの歴史家イアンブリコス（IANBLICHOS）は，ヒッパソスが“12 枚の五角形を組み合わせた球のことを初めて述べ，このために神の怒りにふれて海で死んだ”と書いているのである（ここで，歴史的に見て興味深いことは，無理数の発見が正方形の対角線でなく，正五角形の対角線からであったことである）．

ピタゴラス学派の人々にとっては，正五角形が異常なまでに重要な役割を果たすものであった．彼らはこれに神秘的な力を付与したのである．正五角形の各辺を互いに交わるまで延長してできる**ペンタグラム**（**星形五角形**）はこの信仰団体の団員の徽章としてさえ使われたのである．

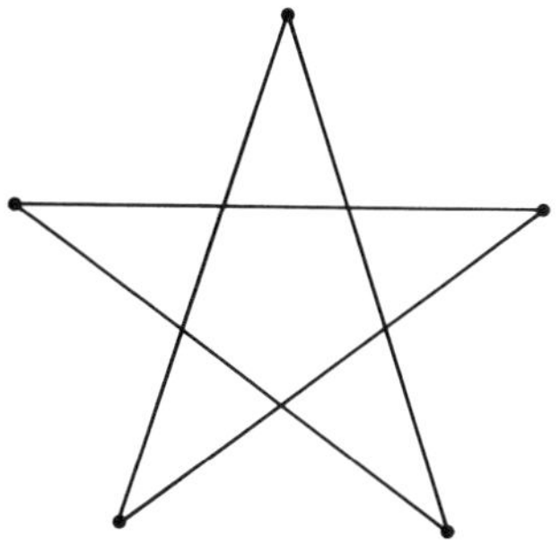

図 2.17

ペンタグラムは健康のシンボルでもあった．M. CANTOR は〈健康とは，また，互いにもつれあって五角形—いわゆるペンタグラム—を構成する三重の三角形である〉と書いているし，HUNTLEY はペンタグラムの 5 つの角が全体として，健康という語をつづる ΥΓΙΘΑ の 5 文字に対応するのだろう（ギリシャ語の健康は ΥΓΙΕΙΑ であるが，ここでは Θ を二重母音 EI に対応させている）と考えた．

五角形の中で無理数が発見されれば，黄金分割の定義に到達するまでは，あとほんの一歩にすぎない．それゆえ，黄金分割の定義は一般に，ヒッパソスまたはその後で別の一人の“数学者”によってなされたものと考えられている．しかし，これを伝える資料があるわけではない．多くの情報源（CANTOR, HASSE）ではまた，ユードクソスという人物も黄金分割の発見者と推定されている．

黄金分割が証明された命題として，文章として固定されるのは，ようやくユークリッドの第II巻，定理 11 においてである［カナダの数学者 R. FISCHLER の主張によれば，ユークリッドがこの定理を書いた時期には，正五角形の対角線が互いに黄金分割しあうということはまだ知られていなかったということである．FISCHLER の見解では，ユークリッドが黄金分割を定式化したのは，第III巻，定理 36（弦と接線の定理）の副産物だということである］．

＊

さらに時代が下ると，ペンタグラムは別のシンボル的意味をもつようになる．中世においては，ペンタグラムは大きな魔術的な意味を演じたのである．ペンタグラムは，たとえば，魔女や悪霊，“とくに，睡眠中の人を夢魔やうなされることから護る”のに用いられた（TIMERDING，6ページ）．

このことは，後の『ファウスト』にも反映されているのが見られる．メフィストフェレスはファウストの“書斎”を去ることができないでいるのだが，それというのも，

白状するが，俺がここから出てゆくには
ちょっと障りがあるんだ
あんたが閾に書いたペンタグラムという奴がなー

ファウストがこれに驚いて言うには

なんだ，ペンタグラムがお前を苦しめるというのか？

もちろん，メフィストフェレスはこんな場合でも，問題の解決にとまどったりはしない．あらゆる手下どもを使ってファウストを眠らせ，その間にネズミにペンタグラムの角をかじらせ，“閾の魔法に裂け目を入れて”脱出を可能にしてしまう．

練習問題

1．次のことを示してください．
　（a）ペンタグラムでは5つの“角”がそれぞれ黄金三角形になっている．
　（b）正十角形は，それぞれ頂点が十角形の中心にあるような，ちょうど10個の合同な黄金三角形から構成されている．
　（c）（b）を使って，さらに別の正五角形の作図法を考えなさい．
2．次のことを示してください．
　（a）正五角形の辺を延長すると，その交点を頂点として別の ϕ^2 倍の大きさの正五角形が得られる．

（b） これに対して，正五角形の対角線の交点は ϕ^{-2} 倍に縮小された正五角形をつくる．

3．一辺の長さが s の正五角形を考えよう．これに外接する円の半径を u，内接する円の半径を i とするとき，次のことが成立することを示してください．

（a） $i/u = \phi/2$

（b） $s/u = \sqrt{(1 + \phi^{-2})}$

4．中心が M にあり，半径が u の円が与えられている．問題 3(b)の関係式を用いてコンパスと定規でこの円に内接する正五角形を作図してください［ヒント：上の関係式を使えば，直角三角形の斜辺の長さとして，五角形の辺の長さ s が，他の辺の長さとして u と $\phi^{-1}u$ が得られる］．

5．次の三角公式を証明してください．

（a） $2\cos 36° = \phi = 2\sin 54°$

（b） $\sin 72°/\sin 36° = \phi$

6．ユークリッドの作図法［2.3 項(c)を参照］が本当に正五角形をつくることを証明してください［ヒント：正五角形が，1 つの頂点の外接円上の位置と，2 つの隣り合う頂点のなす中心角が 36° であることによって決まってしまうことを考える］．

第3章

黄金長方形とプラトン立体

本章の前半では，“黄金長方形”について述べる．後半では，いわゆる“プラトン立体”の多くに，きわめて魅力的な形で黄金長方形が隠されているのを見ることにしよう．

3.1 黄金長方形

辺の長さが ϕ：1の長方形を，**黄金長方形**とよぶ．黄金長方形は，たとえば，第1章の作図法4を用いて作図できる．

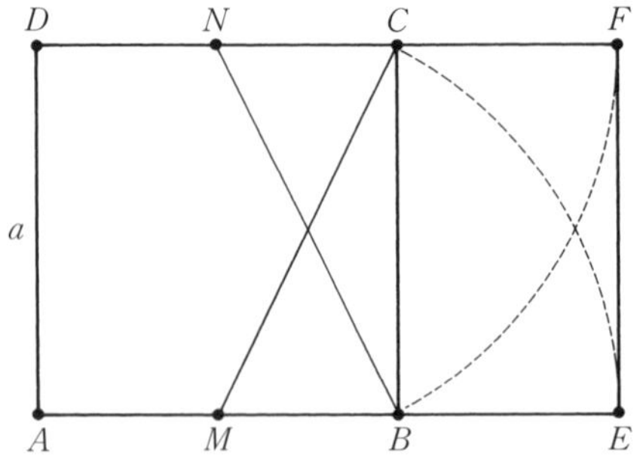

図3.1

作図法　$ABCD$を1つの正方形としよう．ABの中点Mを中心として半径$|MC|$の円と$\overline{AB}$の延長線の交点をEとする．これに対応して，$\overline{DC}$の中点Nを中心とする円が$\overline{DC}$の延長線と（E側で）交わる点をFとしよう．

命題　〈$AEFD$は黄金長方形である.〉
（$AEFD$が長方形であることは自明である．辺の長さの比に関することは，

第1章の作図法4の証明から導かれる.)

注意

1. 黄金長方形については，もっとも美しい長方形だという説があり，そのように書いてあるものも少なくない．このことに関しては，数多くの経験的研究がある．さらに，建築や絵画においても，黄金長方形は一般的に美しい長方形として推奨されている．これらの見解については，最後の章で詳述することにしよう．

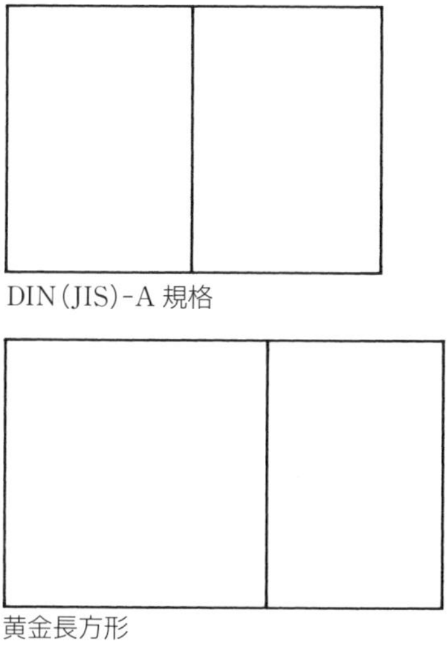

図 3.2

2. DIN 規格の用紙（訳注：DIN 規格とはドイツ工業規格のことで，用紙の JIS 規格は一部これにならったもの）は，黄金長方形の比較的粗い近似になっている．DIN 規格の長方形（正確にいえば，DIN-A 規格）の辺は $\sqrt{2}:1$ という比率になっている．そこで，〈半分にしても，やはり DIN 規格のものが得られる〉という顕著な性質をもっている．

黄金長方形については，これに対して，〈これから最大の正方形を切り取った残りの部分もやはり黄金長方形になる〉という性質がある．

[これは，次のことから明らかである．“小さい” 長方形の辺は a と $\phi a - a$ という長さになっているから，比率は

$$a/((\phi - 1)a) = 1/(\phi - 1) = \phi$$

に等しい．]

次に示す補助定理は，それ自身としても興味深いものであるが，今後も役立つ補助定理である．

補助定理　〈与えられた正方形 $ABCD$ において，各辺の黄金分割点をとることによって，黄金長方形を内接させることができる．〉

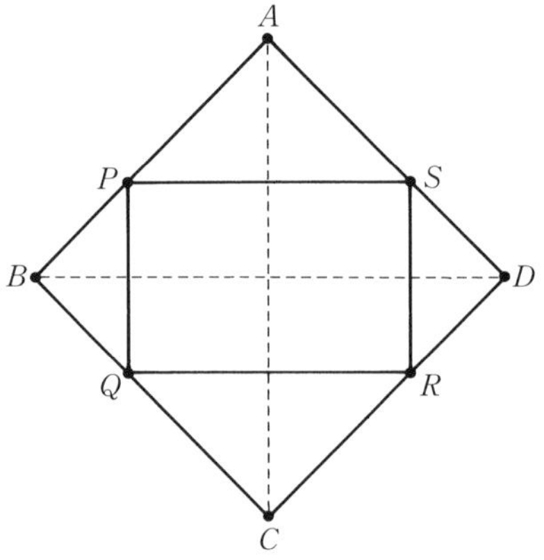

図 3.3

証明　正方形 $ABCD$ の辺を図 3.3 のように点 P，Q，R，S で分割する．

まず，$PQRS$ が長方形になっていることを確認しよう．このためには，三角形における辺と平行線の定理（あるいはその逆）を用いることにしよう．この定理によれば，$\overline{PS}$ と $\overline{BD}$ および $\overline{QR}$ と $\overline{BD}$ は平行である．したがって，$\overline{PS} \parallel \overline{QR}$．同様にして $\overline{PQ} \parallel \overline{PS}$．したがって，$PQRS$ は平行四辺形である．

さらに，$PQRS$ はその辺が正方形 $ABCD$ の対角線に平行な平行四辺形である．したがって，$PQRS$ の辺は（正方形の対角線と同じく）互いに直交する．いいかえれば，$PQRS$ は長方形に他ならない．

さて，$PQRS$ が黄金長方形になっていることを示そう．しかし，これは簡単である．三角形 $\triangle APS$ と $\triangle BQP$ は相似であり，点のとり方からして $|AP|/|BP| = \phi$ である．したがって

$$|PS|/|PQ| = \phi$$

が成立する．

長方形 $PQRS$ の頂点が正方形の辺を黄金分割することについては，もともと点 P，Q，R，S をそのようにとったのであるから，ことさらにこれを示す必要はあるまい． □

3.2 プラトン立体

図 3.4 の 5 つの立体は，数千年にわたって，プラトン立体として知られている．

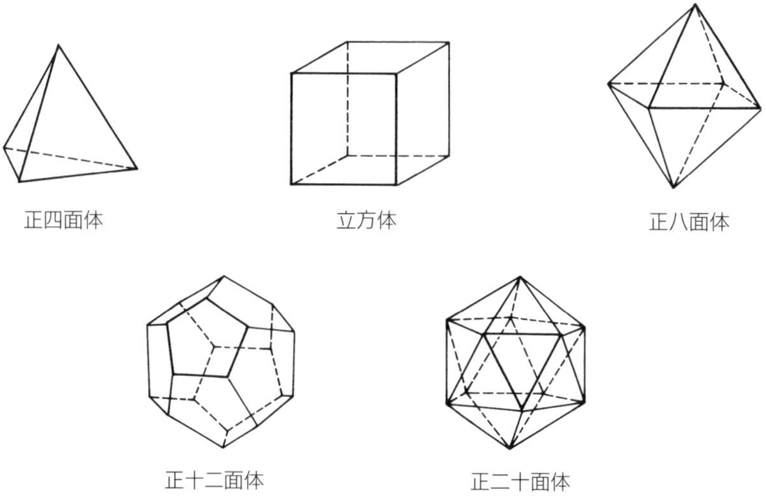

図 3.4

プラトン立体とは，その各面が合同な正多角形であり，その各頂点で同じ個数の面が交わっているような立体である．個々のプラトン立体は各頂点で会する

三角形，四角形あるいは五角形の枚数，あるいはこれに対応する頂点，稜および面の数によって区別される．

5種類のプラトン立体は，ユークリッドの『原論』の第XIII巻でも取り扱われているが，今日では，むしろ“プラトン”の名に結びつけられている．プラトンはプラトン立体のうちの4つを4元素（土，火，空気，水）に帰属させ，第5番目（すなわち正十二面体）を宇宙形成の創造者に対応させたのである．

	各頂点に会する面の数	各面の頂点の数	頂点の数	稜の数	面の数
正四面体	3	3	4	6	4
立方体	3	4	8	12	6
正八面体	4	3	6	12	8
正十二面体	3	5	20	30	12
正二十面体	5	3	12	30	20

まず，正二十面体を見てみよう．これは20枚の合同な三角形から構成されている．ざっと見たところでは，黄金分割とは何のかかわりもないように見える．だから，次の定理にはよけいに驚いてしまう．

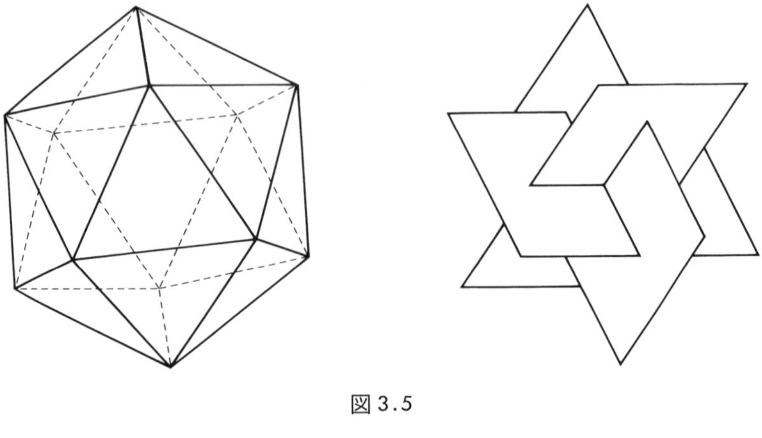

図3.5

定理 〈正二十面体の 12 個の頂点は，互いに直交する 3 枚の黄金長方形の頂点である.〉

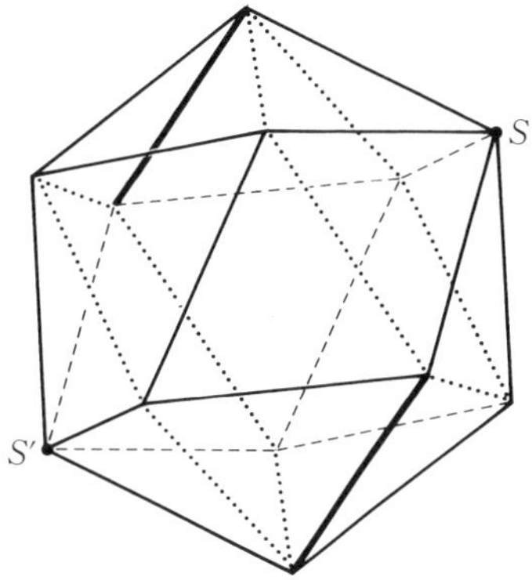

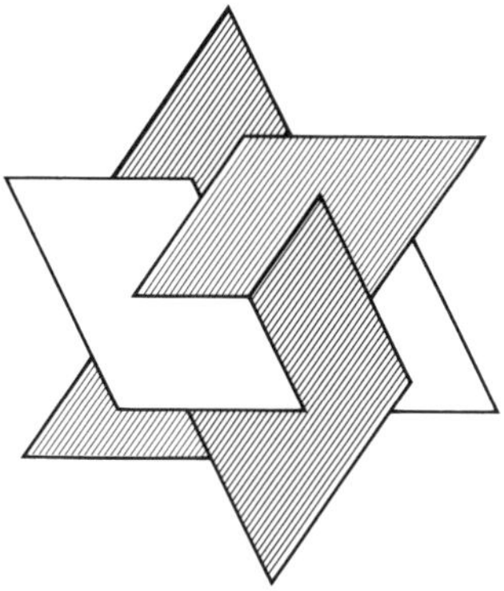

図 3.6

証明 正二十面体の 1 つの頂点（たとえば，図 3.6 の S や S'）に会する三角形は，底面が（図 3.6 で点線で示された）正五角形のピラミッドの側面をなしている.

正二十面体の反対側にある 2 つの稜（図では太線で強調してある）は，これらを短い辺とし，上に述べた五角形の対角線をなす線分を長い方の辺とする長方形をなしている. 前節の結果から，この対角線（すなわち長方形の辺）と五角形（すなわち正二十面体の稜）の長さの比率は ϕ に等しい. いいかえれば，このようにして見いだされた長方形は黄金長方形である.

同様にして，これに対して直交する平面において他の 2 枚の長方形を見いだすことができる. □

郵便葉書は，このような目的には十分近似的に黄金長方形と見なすことができる（3.1 節を参照. 訳注：郵便葉書はほぼ A6 判）ので，これが 3 枚あれば，その真ん中に，短い方の辺が差し込めるように，長い方の辺に平行な切れ込みを入れて（実際上は，この切れ込みは縁まで伸ばしておかなければならないが）互いに差し込めば，簡単にこのような模型をつくることができる（訳注：日本の読者は名刺を使うとよい. 名刺のカードはふつう，黄金長方形になっている).

次に，正八面体を考えてみよう．正八面体の 6 つの頂点は，互いに直交する 3 枚の正方形の頂点になっている．さらに，正八面体の場合には，正二十面体の場合と異なり，3 枚の正方形の 12 の辺も正八面体の稜になっている．これによって，次の定理を示すことができる．

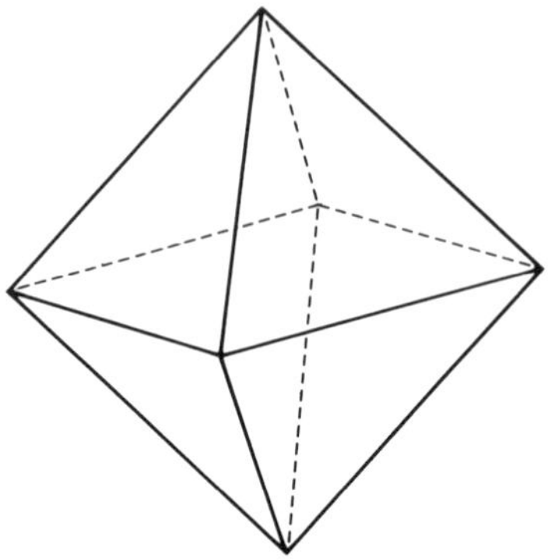

図 3.7

主定理　〈与えられた正八面体の中に，その頂点が正八面体の稜を黄金分割するように正二十面体を内接させることができる．〉

この定理の証明には，ちょっと見たところ手間がかかるようにみえる．なかでも，正二十面体を正八面体の中に立体的にはめ込むのは，とくにむずかしいことのようにみえる．ところが，この証明には，この章でこれまでに述べたことを用いるだけでよいのである．

すでに述べたように，正二十面体の頂点は 3 枚の互いの中に差し込まれた，相互に直交する黄金長方形によって与えられるが，これは，上の定理に先だって述べた注意のように，3 枚の互いに直交する正方形の中に内接することになる．

ここでいま，3 枚あるうちの 1 枚の平面について，正方形の中に，その辺を黄金分割するように，黄金長方形を内接させる問題を考えてみよう．このことが可能であり，また，どのようにすればよいのかということは，まさしく，3.1 節の補助定理が述べていることに他ならない（このことを思い出し，また直観

的に理解してもらうために，図 3.8 では 3.1 節の図と正八面体を並べて示しておいた)． □

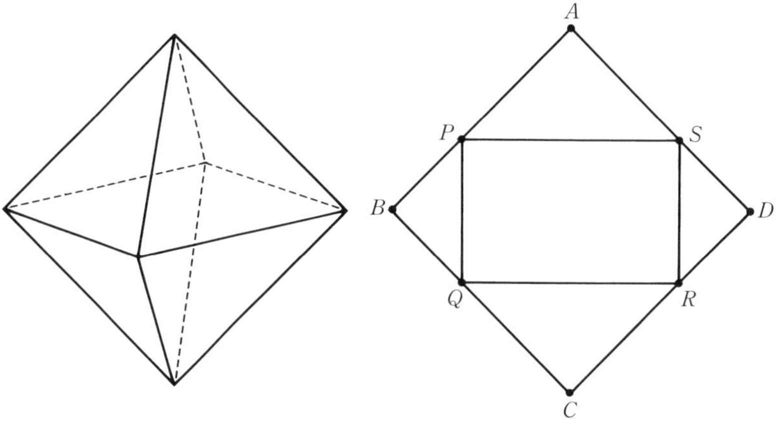

図 3.8

最後に，正十二面体を考えてみることにしよう．正十二面体は 12 枚の合同な正五角形から構成されている．

正十二面体と正二十面体は互いに双対である（立方体と正八面体も双対であるし，正四面体は自己双対である)．ここで，双対というのは，面と頂点を置き換えると，互いに他が得られるような正多面体間の関係である．このことは次の表から明らかであろう．

	各頂点に会する面の数	各面の頂点の数	頂点の数	面の数
正十二面体	3	5	20	12
正二十面体	5	3	12	20

幾何学的にいえば，この双対性は正十二面体の正五角形の面の中心を頂点とする立体が正二十面体になるということである．この性質からただちに次のことがいえる．

定理　〈正十二面体の面をなす正五角形の面の中心は，互いに直交する3枚の黄金長方形の12の頂点になっている.〉

証明　上に述べた双対性の定義と，この節のはじめに述べた正二十面体に関する定理からただちに導かれる.　□

本節にあげた3つの定理は，黄金分割とプラトン立体の間にある一連の関係の中でも，もっともよく知られ，もっとも美しいものである．本節の終わりの練習問題4にはさらに2つの関係が示されている.

また，最初の3問は，プラトン立体の頂点の直交座標に関するものなので，ここであらかじめ注釈を与えておくことにしよう.

正多面体の頂点の直交座標表示は“3次元のもの”から，4次元やさらに高次元において“各面”がプラトン立体になっている正多面体への入口を開いてくれる．この分野に関する研究（たとえば，COXETERの『幾何学入門』(Einführung in die Geometrie) の22章）によれば，4次元空間においても黄金分割との間に多くの関係が成立しているということである．このことから，とりわけ，黄金分割と魅力的な図形とが，一体となってからみあっているのがわかる.

練習問題

1．直交座標系における12個の点

$(0, \pm\phi, \pm 1)$，$(\pm 1, 0, \pm\phi)$，$(\pm\phi, \pm 1, 0)$

は正二十面体の頂点を構成していることを示してください.

2．(a)　直交座標系における6個の点

$(\pm\phi^2, 0, 0)$，$(0, \pm\phi^2, 0)$，$(0, 0, \pm\phi^2)$

は正八面体の頂点を構成していることを示してください.

(b)　この正八面体の1つの稜を選び，これが，問題1の正二十面体の1つの頂点によって黄金分割されることを示してください.

3．20個の点

$(0, \pm\phi^{-1}, \pm\phi)$，$(\pm\phi, 0, \pm\phi^{-1})$，$(\pm\phi^{-1}, \pm\phi, 0)$，$(\pm 1, \pm 1, \pm 1)$

は正十二面体の頂点になっている.

4．[難問]（a）　正二十面体の稜の半径（すなわち，稜の中心と正十二面体の中心との距離）と，この立体の面をなしている正五角形の対角線の長さの 1/2 は黄金比になっていることを示してください．

（b）　正十二面体の半径（すなわち，正五角形の中心と正十二面体の中心との距離）と，この立体の面をなす正五角形の内接円の半径が黄金比をなしていることを示してください．

第4章

黄金螺旋と妙法螺旋

本章で述べる螺旋(らせん)は，黄金分割とかかわりをもってはいるが，そのかかわり方は，著者らの考えではそれほど深いものではない．それでも，螺旋は，黄金分割との関連で言及されることが多いので，省いてしまうわけにはいかない．

本章に必要な数学は，これより前の章や後の章のものよりはやや高度である．すなわち，本章では“極座標”を用いる．とはいっても，定義以上のものではない．極座標の根底にあるのは，平面上の各点 P が次のデータで記述できるという，きわめて理解しやすい事実である．

1．原点 O から点 P までの距離 r
2．x 軸と OP がなす角度 θ

そこで，$P=(r,\theta)$ と書いて，(r,θ) を点 P の極座標ともよぶ．なお，極座標を用いるときには，角度はラジアンで測ることを勧めたい．すなわち，$90°$ のかわりに $\pi/2$ とするのである．

本章で展開される事柄が，後の章でこれ以上用いられることはないので，本章は図を楽しむだけにして，ページをめくっても差し支えはない．

4.1　黄金螺旋

$ABDF$ を黄金長方形としよう．3.1 節で述べた黄金長方形の作図法からすぐにわかるように，この黄金長方形を，正方形 $ABCH$ と，小さい黄金長方形 $CDFH$ に分割することができる．

この黄金長方形は，さらに正方形 $CDEJ$ と，さらにもっと小さい黄金長方形 $EFHJ$ に分割することができる．

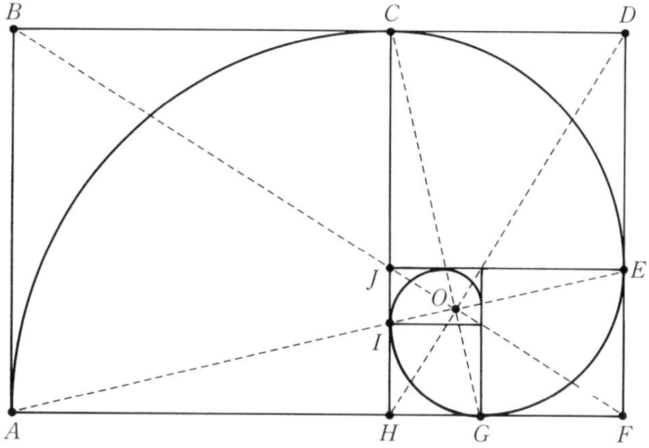

図 4.1

この手続きは，好きなだけ，際限なく繰り返すことができる．ただ，その際，正方形がつねに“外側に”（あるいは，分割のたびにそれと一緒に本をまわすことにすれば，つねに“左側に”）とられるものとしよう．

この手続きの間につくられる点を，最初の長方形の中でみると，これらはランダムに分布しているわけではなく，決まった位置にくる．以下で，このことを確かめよう．

1．〈点 J は直線 BF 上にある.〉

これは次のようにしてわかる．長方形 $ABDF$ および $EFHJ$ はともに黄金長方形だから，三角形 $\triangle BDF$ と $\triangle JEF$ は相似である．よって，$\angle BFD = \angle JFE$．このことは，B，J および F が一直線上に並ぶことを意味している．いいかえれば，直線 BF は点 J を通る．

2．〈点 I は直線 AE 上にある.〉

作図法により，

$$|AH|/|HI| = |AH|/|CD|\cdot|CD|/|EF|\cdot|EF|/|HI|$$
$$= |CH|/|CD|\cdot|FH|/|EF|\cdot|HJ|/|HG| = \phi^3$$

および

$$|AF|/|EF| = |AF|/|FD|\cdot|FD|/|FH|\cdot|FH|/|EF| = \phi^3$$

が成立する．

よって，$|AH|/|HI| = |AF|/|FE|$ であるから，$\triangle AHI$ と $\triangle AFE$ は相似である．このことから，$\angle AIH$ と $\angle AEF$ が等しく，したがって，結局，A，I および E が一直線上に並ぶことが導かれる．

直線 DH および CG についても，これに相当する命題が成立する．したがって，次の命題が成立する．

3．〈作図の際に登場する黄金長方形の頂点は，直線 AE，BF，CG，DH の上にある．〉

さらに，O を直線 AE と BF の交点とすれば，

4．〈直線 CG および DH も，同様，点 O を通る．〉

理由　直線 CG と DH の交点をとりあえず O' と書いておくことにしよう．そうすれば，O も O' も，それぞれ作図された黄金長方形の中の点である．しかし，これらの黄金長方形の辺の長さは，$a\phi$，a，$a\phi^{-1}$，$a\phi^{-2}$，…という数列になり，ゼロに収束する．そこで，もし $O' \neq O$ であるとすれば，辺の長さが O' と O の間の距離よりも短いような黄金長方形をつくってしまうことになるが，そうすると O' と O とが共通の黄金長方形の中に存在しないことになってしまう．この矛盾から $O' = O$ でなければならないことになる．これによって，問題の4本の直線が点 O を通ることがいえたことになる．

5．〈直線 AO および CO，BO および DO は互いに直交する．〉

理由　長方形 $ABDF$ および $CDFH$ は互いに直交している．このことから，$AE \perp CG$．したがって，$AO \perp CO$．BO と DO に関しても同様である．

6．次の関係が成立する．

$$|CO| = \phi^{-1}\cdot|AO| \quad \text{および} \quad |DO| = \phi^{-1}\cdot|BO|$$

理由　上記5から，三角形 $\triangle AOG$ と $\triangle COI$ とは相似である．そこで，

$$|CJ|/|AH| = |CD|/|CH| = \phi^{-1},\ |JI|/|HG| = \phi^{-1}$$

したがって，

$$|CI|/|AG| = (|CJ| + |JI|)/(|AH| + |HG|) = \phi^{-1}$$

(練習問題4.3参照)．このことから，

$$|CO| = \phi^{-1} \cdot |AO|$$

が得られる．$|DO|$に関することも，三角形 $\triangle BOD$ と $\triangle DOF$ を考えてみれば，同様にして導かれる．

ここまでくれば，以上の結果を次のような補助定理の形にまとめることができる．

補助定理 〈係数 ϕ^{-1} で“拡大”し，右回りに 1/4 回転する**回転拡大（縮小）演算子** σ が，点 A，C，E，G，I，…の各点および B，D，F，H，J，…の各点を，それぞれ，引き続く次の点に写像する．〉

証明 上の考察で見たように，操作 σ は，点 A を C に，点 B を D に写像する．しかし，ここで示すべきことは，これですべてである．あとは，これが縮小されて繰り返されるだけだからである． □

回転拡大演算子 $\rho = \sigma^{-1}$ を，O を極とする極座標によって記述しよう．ρ は係数 ϕ で拡大したのち $\pi/2$ だけ左回りに回転する操作であるから，ρ が点 $P = (r, \theta)$ を $\rho(P) = (r\phi, \theta + \pi/2)$ に写像することは明らかである．

$E := (1, 0)$ とすれば，順に

$$C = (\phi, \pi/2),\quad A = (\phi^2, \pi),\quad \cdots$$

および

$$G = (\phi^{-1}, -\pi/2),\quad I = (\phi^2, -\pi),\quad \cdots$$

という点列が得られる．これから，(r, θ)，$r = \phi^m$，$\theta = m \cdot \pi/2$（m：整数）となるような無限点列

$$\cdots,\ I,\ G,\ E,\ C,\ A,\ \cdots$$

が得られる．

これらの座標は

$$r = \phi^{\frac{2\theta}{\pi}}$$

という関係を満たしているので，このような螺旋はしばしば**黄金螺旋**とよばれる．

ケプラーの著作には，すでに黄金螺旋に対する実際的な近似法が書かれている．すなわち，正方形にその辺の長さを半径とする四分円を書き込んでいく方法で，図 4.1 のような曲線が得られる．しかし，本当の黄金螺旋はこれとは

異なり，図4.2のようなものである．

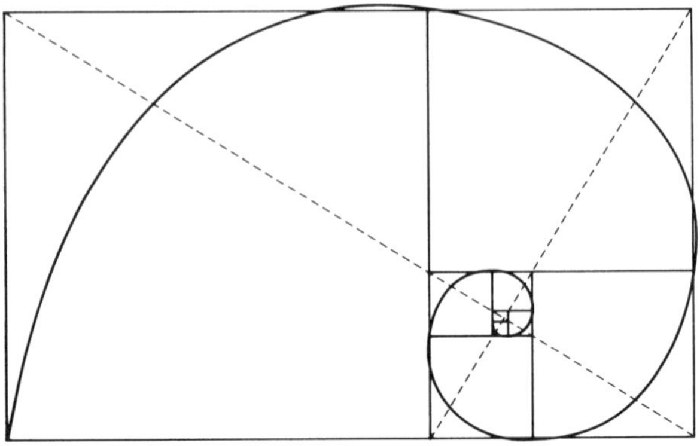

図4.2

実際，黄金螺旋は，黄金長方形に（接線として）接するのではなく，（角度は小さいが）それぞれ2回ずつ交わっているのである．

4.2　妙法螺旋

次の補助定理から始めよう．

補助定理　〈$\triangle ABC$ を黄金三角形としよう．B において底角を二等分する直線は，辺 $\overline{AC}$ を黄金分割する．〉

証明　$\triangle ABC$ は黄金三角形であるから，その底角は 72° であり，頂角は 36° である．それゆえ，$\triangle BCD$ の C における角度は 72°，B における角度は 36° である．したがって，D における角度は 72° である．

このことから，三角形 $\triangle ABC$ と $\triangle BCD$ は相似である．そこで，黄金三角形の定義により，$|AC|/|BC| = \phi$．

同様にして，$|BC|/|CD| = \phi$ であるから，

$$|AC|/|CD| = |AC|/|BC|\cdot|BC|/|CD| = \phi^2 = \phi + 1$$

である．それゆえ，第1章1.2節の補助定理により，点 D は線分 $\overline{AD}$ を黄

金分割する. □

三角形 $\triangle BCD$ は二等辺三角形であるから，上の補助定理によって，$\triangle BCD$ は黄金三角形になる．そこで，補助定理を新しい三角形に適用すれば，C において角度を二等分する直線は線分 $\overline{BD}$ を黄金分割する．

さて，補助定理をさらにもういちど使うことにしよう．このようにして得られた点を結んでいけば，1つの螺旋が得られる．これをきちんと正確に定式化しておこう．

定理　〈A, B, C, D, E, …のすべての点は，ある適当に選ばれた極 O に関する極座標によって，

$$(\mu^{\theta}, \theta),\quad \mu = \phi^{\frac{5}{3}}$$

と書ける対数螺旋上にある．この螺旋を**妙法螺旋**という（訳注：原語は spira mirabilis というラテン語で，直訳すれば「驚異の螺旋」ということになるが，その意味を汲んでこの訳語を与えた).〉

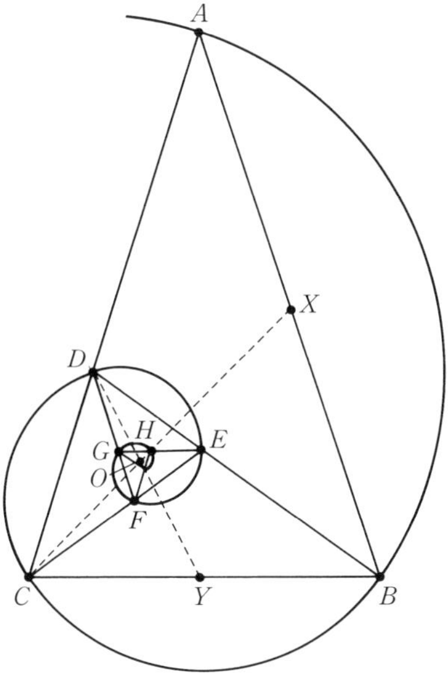

図 4.3

証明　ここでは逆に，一連の点を定義しておいて，これらが妙法螺旋の上に位置し，上に述べた作図法が用いられたかのようにふるまうことを示そう．

そのために，次のような点を定義する．

$A=(\phi, 3\pi/5)$，$B=(1,0)$，$C=(1/\phi, -3\pi/5)$，
$D=(1/\phi^2, -6\pi/5)$，…

4.1節の場合と同じように，ここでも各点はそれぞれ，それに先行する点に回転拡大演算 σ をほどこすことによって得られる．この σ は，係数 ϕ^{-1} で拡大したのち，$-3\pi/5$（つまり，$-108°$）だけ回転する演算子である．

点 A，B，C，D，E，…を極座標 (r, θ) で書けば，$r=\phi^{-m}$，$\theta=-3m\pi/5$（m：整数）となるから，対数螺旋 (μ^{θ}, θ) において

$$\mu=\phi^{\frac{5}{3\pi}}$$

とした曲線の上に乗っている．すなわち，この曲線は妙法螺旋である．

さらに証明すべきは，$\triangle ABC$，$\triangle BCD$，…が黄金三角形であり，点 D が線分 $\overline{AC}$ を黄金分割すること，などである．

まず第一は，点 D が直線 AC 上にあることを示すことだが，これは計算で確かめられる（練習問題4.1を参照）．

回転拡大演算子 σ で回転する角度は一定であるから，$\angle ABC$ と $\angle BCD$ は等しい．$\angle DCB=\angle ACB$ であるから，$\angle ABC$ と $\angle ACB$ もまた等しい．

このことは，三角形 $\triangle ABC$ が二等辺三角形であることを示している．

三角形 $\triangle ABC$ が黄金三角形であることを示すために，三角形 $\angle AOB$ および $\triangle BOC$ が相似であることを確認しておこう（これは，σ が回転角を一定に保つことから導かれる）．このことから，

$$|AB|/|BC|=|AO|/|BO|=\phi$$

が成立している．すなわち，$\triangle ABC$ は黄金三角形である．σ は三角形を相似な三角形に変換する写像であるから，三角形 $\triangle BCD$，$\triangle CDE$，…もまた黄金三角形である．

このことから，最終的に D が線分 $\overline{AC}$ を黄金分割する．すなわち，

$$|AC| = |BC|\cdot\phi = |CD|\cdot\phi^2 = |CD|\cdot(\phi+1)$$

が成立する.

以上で定理が証明されたことになる. □

4.3 対数螺旋に関する注釈

この曲線は R. デカルト (R. Descartes, 1596-1650) によって最初に数学的表現が与えられ, 1638年メルセンヌ (Mersenne, 1588-1648) に宛てられた書簡の中で言及されている. J. ベルヌーイ (J. Bernoulli, 1654-1705) はこの曲線に非常に魅せられたらしく, バーゼル市の聖堂の回廊にある彼の墓にこれを刻ませ,

EADEM MUTATA RESURGO

という碑銘が添えられている (これはおよそ, 〈変化してもなお同じものが生まれ, そして私は復活する〉というような意味である). この言葉は, 対数螺旋の〈回転拡大演算子によってそれ自身がつくられる. すなわち, 拡大すれば, 回転したのと同じになる〉という魅惑的な性質に関連するものである. いいかえれば, 対数螺旋は, 回転するとその方向に応じて大きくなったり小さくなったりするように見える.

図4.4には, 一群の対数螺旋が示されているが, 読者は, これをいちど回してみてほしい. 黒白の影によって錯覚が強調されるようになっている.

マーチン・ガードナー (Martin Gardner) はこのことについて, 1959年8月の『サイエンティフィック・アメリカン』誌に次のように書いている.

> 対数螺旋は, 螺旋の中でも成長しても形を変えない唯一のタイプのものだが, そのため, 自然界できわめて頻繁に出現する. たとえば, オウム貝の内側にある軟体動物は成長して大きくなっても, 殻の方も対数螺旋にそって拡大していくので, 常に同じ家に住んでいることになる. 対数螺旋の中心を顕微鏡で見れば, 曲線を星雲になるほど大きくしておいて, それを途方もない遠方から見た螺旋のように見えるだろう.

図 4.4

図 4.5 は，そのようなオウム貝（nautilus pompilius）をレントゲン撮影したものである．

しかし，このようなみごとな性質は，対数螺旋ならどれにでも見られることを述べておかなければならない．黄金螺旋や妙法螺旋だけが，このような際立った役割を果たすわけではない．たとえば，オウム貝の螺旋は，黄金螺旋でも妙法螺旋でもないのである．黄金分割との関係は，本章で記述した初等幾何学的構造にとどまる．

練習問題

1. 図 4.3 の点 $D := (\phi^{-2}, -6\pi/5)$（極座標表示）が直線 AC 上にあるかをよく調べてみてください．
2. 次に，妙法螺旋の極を簡単に求める方法を示すが，その理由を述べてくだ

図 4.5

さい.

三角形の辺 $\overline{AB}$（図 4.3 参照）の中点を X, $\overline{BC}$ の中点を Y とすると，妙法螺旋の極 O について次のことが成立する．すなわち，O は直線 CX と DY の交点である.

3．命題 6（p. 44）の証明において，次のステップを示してください.

a, b, c, dという長さをもつ4つの線分が与えられており，$a/b = c/d = x$という関係があれば，$(a+c)/(b+d) = x$という関係が成立する．

4．黄金螺旋の作図中，正方形の中心もまた対数螺旋上にあることを示してください．

第5章

黄金分割をめぐる幾何学的性質のいろいろ

幾何学の分野では，黄金分割が，いろいろな場面で，とくに顕著な形で登場する．そのためであろうか，黄金分割 ϕ の重要性を円周率 π と並べて考えるような書物もあるくらいである．

以下では，ごく簡単に定式化できる幾何学的問題でありながら，それを解こうとすると黄金分割が重要であるばかりでなく，驚くべき役割を果たす問題のいくつかを紹介しよう．

5.1　黄金直方体

〈体積が1で，面上にない対角線の長さが2であるような直方体はどのようなものか？〉

直方体の稜の長さを a, b, c としよう．このとき，$a \cdot b \cdot c = 1$ である．面上にない対角線の長さが2であるという条件は，$\sqrt{a^2 + b^2 + c^2} = 2$ と書ける．

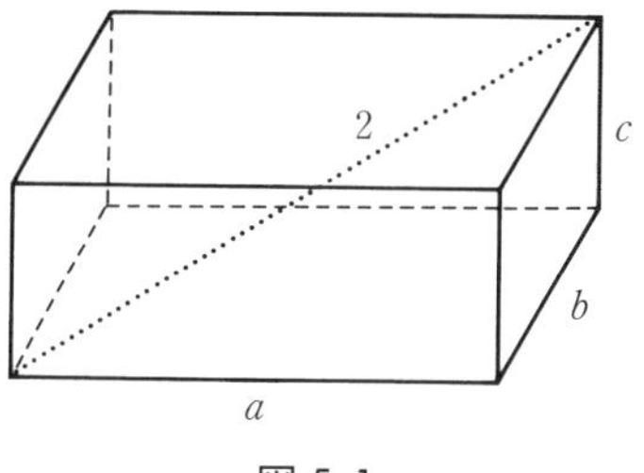

図5.1

いま，$b = 1$ という場合に限ってみよう．このとき，上の条件は

$a \cdot c = 1$　および　$a^2 + c^2 = 3$

となるから，$a^2 + a^{-2} = 3$．すなわち，$0 = a^4 - 3a^2 + 1 = (a^2 - \phi^2)(a^2 - \phi^{-2})$．よって，$a^2 = \phi^2$ あるいは $a^2 = \phi^{-2}$ である．

一般性を失うことなく，a を最大長さの辺とすれば，$a = \phi$ および $c = \phi^{-1}$ となる．

*

HUNTLEY は，この結果に感激して次のように述べている．〈こんなところに ϕ が出てこようなんて，まさに，晴天の霹靂である．こんな簡単な問題の解が黄金分割を含んでいるなんて，誰も予想できなかっただろう．〉

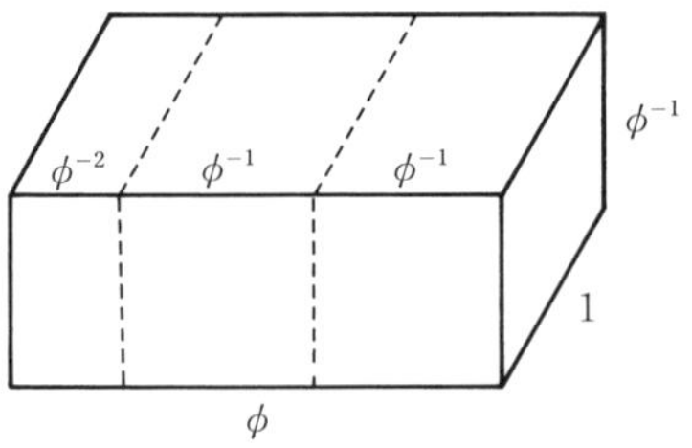

図 5.2

辺の長さが $\phi : 1 : \phi^{-1}$ という比率をなす直方体は黄金長方形の3次元類似物のように見えるし，また，そのような性質をもっているので，**黄金直方体**とよんでも矛盾はない．黄金直方体においては，面の面積の比率も $\phi : 1 : \phi^{-1}$ となっている．さらに，黄金直方体から底面が正方形になっているような直方体を2つ切り取ると，黄金直方体が残る．

5.2　半月形の重心

これは，物理学的背景をもつ問題に黄金分割がひそんでいる例である．

〈円 B が，円 A の内部にあり，点 O においてこれと接しているものとしよう．A から B を切り取った残りの半月形の重心 S が円 B の周上にあるという．円 A, B の半径 a, b の比率 a/b はどれほどか？〉

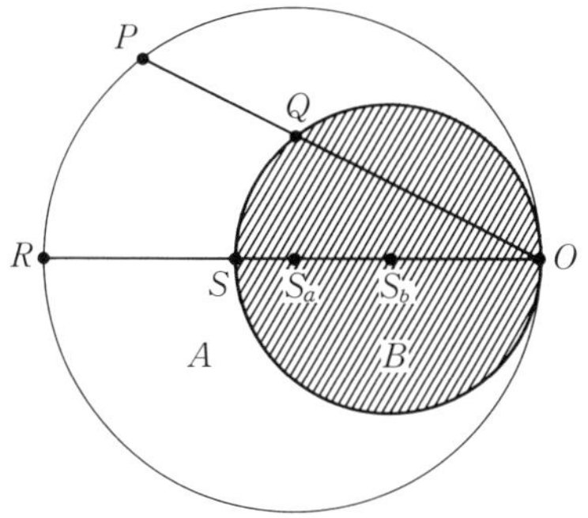

図 5.3

解 円 A, B の重心（すなわち中心）を S_a, S_b としよう．点 S, S_a および S_b は一直線上に並んでいる．円 B および A から B を切り取った残り $A - B$ の面積は πb^2 および $\pi(a^2 - b^2)$ である．

S_a を支点とし，左の腕は S まで，右の腕は S_b までの天秤を考えよう．左腕の長さは $|SS_a| = 2b - a$，右腕の長さは $|S_aS_b| = a - b$ である．

天秤の左側の皿 S には半月形 $A - B$ を，点 S_b に位置する右側の皿には円 B を乗せる．両物体は天秤に対して，それぞれの面積に比例する加重をかける．S は半月形 $A - B$ の，S_b は円 B の重心であり，S_a はこの図形全体の重心であるから，天秤は平衡状態にある．数式で書けば，

$$(2b - a)\cdot\pi(a^2 - b^2) = (a - b)\cdot\pi b^2$$

となる．このことから，

$$0 = a^3 - ba^2 - ba^2 + b^3$$

両辺を b^3 で割れば，

$$(a/b - 1)\cdot(a^2/b^2 - a/b - 1) = 0$$

となる．$a \neq b$ であるから，

$$a^2/b^2 - a/b - 1 = 0$$

が得られる．この関係式が意味するところは，$a/b = \phi$ に他ならない．

〈点 S は円 A の直径を黄金分割する点である．〉

また，O を通る円 A の弦はどれも，円 B の周によって黄金分割されるということも示せる．

5.3　5枚の円板の問題

これは NEVILLE が考えた一般的な問題の特別な場合である.

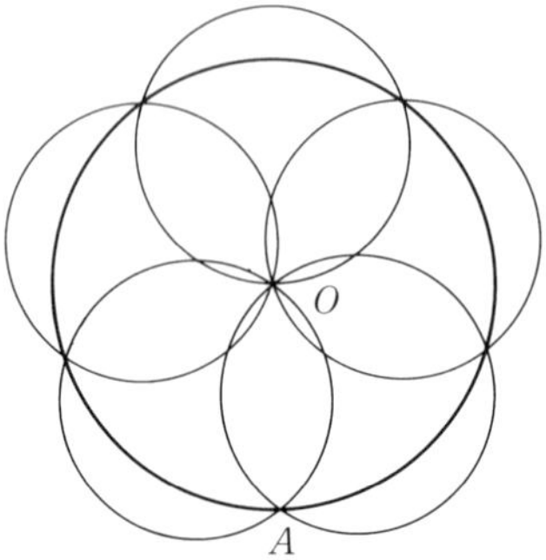

図 5.4

〈半径が1の円板が5枚ある．これらの中心が，それぞれ，1つの正五角形の各頂点に対称的に位置し，しかも，それらの円周がどれもこの正五角形の中心を通るようにする．これら5枚の円板が被覆する最大の半径はどれほどか．いいかえれば，$\overline{OA}$ の長さはどれほどか？〉

解　点 A および O は2つの共通な円の周上にある．これらの円の中心を M_1 および M_2 とすれば，$|OM_1| = |OM_2| = |AM_1| = |AM_2| = 1$ であるから，OM_1AM_2 は菱形になる．

仮定により，M_1 と M_2 は正五角形の頂点であるから，OM_1 はこの五角形の外接円の半径 u であり，その長さは1である．五角形の辺 $\overline{M_1M_2}$ の中点を P とすると，$\overline{OP}$ はこの五角形の内接円の半径 i である．練習問題 2.3(a)により，$i/u = \phi/2$ であるから，$\overline{OP} = \phi/2$ となる．

菱形においては，対角線が互いに他を垂直二等分するから，結局，$|OA| = 2|OP| = \phi$ となる．

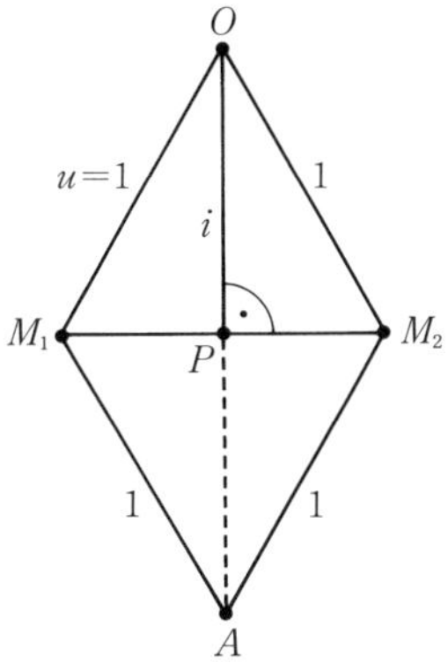

図 5.5

5.4 長方形内の三角形

〈与えられた長方形内に，頂点のひとつを共有するように三角形を内接させる．このときつくられる外側の 3 つの三角形が同じ面積をもつようにしたい．〉

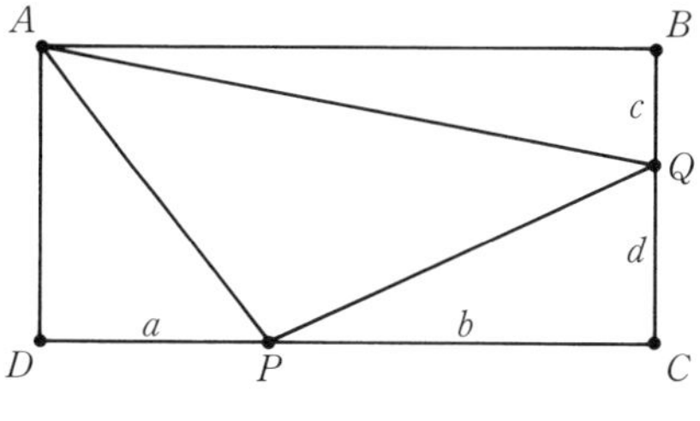

図 5.6

解 $ABCD$ を与えられた長方形，$\triangle APQ$ を求める三角形としよう．点 P および Q は $\triangle ADP$，$\triangle PCQ$ および $\triangle ABQ$ の面積が等しくなるように選ばれる．すなわち，

$$a(c+d)/2 = bd/2 = c(a+b)/2$$

このことから，$a = bd/(c+d)$ および $a = bc/d$ が得られるが，これらをまとめれば，$d^2 = c(c+d)$．すなわち，$(d/c)^2 - d/c - 1 = 0$ となる．したがって，$d/c = \phi$ となる．また，$a = bc/d$ であるから，$b/a = \phi$ ともなる．

よって，〈3つの三角形は P が辺 $\overline{CD}$ を，Q が辺 $\overline{BC}$ を黄金分割するときに限って，等しい面積をもつ〉ことになる．

この例題の場合にも，問題の設定には，答えが長方形の黄金分割だとにおわせるようなものは何もない．

練習問題 5.3 では，簡単な拡張問題が2題と，少し複雑な“逆問題”が題材とされている．

5.5 ロレーヌの十字架

マーチン・ガードナーは1959年『サイエンティフィック・アメリカン』誌の彼のコーナーで，ロレーヌ（ロートリンゲン）の十字架について述べている．この十字架は西欧ではとくにド・ゴール将軍が1940年，自由フランスの紋章として掲げたことで有名である．ド・ゴールは，ジャンヌ・ダルクが英国人に対する解放闘争の旗印としてこの十字架を掲げていたという（じつはまちがった）仮定にもとづいていたのである．

ロレーヌの十字架は，13個の単位正方形から組み立てられている．

> 〈点 A（図5.7の上側の横木の下側の縁にある点）を通って，十字架全体の面積を二等分するような直線を引きたい．ただし，作図にはコンパスと定規だけを用いること．〉

解　$\overline{CN}$ を求める直線とする．正方形の数をかぞえてみれば，N が下側の横木より下になければならないことがわかる．$x = |CD|$ および $y = |MN|$ と略記することにしよう．$\overline{CN}$ から右側の部分の面積は $13/2$ でなければならないから，ハッチを入れた三角形の面積は $13/2 - 4 = 5/2$ になる．すなわち，$(x+1)(y+1) = 5$ である．

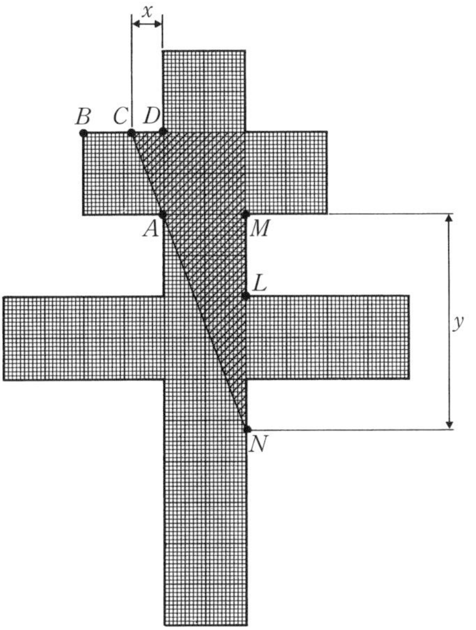

図 5.7

$\triangle CDA$ と $\triangle AMN$ は相似であるから，$x/1 = 1/y$．よって，$xy = 1$．これらの式をまとめれば，$(x+1)(1/x+1) = 5$．したがって，$1/x + x = 3$ となる．

この方程式の解は $x = \phi^2$ および $x = \phi^{-2}$ であるから（練習問題 1.2(a)参照），黄金分割の作図によって点 C を求め，A と結べば，求める直線が得られる．

5.6　正方形内の三角形の内接円

〈$\triangle ABC$ を，正方形内にあって辺 BC を共有する三角形とする．このとき，$|BC|$ と $\triangle ABC$ に内接する円の直径の比は ϕ になる．〉

解　一般性を失うことなく，$|BC| = 2$ として，$r = \phi^{-1}$ を示せばよい．

円の接線は，その点を通る直径に垂直であるから，$\triangle OPC$ は点 P において

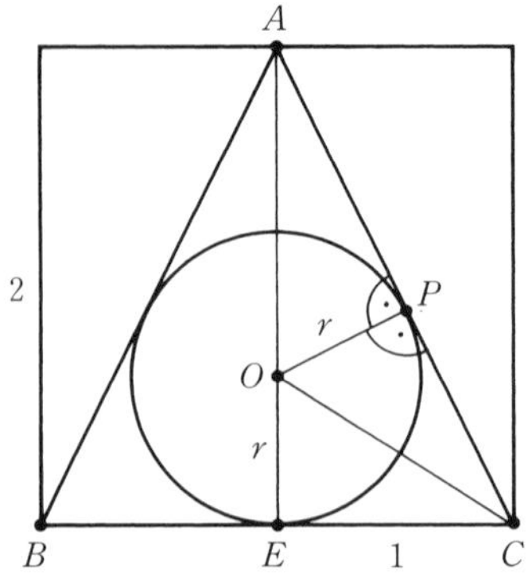

図 5.8

直角をなす．2つの直角三角形 $\triangle OEC$ および $\triangle OPC$ において，2つの辺の長さが等しいので，残るもうひとつの辺も等しくなければならない．すなわち，$|PC| = |EC| = 1$．これから，$|AP| = |AC| - |PC| = \sqrt{5} - 1$．

さて，直角三角形 $\triangle AOP$ にピタゴラスの定理を適用すれば，$(2-r)^2 = (\sqrt{5}-1)^2 + r^2$ となる．この式から，簡単な変形によって，$r = (\sqrt{5}-1)/2 = \phi^{-1}$ が得られる．

5.7　三角形のフラクタル

驚くべきことに，黄金分割は最近の数学の展開や研究にも繰り返し姿を現わすのである．そのような例のひとつが，いわゆるフラクタルである．

フラクタルとして，ここでは次のようにしてつくられる図形を考えよう．

〈まず，基本となる簡単な幾何学的図形（たとえば，三角形や正方形など）から始めて，その各頂点に，この基本的図形を一定の倍率 $f\,(f<1)$ で縮小した図形をつなぐ．さらにその図形の残る各頂点に同じ比率で縮小した図形をつなぐ．このような手順を繰り返し，次々と細かく枝分かれさせていく．〉

図 5.9 には**三角フラクタル**，すなわち，正三角形を基本図形としてつくられ

図 5.9

たフラクタル（厳密にいえば，作図手順の最初の 9 ステップまで）が示されている．

すぐにわかるように，倍率 f が比較的大きい場合には，枝が重なり合ってしまう．一方，f が小さいと，枝の間に大きな隙間が開いてしまう．そこで，それぞれの枝がすれすれで重なり合わないような f の値がわかればおもしろい．f がこのような値をとるときが，各枝がふれあうギリギリの場合である．

三角フラクタルの場合，対称性からして，1 つの接点だけについて観察すれば十分である．そのような点として，最初の三角形の下中央（図 5.10 を参照）にあるものを選ぶことにして，左右からこの点に接近し，ギリギリの場合に接することになるような三角形の列を観察しよう．

一般性を失うことなく，最初の三角形の辺の長さを 1 とすれば，以下それに引き続く三角形の辺の長さは $f, f^2, f^3, f^4, \cdots$ となる．そこで，三角形の列が中央で接することになるのならば，

$$1/2 + f/2 = f^2/2 + f^3 + f^4 + f^5 + \cdots$$

したがって，

$$1 + f = f^2 + 2f^3 \cdot (1 + f + f^2 + \cdots)$$

という関係が成立する．幾何級数の公式を使えば，この関係は

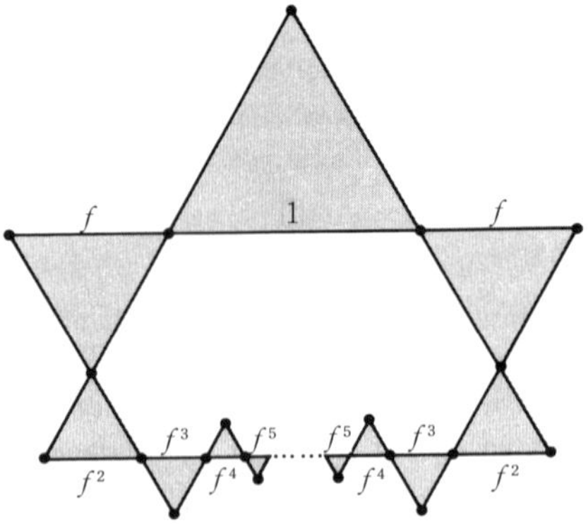

図 5.10

$$1 + f = f^2 + 2f^3/(1 - f)$$

したがって，

$$f^3 + 2f^2 - 1 = 0$$

となる．$f^3 + 2f^2 - 1 = (f + 1)(f - \phi^{-1})(f + \phi)$ であるから，$f = \phi^{-1}$ がこの方程式の唯一の正の解となる．

この結果をきちんと書けば，〈ちょうど $f = \phi^{-1}$ のとき，三角フラクタルの個々の枝が接する〉ことになる．

*

練習問題 5.5 は，正五角形に関して同様の問題設定のもとで縮小係数が ϕ^{-2} になることを示すものになっている．

フラクタルにもとづく技術は，今日，コンピュータグラフィックスの分野で取り扱われている．たとえば，電子的方法で風景などを手っ取り早く細かく描きあげるには，まず単純な幾何学的図形を設定し，これを段階的に細かくしていけばよいのである．

5.8　最大面積

本節で述べるおもしろい問題は，ガラス工業に由来するものである．ガラスは通常，直方体の形をした型に流し込まれるのだが，十分に注意を払っても，冷却のあとで検査をしてみると，小さな不純物が見つかるのがふつうである．問題は，このガラスのブロックをどのように切断したら最大の収率が得られるかということである．ただ，切断機は直方体の辺に平行にしか動かせないことに注意しなければならない．

ところで，ガラス中の不純物は十分に小さいもので，“点”とみなして差し支えないものとあらかじめ仮定しておこう．

〈基本的な問題は次のようになる．ガラスの直方体には，ある特定の個数 n の不純物があるものとしよう．このとき，不純物のない直方体としては，どのくらいの大きさのものが保証できるだろうか？〉

以下では，この問題の解決に向けての第一歩として“2 次元の”問題，つまり，長方形のガラス板の場合を考えよう．

まず手はじめに準備として，ガラス板に不純物が 1 カ所しかない場合を考えよう．最悪の場合に得られる部分長方形としては，どのくらいの大きさのものが保証できるだろうか？

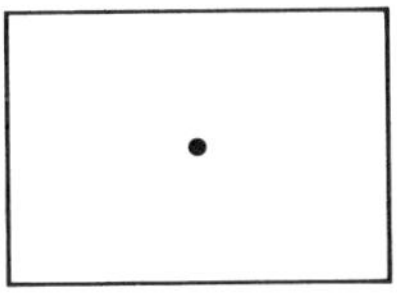

図 5.11

不純物が存在する点には，明らかに都合のよい位置と悪い位置がある．その点が縁近くにあれば，もともとの長方形の大部分がそのまま残っている．

逆に，もっとも都合の悪い位置というのは，明らかに長方形の中心の点である．だから，不純物が“1 カ所”の場合には，元の平面の半分だけが保証可能である．

不純物が“2 カ所”になると，2 個の点の最も都合の悪い場所を特定するのは，そう簡単ではない．

しかし，これらの点が長方形を三等分する線上にある場合（図 5.12 を参照）

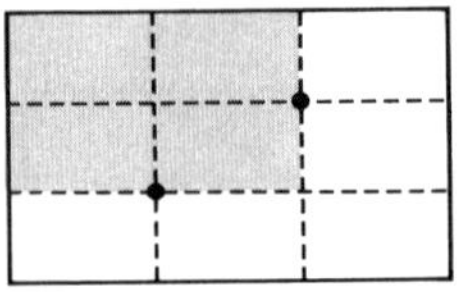

図 5.12

を考えてみるのも1つの方法である．2点がそのような位置にある場合には，面積がつねに元の長方形の $2/3 \cdot 2/3 = 4/9$ になる部分長方形を切り出すことができる．

しかし，このような位置に2点があるのが，はたして最も都合の悪い場合であろうか？

この問いに答える前に，なおひとつ前置きをしておかなければならない．2つの点が両方とも，長方形の一辺に平行な1本の直線上に位置する場合には，面積が（最小限）元の長方形の半分の長方形を切り取ることができる．だから，この場合には少なくとも，上の例の場合よりは都合がよい．したがって，これ以後，一般性を失うことなく，第1の点 P_1 が“左下に”，第2の点 P_2 が“右上に”位置するものと仮定することができる．

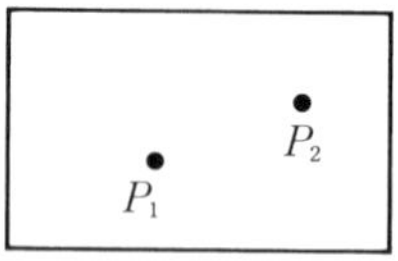

図 5.13

そこで，われわれが考えなければならないのは，図 5.14 に示された8個の部分長方形である．

さて，これまでのところ，この問題には，どこにも黄金分割が登場していないが，いまや，その登場である．

辺の長さ a および b の長方形の辺を黄金分割して，ここを通る辺に平行な直線を引き，点 P_1 および P_2 をその交点におく．

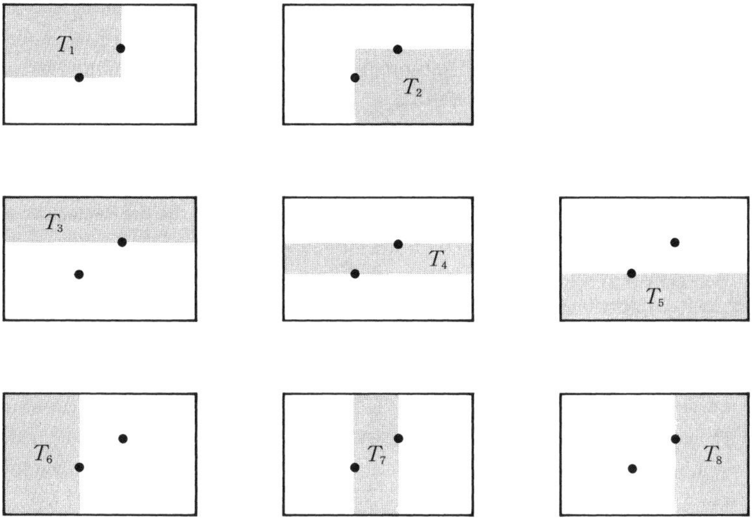

図 5.14

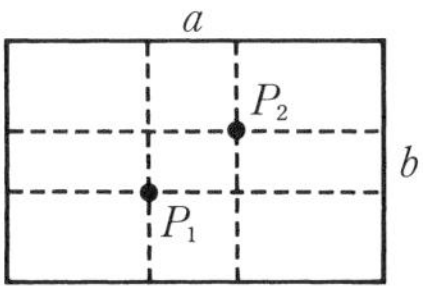

図 5.15

このとき，部分長方形 T_1, T_2, T_3, T_5, T_6 および T_8 の面積は $\phi^{-2}ab$，また，T_4 と T_7 の面積は $\phi^{-3}ab$ となる．

$\phi^{-2} < 4/9$ であることから，まず明らかなように，これは 3 分の 1 のところで分割した上の例よりも都合の悪い場合である．そこで，これが実際に最も都合の悪い場合だということを示そう．このためには，P_1 と P_2 が他の位置にある場合には，部分長方形 T_1, T_2, T_3, T_5, T_6 あるいは T_8 の少なくともどれか 1 つの面積が $\phi^{-2}ab$ よりも大きくなることを示せばよい．

P_1 および P_2 の位置によって，場合分けして考えよう．

・P_2 の位置が図 5.16 の影をつけた部分の内側にある場合には，P_1 の位置にかかわりなく，T_3ないしは T_8の面積が上の例のそれよりも大きくなる．

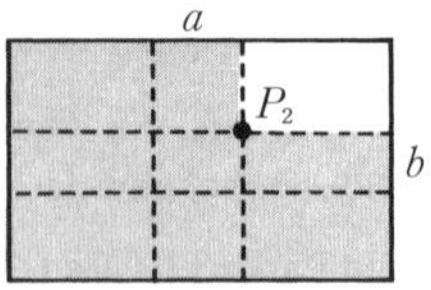

図 5.16

・これに対して，P_1の位置が図 5.17 の影をつけた部分の内側にある場合には，P_2の位置にかかわりなく，T_5ないしは T_6の面積が上の例のそれよりも大きくなる．

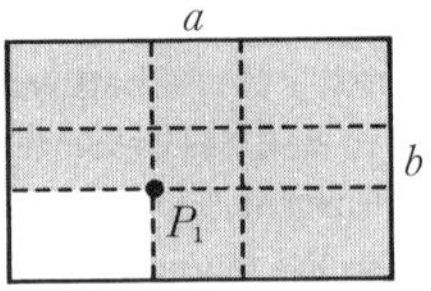

図 5.17

したがって，P_1や P_2が，さらにできるかぎり都合の悪い位置にくるようにするには，図 5.16 や図 5.17 の制約範囲以外にある場合を想定しなければならない．

・P_2が上の場合よりさらに上（あるいは，P_1がさらに左）にあれば，T_2がさらに大きくなってしまう．
・これとは反対に，P_2がさらに右（あるいは，P_1がさらに下）にあれば，T_1がさらに大きくなってしまう．

以上で，次のことが示されたことになる．〈面積が ab の長方形の 2 カ所に不純物がある場合に，保証される最大面積は $\phi^{-2}ab$ である．最も都合の悪い場所に不純物が存在する場合は，長方形の辺の黄金分割によって定まる．〉

読者に興味と時間があれば，ガラス板の 3 カ所に不純物がある場合について同様の分析を試みてほしい．不純物の個数がふえるにつれて，問題はむずかしさを増してくる．n カ所に不純物がある場合の一般式はまだ知られていない．

5.9 ペンローズの寄せ木貼り

この節では，オックスフォードの有名な数学者ロジャー・ペンローズ（Roger Penrose）が 1974 年に発見した寄せ木貼りを取り扱う．ここでは，いわゆる“非周期的”な寄せ木貼りが問題になるので，まず，この概念を明らかにして，それからペンローズの寄せ木貼りを紹介することにしよう．

寄せ木貼りは**寄せ木板**から構成されるのだが，この寄せ木板を隙間なく，また重なり合うこともなく敷き詰めて，平面全体をおおいつくすものである．

寄せ木貼りを構成する寄せ木板は同じ形のものばかりのこともあるし，いくつかの異なる形のものが用いられることもある．われわれの身の周りでいえば，同じ形の寄せ木板から構成される寄せ木貼りを見かけることが多い．たとえば，浴室の場合には，同一の正方形のタイルが敷き詰められていることが多い（寄せ木貼り理論の初歩は BEUTELSPACHER『空中楼閣と幻想』（Luftschlösser und Hirngespinste）の第 6 章に紹介されている）．

このような寄せ木貼りはみな“周期的”である．つまり，寄せ木貼りの一部分を区切って，これをうまく平行移動することによって，寄せ木貼り全体が得られるような寄せ木貼りは**周期的**であるといわれる．これに対して，どのような区分と平行移動によっても，同じ寄せ木貼り全体を得ることができない場合には**非周期的**であるといわれる．

ペンローズの寄せ木貼りのすばらしさは，それが非周期的でありながら，局所的には対称性があるという点である．

ここで扱う**ペンローズの寄せ木貼り**は，**凧**と**矢**とよばれる，2 つの形の異なる寄せ木板から構成されるものである（図 5.18 参照）．

これらの図形の中には，黄金分割がいろいろな形で現われるが，このことは，これらの図形が正五角形を用いて作図されることからもうかがえるだろう（図 5.19 参照）．

この図にある大きい方の正五角形の辺の長さを ϕ とすれば，凧と矢の辺の長

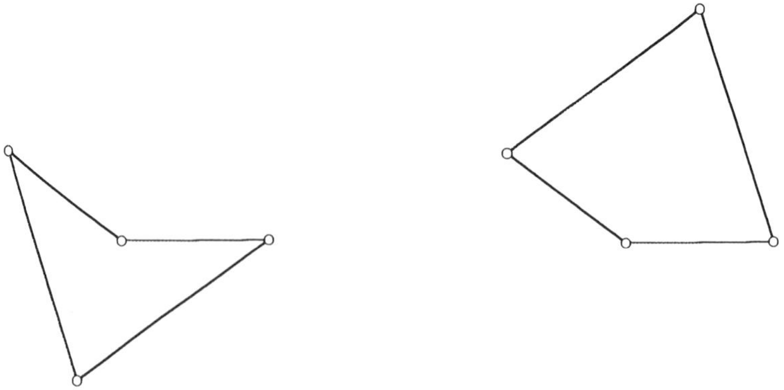

図 5.18

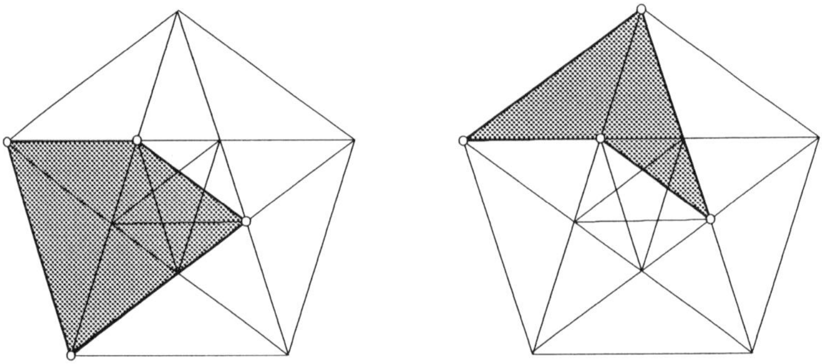

図 5.19

さは ϕ と 1 となる．

凧と矢を菱形になるように並べれば，周期的な寄せ木貼りになってしまう．したがって，非周期的な寄せ木貼りをつくるには，この組合せ方ではダメである．非周期的な寄せ木貼りは，次のような並べ方によって得られる．

寄せ木板の並べ方　破線や実線が，それぞれ互いにつながるように寄せ木板を並べればよい（図 5.20 を参照）．

このようなやり方をすれば，“ちょっと見ただけでも”おもしろい寄せ木貼りが得られそうである．

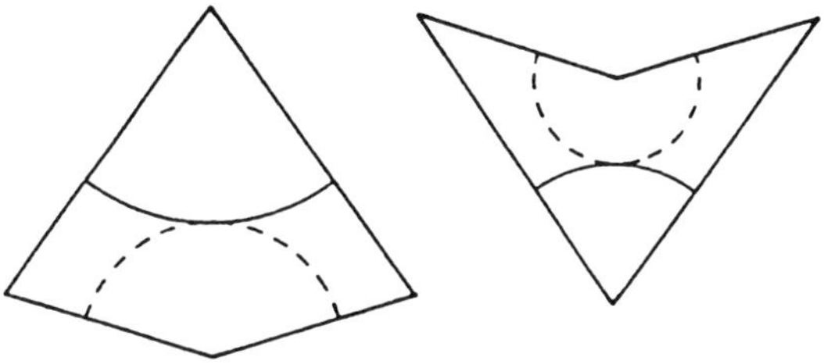

図 5.20

図 5.21

しかし，これらの図形を上記のような並べ方によって並べても，最終的に全平面をおおいつくすような寄せ木貼りが得られるか否かは，けっして自明ではない．しかし，次のように順に考えていけば，その根底にある考え方が理解できよう．

- まず，平面の一部分（たとえば，正方形の部分）がすでに完全に被覆されているものと考えよう．
- 次に，“この寄せ木貼りの部分”の上に，同じ平面部分をおおう，前のものよりも大きい凧と矢からなる新しい寄せ木貼り部分がつくれることが確かめられる（この手順を“合成”という）．しかも新しい凧と矢は，元のもののちょうど ϕ^2 倍なのである．
- 新しい凧と矢を用いれば，元のものの ϕ^2 倍の平面部分を貼ることができる．

・この新しい寄せ木貼り部分は，また，元の大きさの凧と矢でおおうことができる（これを“分解”という）.
・この手続きは，好きなだけ何回でも繰り返すことができるから，任意の大きさの平面部分をおおうことができる．したがって，最終的には，すべての点を１つ残らずおおいつくすことができる.

ここで，合成と分解の概念をさらに具体的に説明しておこう．まず合成についていえば，２つの凧と矢の半分の２つを合わせたものから**大きい凧**をこしらえ，小さい凧１つと矢の半分の２つを合わせたものから**大きい矢**をこしらえるのが合成である（図 5.22 参照).

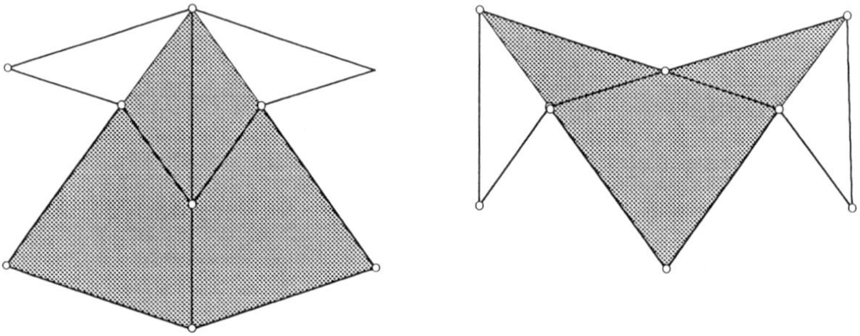

図 5.22

凧や矢の大きい部分を，元の大きさに分割することを**分解**という.

次の図（図 5.23）は，１つの寄せ木部分から，合成によって，元のものよりも大きなもう１つの寄せ木部分がつくられる様子を示している.

このようにして得られる寄せ木貼りが非周期的であることも，同様の方法によって示すことができる．このすばらしい“パズル”についての，上記のことやそれ以外の性質について述べた文献を示しておくことにしよう（GRÜNBAUM/SHEPHARD および PENROSE).

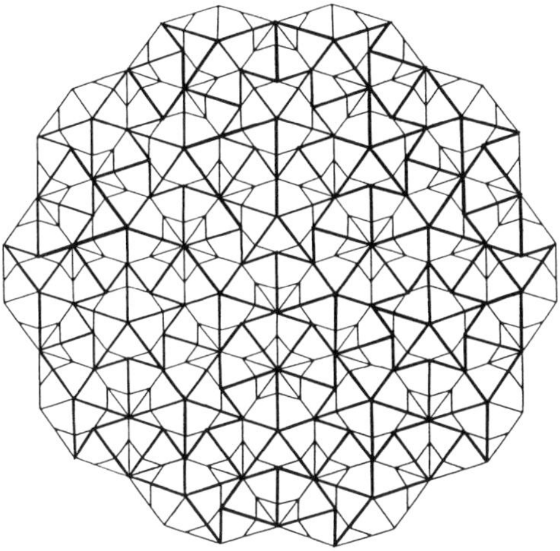

図 5.23

練習問題

1．この問題は単純な三角形に関するものである．

（a） 1つの三角形の辺の長さは a, b, c である．もう1つの三角形の辺の長さは $1/a$，$1/b$，$1/c$ である．a/c の上限を決定してください．

（b） 直角三角形の辺の長さが幾何級数であると，斜辺と短い辺の比率が黄金比になることを示してください．

（c） 三角形 $\triangle PQR$ において $|QR|^2 = |PQ|\cdot|PR|$ が成立するとき，$|PQ|/|PR|$ の上下限を求めてください．

2．面が，相似ではあるが，すべてが合同ではない4枚の三角形からなる四面体がある．

（a） この四面体の最大の稜と最小の稜の長さの比率の上限を決定してください．

（b） すべての稜の長さが整数値であって，最も長い稜が50以下であるような解を求めてください．

3．この問題は 5.4 節の内容や図 5.6 を拡張したものである．

（a）内接する三角形 $\triangle APQ$ において $|PQ| = |QA|$ が成立するのは，長方形がどのような場合でしょうか？

（b）$|PA| = |PQ|$ が成立するようにするには，長方形をどのように作図すればよいでしょうか？

（c）練習問題 5.4 の“逆”はどうでしょうか？［難問］
すなわち，三角形 $\triangle APQ$ が与えられているものとしよう．このとき，$\triangle ADP$，$\triangle PCQ$ および $\triangle ABQ$ の面積が等しくなるような $\overline{CD}$ 上の点 P および $\overline{BC}$ 上の点 Q をもつ長方形 $ABCD$ が存在するのは，

$$\cot\beta + \cot\gamma = \cot\alpha$$

が成立する場合に限られることを示してください．

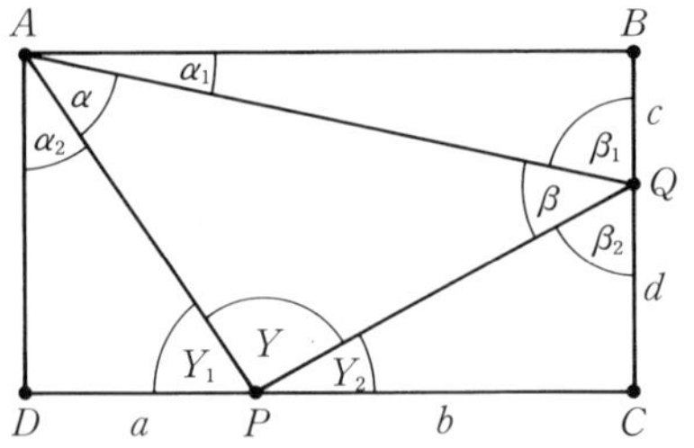

図 5.24

4．幾何学的な方法によって，与えられた半円の中に正方形を内接させる手順を考えてください（ヒント：1.3 節の作図法 4 を参照のこと）．

5．この問題は 5.7 節の拡張です．そこでの方法に従って次のことを示してください．

（a）正方形を基本図形とするフラクタルにおけるギリギリの縮小係数は $f = 1/2$ である（図 5.25）．

（b）正五角形を基本図形とするフラクタルにおけるギリギリの縮小係数は $f = \phi^{-2}$ である（図 5.26）．

黄金分割とフラクタルの間の関係を解明する，さらにおもしろい例が WALSER（訳注：邦訳あり）に出ている．

図 5.25

図 5.26

第6章

フィボナッチ数

この章では，フィボナッチ数と黄金分割との間の密接な関係を取り扱うことにしよう．自然界や芸術においては，黄金分割がフィボナッチ数と密着して登場することが多いので，この数の定義と重要な性質は，お急ぎの読者にも，知っておいていただきたい．

フィボナッチ数はとにかく，たいへんによく知られた数列なので，この数に関する文献が見渡しきれないほど多いのも不思議ではない（実際，季刊誌『フィボナッチ数』（Fibonacci Quarterly）という，この数列の研究だけに関する雑誌さえあるくらいだ）．しかし，ここで取り扱うのはもちろん，黄金分割に関係する性質だけに限ることにしよう．

6.1　家ウサギの問題

ピサのレオナルド，またの名をフィボナッチ（Bonacciの息子）は1175年に生まれ，1202年に『そろばんの書』（Liber abaci）を著わした．この書物の主たる目的は，ローマ数字に比べてアラビア記数法が優れていることを示すことにあった．しかし，この書物と著者は，次の“明らかに明らかでない”問題によって広く知られるようになった．

いま，1つがいの家ウサギの子孫を考えてみよう．よく知られているように，その数はきわめて大きなものになる．そこで，その数を正確に知りたい．そのため，次の仮定をおくことにしよう．

（i）家ウサギのつがいは，どれも，生まれてから2カ月目で子供を妊娠できるようになる．

（ii）各つがいは，これ以後，毎月1つがいずつの子孫をこの世に送る．

(∞) 家ウサギはどれも永遠の寿命をもつ.

このような仮定の下では，第1月目に生きているのは最初のつがいだけであるが，第2月目には妊娠可能になって，第3月目には次のつがいを産む．第4月目にはさらに1つがいを産むが，第5月目になると2つのつがいがともに1つがいずつの家ウサギをこの世に送るようになる．第5月目には，つまり，全部で5組のつがいがいることになる.

この増殖過程をわかりやすくダイヤグラムにしたのが次の図である.

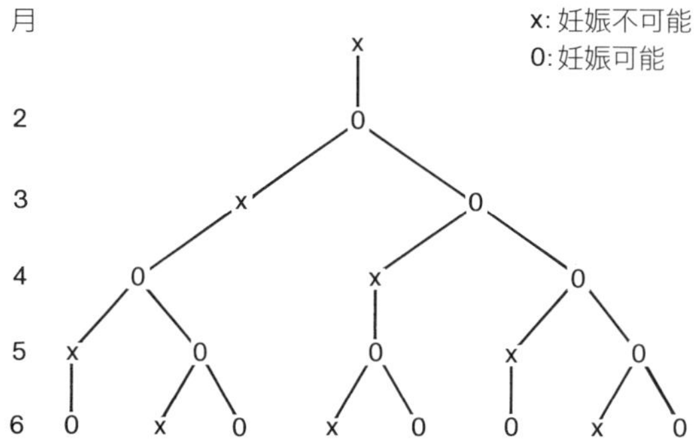

図 6.1

第 n 月目における家ウサギのつがいの数（その月に生まれたものも含む）を f_n で表わすことにすれば，上で考えたように，

$$f_1 = 1,\ f_2 = 1,\ f_3 = 2,\ f_4 = 3,\ f_5 = 5,\ f_6 = 8,\ \cdots$$

となる．このあとはいったいどうなるのか．これがこの章の主たる問題である．最初の答えは次の定理である.

定理　〈$f_{n+2} = f_{n+1} + f_n$ が成立する.〉

証明　これには，第 $n+1$ 月目における状況を考えてみればよい．この月における家ウサギのつがいの数は，定義により，ちょうど f_{n+1} である．そして，このうち f_n 組のつがいが妊娠可能である．すなわち，この f_n 組はすでに第 n 月目には2カ月以上生きていたつがいである．第 $n+2$ 月目には f_{n+2} 組のつがいのうち，ちょうど f_n 組が新しいつがいをこの世に送り出すことになる．このことは，

$$
\begin{aligned}
f_{n+2} &= \text{第}\,n+1\,\text{月目における家ウサギのつがいの数} \\
&\quad + \text{第}\,n+2\,\text{月目に生まれた家ウサギのつがいの数} \\
&= f_{n+1} + f_n
\end{aligned}
$$

ということを意味している. □

この定理の漸化式を使えば, $f_1, f_2, f_3, \cdots$ を次々と, 手早く計算することができる. たとえば,

$$f_7 = f_6 + f_5 = 8 + 5 = 13$$
$$f_8 = f_7 + f_6 = 13 + 8 = 21,\ \cdots$$

である.

そして, 次の式によって定義される $f_1, f_2, f_3, \cdots$ がフィボナッチ数とよばれる数である.

（1）　$f_{n+2} = f_{n+1} + f_n \quad (n \geq 1)$

（2）　$f_1 = 1,\ f_2 = 1$

フィボナッチ数は, したがって, 第 n 月目における家ウサギのつがいの数である. 数列 $(f_1, f_2, f_3, \cdots)$ を**フィボナッチ数列**とよぶことにしよう.

フィボナッチ数 f_n は, 数学の内外を問わず, いろいろな場所にその姿を現わす. 次に示すいくつかの例は, 多少とも人工的ではあるが, フィボナッチ数がいかなるものかを自ら語るものである.

6.1.1　階段の登り方

ある郵便配達員が毎日, 次のようなやり方で長い階段を登っている. すなわち, 第1段目には必ず足をかける. その次からは, 1段ずつのことも, 1段おきのこともある. このとき, 〈この郵便配達員が n 段の階段を登る方法の数は何とおりあるか？〉

答　〈ちょうど f_n とおりである.〉
($f_{40} = 102{,}334{,}155$ であるから, 40段の階段を登る方法の数は1億とおり以上ある.)

答を求めるために, n 段を登るのに可能な方法の数をあらかじめ s_n と書くことにしよう. まず, この郵便配達員が第1段目に登る方法は1とおりしかな

い．第２段目まで登るには，まず第１段目に登って，次はふつうに１段登って第２段目に行き着くしか方法がない．したがって，$s_1 = 1$ および $s_2 = 1$ である．

第 $n+2$ 段目に到達する方法は，２とおりに分けられる．その第１は第 $n+1$ 段目から第 $n+2$ 段目にくる方法で，この場合には，第 $n+1$ 段目までくるのにちょうど s_{n+1} とおりの方法がある．

第２は，第 n 段目から１段とばして第 $n+1$ 段目までくる方法で，この場合には，第 n 段目までくるのに s_n とおりの方法がある．

これらをまとめれば，

$$s_{n+2} = s_{n+1} + s_n$$

となる．

すなわち，$s_1, s_2, s_3, \cdots$ はまさしくフィボナッチ数の定義を満たしている．よって，$s_1, s_2, s_3, \cdots$ はフィボナッチ数である．すなわち，$s_n = f_n$．

6.1.2 雄のミツバチの系図

雄のミツバチは，女王バチの“無精卵”から生まれる．一方，“有精卵”からは，（遺憾ながら雌の）働きバチと女王バチが生まれる．雄のミツバチの親はしたがって，女王バチただ１匹である．これに対して，女王バチにはそれにふさわしく両親がいる．

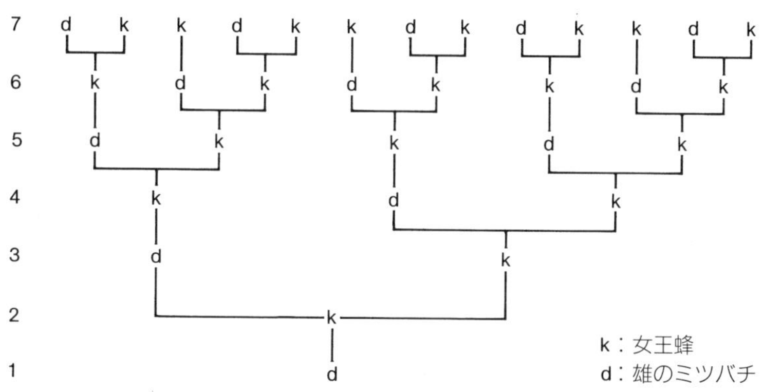

図 6.2

図6.2から明らかなように，n番目の先祖の世代には，ちょうどf_n匹の先祖がいる．そのうち，f_{n-1}匹が雌で，f_{n-2}匹が雄である．女王バチ（k）は家ウサギの問題でいえば妊娠可能なつがいに相当し，雄のミツバチ（d）はまだ妊娠不可能なつがいに相当している（RÖSCH 1967を参照）．

6.1.3　電子のエネルギー状態

水素原子の電子は，はじめは基底状態にあり，1回に1量子か2量子分のエネルギーを吸収したり放出したりする．そこで，電子は基底状態（0），1量子分のエネルギーを有する状態（1），あるいは，2量子分のエネルギーを有する状態（2）のいずれかにある．

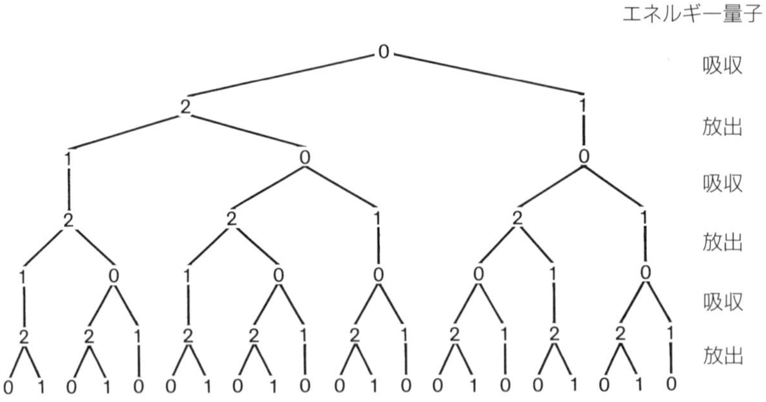

図6.3

エネルギーの吸収・放出を交互にn回経る間の，電子の状態推移にはf_{n+2}とおりの道筋がある（状態0か2に到達する道筋はf_{n+1}とおり，状態1に到達する道筋はf_nとおりある）．

6.2　黄金分割ϕとフィボナッチ数

黄金分割ϕのベキ乗ϕ^nをu_nと書くことにすれば，

$$u_1 = \phi,\quad u_2 = \phi^2,\quad u_3 = \phi^3,\quad \cdots$$

となるが，このとき，

$$\phi_{n+2}=\phi^{n+2}=\phi^n\cdot\phi^2=\phi^n(\phi+1)=\phi^{n+1}+\phi^n=u_{n+1}+u_n$$

が成立する．

このような関係は，すでにフィボナッチ数の定義に現われたものであるが，これは，また，

$$\nu_n=(-1/\phi^n)$$

で定義される $\nu_1, \nu_2, \cdots$ に関しても成立する．すなわち，

$$\begin{aligned}\nu_{n+2}&=(-1/\phi)^{n+2}=(-1/\phi)^n\cdot(-1/\phi)^2=(-1/\phi)^n\cdot(1/\phi)^2\\&=(-1/\phi)^n\cdot[1-1/\phi]=(-1/\phi)^n+(-1)^{n+1}\cdot(1/\phi)^{n+1}\\&=(-1/\phi)^n+(-1/\phi)^{n+1}=\nu_n+\nu_{n+1}\end{aligned}$$

上記のような漸化式を満たす数列は他にも少なくない．そこで，すべての $n \geq 1$ に関して

$$a_{n+2}=a_{n+1}+a_n$$

を満たす実数列 $a_1, a_2, a_3, \cdots$ を**リュカ数列**と定義しておこう．

リュカ数列は，リュカ（E. LUCAS, 1842-1891）にちなんで名づけられたものである．

数列がリュカ数列というのは，数列の各項がそれに先行する 2 つの項の和になっている数列である．そのなかで，$a_1=1$ および $a_2=1$ の場合が，すなわち，フィボナッチ数列ということになる．

つまり，数列 $f_1, f_2, f_3, \cdots$ や，$\phi_1, \phi_2, \phi_3, \cdots$，あるいは，$-1/\phi$，$1/\phi^2$，$-1/\phi^3$，… はなかでもとくに重要なリュカ数列である．

次の補助定理は，すべてのリュカ数列がフィボナッチ数列に帰着されることを示している．

補助定理 〈すべてのリュカ数列（$a_1, a_2, a_3, \cdots$）において，すべての自然数 $k \geq 2$ に対して

$$a_{k+1}=f_k\cdot a_2+f_{k-1}\cdot a_1$$

という関係が成立する．〉

証明 証明には k に関する数学的帰納法を用いればよい．

$k=2$ および $k=3$ の場合の成立は明らかである．すなわち，

$$a_{2+1}=a_3=a_2+a_1=1\cdot a_2+1\cdot a_1=f_2\cdot a_2+f_1\cdot a_1$$

および

$$a_{3+1}=a_4=a_3+a_2=a_2+a_1+a_2=f_3\cdot a_2+f_2\cdot a_1$$

そこで，次の関係式が成立するものと仮定しよう．

$$a_k=f_{k-1}\cdot a_2+f_{k-2}\cdot a_1 \quad \text{および} \quad a_{k+1}=f_k\cdot a_2+f_{k-1}\cdot a_1$$

リュカ数列の定義にこれらを代入すれば，

$$\begin{aligned} a_{k+1+1}=a_{k+2}=a_{k+1}+a_k&=f_k\cdot a_2+f_{k-1}\cdot a_1+f_{k-1}\cdot a_2+f_{k-2}\cdot a_1\\ &=(f_k+f_{k-1})\cdot a_2+(f_{k-1}+f_{k-2})\cdot a_1=f_{k+1}\cdot a_2+f_k\cdot a_1 \end{aligned}$$

□

特定のリュカ数列 $(u_1, u_2, \cdots)=(\phi, \phi^2, \cdots)$ や $(\nu_1, \nu_2, \cdots)=(-1/\phi,\ 1/\phi^2, \cdots)$ についていえば，

$$\phi^n=f_n\cdot\phi+f_{n-1}$$

や

$$(-1/\phi)^n=f_{n-1}-f_n/\phi$$

という関係が成立する．

第1の関係は次のようにして導かれる．

$$\begin{aligned} \phi^n=u_n&=f_{n-1}\cdot u_2+f_{n-2}\cdot u_1=f_{n-1}\cdot\phi^2+f_{n-2}\cdot\phi\\ &=f_{n-1}\cdot(\phi+1)+f_{n-2}\cdot\phi=(f_{n-1}+f_{n-2})\cdot\phi+f_{n-1}=f_n\cdot\phi+f_{n-1} \end{aligned}$$

第2の関係式も同様にして，

$$\begin{aligned} (-1/\phi)^n=\nu_n&=f_{n-1}\cdot\nu_2+f_{n-2}\cdot\nu_1=f_{n-1}/\phi^2-f_{n-2}/\phi\\ &=f_{n-1}\cdot(2-\phi)-f_{n-2}\cdot(\phi-1)\\ &=f_{n-1}-(f_{n-1}+f_{n-2})(\phi-1)=f_{n-1}-(\phi-1)f_n \end{aligned}$$

これらの関係式を用いれば，フィボナッチ数を黄金分割で表わす有名なビネの公式を導くことができる．

ビネの公式　すべての自然数 n について，

$$f_n=[\phi^n-(-1/\phi)^n]/\sqrt{5}=[((1+\sqrt{5})/2)^n-((1-\sqrt{5})/2)^n]/\sqrt{5}$$

が成立する．

証明　関係式

$$(-1/\phi)^n = f_{n-1} - f_n/\phi$$

を

$$\phi^n = f_n \cdot \phi + f_{n-1}$$

から差し引けば,

$$\phi^n - (-1/\phi)^n = f_n \cdot \phi + f_n/\phi = f_n \cdot (\phi + 1/\phi) = f_n \cdot \sqrt{5}$$

が得られるが，ビネの公式はこれからただちに導かれる． □

注意

1．ビネの公式がビネ（J. P. M. Binet）によって1843年に発見されたとしている書物は少なくない（たとえば，COXETER 1969，167ページ）．しかし，それに対して，SCHROEDER（1984，65ページ）（訳注：文献表になし）には，この式がすでに1718年にド・モアーヴル（A. De Moivre）によって見つけられており，その10年後にニコラス・ベルヌーイ（Nicolas Bernoulli）によって証明されたと簡潔に述べられている．

2．ビネの公式の驚くべき点は，各 n について，無理数からなる項を加え合わせた結果が，最終的には，整数値になってしまうことである．

3．ビネの公式を使えば，フィボナッチ数を“漸近的に”求めることができる．すなわち，n が十分に大きいときには，$(1/\phi)^n$ という項はごく小さな値になって“消えて”しまうから，

$$f_n \approx \phi^n/\sqrt{5}$$

が成立する．

また，小さい n については，

$$f_n = \lfloor \phi^n/\sqrt{5} + 1/2 \rfloor$$

がほとんどの場合に成立する．ここに，$\lfloor x \rfloor$ というのは，x を超えない最大の整数を表わす．

ここでは，証明は割愛しよう．

次に，“**フィボナッチ分数列**” f_{n+1}/f_n を考えよう．この数列は順に

1，2，1.5，1.6666…，1.6，1.625，…

という値をとる．これらの値は，ϕ をめぐって上下と，しだいに黄金分割に近づく．このことは，われわれのこれまでの知識からしても明らかであろうが，

この推測を確認するのが次の定理の目的である.

定理　〈数列

f_2/f_1, f_3/f_2, f_4/f_3, …

は収束し，その極限値は ϕ である.〉

証明　証明のため，略して

$$x_n = f_{n+1}/f_n \quad (n \geq 1)$$

と書くことにすれば，数列 $(x_1, x_2, x_3, \cdots)$ が ϕ に収束することを示すことになる.

ステップ 1．$n \geq 2$ について，$x_n = 1 + 1/x_{n+1}$ が成立する．これは,

$$1 + 1/x_{n-1} = 1 + f_{n-1}/f_n = (f_n + f_{n-1})/f_n = f_{n+1}/f_n = x_n$$

から明らかである.

ステップ 2．$|\phi - x_n| = |\phi - x_{n-1}|/(\phi \cdot x_{n-1})$ が成立する．これは,

$$\phi - x_n = 1 + 1/\phi - (1 + 1/x_n) = 1/\phi - 1/x_{n-1}$$
$$= (x_{n-1} - \phi)/(\phi \cdot x_{n-1})$$

という関係において，ϕ と x_{n-1} が正であることから導かれる.

ステップ 3．$|\phi - x_n| \leq |\phi - x_2|/\phi^{n-2}$ が成立する.

何となれば，$x_{n-1} \geq 1$ であるから，ステップ 2 から不等式

$$|\phi - x_n| \leq |\phi - x_{n-1}|/\phi$$

が導かれる．これから,

$$|\phi - x_n| \leq |\phi - x_{n-1}|/\phi \leq |\phi - x_{n-2}|/(\phi \cdot \phi) \leq \cdots \leq |\phi - x_2|/\phi^{n-2}$$

が成立する.

$\phi > 1$ であるから，n の増大とともに $|\phi - x_n|$ はいくらでも小さくなる．すなわち，x_n は ϕ にいくらでも近づく．このことは，数列 $x_1, x_2, x_3, \cdots$ が極限値 ϕ をもつことに他ならない．いいかえれば，数列 f_2/f_1, f_3/f_2, f_4/f_3, … は ϕ に収束する.　□

さらに，任意のリュカ数列 $a_1, a_2, a_3, \cdots$ からつくられる分数列 a_2/a_1, a_3/a_2, a_4/a_3, … も，最初の 2 項 a_1 および a_2 の符号が等しい場合には ϕ に収束することが，同様の方法で示される（練習問題 6.1 を参照).

BARAVALLE は，この結果を“魔法のトリック”の形に仕立て，“何でも

好きな数を 2 つ選んでください…” とやることを提案している.

6.3　幾何学的なまやかし

辺の長さが 13 の正方形を図 6.4 のように切り分けて，辺の長さが 8 と 21 の長方形に組み合わせてみる．それぞれの面積を計算してみると，正方形の方は $13^2 = 169$，長方形の方は $8 \cdot 21 = 168$ である．

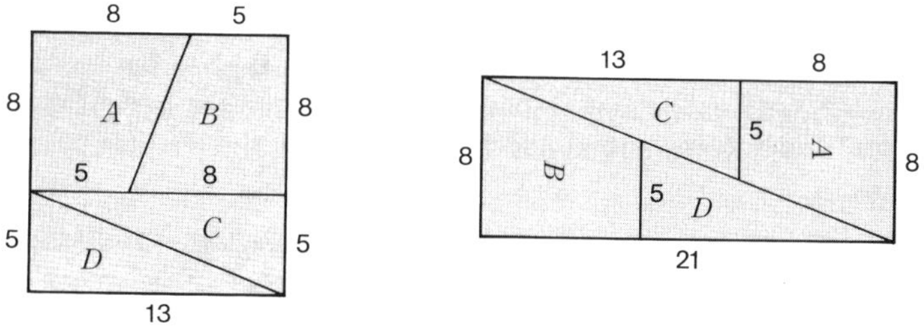

図 6.4

いったい何が起こったのだろうか？

＊

このまやかしの種明かしをする前に，一般化をしてみよう．実際，このインチキは，辺の長さがフィボナッチ数 f_n の正方形ならば，どれについてでも可能である．f_n はフィボナッチ数 f_{n-1} と f_{n-2} の和であるから，正方形を上と同様の方法で切り分け，長方形（？）状に組み合わせることができる．

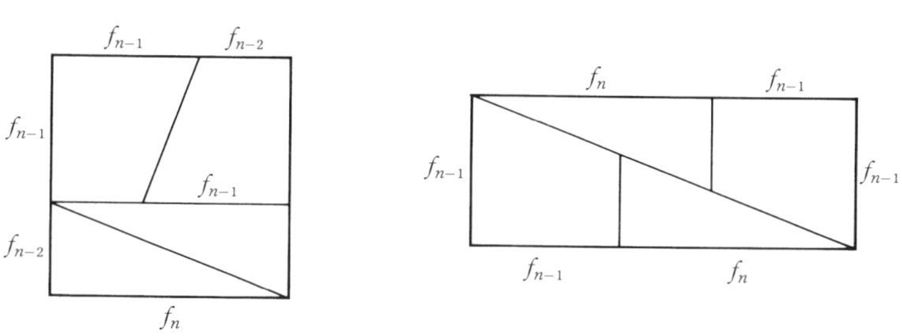

図 6.5

正方形の面積は $f_n{}^2$ であるが，一方，長方形の面積は

$$(f_n + f_{n-1})\cdot f_{n-1} = f_{n+1}\cdot f_{n-1}$$

となる．ところが，これらの面積の差が1単位しかないというのが，次のシンプソン（Simpson）の恒等式である．

シンプソンの恒等式　〈$n \geq 2$ について

$$f_{n+1}\cdot f_{n-1} - f_n{}^2 = (-1)^n$$

が成立する．〉

証明　この公式は，n に関する数学的帰納法によって証明できる．

$n = 2$ の場合には，$f_3\cdot f_1 - f_2^2 = 2\cdot 1 - 1^2 = 1 = (-1)^2$

次に，2より大きいある n について，この式が正しいと仮定するとき，$n+1$ について，

$$f_{n+2}\cdot f_n - f_{n+1}^2 = (f_{n+1} + f_n)\cdot f_n - f_{n+1}^2$$
$$= f_{n+1}\cdot(f_n - f_{n+1}) + f_n{}^2 = f_{n+1}\cdot(f_n - f_{n+1}) + f_{n+1}\cdot f_{n-1} - (-1)^n$$
$$= f_{n+1}\cdot(f_n + f_{n-1} - f_{n+1}) + (-1)^{n+1} = (-1)^{n+1}$$ □

*

シンプソンの公式はこれで証明されたわけだが，上のまやかしの種明かしにはなっていない．どこがインチキなのか．タネは，“長方形”がじつは長方形になっていないことにある．実際，対角線にそった部分はピッタリとは合っていないのである．そこでは，単位面積分だけ，n によって，ちょっと重なり合っていたり，ごく細い隙間が開いていたりするのである．

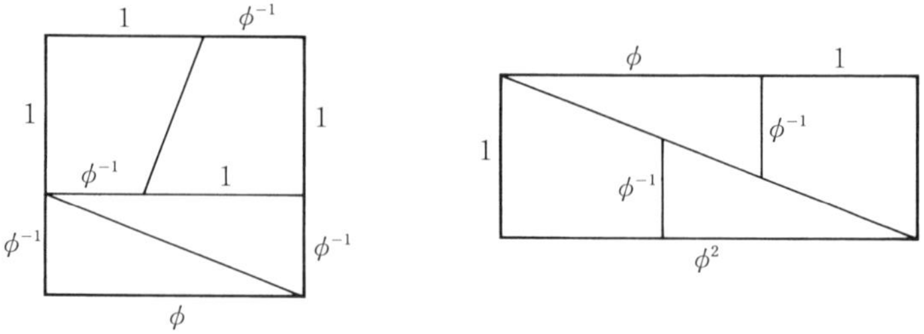

図 6.6

対角線に相当する直線の勾配は f_{n-3}/f_{n-1}，f_{n-2}/f_n および f_{n-1}/f_{n+1} である．これらの値は，とくに n が大きければ，ほとんどちがいがないので，まやかしはちょっと見ただけでは見破られないのである．

正方形を上記のように切り分けて正しく長方形に組み合わせる唯一の方法は，辺を黄金分割することである（図 6.6 を参照）．この場合には，面積はともに ϕ^2 になる．

練習問題

1．a_1 および a_2 の符号が等しいとき，リュカ数列 $a_1, a_2, a_3, \cdots$ からつくられる分数列 a_2/a_1，a_3/a_2，a_4/a_3，$\cdots$ が収束する極限値は ϕ である．

2．リュカ数列 $a_1, a_2, a_3, \cdots$ について次の式が成立することを示してください．

（a） $a_1 + a_2 + \cdots + a_n = a_{n+2} - a_2$

（b） $a_2 + a_4 + a_6 + \cdots + a_{2n} = a_{2n+1} - a_1$

（c） $a_1 + a_3 + a_5 + \cdots + a_{2n-1} = a_{2n} - a_0$

（d） $a_1^2 + a_2^2 + a_3^2 + \cdots + a_n^2 = a_n a_{n+1} - a_1 a_0$

ここに，a_0 は $a_0 = a_2 - a_1$ によって定義されるものとする．

3．次のクリスマスローズのスケッチと家ウサギの増殖の図を比較してください．

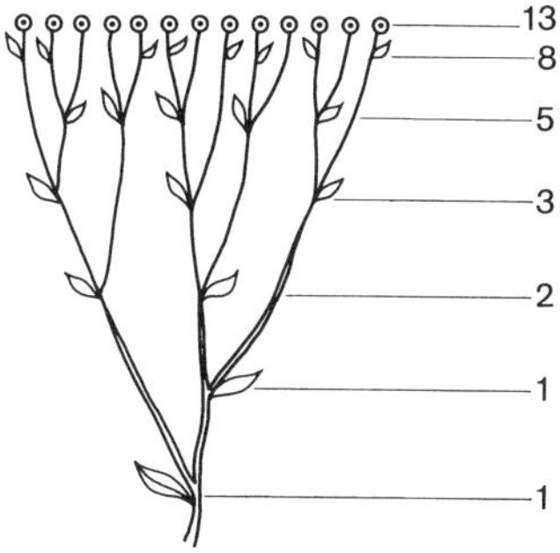

図 6.7

4．最後の2問は難問です．

（a）整数 n, h, k について，

$$f_{n+h}\cdot f_{n+k} - f_n\cdot f_{n+h+k} = (-1)^n\cdot f_h f_k$$

が成立する．

（b）$f_n\,(n \geq 1)$ が $f_m\,(m \geq 2)$ で割り切れるのは，$m = 2$ の場合か，n が m で割り切れる場合に限られる．

第7章

連分数，秩序とカオス

この章では，黄金分割の連分数表現について述べ，さらに，それによって確立された黄金分割と力学系理論の間の関係，すなわち，“秩序”と“カオス”について述べる．それゆえ，7.1 節はどうしても“数学的”にならざるをえないのだが，数学を信頼して，黄金分割が連分数近似によって非常にゆっくりと近似されるという事実を，そのまま認めてもらえるのならば，ただちに7.2 節に進んでもらってもかまわない．

7.1 黄金分割の連分数表示

この節では，連分数に関する一般的な性質を，証明抜きで引用しておく．これらの証明に興味をもつ，才能ある読者には，参考文献にあげた HARDY and WRIGHT，KHINCHINE あるいは PERRON らの著書をお薦めする．

さて，本章の主題は**連分数**だが，これは次のような形式による表現である．

$$a_0 + \cfrac{1}{a_1 + \cfrac{1}{a_2 + \cfrac{1}{a_3 + \cdots + \cfrac{1}{a_n}}}}$$

ここで，$a_1, \cdots, a_{n-1}$ は整数（原則として自然数）であるが，a_n だけは任意の実数でよい．連分数をこのような形式で書くと長ったらしくなるので，上の形を $[a_0, a_1, a_2, a_3, \cdots, a_n]$ と略して書くことにしよう．

いま上に定義された連分数は，項の個数が有限なので，**有限連分数**とよばれる．しかし，ここでとくに興味の対象となるのは**無限連分数**，すなわち，

$$a_0 + \cfrac{1}{a_1 + \cfrac{1}{a_2 + \cfrac{1}{a_3 + \cdots}}}$$

という形のものである．この連分数を略して $[a_0, a_1, a_2, a_3, \cdots]$ と書くことにしよう．ここに，$a_i(i = 1, 2, 3, \cdots)$ は自然数であり，a_0 は整数（負であってもよい）である．

このような連分数については，次のような事実が知られている．

命題1　〈どの連分数も収束する．したがって，1つの実数を表わす．〉

命題2　〈実数は，どれも連分数として表わすことができる．そして，その方法は一意的である．実数 a が有理数であるとき，これに対応する連分数は有限であり，a が無理数であるときには，無限連分数になる．〉

ところで，黄金分割 ϕ に対応する連分数はどのようなものになるだろうか．$\phi = 1 + 1/\phi = 1 + 1/(1 + 1/\phi) = \cdots$ という関係式からすれば，$\phi = [1, 1, 1, \cdots]$ であると推測するのもむずかしくはない．この推測が正しいことを示すのが，次の定理である．

定理　〈$\phi = [1, 1, 1, \cdots]$〉

証明　上の命題1から，$[1, 1, 1, \cdots]$ は1つの実数 a を表わす．$a = \phi$ であることを示そう．明らかに，a は正であり，

$$1 + 1/a = 1 + [1, 1, 1, \cdots] = [1, 1, 1, 1, \cdots] = a$$

が成立する．したがって，$a^2 = a + 1$ であり，1.2 節の補助定理によって，$a = \phi$ となる．　□

このように，黄金分割に対応する連分数は，連分数のうちでも，もっとも単純なものである．Huntley は，この結果をとくに強調して，“均整がとれ，単純で美しい”と表現している．

また，この定理の結果から，ϕ^{-1} や ϕ^2 の連分数なども得られる．

$$\phi^{-1} = \phi - 1 = [1, 1, 1, 1, \cdots] - 1 = [0, 1, 1, 1, \cdots]$$
$$\phi^2 = \phi + 1 = [1, 1, 1, 1, \cdots] + 1 = [2, 1, 1, 1, \cdots]$$

ここで，黄金分割の連分数 $[1,1,1,\cdots]$ はすべての連分数のうちで，もっとも値の小さい（正の）要素から成立している連分数だということに注意しておこう（a_i は定義により自然数だから，いずれにせよ，$a \geq 1$ である）．こういう性質をもっているので，黄金分割は，連分数理論においてもとくに重要な役割を果たすことになる．

さらに，黄金分割の**有限近似連分数** $[1]$，$[1,1]$，$[1,1,1]$，$[1,1,1,1]$ なども，驚くべきことに，われわれになじみ深い値になっている．

定理 〈すべての自然数 n について，

$$[1,1,1,\cdots,1] = f_{n+1}/f_n$$

が成立する．ここに，この連分数はいうまでもなく n 個の 1 からなる連分数であり，f_i は第 i 番目のフィボナッチ数である．

いいかえれば，黄金分割の“近似連分数”はまさしく，フィボナッチ分数列を構成する.〉

証明 この定理は数学的帰納法によって導かれる．

まず，$n=1$ の場合には，$[1]=1=1/1=f_2/f_1$．

次に，$n>1$ の場合には，n 個の 1 から構成される有限連分数 $[1,1,1,\cdots,1]$ を考え，これを略して a_n と書くことにしよう（これに対応して，a_{n-1} は $n-1$ 個の 1 から構成される連分数である）．すぐにわかるように，

$$a_n = 1+1/a_{n-1} = 1+1/(f_n/f_{n-1}) = 1+f_{n-1}/f_n = (f_n+f_{n-1})/f_n$$
$$= f_{n+1}/f_n$$

が成立するが，これは定理の命題そのものである． □

近似連分数の値は無限連分数の値に収束する．したがって，上の定理はフィボナッチ分数列が黄金分割に収束することの証明にもなっている（第 6 章参照）．

*

連分数によって，〈ある 1 つの無理数が有理数によってどのくらいよく近似されるか〉が評価できるようになる．これが，連分数のもつ，とくに重要な意義である．そのような近似の程度の記述のため，次の定義をしよう．ある無理数 a について，これによって決まる定数 c が存在し，

$$|a-p/q| < c/q^k$$

となる無限個の解 p/q（p および q は整数）が存在するとき，この無理数 a は，有理数によって**次数** k で近似されるという．

a が有理数によって近似される“良さ”の程度は，上記のような数 k をどのくらい大きくできるかが鍵になる．k が大きければ大きいほど，近似の程度がよくなる．

黄金分割については，次の定理によって，この k の値を決定することができる．

定理　〈$\lim_{n\to\infty}\left|\phi-\frac{f_{n+1}}{f_n}\right|\cdot f_n{}^2=\frac{1}{\sqrt{5}}$〉

証明　6.2 節における ϕ^{-n} の式から，まず次の式が得られる．

$$|\phi^{-n}|=|f_{n-1}-f_n\cdot\phi^{-1}|=|f_{n+1}-f_n-f_n(\phi-1)|=|f_{n+1}-f_n\phi|$$

したがって，

$$|\phi-f_{n+1}/f_n|\cdot f_n{}^2=|\phi\cdot f_n-f_{n+1}|\cdot f_n=\phi^{-n}\cdot f_n$$

となる．

ビネの公式（6.2 節）によって，これからさらに

$$\begin{aligned}|\phi-f_{n+1}/f_n|\cdot f_n{}^2&=\phi^{-n}\cdot f_n=\phi^{-n}\cdot[\phi^n-(-1)^{-n}\cdot\phi^{-n}]/\sqrt{5}\\&=[1-(-1)^{-n}\cdot\phi^{-2n}]/\sqrt{5}\end{aligned}$$

このうち，ϕ^{-2n} は n の増大とともにゼロに近づくから，結局，

$$\lim_{n\to\infty}\left|\phi-\frac{f_{n+1}}{f_n}\right|\cdot f_n{}^2=\lim_{n\to\infty}\frac{1-(-1)^n\phi^{-2n}}{\sqrt{5}}=\frac{1}{\sqrt{5}}$$ □

この証明の最後の式の中央の部分に $(-1)^n$ という係数があることから，$|\phi-f_{n+1}/f_n|\cdot f_n{}^2$ が $1/\sqrt{5}$ をはさんで交互に上下することがよくわかる．

これによって，

$$|\phi-f_{n+1}/f_n|<(1/\sqrt{5})/f_n{}^2$$

を満たす n が無限個存在することがわかる．この結果を，無理数の次数の定義に照らせば，〈ϕ が次数 2 で近似される〉ことがわかる．

さらに，このような数 k のうちの最大値が 2 であることが，次の定理によって導かれる．また，この定理は，$1/\sqrt{5}$ という定数を下方に向けてさらに改良することはできないという，本質的にもっと強い主張をしているのがわかるだ

ろう.

定理 〈$\varepsilon < 1/\sqrt{5}$ とすれば,

$$|\phi - p/q| < \varepsilon \cdot 1/q^2$$

を満たす, 互いに相異なる p/q は有限個しかない.〉

証明 次のような証明は, ドロップに喩えていうならば, アマチュアには酸っぱいといって嫌われるかもしれないが, 真の数学者には, "極上美味" とされるものである. このような証明を理解することも, 将来のことを考えれば必要なことだと思う.

一般性を失うことなく, $\varepsilon > 0$ としよう. このとき, 上の性質をもつすべての p/q に対して,

$$-\varepsilon \cdot 1/q^2 < \phi - p/q < \varepsilon \cdot 1/q^2$$

したがって, 各分数 p/q について次のような δ が存在する.

$$|\delta| < \varepsilon < 1/\sqrt{5} \text{ および}$$

$$\phi - p/q - \delta/q^2 = 0 \quad \text{すなわち,} \quad \phi = p/q + \delta/q^2$$

このことから,

$$\delta/q = q \cdot \phi - p = q \cdot (\sqrt{5} + 1)/2 - p = q \cdot \sqrt{5}/2 + q/2 - p$$

したがって,

$$\delta/q - q \cdot \sqrt{5}/2 = q/2 - p$$

となる. この式の両辺を 2 乗して整理すれば,

$$\delta^2/q^2 - \delta \cdot \sqrt{5} = (q/2 - p)^2 - 5q^2/4 = p^2 - pq - q^2$$

という関係が得られるが, この式の右辺は明らかに整数であるから, 左辺もまた整数でなければならない.

さらに, $|\delta| < 1/\sqrt{5} < 1$ であるから, δ^2/q^2 は厳密に 0 と 1 の間 (つまり, 0 でも +1 でもないその中間) の数であり, また, $\delta \cdot \sqrt{5}$ は厳密に -1 と $+1$ の間 (つまり, -1 でも $+1$ でもないその中間) の数である. それゆえ, 次の 2 つの場合だけに可能性がある.

$$\delta^2/q^2 - \delta \cdot \sqrt{5} = 0 \quad \text{あるいは} \quad \delta^2/q^2 - \delta \cdot \sqrt{5} = 1$$

第 1 の場合には,

$$p^2 - pq - q^2 = 0$$

であるから,

$$p^2 - pq = q^2$$

これを変形すれば，

$$(2p - q)^2 = 5q^2$$

したがって，

$$((2p - q)/q)^2 = 5$$

となるが，これは$\sqrt{5}$が無理数であることと矛盾する．

そこで，残るのは第2の，$\delta^2/q^2 - \delta\cdot\sqrt{5} = 1$の場合だけである．この場合には，$\delta$は負であるから，

$$1 = \delta^2/q^2 - \delta\cdot\sqrt{5} = \delta^2/q^2 + |\delta\cdot\sqrt{5}|$$

これから，最終的に

$$\varepsilon^2/q^2 > \delta^2/q^2 = 1 - |\delta\cdot\sqrt{5}| > 1 - \varepsilon\cdot\sqrt{5} > 0$$

が得られるが，ここでε^2/q^2は，qの増大につれて0に近づくから，不等式

$$\varepsilon^2/q^2 > 1 - \varepsilon\cdot\sqrt{5}$$

を満たす分数p/qは有限個しか存在しない．　□

＊

黄金分割に対する近似の良さの程度を，他の無理数のそれと比較するには，次のいくつかの命題が必要になる．

命題3　〈任意の無理数aに対して，不等式

$$|a - p/q| < c\cdot 1/q^2$$

が無限個の相異なる有理解$p/q \in \mathbb{Q}$をもつような定数cが存在する．〉

命題4　〈任意の実数kおよび$c > 0$に対して，不等式

$$|a - p/q| < c\cdot 1/q^k$$

が無限個の相異なる有理解$p/q \in \mathbb{Q}$をもつような無理数aが無数に存在する．〉

いいかえれば，どのような実数でも，少なくとも次数2でなら有理数近似することができる．そして，さらに良く，すなわち，次数$k > 2$で近似できる数も少なくない．

黄金分割はしたがって，近似するのにもっとも具合いの悪い，すなわち，次数2でしか近似できない数のひとつである．とはいえ，このような数の仲間もけっして少なくはないのである．このような数の集合というのは，要素が有界で

あるような近似連分数によって表わされる数からなる集合であり，すべての無理数，代数的数を含んでいる．また，“けっして少なくはない”というのも相対的な概念である．実際，この集合の，実数の集合の中での測度が0であることが示されるのである．

また，この集合の中でも，近似の良さの程度によって，さらに区別することができる．たとえば，与えられた無理数 a について，次数の定義に出てくる定数 c がどのくらい小さく選べるのか，などということを考えればよい．

次の命題から，このことに関するヒントを得ることができる．

命題5 〈p_k/q_k が連分数 $a_0=[a_0, a_1, a_2, \cdots]$ の k 番目の有限近似連分数であるときには，

$$1/[q_k^2(a_{k+1}+2)] < |a-p_k/q_k| < 1/[q_k^2 \cdot a_{k+1}]$$

が成立する．〉

この命題は，a_{k+1} が大きいほど，a の近似連分数による近似が良くなることを示している（$\phi=[1,1,1,\cdots]$ が最も小さい a_{k+1} をもつものだということを思い出そう）．この命題の系として次の命題を得る．

命題6 〈任意の無理数 a に対して，

$$|a-p/q| < 1/\sqrt{5} \cdot 1/q^2$$

となる，相異なる分数 p/q が無数に存在する．〉

ある有理数の連分数表示において，$[1,1,1,\cdots]$ と異なる要素を有限個しかもたない数は，**黄金比関連数**といわれる．

命題7 〈ϕ と関連していない無理数 a に対して，

$$|a-p/q| < 1/\sqrt{8} \cdot 1/q^2$$

となる，相異なる分数 p/q は無数に存在する．〉

したがって，すべての無理数は ϕ 程度には近似することができる．また，**黄金比非関連数**には，明らかに，さらにそれ以上に良い近似が得られる．

ϕ の連分数は最小の要素から成り立っているので，ϕ（および ϕ^{-1} や ϕ^2 など ϕ と関連する数）は，すべての無理数の中でも〈有理数近似が最もしにくい数〉になっている．

7.2 “カオスにおける秩序の最後の砦としての”黄金分割

黄金分割が，このように近似しにくいという性質をもつことで，おどろくべきことには，力学系理論における“秩序からカオスへの移行”の分野においても注目すべき役割を果たすことになるのである．RICHTERは，いささか大げさだが，次のように述べている．

〈過去の時代における神秘的世界像と，自然科学と数学における最近の知識とは相通ずるところがあるようだ．黄金分割，すなわち，神聖なる比率は建築，生物学，音楽，そして宇宙像の形成などにおいて，模索研究のたびに，繰り返し，数学理論と深くかかわった新しい意味を与えている．黄金分割は，なんとも巧みに，カオスにおける秩序の最後の砦の役割を果たしているのである．〉

＊

バネや振り子の運動を手がかりとして，この分野をちょっと覗いてみよう．

バネについては，ニュートンの運動法則によって，ある一定時間 h ののちにおける位置 x の変化を，初期位置からの写像として記述することができる．

この写像を何回も繰り返せば，各時刻における位置を

$$x_{n+1} = 2x_n - x_{n-1} - (k/m)\cdot h^2\cdot x_n$$

という規則に従う数列として把握することができる．ここに，k と m は物理定数である．

同様にして，振り子の偏角は

$$x_{n+1} = 2x_n - x_{n-1} - (g/l)\cdot h^2\cdot \sin(x_n)$$

という規則に従う数列として把握することができる．ここに，g と l は定数（g は重力加速度）である．

図7.1および図7.2には，定数がある値をとるときのバネと振り子の動きが対比してある．ここでは，数列の隣り合う2項 (x_{n+1}, x_n) が xy 平面上の座標になっている．

バネの運動の場合には，明らかに6ステップで原点を一周する．このステッ

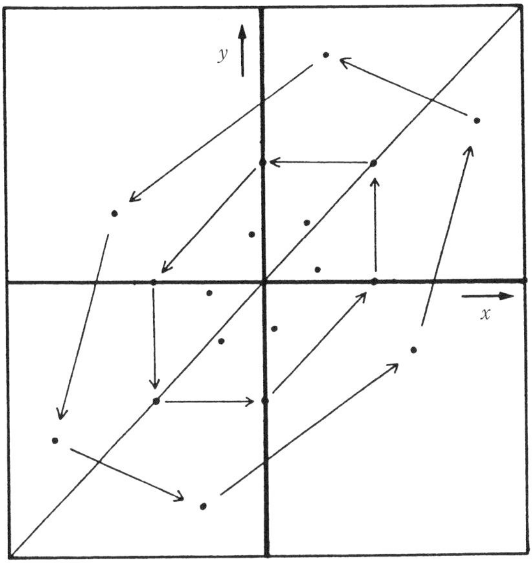

図7.1

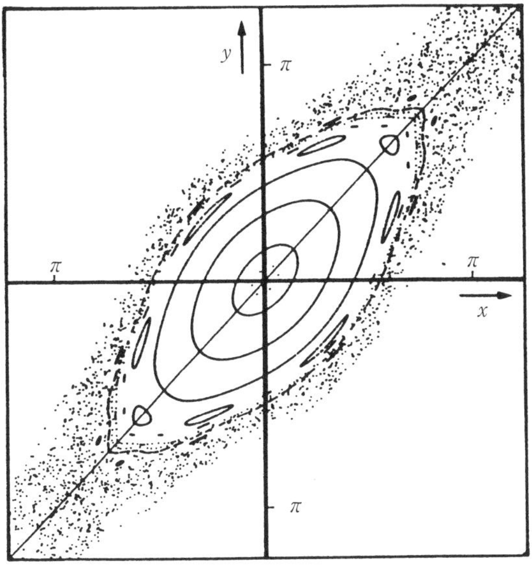

図7.2

プ数，すなわち何ステップで一周するのかという数の逆数 W を**回旋数**という．この場合の回旋数は，したがって，1/6である．図から明らかなように，バネの運動の場合には，どの点 (x_1, x_0) から始まるのかにはかかわらず，回旋数は等しい値をとっている．ここで見られるのは，この意味において“安定した運動”である．

さて，2つの図を比較してまず確認できるのは，中心付近では両者とも同様に見えることである．これは，x の値が小さいときには，関数 $f(x) = \sin(x)$ と $f(x) = x$ が非常に近いことによるものである．これに対して，x の値が大きいとき，すなわち，振り子が大きくゆれて，偏角の大きいときには，これとはちがった挙動が見られる．回旋数は，運動の初期点がどこに選ばれたのかに依存する．

振り子の場合，振れが大きい場合には，初めのうちの“安定した運動”もしだいに崩れて，カオスの状態に移行するのである．この“カオス”というのは，とくに，はじめの点のほんのわずかの差異も，その後の数列 $x_1, x_2, x_3, \cdots$ に大きな相違をもたらすという特徴をもっている．

安定な運動に入るのか，カオスの状態に入るのか，それぞれの領域は非常に複雑にからみ合っている．RICHTER は，安定な運動からカオスへの移行について，次のように，きわめて示唆に富む記述をしている．

> 〈カオスはだんだんと強く広がっていく．数多くのせまくて，しかも最初のうちはほとんど認められなかったようなカオス帯が大きくなって，いくつかの広いものに合体する．しまいには，大きなカオス領域の間を分割する数本の曲線だけが残るばかりとなる．そして，最後のものも，あるとき消滅してしまう．この最後の曲線は，ほとんど神秘的ともいえる形で，**黄金分割**とかかわっているのである．これらの驚くべき事実は，ようやく数年前に知られるようになったものであり，世界中の数学者や物理学者を，そのような非線形写像の研究に向かわせるのに何よりもまして大きな役割を果たしているのである．秩序とカオスを隔てる境界に調和が存在するなどということが信じられるだろうか？〉

＊

黄金分割との関係は，回旋数をめぐって起こる．すなわち，回旋数の有理数近似がしにくくなるほど，点の軌道の非線形擾乱に対する反応が鈍くなるのである．7.1 節で述べた結果によれば，したがって，もっとも長続きするのが“黄金”軌道だということになる．

これらの性質に関する多くの報告を読むと，その著者がそのとき黄金分割にすっかり心奪われている様子がよく見えてくる．とくに，黄金分割を“最適な選択”であるとしたり，また，〈この黄金回旋数の性質の中には，明らかに，人が好奇心を抱くのも不思議でない普遍性の一片が潜んでいる〉などと述べているのを見れば，このことがよくわかる．

練習問題

1．連分数 $[2,2,2,\cdots]$ および $[1,2,1,2,1,2,\cdots]$ が表わしているのはどのような無理数でしょうか？

2．この問題は，黄金分割が連分数ばかりでなく，**連根**によっても表わされることを示すものです．このために，次のように定義される数列 $(a_n)_n$ を考えよう．

$$a_1 := 1 \quad \text{および} \quad a_{n+1} := \sqrt{1+a_n} \quad (n \in \mathbb{N})$$

すなわち，この数列は互いの中に組み込まれた平方根として形成される．

次のことを示してください．

（a） (a_n) は狭義の単調増加数列である．

（b） (a_n) はすべての $n \in \mathbb{N}$ に対して，$a_n < 2$ である．

（c） (a_n) は黄金比に収束する．

第8章

ゲーム

“黄金分割はゲームの戦略発見に役立つ”——こんなことを言ってもなかなか信じてはもらえないだろう（もっとも，意外なことというのなら，本書ではこれまでにもいろいろあったと思うが）．この章では，黄金分割のそのような側面に光をあてることにしよう．著者らの考えでは，これこそが黄金分割が最も華やかな形で登場する場面である．ここでは2つのゲームを考えるが，あまり見通しのよくなかった状態が，黄金分割が登場するだけで，解消され，これによってゲームの分析が容易になるのである．

8.1 砂漠の中へ

このゲームは英国の天才数学者 J. H. Conway によって発案されたもので，典型的な“一人遊び”である．ゲーム盤は原理的にはいくら大きくてもかまわないのだが，水平・垂直の直線によって同じマス目の格子に仕切られている．つまり，大きな方眼紙があればそれでよい．

各マス目には，駒が置かれて“いるか”“いないか”のいずれかであり，1つのマス目には2つ以上の駒は入れない．このような駒は，次のルールに従って動かされる．

〈隣のマス目に駒があり，その向こうのマス目が空いている場合には，駒を跳び越してそこに移ることができるが，（陣取りゲームの場合とは異なり）跳び越された駒は取り除かれる．また，このような**動き**は上下左右いずれにも行なうことができる．〉

このような動きを図示したのが，図8.1である．

それはそれとして，この“砂漠の中へ”というゲームの特徴は，ゲーム盤が水

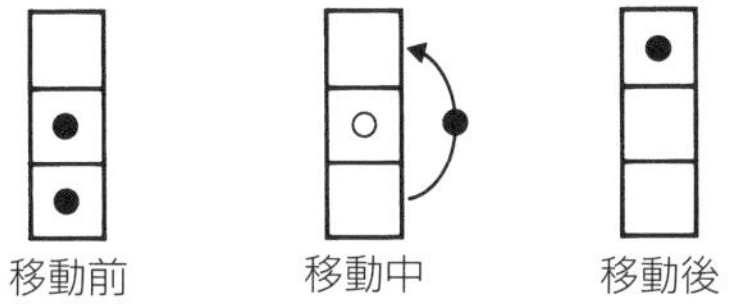

図 8.1

平な境界で二分されていることである．その上側がすなわち砂漠というわけで，ここには最初，駒は 1 つも置かれていない．

課題は，最少回の移動ないしは最少個の駒を使って，これをうまく動かし，砂漠の中へできるだけ奥深く侵入することである．

駒が 2 つあれば，1 回の移動で砂漠の第 1 段目に進出することができる（図 8.1）．第 2 段目に到達するのも，そうむずかしくはない（図 8.2）．

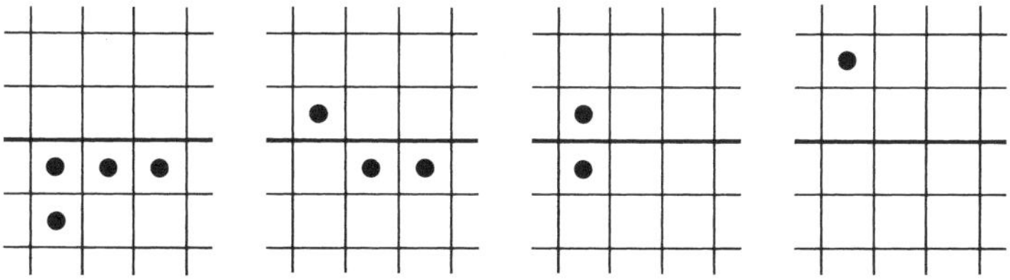

図 8.2

第 3 段目に到達するには，8 個の駒が必要になる（練習問題 8.1 を参照）．最初の配置は次のとおりである．

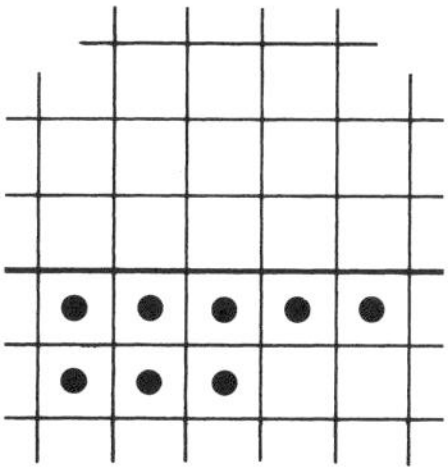

図 8.3

第4段目に到達するには，——16個あればよいと思うかもしれないが，じつは20個の駒が必要になる．そして，駒の最初の配置はというと，これが，どうしてなかなかむずかしいのである．本当かどうかは，実際に試してみてほしい（練習問題 8.2 を参照）．

砂漠の奥へもっと進もうとしても，なかなかうまくいくものではない．うまくいきそうで，うまくいかない．だんだん孤立する駒が増えたり，散らばったりして，それ以上うまく動かせないような配置になってしまうだろう．

何回かやってみるうちに，〈第5段目には到達不可能〉という信じられないような，それも，どうやって証明すればよいのか手がかりもつかめないような推測に到達するだろう．

しかし，これから，まさしくこの推測が正しいことを証明しよう．まず，どうやったら証明できるのかを考えよう（つまり，“期待される証明法”をこしらえるのである）．そのあとで，完全な証明をすることにしよう．

*

このような場合，数学でよく使われるのが“重み付け”という手である．すなわち，各マス目に**重み**（すなわち数値）を割り振るのである．このような重みにはもちろん，ゲームとの関係が必要である．つまり，ある意味でその位置の“良さ”を示すものでなければならない．もっと正確にいえば，ある特定のゲームの状態から，ある特定の段に到達できるチャンスを表わすものでなければならない．

ここで，**ゲームの状態**というのは，ゲーム盤上に駒がどのような配置されているのかということである．また，ゲームの状態の**強さ**というのは，駒が〈いる〉マス目の重みの和である．またこの重み付けは，ゲームが，ある状態から別の状態に移るときに，強さが増加しないようなものでなければならない．

A.〈ゲームの状態の強さは，駒の移動に際して保持もしくは減少する．〉

さて，第5段目のあるマス目に到達するものとすれば，はじめのゲームの状態の強さは，少なくとも，そのマス目のそれと同じか，それ以上の重みをもっていたはずである．ところで，この第5段目のマス目の重みとしては，一般性を失うことなく，“1”を選ぶことができる．そこで問題は，上の性質 A と次の性質 B をあわせてもつような重み付けを見つけることである．

B. 〈開始時のゲームの状態をどのようにとっても，その強さは“1”よりも小さい.〉

このような重み付けが存在するのなら，駒の有限回の移動によって第5段目に到達することは不可能だということになる！

＊

このような重み付けを探していると，突然，晴天の霹靂のごとく，黄金分割が姿を現わすのである．ゲーム盤のマス目に，$\sigma=\phi^{-1}$という値を使って，図8.4のような重み付けをすることにしよう.

				…	1	…				
				…	σ	…				
				…	σ^2	…				
			…	σ^4	σ^3	σ^4	…			
		…	σ^6	σ^5	σ^4	σ^5	σ^6	…		
σ^{10}	σ^9	σ^8	σ^7	σ^6	σ^5	σ^6	σ^7	σ^8	σ^9	σ^{10}
σ^{11}	σ^{10}	σ^9	σ^8	σ^7	σ^6	σ^7	σ^8	σ^9	σ^{10}	σ^{11}
…	σ^{11}	σ^{10}	σ^9	σ^8	σ^7	σ^8	σ^9	σ^{10}	σ^{11}	…
	…	σ^{11}	σ^{10}	σ^9	σ^8	σ^9	σ^{10}	σ^{11}	…	
		…	σ^{11}	σ^{10}	σ^9	σ^{10}	σ^{11}	…		
			……	……	……	……	……			
			……	……	……	……	……			
σ^{n+5}	σ^{n+4}	σ^{n+3}	σ^{n+2}	σ^{n+1}	σ^n	σ^{n+1}	σ^{n+2}	σ^{n+3}	σ^{n+4}	σ^{n+5}
……	……	……	……	……	……	……	……	……	……	……

図8.4

$\sigma \approx 0.618$であり，1より小さいから，この重み付けはざっと言って，上方および中央に向かうにつれて，かなり急速に増加するものである．

このような特殊な重み付けが，性質AおよびBをもっていることを示そう．

まず，性質Aについてであるが，ゲーム中に行なわれる駒の移動を3つのタイプに分けて考えよう．

タイプ1　上方または中央に向かって跳ぶ場合．すなわち，図8.5のような場合である（見やすいように重みをマス目の脇に書いた．nは自然数）．

図8.5

“移動前後”のゲームの状態の強さは，それぞれ，$\sigma^n + \sigma^{n+1}$およびσ^{n-1}である．しかし，$\sigma^{n-1} = \sigma^n + \sigma^{n+1}$であるから，強さは不変である［この公式は，すでに出てきたものではあるが，本節の中心部分をなすものなので，ここでもういちど証明しておくことにしよう．方程式$\phi^2 = \phi + 1$において，$\phi = \sigma^{-1}$であるから，$\sigma^{-2} = \sigma^{-1} + 1 = \sigma^{-1} + \sigma^0$となる．この式の両辺に$\sigma^{n+1}$を掛ければ$\sigma^{n-1} = \sigma^n + \sigma^{n+1}$となることがわかる］．

タイプ2　下方または外側に向かって跳ぶ場合．すなわち，図8.6のような場合である．

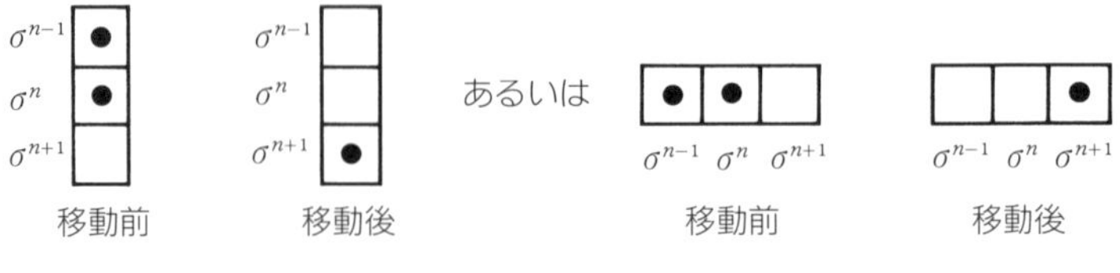

図8.6

この場合，ゲームの状態の強さは，移動前後で$\sigma^{n-1} + \sigma^n$からσ^{n+1}に変わる．

しかし，$\sigma < 1$であるから，$\sigma^{n-1} + \sigma^n = \sigma^{n-2} > \sigma^{n+1}$．すなわち，この場合にはゲームの状態の強さは減少する．

残るもうひとつの跳び方がある．

タイプ3　駒が中央部を跳び越える場合．すなわち，図8.7のような場合である．

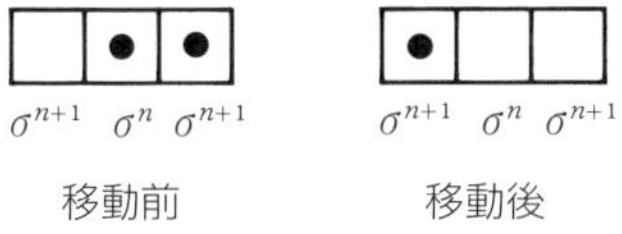

図8.7

強さは，移動前後で，$\sigma^n + \sigma^{n+1}$からσ^{n+1}に変わる．この場合にも，ゲームの状態の強さは減少する．

＊

以上，3つの場合すべてを調べたが，いずれの場合にも，σという値のおかげで，この重み付けが性質Aをもつことが示されたことになる．

さて，性質Bについてはどうか．〈砂漠の外側にあるすべてのマス目の重みの総和が1になる〉ことを示そう．ゲームでは，有限回の移動しかできないのだから，有限個の駒で始めることになるので，このことから，可能な開始時のゲームの状態の強さがどれも1より小さいことが導かれる．

総和の計算は，ちょっと見たところ，σのベキ乗が無限個も並んでおり，手がつけられないように見える．だが，ちょっとコツを呑み込みさえすれば，少しもむずかしくはない．

まずはじめに，ある行において，重みを中央から右に向かって加え合わせよう．すなわち，

$$\sigma^n + \sigma^{n+1} + \sigma^{n+2} + \cdots$$

という和を考えよう．これを計算するには，無限幾何数列を加え合わせる方法，すなわち，

$$1 + q + q^2 + q^3 + \cdots = 1/(1-q) \quad (0 < q < 1)$$

を用いればよい．

われわれの場合には，

$$\sigma^n + \sigma^{n+1} + \sigma^{n+2} + \cdots = \sigma^n(1 + \sigma + \sigma^2 + \cdots) = \sigma^n \cdot 1/(1 - \sigma)$$
$$= \sigma^n/\sigma^2 = \sigma^{n-2}$$

となる（この式の最後の等式の部分は，公式 $\sigma^{n-1} = \sigma^n + \sigma^{n+1}$ において $n = 1$ と置けば確かめられる）．

行全体の重みの総和を求めるのもわけはない．中央から左側にある重みの総和は，ちょうど，

$$\sigma^{n+1} + \sigma^{n+2} + \sigma^{n+3} \cdots$$

になるから，上の公式によれば σ^{n-1} に等しい．そこで，この行全体の強さを計算することができる．すなわち，

$$\sigma^{n-1} + \sigma^{n-2} = \sigma^{n-3}$$

となる．

たとえば，砂漠の境界のすぐ下の段全体の強さは $\sigma^2 (n = 5)$ であり，そのまたすぐ下の1段全体の強さは σ^3 になる，などである．

そこで，砂漠の外側にあるすべての段の全体としての強さを計算することができる．すなわち，

$$\sigma^2 + \sigma^3 + \sigma^4 + \cdots = \sigma^0 = 1$$

これによって，性質Bも完全に証明されたことになる．

結論を確認すれば，〈たかだか有限個の駒では，第5段目に到達することはできない〉ということになる．

8.2　Wythoff のゲーム

この2人ゲームは，1907年，W. A. Wythoff によって開発され，完全に分析されたものである（この分析については，COXETER，1953 も参照のこと）．このゲームは，有名なニムというゲームとも近い関係にあるものだが，ルールは次のようなものである．

〈2人のプレーヤーの前に，個数は任意だが，区別できない石が2山積まれている．プレーヤーは交互に石を取り除いていくのだが，

・1つの山から**任意個数の石**を取り除く
・両方の山から**同じ個数の石**を取り除く

のいずれかが許される.〉

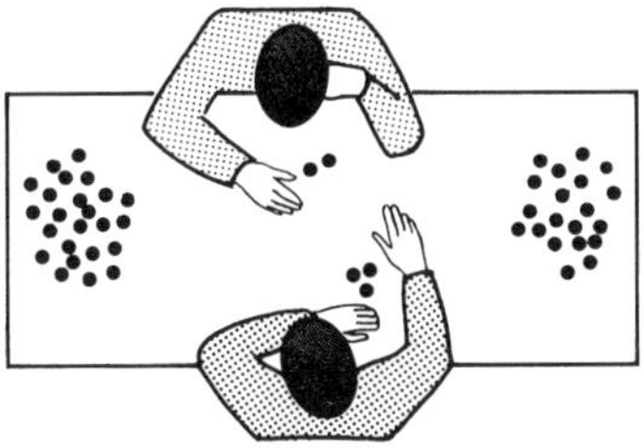

図 8.8

こうして，最後の石を取り除いた方が“勝ち”である.

例　1つの山に2個，もう1つの山に5個の石がある場合を考えよう．石がこのように分布しているのを(2,5)という数の対で表わすことにする．プレーヤーは順番にルールに従って石を取り除き，

(1,5)，(0,5)　あるいは
(2,4)，(2,3)，(2,2)，(2,1)，(2,0)　あるいは
(1,4)，(0,3)

にすることができる．プレーヤーに十分な経験があれば（このようなプレーヤーをAとよぼう），このゲームに勝てるのは確実である．たとえば，(2,1)という状態にして相手のプレーヤーに渡せば，相手は，(0,2)，(1,1)あるいは(0,1)という状態のどれかにして返さざるをえない．こうなれば，Aはその次の手番で勝つことになる．　□

この例からも明らかなように，このゲームでは，いくつかの数の組合せが，勝つための鍵を握っている．賢いプレーヤーならば，まずそのような“要所となる組合せ”に到達する努力をするはずだ．

石の山の状態が(0,0)となれば，そのプレーヤーが勝ったことになるのだから，(0,0)が“要所となる組合せ”であることは当然である．また，上でも見たように，(1,2)もそのような対である．さらに，後述するが，その他，

(3,5)，(4,7)，…も“要所となる組合せ”である．

この節では，このように確実な“勝ち”を導く“要所となる組合せ”が計算によって求められること，そして，それらが本当に“勝ち”をもたらすことを証明しよう．

まず，“要所となる組合せ”を数学的に定義し，そのあとで，これらが本当に“必勝の組合せ”になっていることを証明することにしよう．**要所となる組合せ**(a_i, b_i)は次のように定義される．

(A0)　$a_0 = 0$，$b_0 = 0$

(A1)　数の集合 $a_0, \cdots, a_{i-1}$ にも $b_0, \cdots, b_{i-1} (i \geq 0)$ にも“現われない”最小の自然数を a_i とする．

(A2)　$b_i = a_i + i$

この定義は，“要所となる組合せ”の構成的な記述であるから，これを使って，(a_i, b_i)を次のように逐次計算していくことができる．

(0,0)，(1,2)，(3,5)，(4,7)，(6,10)，(8,13)，(9,15)，(11,18)，(12,20)，(14,23)，…

しかし，“要所となる組合せ”が“必勝の組合せ”であることの証明には，次の補助定理にもあるような性質を把握しておく必要がある．証明そのものは長たらしいので，お急ぎの方はこの部分をとばして読まれてもよい．その結果，あとの方がわからなくなるという心配はない．

補助定理　〈“要所となる組合せ”(a_i, b_i)は，次の性質によって規定することもできる．

(B0)　$a_0 = 0$，$b_0 = 0$

(B1)　各自然数が，対の要素として登場するのはただ一度だけである．

(B2)　各自然数が，差 $b_i - a_i$ の要素として登場するのはただ一度だけである．

(B3)　$a_0, a_1, a_2, \cdots$ および $b_0 - a_0$，$b_1 - a_1$，$b_2 - a_2$，… は狭義の単調増加数列である．すなわち，数列の各項は，そのすぐ前の項よりも大きい．〉

証明　まず，それぞれの“要所となる組合せ”が性質（B0），…，（B3）をもつことを示そう．いうまでもなく，(A0) と (B0) は同じものである．

(B3) は次のようにして明らかになる．数列 $a_0, a_1, a_2, \cdots$ が単調増加であることは，a_i のつくり方 ((A1) 参照) からじかに導かれる．一方，$b_0 - a_0$，$b_1 - a_1$，$b_2 - a_2$，$\cdots$ の単調性は (A2) から導かれる．

(B2) は (A2) からごく簡単に導かれる．すなわち，各自然数 i は b_i と a_i の差であるから，その場所以外では差として現われることはない．

次は，(B1) である．まず自然数 n が a_i あるいは b_i の中に少なくとも 1 回は現われることを示そう．数列 $a_0, a_1, a_2, \cdots$ は狭義の単調増加であり，a_i はそれまでに登場しなかった最小の自然数でなければならないから，数 n は遅くとも n ステップ目，すなわち a_n を決定するときまでに選択されているはずである．

次に，どの自然数も 1 回だけしか登場しないということを示そう．上で見たように，a_i は狭義の増加数列であるから，同じ数がダブって現われることはない．b_i についても，(A2) によって同様に単調増加であるから，同じことがいえる．

最後に，$a_i = b_j$ という仮定を設けると，これが矛盾になることを導こう．$i < j$ とすれば，$a_i < a_j < b_j$ であるから矛盾するし，また，$i > j$ とすれば，a_i を選ぶときには j 番目の対としてすでに登場している $b_j (= a_i)$ は選べないことと矛盾する．

さて，逆を証明しよう．悲劇の第 2 部の始まりというわけである．すなわち，(B0)，…，(B3) によって定義された対が，また“要所となる組合せ”になっていることを証明しなければならない．

まず，各自然数が 1 回ずつ登場する狭義の単調増加数列はただひとつ，1, 2, 3, … であるから，(B2) および (B3) から (A2) が導かれる．

さらに，(A1) の成立も確認しなければならない．このため，n を a_0，…，a_{i-1}，b_0，…，b_{i-1} の中に登場しない最小の自然数としよう．このとき，(B3) により $a_i \geq n$ である．いま，$a_i > n$ と仮定してみよう．数列 $a_0, a_1, a_2, \cdots$ は狭義の単調増加数列であるから，n はこの数列の要素ではありえない．そこで，(B1) から $n = b_j$ となるような $j \geq i$ が存在しなければならない．とこ

ろが，すでに証明されている性質（A2）により，

$n = b_j = a_j + j$.　したがって，

$a_j = n - j < n$

となってしまう．しかし，a_jがa_0，…，a_{i-1}，b_0，…，b_{i-1}の中に登場しているものとすれば，（B1）に矛盾することになる．

これによって，この補助定理が証明された．　□

この補助定理によって，上でも約束しておいたとおり“要所となる組合せ”が確実な“必勝の組合せ”であることが示された．

定理

（a）　プレーヤーAが相手Bを“要所となる組合せ”の状態に追い込んだとすれば，その次の手番で，Bは“要所となる組合せ”でない状態に移らざるをえない．

（b）　“要所となる組合せ”ではない組合せが得られれば，プレーヤーAは“要所となる組合せ”に移行させることができる．

証明（章末訳注参照）

（a）　Aが相手を，要所となる組合せの状態に追い詰め，それが(a_i, b_i)だとしよう．Bが一方の山からいくつかの石を取り除いたとすれば，組合せは(a_i, x)か(y, b_i)になる．（B1）によって，a_iあるいはb_iのどちらかが要素となっている“要所となる組合せ”は1つしかない．

これに対して，Bが両方の山から石を取り除いたとしよう．このとき，組合せは$(a_i - x,\ b_i - x)$である．ところが，$b_i - a_i (= (b_i - x) - (a_i - x))$という差をもつ“要所となる組合せ”は（B2）によってただ1つだけ，すなわち(a_i, b_i)だけである．

いずれの場合にせよ，Bが到達できる状態は要所となる組合せではない．

（b）　プレーヤーAがその手番で，“要所となる組合せ”以外の組合せ(p, q)という状態にあるものとしよう．一般性を失うことなく，$p \leq q$としよう．

$p = q$ならば，Aは理想的な要所となる組合せ$(0, 0)$にただちに到達し，勝ってしまうことになる．

そこで，$p < q$ としよう．“要所となる組合せ”を (p, p') と書くことにしよう．ここで，p はすでに登場している数である（(p, q) は要所となる組合せではないから，$p' \neq q$ が成立する）．

場合 1　$p' < q$

この場合には，プレーヤー A は q 個の石からなる山からちょうど $q - p'$ 個の石を取り除いて“要所となる組合せ”(p, p') になるようにする．

場合 2　$q < p'$

この場合には，$q - p < p' - p$ でもある．そこで，(a_j, b_j) は差 $b_j - a_j$ が $q - p$ になるような“要所となる組合せ”であるものとしよう．要所となる組合せ (p, p') における差 $p' - p$ は $q - p = b_j - a_j$ よりも大きいので，(B3) により $a_j < p$ となる．

そこで，この場合には，プレーヤー A は，ゲームの第 2 のルールに従って，q 個の石からなる山から $q - b_j$ 個の石を，p 個の石からなる山から $p - a_j (= q - b_j)$ 個の石を取り除いて，“要所となる組合せ”(a_j, b_j) に到達する．　□

この定理は，“要所となる組合せ”に最初に到達したプレーヤーが，その後まちがいを犯さなければ勝利者になることを保証している．すなわち，“要所となる組合せ”と定義したものが，“必勝の組合せ”であることがわかる．2 人のプレーヤーが両者ともこの確実な組合せを知っている場合には，ゲームの開始時に各山にある石の数が勝利者を決定してしまう．最初から“必勝の組合せ”になっていればむろんのことだし，圧倒的多数はそうでない場合であるが，それでも一般的に先手必勝ということになる．

“だがしかし，黄金分割はどうしたのだ？”と問われるわけだが，その問いに対する答えが次の定理である．

定理　〈必勝の組合せ (a_j, b_j) は，次の式によって，陽に計算できる．

$a_i = \lfloor i\phi \rfloor$（すべての $i \in \mathbb{N}_0$）

ここで，$\lfloor x \rfloor$ は x を超えない最大の整数を示す．〉

この定理の証明のために，次の補助定理が必要になるが，この補助定理は，それ自身としても興味深いものである．

補助定理　〈x と y を有理数でない実数とする．$x, y > 1$ のとき，

$$1/x + 1/y = 1$$

であれば，数列

$$\lfloor x \rfloor,\ \lfloor 2x \rfloor,\ \lfloor 3x \rfloor,\ \cdots \text{および} \lfloor y \rfloor,\ \lfloor 2y \rfloor,\ \lfloor 3y \rfloor,\ \cdots$$

の合併集合の中には，各自然数が１回ずつ現われる．〉

証明　１つの任意の自然数 n を定めておこう．

1）第１（あるいは第2）の数列のうちで値が n より小さい項の個数は，

$$\lfloor n/x \rfloor \ (\text{あるいは} \lfloor n/y \rfloor)$$

である．

理由　x が無理数であるから，n/x もやはり無理数であり，当然，整数ではない．よって，

$$\lfloor n/x \rfloor < n/x$$

このことから，

$$\lfloor n/x \rfloor \cdot x < n.\ \text{したがって，} \lfloor \lfloor n/x \rfloor \cdot x \rfloor < n$$

いいかえれば，

$$\lfloor 1 \cdot x \rfloor, \cdots, \lfloor \lfloor n/x \rfloor \cdot x \rfloor$$

の各項は n より小さい．そして，項の個数はちょうど $\lfloor n/x \rfloor$ 個である．

他方において，$\lfloor n/x \rfloor$ の定義により，

$$\lfloor n/x \rfloor + 1 \geq n/x$$

である．したがって，

$$(\lfloor n/x \rfloor + 1) \cdot x \geq n$$

も成立する．このことは，$(\lfloor n/x \rfloor + 1)$ 番目の項が n と等しくなりうる最初の項だということを意味している．

2）これら２つの数列の合併集合の中で，値が n よりも小さくなる項の数はちょうど $n-1$ 個である．

理由　$1/x + 1/y = 1$ であるから，$n/x + n/y = n$．このことから，

$$\lfloor n/x \rfloor + \lfloor n/y \rfloor \leq \lfloor n/x + n/y \rfloor = \lfloor n \rfloor = n$$

が得られる．ここで，x も y も無理数だから，n/x も n/y も整数ではない．それゆえ，

$$\lfloor n/x \rfloor + \lfloor n/y \rfloor < n$$

でなければならない．これはつまり，

$$\lfloor n/x \rfloor + \lfloor n/y \rfloor \leq n - 1$$

ということである．一方において，

$$n = \lfloor n/x + n/y \rfloor \leq \lfloor n/x \rfloor + \lfloor n/y \rfloor + 1$$

であるから，これらをまとめれば，

$$\lfloor n/x \rfloor + \lfloor n/y \rfloor = n - 1$$

となる．

nより小さい項は，1）の結果から，$\lfloor x \rfloor$，$\lfloor 2x \rfloor$，$\lfloor 3x \rfloor$，…のなかに$\lfloor n/x \rfloor$個，$\lfloor y \rfloor$，$\lfloor 2y \rfloor$，$\lfloor 3y \rfloor$，…の中に$\lfloor n/y \rfloor$個あるから，あわせて$n-1$個ということになり，2）の主張が導かれることになる．

3）このステップでは補助定理の命題そのものを証明する．

2）の命題を逐次的に使えば，次のようになる．

- 2 つの数列の合併集合において，値が 2 よりも小さい項の個数は 1 である．このことから，値が 1 という項はただ一度だけ登場する．
- 値が 3 よりも小さい項の数は 2 である．そして，1 という値の項はすでに 1 回登場しているから，2 という値をもつ項もちょうど一度だけ登場することになる．
- 等々　□

ここまでくると，上の定理そのものが証明できる．

数xとyを連立方程式

$$1/x + 1/y = 1 \quad \text{および} \quad y = x + 1$$

の解として定義しよう．第 1 の方程式に$x \cdot y$を掛ければ，$y + x = xy$．このことから，$x(x+1) = xy = y + x = x + 1 + x$．すなわち，$x + 1 = x^2$である．これから，$x = \phi$，$y = \phi + 1 = \phi^2$が得られる．

したがって，数xとyはいずれも無理数である．そこで，たったいま上で証明した補助定理により，数列

$$\lfloor i\phi \rfloor, \ \lfloor i\phi^2 \rfloor \ (i \text{は自然数全体を走査する})$$

には，各自然数がちょうど 1 回ずつ登場する．いいかえれば，対($\lfloor i\phi \rfloor$, $\lfloor i\phi^2 \rfloor$)は（B1）の条件を満たしている．

また，$\lfloor 0 \cdot \phi \rfloor = 0$および$\lfloor 0 \cdot \phi^2 \rfloor = 0$から（B0）も成立している．

そこでいま，さらに，(B2) および (B3) を証明しよう．まず，対の要素間の差を計算すれば，

$$\lfloor i\phi^2 \rfloor - \lfloor i\phi \rfloor = \lfloor i\phi + i \rfloor - \lfloor i\phi \rfloor = \lfloor i\phi \rfloor + i - \lfloor i\phi \rfloor = i$$

となる．したがって，差は狭義の増加数列をなし，(B2) の成立が満たされる．

最後に，$\lfloor i\phi \rfloor$もまた狭義の単調増加数列であることが，

$$\lfloor (i+1)\phi \rfloor = \lfloor i\phi + \phi \rfloor \geq \lfloor i\phi \rfloor + \lfloor \phi \rfloor > \lfloor i\phi \rfloor$$

からいえる．そこで，(B3) が成立する

以上によって，数列$\lfloor i\phi \rfloor$，$\lfloor i\phi^2 \rfloor$が“必勝の組合せ”だという定理の主張が証明された． □

振り返ってみると，Wythoff のゲームにおいても黄金分割の登場はまったく予期しないものであったが，それでも黄金分割はわれわれに“勝利をもたらす組合せ”をちゃんと計算できるようにしてくれているのだ．

練習問題

最初の 4 問は，ゲーム“砂漠の中へ”に関するものです．

1．8 個の駒の場合，与えられた最初の配置からどのようにしたら，3 段目まで行くことができるでしょうか？

2．第 4 段目に到達するためには，20 個の駒をどのように置けばよいでしょうか？[ヒント：この問題に対する可能な接近法のひとつは，20 個の駒から始めて，何回かの移動ののち，問題 1 で得られた最初の配置が，1 段上で実現されるようにしてみることである．]

この問題 2 はすでにかなり難しいものです．次の 2 問は，まぎれもなく難問です．8.3(b)についていえば，正解はまだ知られていません．

3．第 4 段目に到達するにはどうすればよいかという問題を分析すると，まず，18 個の駒では第 4 段には到達できないことがわかる．一方において，19 個の駒を使ってつくれる強さ 1 の初期配置は 84 とおりある．

　(a)　19 個の駒でつくられるこれらの初期配置を与えてください．

　(b)　19 個の駒で第 4 段に到達することは可能でしょうか？

4．“砂漠の中へ” の問題を3次元の砂漠（つまり，3次元のゲーム盤）に拡張してください（駒は座標軸に平行な方向にだけ移動できるものとする）．
（a） 8段目の平面には到達できないことを考えてください．
（b） 5段，6段あるいは7段には到達できるでしょうか？

5．Wythoffのゲームにおいて，$(3,5)$および$(4,7)$が要所となる組合せであることを初等的な方法で示してください．次の必勝の組合せはどうなるでしょうか？

訳注：

このあたりは，話が込み入っており，わかりにくいと思うので，図解しておく．直交座標の第一象限の格子点を考え，横軸，縦軸を2つの山の石の数pおよびqに対応させよう．

このゲームは，図Aのように，いまいる状態(p,q)から，真下，真左，あるいは左下に45°の勾配の半直線の上の格子点へなら移ってもよいというルールで，プレーヤーが交互に石を取り，その手番で原点に到達したものが勝ちというものである．

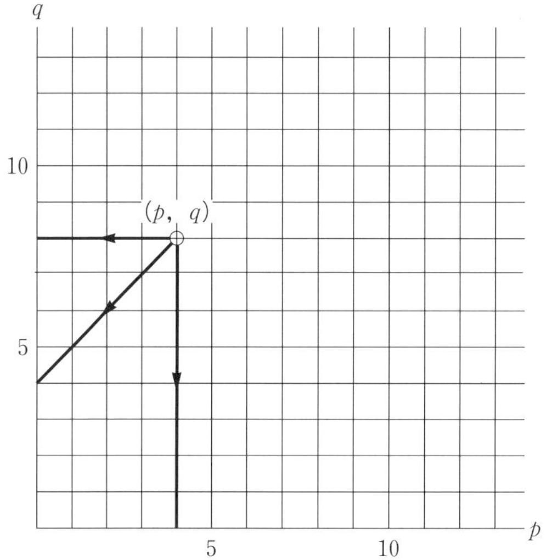

図A

そこで，図Bのように，格子図上に45°の直線を引いておけば，ゲームの状態変化はどれも，縦，横，斜めの線上を原点の方へ向かう動きということになる．

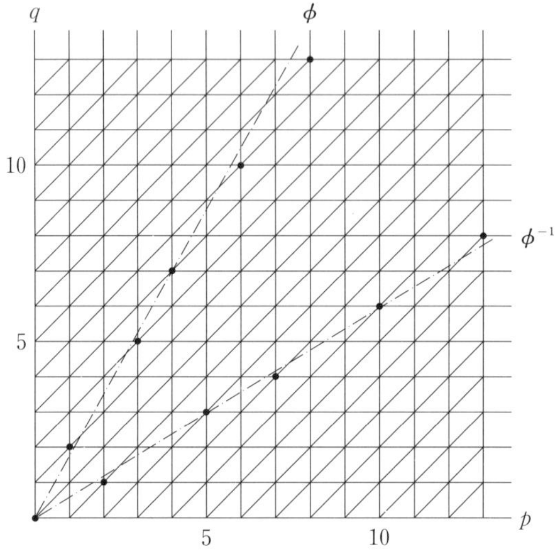

図 B

さらに，図Bには，“要所となる組合せ”が黒丸で示してある．ただ，このゲームでは2つの山に区別があるわけではなく，数だけが問題になるので，$p = a_i$，$q = b_i$ と $p = b_i$，$q = a_i$ の両方が黒丸で示してあることに注意してほしい．

このようにすると，黒丸，すなわち“要所となる組合せ”は補助定理の（B1）によって，横の線の上にも，縦の線の上にも，それぞれ必ず1つあって，その1つに限られる．

また，（B2）によって，斜めの線のそれぞれにも黒丸がただ1つあって，その1つに限られる．

そこで，これらのことから明らかなように，この図の上で黒丸，すなわち“要所となる組合せ”の上にくれば，その次の手番で行けるところにはもはや黒丸はないというのが，定理の(a)である．また，黒丸以外のところからならば，その手番で必ず黒丸の1つに行けるというのが，定理の(b)である．

したがって，いったん黒丸の上にきてしまえば，次の手番で相手は黒丸以外のところへ行かざるをえないので，そのまた次の手番では別の黒丸の上へ行くことができる．しかし，石の個数は前より必ず少なくなっている．こうして，いったん黒丸の上に乗ったプレーヤーは，自分の手番ごとに，黒丸づたいに原点に行けることになる．

そして，黒丸が，およそ原点を発する勾配が ϕ および ϕ^{-1} の 2 直線のあたりに散らばっているというのが，これに引き続く最後の定理である．　□

第9章

自然界における黄金分割

黄金分割やフィボナッチ数が，植物界においてどのような形で現われるのかということは，多数の学者によって異常なほど集中的かつ真剣に研究されたテーマである．本章では，これらを紹介するとともに，植物の驚くべき成長の仕方を少しばかり見てみることにしよう．

これに対して，人間の体の中で黄金分割を探すというのは，それを知ってもニヤニヤするたぐいのものである．もちろん，こんな人間の本質にかかわることは，読者には深くは知らさない方がよいのかもしれない．それはともかく，まずは勉強してみて，それから楽しむことにしていただきたいと思う．

9.1　ヒマワリ

ヒマワリの複果を見てみると，核か螺旋形をなして並んでいることがわかる．各核は左回りと右回りの各１本ずつの螺旋上にある．

面倒でも，左回りの螺旋を全部をかぞえあげてみれば，驚くべきことに，その本数は予測不可能でいい加減な数などではなく，フィボナッチ数になっていることがわかるだろう．たとえば，螺旋の本数は 21 本，34 本，89 本，144 本，223 本などである．そこで，右回りの螺旋をかぞえてみると，やはりフィボナッチ数が得られるのではあるが，同じフィボナッチ数と早合点してはならない．じつは，“隣の”フィボナッチ数になっているのである．したがって，それぞれの本数の比率は黄金分割にきわめて近い値ということになる．

図 9.1 のヒマワリでは，数えやすくするために，螺旋に，10 番目ごとにマークをつけておいたが，左回りの螺旋が 55 本，右回りの螺旋が 89 本になっている．

ブドウやパイナップルのような集合果でも，たとえば，89 と 144 というように隣り合うフィボナッチ数の対が現われる．

9.2 葉　序

ヒマワリの複果の中にある核を見れば，一見でたらめに見える並び方の奥深くに，生物学的かつ数学的な法則性が隠されていることがわかる．

図 9.1

ヒマワリの核の並び方は，植物学で**葉序**（phyllotaxis）という概念でとらえられる現象のよい例である．

- 〈楡（にれ）〉とか〈菩提樹（ぼだいじゅ）〉などの樹木は，1 つの枝の葉が交互に反対側についている．これは，葉序が 1/2 であるといわれる．
- 〈ブナ〉や〈ハシバミ〉は，1 つの葉から次の葉にいくには螺旋状に 1/3 回転することになる．これを葉序 1/3 という．
- 〈ポプラ〉や〈ナシ〉の木の葉序は 3/8 である．
- 〈ヤナギ〉や〈アーモンド〉の木の葉序は 5/13 である，など．

よく見ると，これらの分数が〈フィボナッチ数〉から成り立っていることがわかる．さらに，時計回りの3/8回転が，反時計回りの5/8回転と等しいことを考えれば，これらの分数が“隣り合う”フィボナッチ数であることがわかるが，すでに知ってのとおり，これらは黄金分割の非常によい近似になっている．葉序がこのような分数になっていると，葉に大量の光と新鮮な空気が保証されるという点が，植物学者の興味の対象である．

9.3　パイナップルと樅ボックリ

〈樅（もみ）ボックリ〉や〈パイナップル〉の鱗（うろこ）の並び方にも，フィボナッチ数が現われる．次のパイナップルをみると，その〈六角形の鱗〉がさまざまな螺旋上に配置されているのがわかる（章末訳注を参照）．

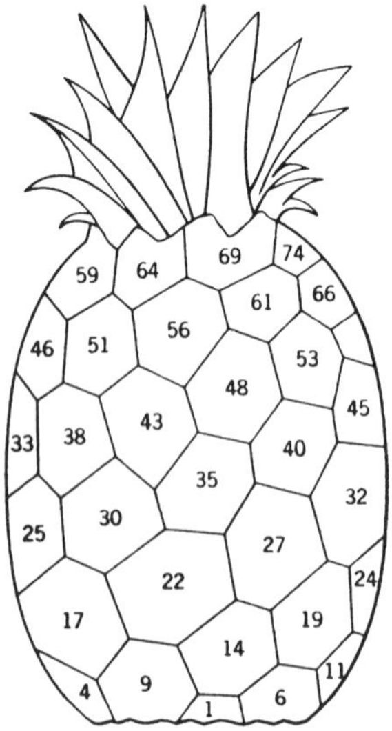

図9.2

- 5本の，緩やかな右上がりの平行線が見られる．
- 8本の，やや急な左上がりの線が見られる．
- 13本の，急な右上がりの線が見られる（これはよく見ないとわからない）．

さらに図では，パイナップルの鱗に，その高さに従って通し番号がつけられている．そこで，これらの線は，数列，たとえば1，6，11，16，21に対応する．

パイナップルの鱗の配置をモデル化するには，その表面を円筒で表わし，垂直な直線にそって切り開き，平面上に展開すればよい．こうして得られたのが図9.3である．

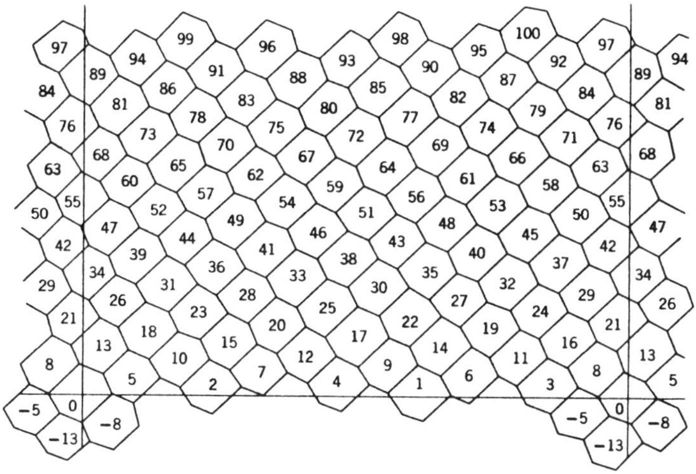

図 9.3

hを一番下にある鱗の中心の高さとしよう．このとき，六角形の中心は1つの"格子"をつくる．格子点の座標は$(1,0)$や(ϕ^{-1},h)となる（図9.4を参照)．

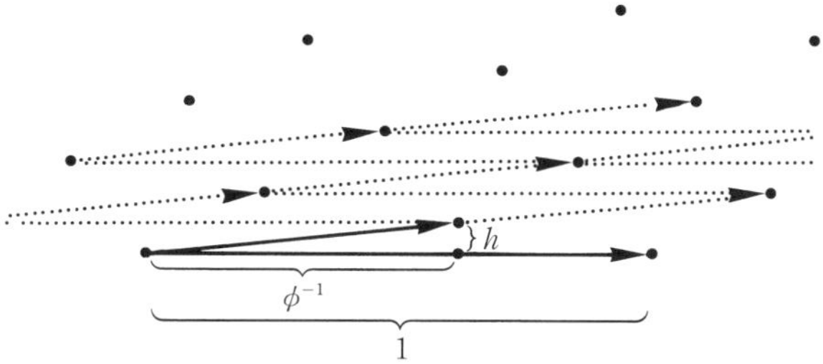

図 9.4

パイナップルの数学的モデルでは，黄金分割が重要な役割を演じていることがわかる．とくに，1 つの鱗から，次の高さの鱗に行くためには，パイナップルの周長を黄金分割分だけまわって，それから h だけ上に上がればよい．

このことは，樹木の葉の並び方の場合の葉序との類似性をはっきりと示している．樹木の葉の場合にも，次の葉に行くには，枝を，黄金分割の近似値に相当する角度分だけまわらなければならないからである．

パイナップルのモデルでおもしろいのは，高さ h としていろいろな値を選択すれば，細長いもの，太短いものなど，いろいろなパイナップルを“シミュレート”してつくることができることである．h の値を大きくしたり，小さくしたりすれば，0 番の鱗に隣り合う鱗（たとえば，5，8 および 13 番目の鱗）が位置を変える．しかし，隣り合う鱗は，つねに引き続くフィボナッチ数になっている．

図 9.5 には，さらにわれわれのパイナップルを中心にして，それがどのように変わるのかを，2 つのモデルで示しておいた．

図 9.5

左側のモデルでは，h が小さくなるにつれて（つまり，パイナップルが太くなるにつれて），鱗 3 が鱗 0 の新しい左隣りとして，ゆっくりと移動してくる一方，鱗 13 が上に押しやられている．

右側のモデルでは，これに対して，h が大きくなるにつれて，鱗 21 が鱗 0 の上へくる一方，鱗 5 が右へ押しやられている．

*

〈樅ボックリ〉も同様の数学モデルで記述できる．ただ，〈ボックリ〉の形に対応して，円筒を円錐で置き換える必要がある．

*

パイナップルや樅ボックリ，その他の例に見られる葉や鱗の配置は，自然の謎の魅惑的な一面を見せてくれる．しかしながら，すべての種類の植物にある規則性が，黄金分割で説明できるわけではない．いいかえれば，葉序というものは，植物界における不思議な光景ではあるが，すべての植物に内在する自然法則だと誤解してはならない．

9.4 五角形

自然界においては，葉や核の配列ばかりでなく，正五角形をなす花や葉の場合にも，黄金分割が現われる．正五角形や星形五角形（ペンタグラム）という形は，オダマキ，ホタルブクロ，ノバラなど植物界には広く分布している．

図 9.6

第 2 章でも見たように，黄金分割はそのような正五角形と密接に結びついている．たとえば，1 つの花弁の先端から斜め向こうにある花弁の先端までの距離を，2 つの隣り合う花弁の先端の間の距離と比較すれば，まさしく黄金比になっている．

動物界のことになるが，ついでにいえば，ヒトデについても同様のことがいえる．

9.5　葉と枝

黄金分割の多くの熱狂的信奉者は，たぶん，これによって自然の秘密を解き明かすつもりであろう，植物に関するありとあらゆる測定を企てた．たとえば，Rudolf ENGEL-HARDT は 1919 年ごろ，“普通の（！）”カシワの葉の幅と長さを測定した．ENGEL-HARDT は 60 本の異なるカシワの木からの 500 枚の葉を調べて，次のような結果を得た．

- 235 枚の葉では，幅と長さがちょうど黄金比になっていた．
- 93 枚では，1 mm のずれがあった．
- 92 枚には，2 mm のずれが認められた．
- 80 枚には，3 mm 以上のずれがあった．

これは偶然であろうか，それとも，自然の法則であろうか．数学者 H. TIMERDING は 1919 年に出版されたその著書の中で，このような測定結果としての黄金分割について，批判的な疑念を述べている．すなわち，〈結果として望ましい比率が出るような個所を選んで，距離を測定したのではないかという疑念が残る．〉

黄金分割の歴史をみると，葉や花や枝の測定結果から，黄金分割が自然界において頻繁に登場することが推察される一方，他方においては，こうなってほしいという思いが，結果をそうしている場合も少なくないのである．

自然研究家 F. X. PFEIFER は 1885 年に出版した著書『黄金分割とその数学，自然および芸術における現象形態』(Der Goldene Schnitt und dessen Erscheinungsformen in Mathematik, Natur und Kunst) において，植物に関するこのような測定を，苦心惨憺の末に多数回行なって並べあげている．ここで，彼の原著における主要な発見を引用しておくことにしよう．

〈1 枚の葉において，その葉分かれが，（1）欠けておらず，（2）連続的に小さく，あるいは大きくなったりしており，（3）葉分かれが多数であるという条件の下では，黄金分割が現われることがきわめて多い．たとえば，“芹”目についていえば，葉が上の条件を満たし，種が非常に多くあるような科に属する場合，圧倒的多数において，しかも各標本において何カ所にも，$M : m$ という“例によって例の比率”が，正確さの点ではさまざまながら，近似として現われる．このことについては，数百万対 1 で賭けてもよい．〉

9.6 人間的な，あまりにも人間的な

19 世紀の終わりごろになると，多くの書物が黄金分割を神聖視し，普遍的な自然法則とする視点に立つようになってきた．そこで，神の似姿である人間も，また，この基本法則に従って形づくられたものとの推察が多くなったのも自然といえよう．

これを最も強く主張したのが Adolph ZEISING であろう．ZEISING は，疲れを知らず，この熱狂的な考えを訴えつづけた．彼の信念は，たとえば，黄金分割は

〈そこにおいてこそ，自然界でも芸術の分野でも，美や総体性を目指したあらゆる造形の，そもそもの基本原理が獲得されるものである．また，この基本原理は，宇宙的なものであれ個別的なものであれ，有機的なものであれ無機的なものであれ，音であれ光であれ，造形と外形的な比率に関する，最高の目的と理想として念頭におかれるものであり，それは，人間の姿において，ようやくにして完全に実現・獲得されたのである．〉

ZEISING の研究を端緒として，人体の各部の比率に関する一連の研究が現われた．たとえば，NEUFERT の『設計学』(Bauentwurfslehre) の挿し絵 (図 9.7 を参照) には，これが集約的に示されている (ここでは，大きい切片が M，小さい切片が m で示されている)．

これらの研究の成果は，それでも注目に値する．たとえば，臍(へそ)の下に下ろした手の指先は，身体全体の高さを黄金分割している (臍の場合には，上方が小さい切片になり，下方が大きい切片になる．指先の場合にはその逆になる)．読者も，ご自身，(あるいは他人のでも，) 研究のため，その寸法を測ってごらん

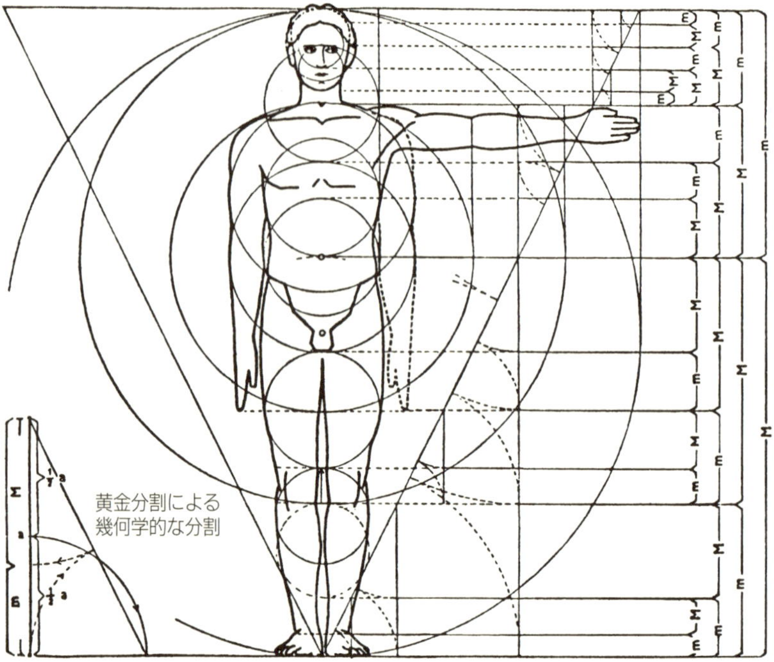

図 9.7

になれば，必ずや驚かれるにちがいない．

しかし，小さい部分に関する研究ということになると，結果は疑わしい．たとえば，

・眉は，生え際と顎の間を黄金分割する．
・指の第 1 関節と第 2 関節が黄金分割になっている．

こういうことになると，これらの著者らがいささか度を過ごしているのは明らかであろう．その両端が一意的に定められていないかもしれないし，また，個体間の相対的な揺らぎがあるかもしれないような距離について，普遍的な原理を読みとるのは科学的な方法とはいいがたい．

マーチン・ガードナーは次のような極端な例を伝えている．アメリカ人 Frank A. Lonc は 65 人の女性について臍の高さと身長とを測定する機会を得た．彼は，これらの長さの比率を計算して，それがつねに 1.618 に近い値であることを導いた．この発見にいたく感激した Lonc は，この数値を **Lonc の定数**として科学の世界に導入しようとしたのである．

それでも，人間の身体における黄金比に関する研究結果とその表は，実用的な分野や芸術的な分野のいくつかで応用され，役立っている．有名な建築家の**ル・コルビュジエ**（Le Corbusier）（第 10 章を参照）は彼の“モジュロール（Modulor)”という物差しを構成するのに使用しているし，また，黄金分割は，画家が人間の姿を描くときに，その寸法や比率を設定するのに役立つ．

黄金分割に従って描かれた絵画は，TIMERDING が強調しているように〈自然でまともな印象〉を与える．だから，絵画をひととおり修めた人が“失敗”しないようにする補助手段にはなりえよう．

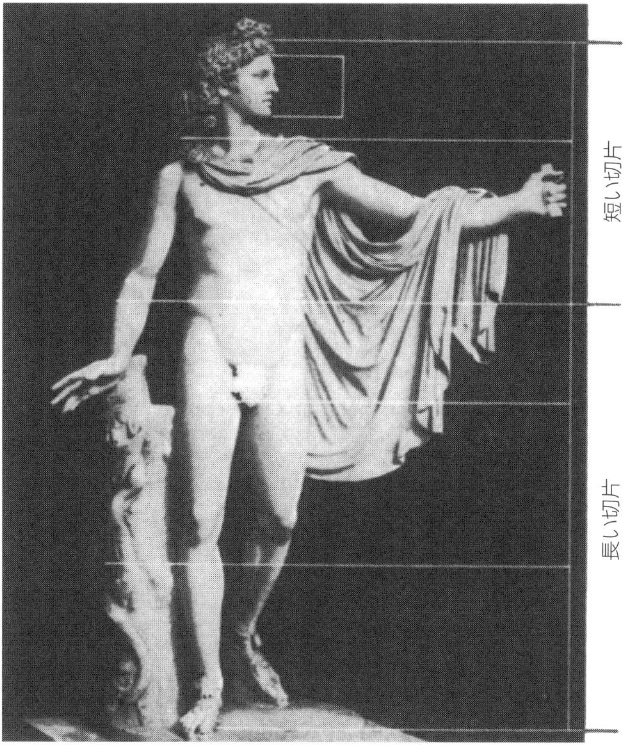

図 9.8

美術的に納得のゆく彫刻の例のひとつは，ヴァチカンにある〈ベルベデーレのアポロ像〉である（図9.8）．

HAGENMAIER はこれについて次のように書いている．

〈この華麗で調和のとれた，ギリシャ的な美の理想に従って具現された彫像は図に示すように，ぎごちなさのない“落ち着いたバランス”を見せている．〉

ここで，**落ち着いたバランス**というのは，黄金分割のことである．

9.7　靴底の比率

しかし，人間の身体に見られる“黄金の比率”は，まったく異なる分野にも影響を与えている．たとえば，靴底の製造である．HÄSSELBARTH は著書『木型づくりと胴づくりの講義』(Die hohe Schule der Modell- und Schaftenherstellung) において，長さ 240 mm の足の骨格について，いくつもの黄金分割を検出し，その知識を靴の底型の製造に転用している．

図9.9には彼が開発した靴の底型が示されている．

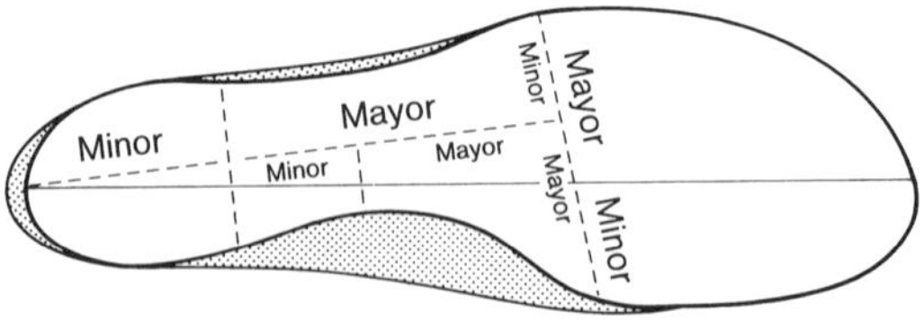

（Mayor：長い切片，Minor：短い切片）

図9.9

これ以後，この基本型にもとづいて多くの型が盛んにつくられ，いくつもの商標の靴底の型が開発された．

練習問題

1．散歩に出て，木の葉や花や枝の形と配列を観察してごらんなさい．ヒマワリや樅ボックリの螺旋を数えてごらんなさい．
2．人体において（場所はどこでもお任せするが），少なくとも 5 カ所で黄金分割を確認してください．
3．次の絵のどこから黄金分割が浮かんでくるでしょうか？

訳注：パイナップルに見られる平行線は次のようなものである．

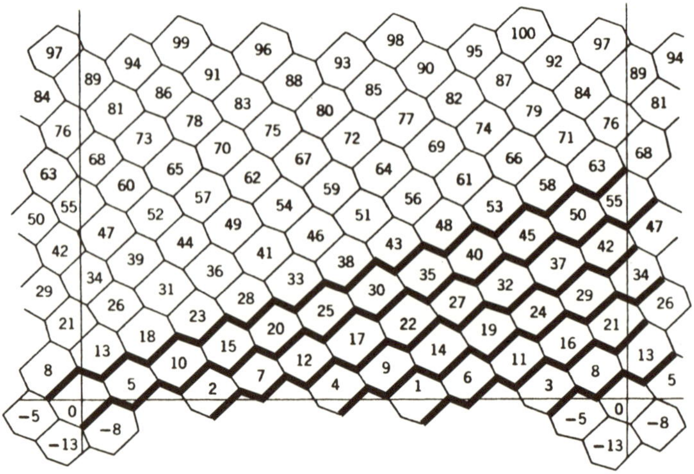

5本の，緩やかな右上がりの平行線

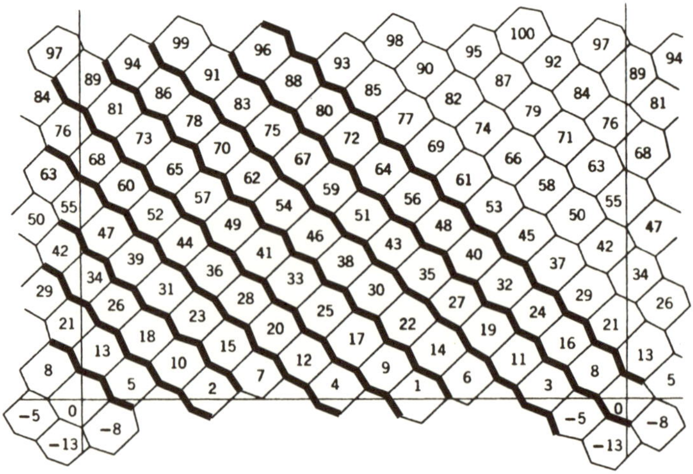

8本の，やや急な左上がりの平行線

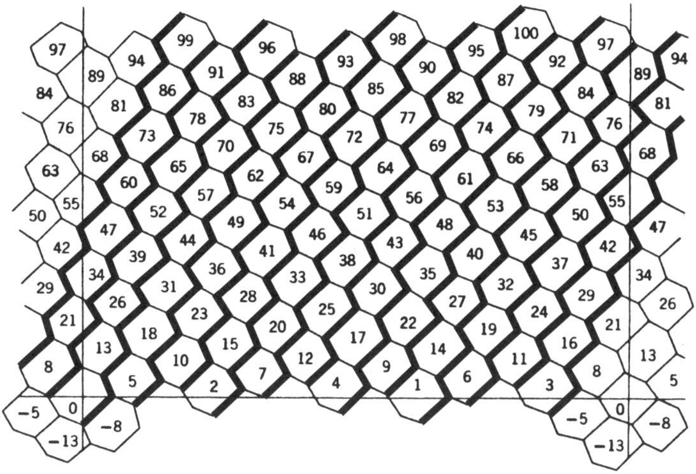

13 本の，急な右上がりの平行線

第10章

芸術，詩歌，音楽，機知，悪ふざけ，馬鹿騒ぎ，そして，錯乱

正しい比率とは何か？――これは，芸術家の基本問題のひとつであり，作品の制作に直接たずさわる芸術家にとっても，また，芸術の効果の説明を試みる分析家にとっても，変わらぬ共通の問題である．

過去においても現在においても，黄金分割を“正しい比率”と見る者は少なくない．大物の芸術家の中にも，黄金分割を“美の処方箋”として推奨する者が多い．さらにおもしろいことには，多くの著名な芸術作品の中に，黄金分割が発見されるという事実である．本章では，このような発見のいくつかを示すことにしよう．しかし，著者らの考えるところでは，これらの発見者の中には，興奮のあまり度を越して，冷静な目には何も発見できないようなところにまで黄金分割を発見できると信じている人たちもいるようだ．

こういう主張の中でも，とくに印象的なのが György DOCZY のもので，その著書『限界の力』(Die Kraft der Grenzen) をみると，黄金分割がじつに多種多様のものに見られるという彼一流の主張が述べられている．その例は，マカー・インディアンの女性の杉の皮でできた帽子，東プロイセンの絨毯，メキシコの手織機の菱形模様，アッティカのアンフォーラ（訳注：首が細く，両側に取っ手のついた古代の壺），メキシコのピラミッド，チベットの仏像，日本の塔，ボーイング 747，ストーンヘンジのサーセン石（訳注：ケイ質砂岩の一種）の石柱がつくる円にも及ぶという．

黄金分割の芸術における意味については，本章の終わりで議論するが，その前にまず，数々の例をして自らを語らしめておかなければなるまい．

ただ，ここで注意しておきたい．われわれの目的は，世間に，新しい“妄言”を広めることではない．ここでは，その中に黄金分割が認められることがかねてから指摘されているような芸術作品を示すにとどめ，意味不明の主張は黙殺することにしよう．

10.1 建 築

ギゼーの大ピラミッドは**クフのビラミッド**ともよばれるが，今から 4000 年以上も前に建造されたものである．それは，当時高いレベルに達していたエジプト文化の象徴である．ほぼ正確に東西南北に面していることや，特定の比率が何回も繰り返し用いられていることなどから，事前に計算された幾何学的原理にもとづいて建設されたのは確かなようである．

図 10.1

問題は，その原理が何かということである．これについては，折りにふれて熱い議論が繰り返されてきた．黄金分割と並んで，円周率 π も，繰り返し，この謎の答えの候補になった．

ここでわれわれは，1859 年に J. TAYLOR が提起した説を見てみよう．彼の理論は，ギリシャの歴史家ヘロドトスの一節に，〈エジプトの神官がクフのピラミッドの形について，高さの 2 乗が側面の三角形の面積と等しくなるようにせよ〉と指示した，とあるのに由来している．

このことは図 10.2 でいえば，$h^2 = ab$ となる．ピタゴラスの定理によって，$h^2 = a^2 - b^2$．したがって，$(a/b)^2 - a/b - 1 = 0$．これから，$a/b = \phi$ が

得られる．

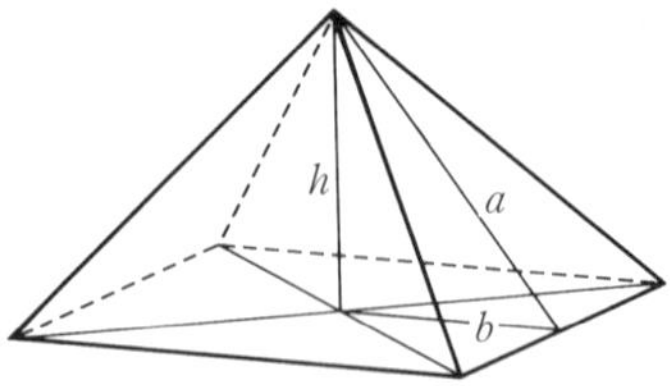

図 10.2

これは，その後もしばしば引用された説であるが，これに対して批判的な人たちもいた．そのうちの一人がカナダの数学者 Roger FISCHLER である．風車と戦ったドン・キホーテのように，数学以外で黄金分割が登場するたびに鋭い批判を浴びせたのがこの R. FISCHLER という御仁であり，この原理主義者とは，本章でもこの先，繰り返しお目にかかることになろう．TAYLOR の説に対する異議は，次のようなものである．すなわち，ヘロドトスの原本のその一節には意味に疑問の余地があるし，パピルスの写本や考古学的発見によってずっとよい理論が得られるはずだというのである．

とくに，非常に大きな疑問の点となるのが，当時のエジプトでは数学がそれほど発達しておらず，しかも黄金分割が古代エジプト人に知られていた証拠はどこにもないという点である．

＊

ピラミッドの建設に黄金分割が用いられたという説にはいささか疑問の点が含まれるのは否定できない．これに対して，**ギリシャ建築**において黄金分割が果たした大きな役割については，多くの証拠が認められる．もっとも文献的にいえば，ユークリッドが黄金分割について体系的な取り扱いをするまでには 150 年以上待たなければならないのではあるが．Moritz CANTOR は，これについて著書『数学史講義』(Vorlesungen über Geschichte der Mathematik) の中で次のように述べている．

〈ギリシャの数学において，ペリクレス（訳注：古代ギリシャの将軍，政治家，前 490？-429）の時代以来，黄金分割がはっきりとした役割を果たしてきたのは明白である．美的見地からも効果的なこの比率は，その後もずっと用いられていくが，前 450-430 ごろがその絶頂期であった．黄金分割と，正五角形と，ピタゴラス学派の学説との間の関連を少しでも思い起こすならば，このように黄金分割がいつも登場するのを偶然の一致と信じることはできない．〉

図 10.3

もっとも輝かしい例は，ペリクレスが 447-432BC に建築させた**パルテノン**であろう．この神殿の正面は，正確に黄金長方形になっている．また，アテネ市にある古典時代のさまざまな建築物の柱頭や梁，たとえばハドリアヌス帝（訳注：ローマ皇帝，76-138）の凱旋門のアーチやプロピュライア（訳注：アクロポリスの入り口をなす前殿）の破風の隅にも黄金分割が見られる（図 10.4 を参照）．

中世の建築についていえば，ロルシュ市ベルグシュトラーセに 770 年ごろ建設されたカロリンガ王朝の**王の広間**をあげておこう（図 10.5 を参照）．内部の空間はほぼ正確に黄金長方形をなしている．

とくに興味深いのは，**フィレンツェのドーム**である．最初の設計は 1367 年であるが，これにはさらに建築家ブルネッレスキ（1377-1446）が関係しており，ブルネッレスキは，上部 1/3 だけについてであるが，最初の設計を変更している．

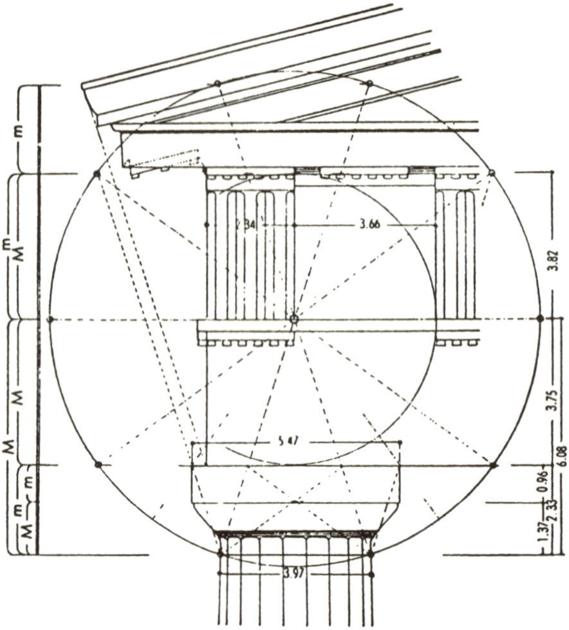

図 10.4

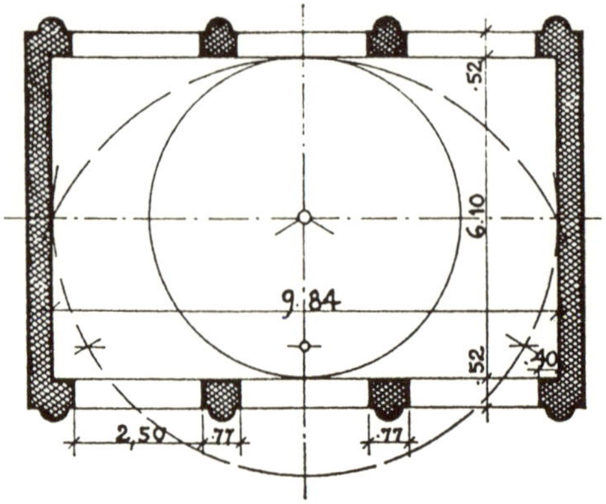

図 10.5

最初の設計では，丸屋根の高さは 144 フィレンツェ・ブラッキ（1 ブラッコ＝58.4 cm）であり，丸屋根の高さはちょうど 89 ブラッキに設計されていた．

したがって，設計上，全体の高さは85：55，すなわち，ちょうど黄金分割されていることになる．

図 10.6

Paul von NAREDI-RAINERはこのことについて，次のように印象的な記述をしている．

〈1436年5月25日に行なわれたドームの聖別式のためにギョーム・デュファイ（Guillaume Dufay，1400-1470AD）が作曲した祝典モテトゥス

(訳注：無伴奏宗教的多声合唱曲）の“ばらの花が先ごろ”（Nuper rosarum flores）は何とも驚くべき方法で，この寸法に大きな意味を与えている．デュファイは当時のもっとも著名な音楽家であるが，このモテットゥスの構成において，この建築を繰り返し引き合いに出し，丸屋根の寸法がフィボナッチ数になっていることを，個々の音に配分された声の個数ではっきりと示している.〉

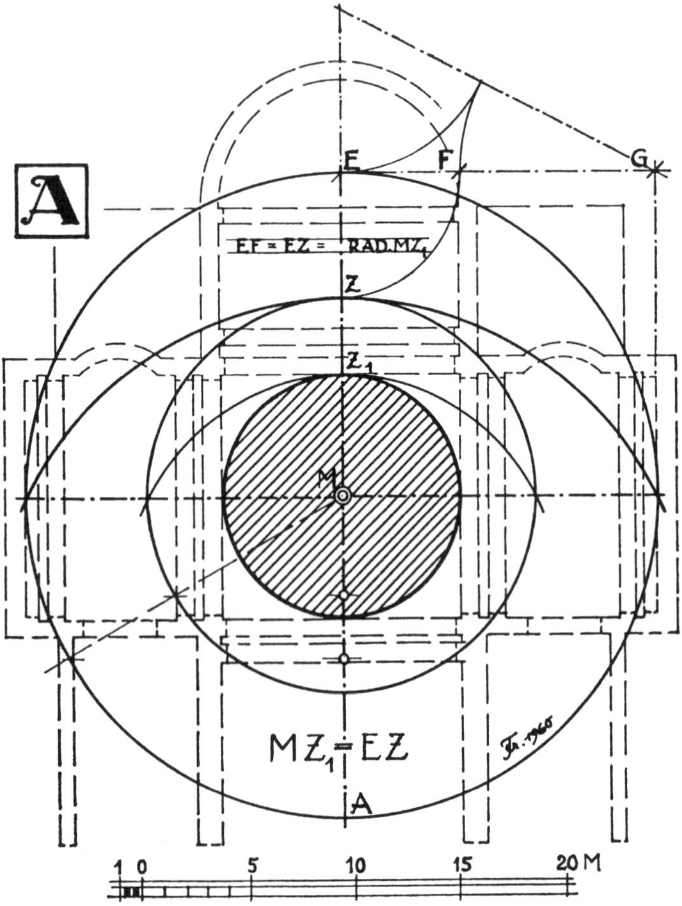

図 10.7

黄金分割は，**ルネッサンス**にその黄金時代を迎える．この時代の建築家は，いろいろな方法で黄金分割を用いており，その中でもとくに次の 2 つの手法によって一連の丸屋根の建築が行なわれたというのが，Karl FRECKMAN の結論である．

第 1 の手法は，全体の円の半径を黄金分割するもので，その大小の切片によって丸屋根の半径を定めるのである（図 10.7 を参照）．

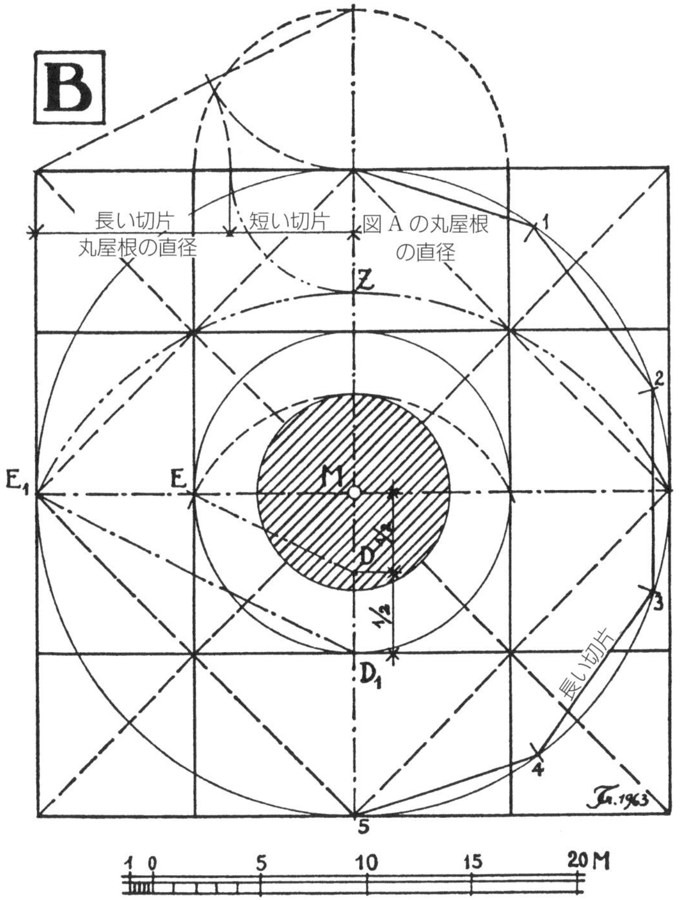

図 10.8

この構成法はおそらくは，ミラノのローマ式有心建築**サン・ロレンツォ**（San Lorenzo）に由来するものであり，とくに，広く広げられた平らな丸屋根に用いられるようになった．

第2の手法は，ブラマンテ（BRAMANTE）（訳注：15～16世紀のイタリアの著名な建築家）によって，ローマのピェトロ教会の平面配置に用いられたものである（図10.8を参照）．

これは，大きな正方形をまず16個の小さい正方形に分割し，さらに中央にある4つの正方形に内接する円を黄金分割したうえで，その大きい方の切片を丸屋根の半径とするものである．

一方，正面の形の構成には**五角形法**（Quintur）とよばれる方法が盛んに用いられるようになった．これは，正五角形と黄金分割を用いる手法である．このことについてFRECKMANNは慎重な学問的態度で，〈1350年から1770年の間には，“黄金”分割の支配的応用という結果になるようなある程度の展開が顕著になった〉と述べている．

ドイツではリンブルグおよびケルンのドームが有名であるが，ここでも同様に，その構成に黄金分割が用いられたと推測されている．しかし，これらの建築については，何しろ諸説紛々であり，黄金分割が本当にその建築原理であったのか否かには疑問の余地がある．

*

しかし，これらの説に共通する最大の弱点は，黄金分割があとになってから発見されたという点である．設計者からも，建築家からも，施主からも，黄金分割の利用を思わせる言葉が伝えられているわけではない．ただ，大きな例外は，フランスの建築家**ル・コルビュジエ**（Le Corbusier，本名：Charles Edouard Jeanneret-Gris，1887-1965）である．ル・コルビュジエは生涯にわたって，〈比率〉あるいは一般的に使用可能な物差しを求め続けた人物である．初期のころから自然や芸術の中にある黄金分割に関してMatila GHYKAの書物の影響を受けており，1928年の冬以降はその作品の中に黄金分割を意識的に用いるようになった［ル・コルビュジエ自身は，もっとずっと以前から黄金分割を知っていて使っていたのだと主張しており，その“証拠”として，自分自身の作品についても事実の歪曲さえあえてしているほどである．たとえば，1927年の作品であるガルシュ（Garches）のシュタイン

(Stein) 邸では，その庭園の縁の構成は，図 10.9 の下端に与えられているように 2-1-2-1-2 という簡単な数列にもとづいているようだ．のちになって，ル・コルビュジエは“A：B＝B：(A＋B)”という見出しを示して，それによって，自分にも他人にも，彼が“もともと”黄金分割を用いていたのだとほのめかしている]．

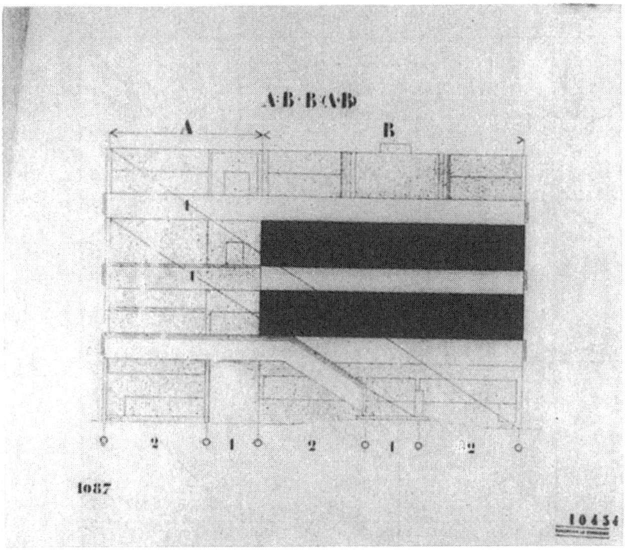

図 10.9

ル・コルビュジエはこの黄金分割によって，いわゆる**モジュロール**を構成した．これは，人間の寸法と黄金分割を調和させる物差しである．この巨匠自身の表現によれば，

〈‘モジュロール’とは，人間の体の形と数学にもとづく物差しである．人間がどのように空間を占めるのかというその基本は，腕を上にあげた人間の姿によって与えられる．すなわち，足，臍，頭，上にあげた腕の指先がつくる 3 つの区間はフィボナッチ数列と名づけられているが，黄金分割をなす数列をなしている．他方，数学は 1 つの数値から，単位と，その 2 倍と，黄金分割による大小の切片をつくる最も簡単で，最も強力な変換法を提供してくれる.〉

イギリスの犯罪小説流にいえば，“(たとえば警察官のような）立派な体格の男たちはつねに身長6フィートだ”が，ル・コルビュジエも理想的な身長として6フィート（182.88 cm，丸めれば183 cm）というところから出発している．さらに，臍の高さとして113 cm，腕を上に伸ばした指の先の高さとして226 cmを仮定している．

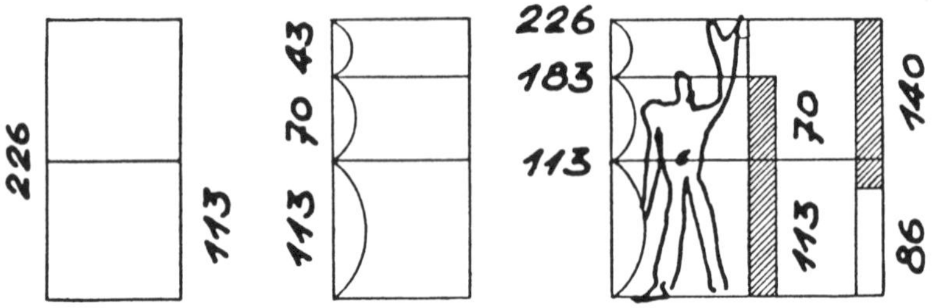

図10.10

ル・コルビュジエはこれを基準として，モジュロールを構成する，公比が黄金分割をなす2つの数列を得ている（ル・コルビュジエ自身は，こうしてできた数列を切り上げたり，切り下げたりして丸めている）．

赤の数列：4, 6, 10, 16, 27, 43, 70, 113, 183, 296, …
青の数列：8, 13, 20, 33, 53, 86, 140, 226, 366, 592, …

ル・コルビュジエは，こうして得られた数値が，人間のさまざまな姿勢と密接な関係をもっていると確信しているのである．

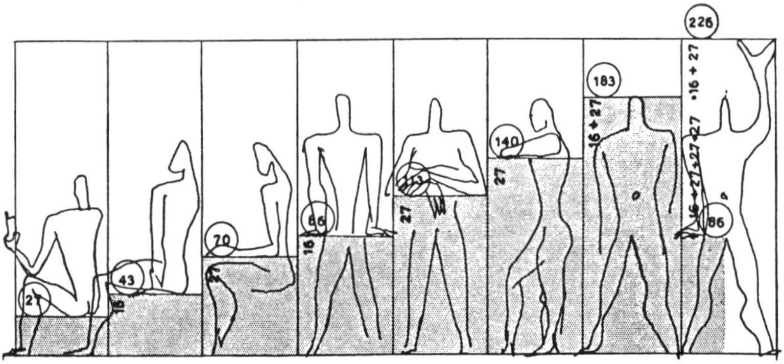

図10.11

ル・コルビュジエはモジュロールを数多くの建築に用いた．マルセイユの**ユニテ・ダビタシオン**（Unité d'Habitation＝集合住宅）はその一例である．

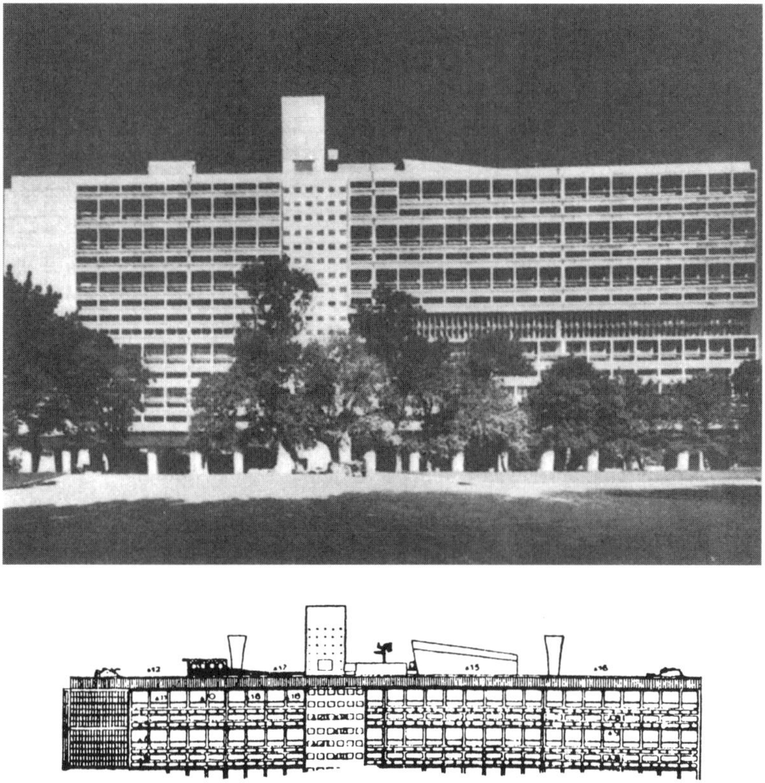

図 10.12

モジュロールという考え方は，大きな関心と激しい論議をよび起こした．1951 年ミラノ市で行なわれた第 3 回トリエンナーレでは，“神聖なる比率について”が標語となった．この〈諸芸術における比率に関する国際大会〉（primo convegno internazionale su le proporzioni nelli arti）の会長ロンバルディ（I. M. Lombardi）氏は，このモジュロールが〈現代建築における比率の問題がこれを軸として動く中心になるものだ〉と述べた．

モジュロールは，仮に建築では価値が認められないとしても，比率のシステムとしてはきわめて独創的なものであることに変わりはない．

10.2　造形芸術

絵画，レリーフ，彫刻などで黄金分割が実測・実証されているものは少なくない．黄金分割の役割は，芸術作品全体のバランスを調和のとれたものにする一方，そのディテールをとくに強調することにある．

黄金長方形の各辺を，上下左右に黄金分割すれば 4 本の特別な直線と 4 つの特別な点が得られる．このような直線や点は，絵画の構成を調和のとれたものにするよりどころになる．

ローマのアルバン（Alban）邸から出土した**ディオニッソスの行進**では，このような直線を用いた構成がなされている．

図 10.13

同様に，絵の縁が黄金分割で構成されていることもある．**ロヒール・ヴァン・デル・ヴァイデン**（Rogier van der Weyden，1400AD ごろ-1520）の初期の作品で，**十字架から降ろされるキリスト**という題の祭壇画はそのような例である．ここでは，“上に積み重ねられた”四角形の両側が，絵全体の幅の黄金分割になっている．

図 10.14

ラファエロ（Raffael, 1483-1520）にもとづいて，**ライモンディ**（Raimondi）が制作した銅版画**アダムとエヴァ**（図 10.15）では，エヴァの注目が抗しがたくも禁断の果実に向けられているのが見られる．これは，禁断の果実の魅力に加えて，果実が，ちょうど絵を黄金分割する高さにある線の上に位置しているためでもあろう．

ガラテイア（Galatea, 図 10.16）は，ローマのヴィッラ・ファルネシーナ（Villa Farnesina）にあるラファエロのフレスコ画だが，これを見ると，全体が 2 つの部分から成り立っていることがわかる．すなわち，そのひとつは，海上にお供を従えた女神であり，もうひとつは空を飛ぶキューピットとエロスである．大きい切片を下側にとって，全体の高さを黄金分割すると，女神の巻き毛にふれる直線が得られる．すなわち，これが天界と俗界を分ける線になっている．

絵がこのように分割されていると，明らかに非常に調和的な感じが得られる．

図 10.15

これは，同質なものと異質なものの間にある緊張関係に正しい寸法が与えられるからである．それゆえ，多くの芸術家が，意識的にせよ無意識にせよ，また多かれ少なかれ，このような分割法を用いているのである．

10.1 節ですでに述べたとおり，ルネッサンス期は黄金分割に対する理論的な関心がおおいに高まった時期である．このことからしても，この時期の絵画に黄金分割が頻繁に登場するのも不思議ではない．

ラファエロの有名な**システィナのマドンナ**（図 10.17）にも，みごとな黄金分割が見られる．

図 10.16

・絵の高さを（大きい切片を下にして）黄金分割する水平線は，ちょうど，マドンナの上半身と下半身を分ける位置にあり，それと同時に，教皇シクストゥスと聖女バルバラの顔を結んでいる．
・次に，もういちど（大きい切片を上にして）黄金分割してみると，これに対応する直線はマドンナのつま先（つまり一番下の点）に当たっている．
・絵の高さの方向に（大きい切片を上にして）黄金分割する線は，さらに絵の中で，マドンナの衣服がそよ風の上で舞っている場所にきている．

図 10.17

*

レオナルド・ダ・ヴィンチ（Leonardo da Vinci, 1452-1519）は，彼の友人のルカ・パチョーリ（Luca Pacioli）の著書『神聖なる比率について』に挿し絵を描いているほどであるから，もちろん黄金分割を熟知していた．したがって，レオナルドが彼の絵画の構成に黄金分割を用いたとしても驚くにはあたらない．そこで，鑑賞者や解釈者が殺到するのは，むろんのこと彼の作品の中でもおそらく最も有名な『モナ・リザ』(図 10.18) ということになる．STEEN は，この絵について，“レオナルドの比類なき完璧さへの努力を表わ

図 10.18

すもの” だとしている.

Otto HAGENMAIER によれば，この絵には，絵の枠を底辺の長さとする黄金三角形が内接されているという．Friedrich SCHULZ の記述によれば，背景の 3 つの主要な区画，すなわち，

- “遊歩道の影の部分の下側”
- “遊歩道の胸壁から，前山の麓を形成する山地にいたる，陽の当たった褐

色がかった中央部”

・“青緑色の霞がかった高い連山”

には黄金分割によって比率が与えられているという．

しかし著者はここで明言しておきたいのだが，これらの解釈はどれも，この絵の主たる内容にかかわるものではないと考えている．つまり，いずれにせよ，これがモナ・リザの疑いもない魅力の何たるかを説明していることにはならないのである．

＊

よく知られているように，アルプレヒト・デューラー（Albrecht Dürer, 1471-1528）は数多くの理論的な研究をしている．われわれの関連でとくに興味深いのは，彼の著書『**測定講義**』（Underweysung der messung, 1525）の中で，円に内接する五角形をつくっていることである．それゆえ，デューラーがその絵の中に黄金分割を用いたと認められないわけではない．しかしながら，デューラーが黄金分割については，その理論的な著作ではどこにも述べていないということも明言しておく必要があろう．

1500年にミュンヘンで描かれた彼の『**自画像**』（図10.19）を見てみることにしよう．これは荘重な絵であるが，同時に，何かにつけ研究や推測のきっかけとなってきたものである．Franz WINZINGERの構成模式に従っていえば，この絵には構図の秘密の追求という意味が込められていたことになろう．WINZINGERが解釈の裏づけとしているのは，デューラーがドレスデンで描いたスケッチブックの中にあるメモである．WINZINGERは次のように書いている．

〈その表現に目を向ければ，表面的な観察者にもすぐにわかるように，頭部と巻き毛が正三角形をつくっている．この正三角形を描いてみると，これが絵の縁の中点に頂点をもつ正三角形であるばかりでなく，同時に，底辺が絵全体をちょうど黄金分割する線になっているのである．〉

白いシャツの襟ぐりがつくる三角形の下の頂点も，この三角形の底辺の上にきている．さらに，顔の両端の垂直な直線は，絵の幅をほぼ黄金分割している．

＊

次に，19～20世紀の芸術家のいくつかの作品に目を向けてみよう．後期印象派の創設者であるジョルジュ・スーラ（George SEURAT, 1859-1891）

図 10.19

は，絵画の極度な幾何学的構成をめざして努力した人である．

スーラの作品，**『寄席の木戸口』**（Le Parade，図 10.20）では，絵に構造を与える 2 つの直線が目に入る．すなわち，手すりの上側の縁が中央より少し下に，縦の線が絵の中央の右側にきている．この絵については，黄金分割を考慮に入れた一連の解釈がある．

たとえば，アンドレ・ロート（André LHOTE）は，この絵が，絵の縁にあ

図 10.20

るガス灯を度外視すれば，黄金長方形をなしており，その長辺（すなわち絵の横幅）が，すでに述べた垂直線によって黄金分割されていると書いている．

シャルル・ブーロー（Charles BOULEAU）は，この見方に対して強い疑問をもっており，手すりの水平線が，この場合にはガス灯も含めた絵の高さを近似的に黄金分割していることを指摘している．

R. FISCHLER は，上の 2 つの解釈を，他の同様ないくつかの解釈も含めて，誤りだとしている．FISCHLER はスーラの絵が，いくつかの簡単な比率で特徴づけられていることを示そうとしている．この比率の中には，5：8 というのもあるのだが，スーラがこれを黄金分割と関係づけてはいないとしている．

芸術関連の理論的文献という点からすれば，19 世紀の終わりごろ，黄金分割はその最盛期を迎えている．なかでも大きな影響を与えたのが，セリュジェ（SÉRUSIER）やギカ（GHYKA）の**黄金数**（Le Nombre d'Or）に関する著書であった．

セリュジェの思想は，まずキュービストに豊かな土壌を与えた．ジャック・ヴィヨン（Jaques VILLON，1875-1963）は 1911 年の秋から，この方向にある芸術家たちの中心となった．このサークルは 1912 年 10 月，パリのボエシー画廊（Galerie de la Boétie）で，黄金分割（La Section d'Or）という標題の展覧会を開催して注目を集めた．

実際のところ，この展覧会は標題からして，おそらく黄金分割の展示会と思われたのであろう．実際，この標題の提案者のジャック・ヴィョンは次のように述べている．

〈まるで中世のように，絵を描く前に祈りを捧げたのだ．
'黄金分割が私奴をお守り下さるようあらかじめお願い申し上げます'．〉

展覧会のこの標題は思わせぶりだが，このサロンが芸術作品に対する黄金分割の応用を促進するものだと偽っていたわけではない．展覧会に出品した芸術家のほとんどは"幾何学的比率"というテーマに対して几帳面な貢献をしていたのではないし，また当時の観客のほとんどは，このサロンを純粋なキュービズムの展覧会と解していたのである．とはいえ，さらに拡張された，漠然とした意味に理解していた人々も少なくなかったかもしれない．

それでも，この中にあって，キュービズムの代表者であり，黄金分割（Section d'Or）グループのメンバーの一人であったファン・グリス（Juan GRIS）だけは，その作品の比率構成に黄金分割を用いている．

黄金分割画家の末尾には，オランダの画家ピート・モンドリアン（Piet MONDRIAN，1872-1944）をあげておかなければならないだろう．ブーローは彼について，

〈この冷酷無慈悲なオランダ人ピート・モンドリアンのように，純粋幾何学と黄金分割を厳密に使おうとあえてした者は，フランスの画家には一人もいない．〉

と述べている．

ブーローは，このことを，とりわけ『絵画 I』（Painting I）（図 10.21）について説明している．

はじめの正方形を $ABCD$ としよう．その対角線 AC を黄金分割する点 S を通り AB に平行な直線 EF が，絵の中の黒く太い線がつくる正方形の対角線と重なる位置にある．

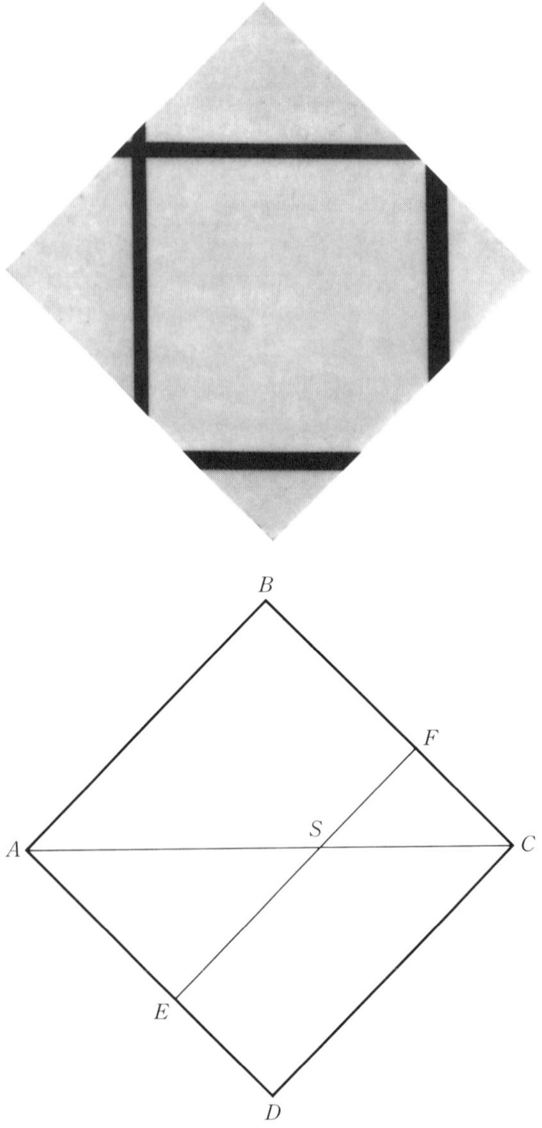

図 10.21

R. FISCHLER は，もちろん，この解釈も疑っている．FISCHLER はモンドリアンに関する主張を認めず，モンドリアンは，比率理論などにはかかわりなく，ただ直観的に作業しただけなのだと解釈している．

10.3 文 学

文学作品の形成に黄金分割が援用されるというのは，一見，奇異で馬鹿げたことのように見えるかもしれない．それでもこれが，このテーマに関する一連の研究の存在と矛盾するわけではない．次のいくつかの例が自らを語るであろう．

まず第1に，書物の印刷における黄金分割の応用について述べねばなるまい．厳密にいえば，ページの印刷部分のつくり方である．これについて，ENGEL-HARDT は次のように述べている．

〈ページの印刷部分の，唯一の，正しく，またもっとも美しい置き方は，黄金分割によって求められる．見開きの見本を模式的に示しておいたが(図 10.22)，ページの印刷部分をこのように設定すると，きわめて美しく見える．〉

印刷技術に関する最近の著作でも，明白かつ無条件に黄金分割が推奨されている．たとえば，1971 年の MEHNERT と BERNWALD の著作では，次のように述べられている．

〈7．スペースの比率としてなぜ 3：5 を選ぶのか？――比率 3：5 は黄金分割の大きさの割合（3：5，5：8，8：13，13：21 など）に相当するからである．〉

…

〈9．“黄金分割” によるスペースの分割はつねに正しいものといえるか？――黄金分割によってスペースを分割すれば，つねに美しくなるばかりでなく，この方法は実用的である．〉

*

黄金分割を用いてつくられたとされる最も古い文学作品は，ローマの詩人**ウェルギリウス**（Vergil，70-19BC）による叙事詩『**アエネーイス**』（訳注：英雄アエネーイスが，イタリアでローマ建国の基礎を築くまでの物語）であろう．G. DUCKWORTH は表をつくったり，細かい研究をしたりして，黄金分割が

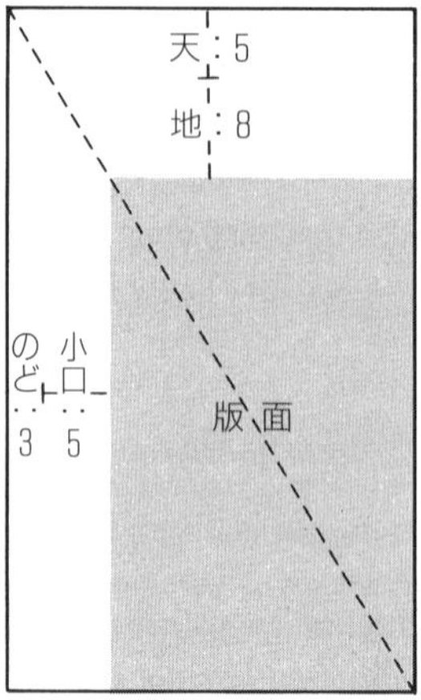

黄金分割に対応する縁どり

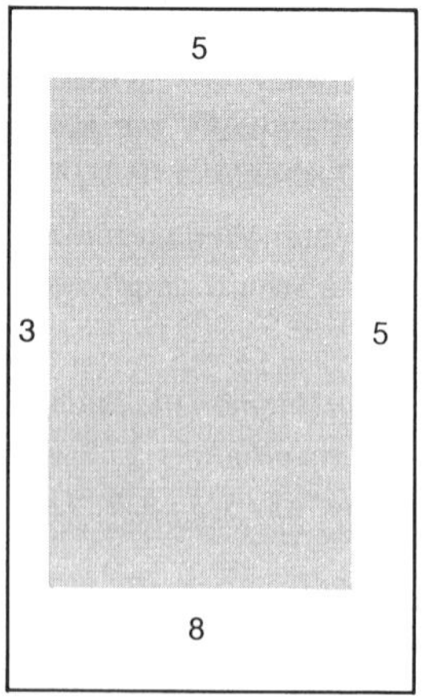

版面の正しい位置決め

見開きでの縁の比率と黄金分割

図 10.22

アエネーイス全体を構成する模式になっていることを実証しようと試みた．そのため，DUCKWORTH はいろいろな章の行数をかぞえた結果，その多くが黄金分割に非常に近くなっているという．――これを批判することにはなるが，DUCKWORTHが“非常に近い”という概念を非常に広く解釈していることを付け加えておかなければならない．すなわち，0.6から0.636の間の値をすべてϕ^{-1}(≈ 0.618)の近似値として採用しているのである．とくに，気をつけなければならないことは，アエネーイスの写本には，ところどころ行の半分が欠けたところ，すなわち不完全な行が見られるのだが，これらは通常，編集の過程で復元されている．しかし，これが完全なものとはいえないのである．DUCKWORTHはそれでも，これらの行に対応して，その実際の長さを計算に入れれば全体の4分の3ぐらいは黄金分割によってよい近似ができることを示している．しかしながら，DUCKWORTHの研究は異常ともいえる批判を浴びた．まず，CLARKが問う．仮にウェルギリウスが黄金分割を知っていたと仮定しても（これも自明とはいえないが)，ウェルギリウスが幾何学的な〈長さ〉の比率を，その作品に〈算術的な〉数の比率に置き換えたとは考えられない．CLARKはさらに鋭く，次のように強調する．

〈彼（=DUCKWORTH）は，彼自身，他のラテン詩人の場合となると，黄金分割が見られるという主張をひどく弱めてしまう．…さらに論を進めていえば，スタンザ（節）やカプレット（対句）でなければ，どんな詩にもそんな比率が発見される可能性があろうが，それらは偶然であって意味をもたない.〉

他の場合に，黄金分割が現われているという主張がなされても，やはりこのような批判が可能であろう．

*

よく知られているように，中世においては象徴的な意味における数の解釈が重要な役割を演じた．この面については，**ノトケル・バルブルス**（訳注：Notker Balbulus，840？-912．ベネディクト派修道僧，詩人，写字生，楽譜多数を転写）の**『聖歌の書』**(Liber ymnorum，885年ごろ）に関するK. LANGOSCHの研究を見てみることにしよう．この聖歌の文節の多くが，黄金分割に従って組み立てられている．すなわち，第1の部分の音節と，第2の部分の音節の個数が，近似的に黄金分割になっているのである．決定的な例は，聖ラウレンティウス（Laurentius）の聖歌である．はじめの144音節ではラウレンティウスの名が唱えられ，その殉教が賛美される．ついで，あとの89音節では他者のための祈りが唱えられる．これらの大きなフィボナッチ数89と144が，（フィボナッチの300年前に！）登場するのは偶然というものであろう．——それでも，“だがしかし”と考える人もいる．

*

黄金分割は，とりわけ予期せぬところに潜んでいる——こう考えるのがJ. BENJAFIELDとC. DAVISである．すなわち，**『グリム兄弟のお伽噺』**の中に見られるというのである．125のお伽噺に出てくる，ちょうど585の登場（人）物（人やものをいう動物）が対立する対

善—悪　　強—弱　　積極的—消極的

にもとづいて8つのグループに区分される．表の一番下の2行はお伽噺のはじめ（下から2行目）と終わり（一番下の行）に出てくる登場（人）物の数を示している．

1	2	3	4	5	6	7	8
善	善	善	善	悪	悪	悪	悪
強	強	弱	弱	強	強	弱	弱
積極的	消極的	積極的	消極的	積極的	消極的	積極的	消極的
陽　性	陽　性	陽　性	陰　性	陽　性	陰　性	陰　性	陰　性
151	8	74	173	130	0	25	24
191	7	69	147	81	0	29	61

BENJAFIELDとDAVISはグループ1，2，3および5を**陽性**，その他を**陰性**と表示し，登場（人）物の60～62％が陽性であるとしている．——そしてこれは，お伽噺の始まりの方でかぞえても，終わりの方でかぞえても，いえることだというのである．

この驚くべき現象に対する説明はあるのか．BENJAFIELDとDAVISは比較的説得力のある2段階の解釈を提示している．すなわち，黄金分割は自然界にもしばしば現われるから，芸術作品評価の際の美的な物差しとして，無意識のうちに人間の心をとらえる．この無意識の過程は，芸術作品が“自然で”，“素朴で”，“民族性に合った”ものであるほど大きな意味をもってくる．よく知られているように，グリムのお伽噺は，民衆の口から直接採取されたものであるから，黄金分割が“対立者間の自然な緊張関係”として現われるのも不思

議ではない．BENJAFIELD と DAVIS は次のように書いている．

〈お伽噺で語られる登場（人）物や状況は，日常生活ではとても起こりそうもないという意味で非現実的なものが多いのだが，登場（人）物が内包する形そのものは一般的な場面でも見受けられるようなものである．また，お伽噺は，部分的には一般的な人間性というものを子供たちに伝える媒介であるから，このような対応関係もまったく当を得たものといえよう．〉

これはまた，ベラ・バルトーク（Béla Bartók，10.4 節を参照）が，その音楽に，いろいろな点で民族音楽の要素を取り入れているから，そこに黄金分割が現われるのだ，という説明にもなっていると著者は考えるのである．

BENJAFIELD と DAVIS の見方によれば，人は誰でも，敵と味方の数が黄金分割になるように知人を選ぶということになるが，この見解はわれわれには大胆すぎるように思える．BENJAFIELD はさらに別の論文（ADAMS-WEBBER と共著）で，〈1 つの対象を 2 つの部分に区分しようとするときには，だいたい黄金分割になるようにする傾向がある〉と主張している．

*

フリードリヒ・ヘルダーリン（Friedrich Hörderlin，1770-1843）の後期の詩の中に黄金分割が発見されたことは，大きなセンセーションであった．1843 年の 5 月ないしは 6 月，ヘルダーリンはチュービンゲンにおいて，**『眺望』**(Die Aussicht）という詩を書いた．

Wenn in die Ferne geht der Menschen wohnend Leben
　遙かに遠き方，人の住みて生きるとき，
Wo in die Ferne sich erglänzt die Zeit der Reben
　遙かに遠き方，ブドウの稔り輝くところ，
Ist auch dabei des Sommers leer Gefilde
　されど傍らの夏の野はまた虚ろにして，
Der Wald erscheint mit seinem dunklen Bilde;
　森はその黒き姿を見せる．
Daß die Natur ergänzt das Bild der Zeiten
　自然は時の姿を全きものとし，

Daß die verweilt, sie schnell vorübergleiten
　　留まりつ，疾く過ぎゆく，
Ist aus Vollkommenheit, des Himmels Höhe glänzet
　　こは，天の高みにありて輝ける完全無欠のその故なり，
Den Menschen dann, wie Bäume Blüth' umkränzet.
　　されば人，木々をその花が飾るごとくに.

Roman JAKOBSON と LÜBBE-GROTHUES は，この中から詩が黄金分割，厳密にいえば，8：5，5：3 および 3：2 の比率で構成されていることを発見した．彼らは次のように書いている．〈黄金分割（8：5=5：3）は 8 行からなる詩の全体を互いに等しくない部分に対立させている．そして，この『眺望』という詩において，動詞を 5 行の（3：2）型の節と，3 行の（2：3）型の節に鏡像対象な形で分配することによって，統語法上シンメトリカルな，5 つの定動詞，もっと詳しくいえば，5 つの詩節（clauses）からなる 2 つのグループに分けている.〉

JAKOBSON はさらに説明する．〈この詩には他動詞は 2 つしかないのだが，これらは，大きな切片，つまり始めの 5 行と，小さな切片，つまり後ろの 5 行のそれぞれを締めくくる他動詞およびその直接目的語，すなわち，'ergänzt das Bild' および 'Bäume … umkränzet'〉は黄金分割をはっきりと示すのに役立っている．また，この詩には，逆の関係 3：5 も現われる．すなわち，〈はじめの 3 行では後の 5 行と異なり，述語が主語に先行している.〉

ヘルダーリンが黄金分割を意識して用いたのか否かという問いに答えるのは，たいへんむずかしい．というのも，晩年のヘルダーリンは，よく知られているように，強度の精神病に苦しんでいたからである．それでも，JAKOBSON によれば，〈からみあった，目的を意識した構成を示すものが〉目立っているし，8：5，5：3 および 3：2 という比率を意識的に用いたことが暗示する印が少なくないという（とにかく，これを"黄金分割の応用"というのならば，数学的な見地からも批判的にその根拠を探らなければならない）.

*

この印象的なほど驚くべき見解をもって，詩作の世界を後にしよう．そして，もうひとつの，どうしても見逃せない分野，すなわち音楽の分野に目を向けてみよう.

10.4 黄金分割と音楽

音楽における黄金分割の役割は２つある．第１は，２つの音（正確にいえば周波数）が黄金分割をなしている可能性であり，第２は，作品が，作曲上，黄金分割をなすような長さの部分から構成されている可能性である．

第１の現象に目を向けてみよう．２つの音の周波数がフィボナッチ数８：５（あるいは５：８）の比率をなしていれば，**短６度**の音程の響きをなす．８：５（＝1.6）の比率と黄金分割（＝1.618）とはごくわずかの差であるので，HAASEが主張するように，黄金分割は，当然のことながら耳で聴いたかぎりでは短６度の音程に聴こえるのである．HAASEの考えは，したがって，短６度の音程が美しく聞こえるのは，それぞれの音の周波数が黄金分割をなしているからであり，８：５という簡単な比率はその近似になっている．

〈そこで，次のようなおもしろい相互関係が認められる．５：８という比率は数学的にみれば，黄金分割の近似あるいは代用品であるが，美学的にみれば逆に，黄金分割の方がまさにこの比率を力点として活性化されているのである．〉

*

とくに美しい響きと感じられるものと，黄金分割との間の密接な関係があるという点からすれば，古くから楽器の製作に黄金分割が応用されていたというのも不思議はない．とくにヴァイオリンやフルートの製作では，黄金分割が美しい響きを生む秘法として用いられたのである（BRACHを参照）．

*

次に，音楽における黄金分割の第２の現象形態を見てみることにしよう．すなわち，これは本質的にもっとはっきりと知りえる現象形態で，作曲上，個々の部分の全体に対する配分に黄金分割を用いることである．

ギョーム・デュファイ（G. Dufay）の作曲における黄金分割については，すでに10.1節で指摘したとおりである．ルネッサンスより後の時代の音楽になると，黄金分割はまれに現われるにすぎない．バッハのフーガや，ハイドンの弦楽五重奏，ベートーベンやモーツァルトの作品に黄金分割を発見したと主張したがる人は後を絶たないのだが，これらの説についてはよほど気をつけなければならない．というのも，ϕに対する非常に粗い近似が，簡単に黄金分割とみなされていることが多いからである．しかし，少なくとも，皇帝付き宮廷作曲家ヨハン・ヨーゼフ・フックス（Johann Josef Fux, 1660-1741）の作品『賛歌』（Te Deum K270 など）には黄金分割が〈洗練されたやり方（NAREDI-RAINER)〉で用いられているようだ．

Ernö LENDEVAI の見解によると，ハンガリーの作曲家ベラ・バルトーク（Bēla Bartők, 1881-1945）の作品には，黄金分割の広範で華麗な応用が見られるようだ．LENDEVAI は，バルトークの作品に関する徹底的な研究の一環として，黄金分割やフィボナッチ数が造形原理として頻繁に用いられているということを示している．

『2台のピアノと打楽器のためのソナタ』では，これがとくに顕著である．作品全体の構成ばかりでなく，個々のごく細かい部分にいたるまで黄金分割による分割が見受けられる．

ソナタ全体は，4つの楽節（Assai lento＝十分にゆっくりと，Allegro molto＝おおいに快活に，Lento ma non troppo＝ゆっくりと，だが，あまり極端にではなく，Allegro non troppo＝快活に，だが，あまり極端にではなく）に分かれている．曲全体は8分音符にして6432個分になるが，第2の，ゆっくりとした楽節（Lento ma non troppo）は，はじめから3975個の8分音符のところで始まる．この段落は，ちょうど黄金分割になっている（6432・0.618＝3974.9)．また，第1楽節の繰り返しの始まりは，この楽節の長さのちょうど黄金分割になっている．誰が，これを偶然と信じるだろうか？

黄金分割にもとづく細部の構成の例として，LENDEVAI はソナタの導入部における第2〜17小節の分析（図10.23）を示している（LENDEVAI は，黄金分割された区間を，長い切片が先にくる場合に正の区間，そうでないときに負の区間とよんでいる)．しかも，この模式には注目すべき性質がある．すなわち，正の区間と負の区間がつねに対峙しており，しかも正の区間がつねに最初にくるのである．

LENDEVAI による膨大な例示は，黄金分割がバルトークの基本的な造形原理であったことを納得させるものである．バルトーク自身は，その構造的作曲

ROOT POSITION
timp.
Cymbal c.l.
Dominant
espr.
Side Drum
Cymbal
Side Drum
p espr.
INVERSION
simile
cresc
Tam-tam
cresc
con 8
Side Drum
ROOT POSITION
INVERSION
主音
シンバル
属音
シンバル
タム-タム
正の区間 + 負の区間
正の区間 + 負の区間
正の区間 + 負の区間
正の区間 + 負の区間
正の区間

図 10.23

原理について，口頭で述べたことも，ものに書いたことも一度もない．しかし，いくつかの点からみて，彼が彼の直観において黄金分割に影響されていないわけではないことが知れる．バルトークが好んだ花はヒマワリであり，また机の上にはいつも樅ボックリを置いて喜んでいた．これらは，黄金分割の，自然界におけるきわめて明確で説得力のある現象形態である．さらに，バルトーク自身も，“自然こそ作曲の手本だ”と書いている．これらのすべては，バルトークが音楽に黄金分割を応用（もしかすると，無意識かもしれないが）していたとする説を支持している．

10.5　黄金分割はなぜかくも美しいのか？

芸術作品ならば，どれにでもその裏に黄金分割が潜んでいるのか？ それとも，黄金分割があるところには，いつも遠からぬところに美が存在するのか？ 黄金分割は，多くの（それともごくわずかの）芸術作品に見られるものなのか？ それとも，すべては嘘偽りか，まちがった空想なのか？

幕は降ろされ，問題はすべて明らかにされたのだ！——ここでは，そう叫んでもよいだろう．

*

最後に，ここでいくつかコメントをしてもよいだろう．

美の概念は，非常に規則正しい対称な形から始まって，複雑な心象にいたるまでに成長していくもののようだ．子供たちには，たとえば軸対称の絵がよいものと感じられるのだが，大人にはむしろ退屈に感じられる．芸術の歴史的発展においても，単純で見通しのきくものから，複雑できめ細かな形への“進歩”が見られる［極度なまでに美的に洗練された時代にあって，単純（シンプル）な姿や形がとくに効果的な作用と影響力をもつこともあるが，ここで述べようとしていることは，これとはもちろん独立である．きわめて単純なシンボルや対称性を用いるゴーギャンやファシスト芸術はこれに該当するが，それに対する評価を意味するものではない］．

芸術作品の大部分において，最大の興味の点は真ん中あたりにあるのではなく，かなり片方にずれているという事実は，けっして驚くべきことではない．

ここでは，しばしば 0.6 から 0.7 の間の比率が見いだされる．“時間的な相互関係”によって決定される芸術の規律にあっても，次のようなことはまったく明白である．どの音楽作品でも，繰り返しは後半で現われるものだし，どの演劇でもクライマックスは終わりのちょっと前にくる．空間的な位置関係こそが問われる造形芸術においては，もちろんそのような例は少なくない．そのうち，とくに美しい（と著者らが願っている）いくつかを本章で取り上げて鑑賞したつもりである．

議論も，ここまでのところは理解しやすく，また経験的にも確認できよう．しかし，この比率が本当にすべての芸術作品に共通のものか．0.6 なのか 2/3 なのか，ϕ^{-1} なのか $\pi/5$ なのか，有理数かそれとも無理数か？——このようなことは，事実に即した観察からだけで完全にわかるものではない．このような比率は，明らかに，単純さと複雑さ，緊張と緩和，確実性と意外性，光と闇，洞察と神秘の間などのバランスによるものである．

黄金分割が，その暗示的な名前と並んで，他の多くの比率から際立って見えるのは，これが数学内部において，疑いの余地もなく中心的な役割をはたしているからである．このことについては，本書の第 1 章で納得できたことと思う．

芸術における黄金分割の役割は，上に述べたような両極端の間にあるとわれわれは考えている．黄金分割は，これから先もきっと，いろいろな現象形態で発見されることであろう．

最後に，読者に対し，われわれの経験を隠さず述べておこう．芸術作品の中に黄金分割を探したり，黄金分割の輝きを跡づけたりすることは高度の楽しみである．黄金分割を探すことは，美しい芸術作品をただ鑑賞するばかりでなく，これに新しい光を当て，さらにおそらくは新しい輝きの中に作品を見いだすことになろう．

原著文献（抄）

本書では，広い範囲にわたる包括的な文献リストをまとめて，黄金分割をめぐっていろいろな局面で見られる学問的な溝を少しでも埋めることができればと考えた．しかし，そうすると見通しがきかなくなる可能性があるので，これに対処するため，前もって，このリストの中にあるいくつかの書籍や論文を推薦しておくことにしよう．

Coxeter（1953），Gardner（1953）の論文および Coxeter の『不滅の幾何学』（Unvergänglicher Geometrie）の黄金分割の章には，黄金分割に関するいろいろな局面からみた数学的性質が書かれている．

Huntley の『神聖なる比率』（Divine Proportion）および Walser の『黄金分割』（Der goldene Schnitt（邦訳あり））には，黄金分割に関する包括的な記述と数学の分野における多くの美しい例題が見られる．

H. E. Timerding によって 1918 年に書かれた『黄金分割』（Der goldene Schnitt）は，珠玉ともいうべき書物で，その当時はまだよくわかっていなかった黄金分割に関する，驚くほど綺麗で明快な分析が与えられている．

Otto Hagenmaier の書物には，短い数学的導入ののち，まず，“黄金分割と美学”の分野に関する概観が与えられ，その後，芸術と建築の分野における一連の例が示されている．H. Schenck の著書もやはり同様である．

極めつけの黄金分割狂というものを身をもって知りたいという御仁には，Zeising，Pacioli，Doczy および Pfeiffer らの書物を示しておこう．

訳者注： このあと原著では 235 点におよぶ文献のリストがあげられているが，日本では入手・参照が困難なものが少なくないので，大部分を割愛し，本文中で直接ふれられているものを中心に 75 点にしぼって載せておくことにした．また，本文中，著者名が大文字で印刷されているにもかかわらず，原表中にもないものもあるので，注意されたい．

文献表

Baravalle, Hermann von, *Geometrie als Sprache der Formen*. Novalis-Verlag, Freiburg im Breisgau, 1957.

Benjafield, John, The 'golden rectangle': Some new data. *American Journal of Psychology* **89** (1976), Nr. 4, 737-743.

Benjafield, John and Adams-Webber, J., The Golden Section Hypothesis. *British Journal of Psychology* **67** (1976), 1, 11-15.

Benjafield, John and Davis, Christine, The Golden Section and the Structure of Connotation. *The Journal of Aesthetics and Art Criticism* **36** (1978), 423-427.

Benjafield, John and Green, T. R. G., Golden section relations in interpersonal judgement. *British Journal of Psychology* **69** (1978), 25-35.

Beutelspacher, Albrecht, *Luftschlösser und Hirngespinste*. Verlag Vieweg, Braunschweig, Wiesbaden 1986.

Bouleau, Charles, *The Painter's Secret Geometry - A Study of Composition in Art*. Hacker Art Books, New York 1980.

Cantor, Moritz, *Vorlesungen über Geschichte der Mathematik*. B. G. Teubner, Leipzig, Band 1: 1894, Band 2: 1900.

Clarke, M. L., Vergil and the Golden Section. *The Classical Review* **14** (1964), 43-45.

Coxeter, Harold Scott Macdonald, *Regular Polytopes*. Methnen & Co. Ltd., London 1948.

Coxeter, Harold Scott Macdonald, The Golden Section, Phyllotaxis, and Wythoff's Game. *Scripta Math.* **19** (1953), 135-143.

Coxeter, Harold Scott Macdonald, *Introduction to Geometry*. John Wiley & Sons Inc., New York / London, 2 1962. [dt. Übersetzung: *Unvergängliche Geometrie*. Birkhäuser, Basel 1963]

Coxeter, Harold Scott Macdonald, The Role of Intermediate Convergents in Tait's Explanation for Phyllotaxis. *Journal of Algebra* **20** (1972), 167-175.

Doczy, György, *Die Kraft der Grenzen*. Dianus-Trikont-Buchverlag, München 1984.

Duckworth, George E., *Structural Patterns and Proportions in Vergil's Aeneid - A Study in Mathematical Composition*. University of Michigan Press, Ann Arbor 1962.

Engel-Hardt, R., *Der Goldene Schnitt im Buchgewerbe*. Leipzig 1919.

Euklid, *Die Elemente*, Buch I-XIII. Hrsg. und ins Deutsche übersetzt von Clemens Thaer, Wissenschaftliche Buchgesellschaft, Darmstadt, 3 1969.

Fibonacci, Leonardo, *Il liber abbaci*. Biblioteca Ambrosiana de Milano contrassegnato I, 72, Parte superiore.

Fischler, Roger, A mathematics course for architecture students. *Int. J. Math. Educ. Sci. Technol.* **7** (1976), 221-232.

Fischler, Roger, Théories mathématiques de la Grand Pyramide. *Crux Mathematicorum* **4** (1978), 122-128.

Fischler, Roger, A Remark on Euclid II, 11. *Historia Mathematica* **6** (1979), 418-422.

Fischler, Roger, What did Herodotus really say? or How to build (a theory of) the Great Pyramid. *Environment and Planning B*, **6** (1979), 89-93.

Fischler, Roger, The early relationship of Le Corbusier to the 'golden number'. *Environment and Planning B*, **6** (1979), 95-103.

Fischler, Roger, How to Find the 'Golden Number' Without Really Trying". *Fibonacci Quarterly* **19** (1981), 406-410.

Fischler, Roger, On the Application of the Golden Ratio in the Visual Arts. *Leonardo* **14** (1981), Pergamon Press, 31-32.

Fischler, Roger, On Aesthetic and Other Theories Involving the Golden Number. Manuskript.

Fischler, Roger et Fischler, Eliane, Juan Gris, son milieu et « le nombre d'or ». RACAR (Canadian Art Review), VII (1980), 1-2, 33-36.

Freckmann, Karl, *Proportionen in der Architektur.* Verlag Georg D. W. Callwey, München 1965.

Gardner, M., *Fads and Fallacies in the Name of Science.* Dover, New York 1957.

Gardner, Martin, Mathematical Games: About Phi, an Irrational Number That Has Some Remarkable Geometrical Expressions. *Scientific Amer.*, Aug. 1959, 128-134.

Gardner, Martin, Mathematical Games: The Multiple Fascinations of the Fibonacci Series. *Scientific Amer.* **120** (März 1969), 116-120 und **120** (April 1969), 126.

Geiger, Franz, Le Corbusier und sein 'Modulor'. *Baumeister* **51** (1954), 523-525.

Ghyka, Matila Costiescu, *Le Nombre d'or.* Gallimard, Paris 1931.

Ghyka, Matila C., *The Geometry of Art and Life.* Sheed and Ward, New York 1946, und: Dover Books, New York 1977.

Grünbaum, Branko and Shephard, G. C., *Tilings and Patterns.* Freeman, New York 1987.

Haase, Rudolf, Der Goldene Schnitt als harmonikales Problem. *Symbolon, Jahrbuch für Symbolforschung* **6** (1968), Schwabe&Co. Verlag, Basel / Stuttgart, 212-225.

Haase, Rudulf, Der mißverstandene goldene Schnitt. *Zeitschrift für Ganzheitsforschung* **19**, Heft 4 (1975).

Haase, Rudolf, Der missverstandene Goldene Schnitt. *Zeitschrift für Ganzheitsforschung,* Wien, Neue Folge **19** (1975), 240-249.

Hässelbarth, Arno, *Die hohe Schule der Modell- und Schaftherstellung.* Weimar, 6. Auflage 1926.

Hagenmaier, Otto, *Der goldene Schnitt – Ein Harmoniegesetz und seine Anwendung.* Impuls Verlag, Heidelberg / Berlin, 2 1958.

Hardy, G. H. and Wright, E. M., *An Introduction to the Theory of Numbers.* Oxford, Clarendon Press, ^{4}1960.

Hölderlin, Friedrich, *Die Aussicht (Wenn in die Ferne geht . . .).* In: ders., Sämtliche Werke, 'Frankfurter Ausgabe', Roter Stern, Band 9: Dichtungen nach 1806, Mündliches, 1983, 223 ff.

Huntley, H. E., The Golden Cuboid. *The Fibonacci Quarterly* **2** (1964), 184.

Huntley, H. E., *The Divine Proportion - A Study in Mathematical Beauty.* Dover Publications, New York 1970.

Iamblichos, *Pythagoras - Legende, Lehre, Lebensgestaltung.* Artemis Verlag, Zürich / Stuttgart 1963.

Jakobson, Roman und Lübbe-Grothues, Grete, Ein Blick auf 'Die Aussicht' von Hölderlin. In: Roman Jakobson, *Hölderlin-Klee-Brecht - Zur Wortkunst dreier Gedichte.* Suhrkamp Taschenbuch Wissenschaft 162, 1. Auflage 1976, 27-97.

Khintchine, A., *Kettenbrüche*. B. G. Teubner Verlagsgesellschaft, Leipzig 1956.

Langosch, Karl, Komposition und Zahlensymbolik in der mittellateinischen Dichtung. *Miscellanea Mediaevalia* **7** (1970), 106-131.

Le Corbusier, *Der Modulor*. J. G. Cotta'sche Buchhandlung Nachfolger, Stuttgart, 1953.

Le Corbusier, *Modulor 2 - La Parole est aux Usagers. Collection Ascorial*, Editions De l'Architecture D'Aujourd'hui, Boulogne (Seine), 1955.

Lendvai, Ernö, Bartók und der Goldene Schnitt. *Österreichische Musikzeitschrift* **21** (1966), Wien, 607 ff.

Lendvai, Ernö, *Béla Bartók - An Analysis of his Music*. Kahn and Averill, London 1971.

Lhote, André, Composition du tableau. In: *Encyclopédie Francaise*, Paris 1935.

Naredi-Rainer, Paul von, Musikalische Proportionen, Zahlenästhetik und Zahlensymbolik im architektonischen Werk L. B. Albertis. *Jahrbuch des Kunsthistorischen Institutes der Universität Graz* **12** (1977), 81-213.

Naredi-Rainer, Paul von, *Architektur und Harmonie - Zahl, Maß und Proportion in der abendländischen Baukunst*. Köln, 1982.

Neufert, Ernst, *Bauentwurfslehre*. Friedr. Vieweg & Sohn, Braunschweig / Wiesbaden, 30 1979.

Neville, E. H., The solution of numerical functional equations. *Proceedings London Math. Soc.*, 2. Serie **XIV** (1914), 321-326.

Odom, George, Problem E3007, *Amer. Math. Monthly* **94** (1986), 572.

Pacioli, Fra Luca, *Divina Proportione - Die Lehre vom Goldenen Schnitt*. Nach der venezianischen Ausgabe vom Jahre 1509 neu herausgegeben, übersetzt und erläutert von Constantin Winterberg, Wien, Verlag Carl Graeser, 1889 (In Zug, Schweiz, Interdokumentation: microfiche des Originals von 1509).

Penrose, Roger, *Sets of Tiles for Covering a Surface*. United States Patent 4,133,1532 vom 9. 1. 1979.

Penrose, Roger, *Computerdenken*. Spektrum-der-Wissenschaft-Verlagsgesellschaft, Heidelberg 1991.

Perron, O., *Die Lehre von den Kettenbrüchen, Band I*. B. G. Teubner Verlagsgesellschaft, Stuttgart, 3/1954.

Pfeifer, Franz Xaver, *Der Goldene Schnitt und dessen Erscheinungsformen in Mathematik, Natur und Kunst*. Dr. Martin Sändig oHG, Wiesbaden, unveränderter Neudruck der Ausgabe von 1885, 1969.

Richter, Peter H., Der goldene Schnitt - letzte Bastion der Ordnung im Chaos. In: Harmonie in Chaos und Kosmos - Bilder aus der Theorie dynamischer Systeme, hrsg. von: Sparkasse Bremen, Universität Bremen.

Rösch, S., Die Ahnenschaft einer Biene. *Genealogisches Jahrbuch* **6/7** (1967), 5-11.

Rösch, S., Die Bedeutung des Polyeders in Dürers Kupferstich „Melancholia I (1514)". *Fortschr. Mineral.* **48** (1970), 83-85.

Schenck, Hellmut, *Der Goldene Schnitt - Unter besonderer Berücksichtigung seiner Anwendung im Tischlerhandwerk*. Hans Rösler Verlag, Augsburg, 4 1959. [3. Auflage: Michael Mayer, Der Goldene Schnitt, Augsburg 1949].

Schulz, Georg Friedrich, *Leonardo Da Vinci*. Schuler Verlagsgesellschaft München, Reihe Pro Arte, 1976.

Steen, Hans, *Mona Lisa - Geheimnisse eines Bildes.* Adolf Sponholtz Verlag, Hannover, o. J.

Taylor, J., *The Great Pyramid, Why Was It Built and Who Built It.* Longman, London, 1859.

Timerding, H. E., *Der goldene Schnitt.* Math.-physikal. Bibliothek, Band 32 (hrsg. v. W. Lietzmann und A. Witting), Verlag B. G. Teubner, Leipzig / Berlin, 1919.

Walser, Hans, Der goldene Schnitt. *Didaktik der Mathematik* **3** (1987), 176-195.

Walser, Hans, *Der goldene Schnitt.* Teubner, Stuttgart, Leipzig 1993.

Winzinger, Franz, Albrecht Dürers Münchner Selbstbildnis. *Zeitschrift für Kunstwissenschaft*, Band **VIII**, Heft 1-2, 1954, 43-64.

Wythoff, W. A., A Modification of the Game of Nim. *Nieuw Archief voor Wiskunde*, Reihe 2, **7** (1907) Amsterdam,199-202.

Zeising, Adolf, *Neue Lehre von den Proportionen des menschlichen Körpers.* R. Weigel, Leipzig 1854.

Zeising, Adolf, Das Pentagramm (Kulturhistorische Studie). *Deutsche Vierteljahres-Schrift* **31.1** (1868), 173-226.

Zeising, Adolf, *Der goldene Schnitt.* Halle 1884 (posthum), auf Kosten der Leopoldinische-Carolinischen Akademie gedruckt.

邦文・邦訳文献類

〈黄金分割〉を主テーマとする和文の書物はあまり多くない．ヨーロッパにおける文献の数と比べれば，ほとんどないに等しい．それでも，古くは

[1]　柳　　亮 著『黄金分割』，美術出版社，1966

があり，美術学校などの教科書として読まれていたが，美術を中心にするものであり，数学的側面の記述は多くない．また，この書には続編として，

[2]　柳　　亮 著『続 黄金分割』，美術出版社，1977

があるが，これは，日本の美術にしばしば見られるいわゆる白銀比，すなわち $1:\sqrt{2}$ の比率という視点からの解析である．

最近になって，本書の文献リストにも現われる

[3]　H. Walser："Der Goldene Schnitt", B. G. Teubner, 1996

の翻訳

[3′]　蟹江幸博 訳『黄金分割』，日本評論社，2002

が出版された．この本はもっぱら，黄金分割の数学的・幾何学的側面を取り扱ったものであり，その点の"学習"に向いた書物である．

また，

[4]　R. A. Dunlap："The Golden Ratio and Fibonacci Numbers", World Scientific Publishing Co. Pte. Ltd., 1997
[4′]　岩永恭雄・松井講介 共訳『黄金比とフィボナッチ数』，日本評論社，2003

もどちらかといえば，数学と自然科学だけに的をしぼった書物であるが，応用面では本書がふれていない問題も扱っている．

[5]　宮崎興二 著『形のパノラマ』，丸善，2003

はテーマを黄金分割にしぼった書物ではないが，黄金比および白銀比のために1章が割かれており，形という視点，また日欧の文化比較という視点からもおもしろい記述が見られる．

さらに，本書にしばしば引用されるユークリッドについては，次の邦訳があることを示しておこう．

[6] ユークリッド 著，中村幸四郎・寺坂英孝・伊東俊太郎・池田美恵 訳解説『ユークリッド原論—縮刷版—』，共立出版，1996

訳者あとがき

本書を最初に手にしたのは，2002年に3カ月ほどドイツ・ハンブルグ市に滞在したときのこと，ハンブルグ大学本館近くの書店 Mauke においてであった．通貨ユーロが導入されてまもないことで，ドイツ語で価格24オイロ95ツェントと記された傍らには，49マルク90ペーニヒと併記されていた．

黄金分割については，以前から興味をもっていたし，仕事の合間の読み物としては手頃な厚さと思えたので，さっそく購入して読みはじめた．

暇をみては読み進むにつれ，興味が増してきた．やさしく書かれた本だったので，帰国までにひととおりは読み通すことができた．帰国後，宮崎興二先生（京都大学）など「形の科学会」の方々ともお話するうちに，日本の読者にもぜひ紹介したいと思うようになり，翻訳を始めた．そんな折り，以前からお世話になっていた共立出版の編集部長小山透氏の絶大なご協力があり，出版にこぎつけることができた．ここに同氏に対し，深く感謝したい．

さて，黄金分割は日本の伝統的な文化の中にも，華道の“かねわり”や，五重の塔にもその応用が見られるし，また和算の方でもかなり古くから知られていたようではある．しかし何といっても，黄金分割は西欧文化に深く根づいているものである．本書にも多くの例が見られるように，古代ギリシャのパルテノン神殿以来，今日の印刷術にいたるまで，西欧の文化史の中に絶えず見え隠れする造形原理であり，また美の把握法である．

一方，数学の内部で見れば，黄金分割は，あっと驚くほどに随所に出没する比率である．その点では，円周率 π にも比すべきものである．数学のようなクールな世界の中だけからみても，宇宙の神秘をかいま見る思いがするほどである．

この黄金分割が，姿として形を表わすとき，美しく見えるというのであれば，なおさらのことである．“美の本質は均整にあり”（Das Wesen der Schönheit ist die Symmetrie）という考えが生まれ，黄金分割が造形原理となり，また，すべての美しいものにはこれが潜んでいるのではないかというところへ飛躍するのも，論理的にはともかくも，自然の勢いというものであろう．

そこで，数学のような人工物，あるいは意図して黄金分割を用いた造形物を離れて，まずは動植物の中に黄金分割が探し求められる．――肯定的な発見がある，しかし，多少の進化論的理由づけが得られるだけで，それ以上は進まない．さらに，人間のつくったあらゆる芸術作品を対象としてその痕跡を求める．作者はそれを意図したものか，無意識の偶然か，意図したがそれを隠していたのか．その調査・研究のために膨大なエネルギーが有益あるいは無益に費やされる．その様子は本書の第 10 章の標題と内容がよく示している．

そんな背景があってのことだろう．友人のドイツ人数学者たちは，黄金分割というと，にやにやと皮肉な笑いを浮かべるのが常であった．――黄金分割にはしっかりとした数学的基礎があるが，その応用となると，半分はまともであっても，あとの半分は眉唾だ．それでも，“黄金分割教徒”は存在する．

だから，数学者は数学的にきちんとしたことしか書きたがらない．数学以外のことで黄金分割が出てくると，極端に攻撃的になる数学者もいるほどである．

しかし，それはそれとしても，黄金分割が西欧の文化史を彩る 1 つの要素であることにはちがいない．黄金分割を数学の視点からだけ論じるのは，見方が偏ってしまう．本書の著者は，数学者でありながら，このへんのところをわきまえて，数学の範囲を越えたところにまで，しかし冷静に，筆を進めている．

この書の主たる著者 Beutelspacher 教授は，現代ドイツの数学啓蒙家の第一人者であり，多くの興味深い著作に加え，数学博物館を創設してドイツ内外でも展示活動したり，さらにはテレビへの出演など，きわめて多彩な活動をしている数学者である．翻訳者としては，この書が日本の多くの読者に受け入れられ，興味をもって読まれることを願っている．

本書は，著者の意図どおりわかりやすいことを眼目にかかれているので，通読にはさほどの困難はないのであるが，翻訳となると，関連する分野が広く，数学の内外多方面にわたるので，その点の調査が必要になった．とくに，多方面にわたる訳語の選択には困難があった．大橋良子，高橋正子（慶應義塾大学），若山邦紘（法政大学），古藤浩（東北芸術工科大学）の諸氏にはさまざまなご助力を賜った．なかでも，古藤氏には原稿を隅々まで読んで誤りを指摘していただいた．これらの方々に深い感謝の意を表するものである．とはいえ，何分にもこのように多方面にわたることなので，それでも誤りがないとはいえない．これらはすべて翻訳者である柳井の責任である．読者からのご叱正を賜りたい．

さらに，共立出版の浦山毅氏には編集上多大のご協力を賜った．あわせてここに謝意を表したい．

2005年2月　　　柳井　浩

索　　引

【訳者紹介】

柳井　浩（やない・ひろし）

1937年　東京都生れ
1964年　慶應義塾大学大学院工学研究科修了
1967年　工学博士
現　在　慶應義塾大学名誉教授

黄金分割 ——自然と数理と芸術と——

2005年3月25日　初版1刷発行

訳者　柳井　浩　Hiroshi Yanai © 2005　（検印廃止）
発行　**共立出版株式会社**　南條光章
東京都文京区小日向4-6-19（〒112-8700）
Tel.03-3947-2511　Fax.03-3944-8182　振替口座 00110-2-57035
http://www.kyoritsu-pub.co.jp

印刷＝壮光舎印刷　製本＝関山製本　Printed in Japan

ISBN 4-320-01781-1　(社)自然科学書協会会員
NDC 414.6（画法幾何学），701.1（美学）